“十三五”国家重点出版物出版规划项目
现代机械工程系列精品教材
辽宁省“十二五”普通高等教育本科规划教材

几何量精度设计与检测

第2版

主　编　金嘉琦　张幼军
副主编　段振云　赵文辉
参　编　金映丽　张　悦　李　强　孙兴伟
　　　　韩　立　张　凯　杨赫然　姜　彤
主　审　于天彪　赵福令

机械工业出版社

“几何量精度设计与检测”课程也称为“互换性与测量技术基础”课程，课程内容源于国家标准，与生产实际密切相连。

本书根据科学技术发展的需要和高等教育教学内容及课程体系改革的要求，结合编者多年教学、科研实践经验编写而成。本书以几何量精度设计与检测为主线，遵循“加强基础、精选内容、调整体系、重在应用”的编写原则，采用现行的国家标准，阐述基本理论和基本知识及相关应用，将互换性思想贯穿始终。全书分为四个部分：第一部分为几何量精度设计基础，包括绪论、尺寸精度、几何精度、表面粗糙度和尺寸链；第二部分为典型件几何量精度设计，包括滚动轴承、圆柱螺纹、键和花键、渐开线圆柱齿轮；第三部分为几何量精度检测，包括几何量测量基础、孔及轴尺寸的检测和检测综述；第四部分为几何量精度综合设计与综合实验。本书附录中有各章思考题和习题、相关公差表格以及各种术语定义的汉英对照。

本书可作为高等院校“几何量精度设计与检测”“互换性与技术测量”“几何量公差与检测”“机械精度设计”等课程的教材，也可供从事机械设计、机械制造、标准化和计量测试等相关工作的工程技术人员参考。

图书在版编目（CIP）数据

几何量精度设计与检测/金嘉琦，张幼军主编. —2版. —北京：机械工业出版社，2018.7（2024.9重印）

辽宁省“十二五”普通高等教育本科规划教材 “十三五”国家重点出版物出版规划项目 现代机械工程系列精品教材

ISBN 978-7-111-59314-0

Ⅰ.①几… Ⅱ.①金… ②张… Ⅲ.①几何量-精度-设计-高等学校-教材②几何量-精度-检测-高等学校-教材 Ⅳ.①TG806

中国版本图书馆CIP数据核字（2018）第040688号

机械工业出版社（北京市百万庄大街22号 邮政编码100037）

策划编辑：刘小慧 责任编辑：刘小慧 王勇哲 章承林 余 皞

责任校对：刘 岚 封面设计：张 静

责任印制：刘 媛

涿州市般润文化传播有限公司印刷

2024年9月第2版第3次印刷

184mm×260mm · 19.5印张 · 514千字

标准书号：ISBN 978-7-111-59314-0

定价：59.80元

电话服务	网络服务
客服电话：010-88361066	机 工 官 网：www.cmpbook.com
010-88379833	机 工 官 博：weibo.com/cmp1952
010-68326294	金 书 网：www.golden-book.com
封底无防伪标均为盗版	机工教育服务网：www.cmpedu.com

第 2 版前言

“几何量精度设计与检测”课程也称为“互换性与测量技术基础”课程，是高等院校机械类和近机类专业的一门重要技术基础课，课程内容源于国家标准，与生产实际密切相连。

本书第 1 版自 2012 年 6 月出版以来，得到了广大教师与学生的认同，先后被 20 余所高校选用，并被评为辽宁省“十二五”普通高等教育本科规划教材。

五年来，随着科学技术的迅速发展，本课程的理论教学和人才培养等都面临新的挑战，读者在教、学过程中也对本书提出了一些期望和建议，教材的适时更新势在必行。因此，编者对本书进行了修订。修订版保持了第 1 版的特点，全部采用现行的国家标准，并在以下几个方面做了改进：

1）对书中大部分章节的内容进行调整、充实、更改甚至重写，力求“概念准确、表述清晰、注重基础、面向应用”。

2）第 1 章~第 11 章，每章开篇增加“本章提示”，每章结尾增加“本章小结”，阐明每章的学习目的和知识要点。

3）第 2 章~第 9 章，每章加入贴近工程实际的“导入案例”，以激发学生的学习兴趣、调动他们的学习积极性。

4）部分章节适度增加解析性例题和典型性习题，强化重点内容的理解和掌握，侧重应用能力的培养和提高。

5）本书个别章节尝试采用二维码，通过扫二维码可以获取拓展知识和重点解析，便于开拓思路、延伸阅读。

6）对教材配套的多媒体教学课件进行补充和完善，力求做到方便教与学。

参加本书修订工作的有金嘉琦、张幼军、段振云、赵文辉、金映丽、张悦、李强、孙兴伟、韩立、张凯、杨赫然、姜彤。其中，金嘉琦、张幼军、赵文辉、杨赫然负责全书的校对，张幼军负责全书的统稿。

本书由东北大学于天彪教授和大连理工大学赵福令教授主审。

本书在修订过程中不妥之处在所难免，恳请专家、同行和读者批评指正。

编者电子邮箱：zhangyj@ sut. edu. cn。

编　者

第 1 版前言

机械产品的设计过程包括总体设计、运动设计、结构设计和几何量精度设计。几何量精度设计是整个设计中不可缺少的重要组成部分，是决定产品技术性能和市场竞争能力的综合技术。“几何量精度设计与检测”课程是高等工科院校中机械类和近机类专业的一门必修的专业技术基础课，从课程体系上讲，是联系机械设计类和机械制造类课程的纽带，是从基础课过渡到专业课的桥梁，在本科专业培养方案中具有重要地位。

高等院校开设“几何量精度设计与检测”类课程已有几十年的历史，本课程曾用名有：“公差与配合”“互换性与技术测量”“几何量公差与检测”“机械精度设计”等。课程名称的变更反映不同时期人们对课程内涵的认识、课程内容的侧重点与特色的差异。互换性在产品设计、制造、使用和维修过程中发挥着巨大作用，已成为现代制造业中一个普遍运用的原则。互换性要靠公差来保证，公差则需要统一的标准，标准化是互换性生产的基础。互换性和精度设计都是在满足零件的功能要求的前提下对互换性标准的选择与应用，以解决零件的使用要求与制造工艺之间的矛盾。但几何量的互换性给定公差强调的是统一；几何量的精度设计给定公差强调的则是合理，无论零件是否要求互换，必须规定一定的公差，以追求最佳的技术经济效益。因此从精度设计的角度理解互换性与标准化，在产品更新换代速度与日俱增的当今时代更具现实意义。

“几何量精度设计与检测”课程关注最新国家标准（GB）和现代精度设计方法，遵守和贯彻国家标准是本课程教学的基本任务。近 10 年来，我国制定和发布的各项相关标准逐步与国际接轨，特别是 2009 年发布了 30 多个产品几何技术规范与论证（GPS）标准，涉及本课程中一半以上的内容，尤其对孔、轴的极限与配合和几何公差影响很大。国内现有版本的教材更新速度已严重滞后于发展。因此为适应科学技术的进步和教学改革的需要，帮助学生更好地掌握精度设计的基础知识和基本技能，编写本书供各高等院校“几何量精度设计与检测”“互换性与技术测量”“几何量公差与检测”“机械精度设计”等课程使用。本书也可供工程技术人员在进行机械设计、机械制造、标准化和计量测试等工作时参考。

本书主编金嘉琦教授为全国高校互换性与测量技术研究会常务理事兼副秘书长、东北分会秘书长，在 30 余年的教学及科研实践中积累了丰富的教学经验，并将其融入本书内容中。本书以几何量精度设计与检测为主线，遵循“加强基础、精选内容、调整体系、重在应用”的编写原则，依据全国高校本课程的教学基本要求，采用我国最新的国家标准，阐述了本学科的基本理论和基本知识。全书分为四个部分：第一部分为几何量精度设计基础，包括绪论、尺寸精度、几何精度、表面粗糙度和尺寸链，构成了较为完整的几何量精度基础体系；第二部分为典型件几何量精度设计，包括滚动轴承、圆柱螺纹、键和花键、渐开线圆柱齿轮，不仅是第一部分内容的贯彻应用，而且揭示了典型件的特殊性；第三部分为几何量精度检测，包括几何量测量基础、孔及轴尺寸的检测和检测综述，讲述了几何量精度检测的基本知识和基本方法，其中，检测综述既介绍了对零部件的检测方法，又介绍了常用的几何量测量仪器原理与测量方法，可作为实验指导书使用；第四部分为几何量精度综合设计与综合实验，构成本书的一个特点。本书在附录中给出了常用术语的汉英对照，有助于师生阅读相关英文文献，附录中还包括各章的思考题和习题及各种相关的标准表格。

本书配有电子课件，使用本书的老师请到机械工业出版社教育服务网（www.cmpedu.com）注册、下载。

本书共分 13 章，其中第 1 章、第 9 章、第 10 章和第 13 章由金嘉琦、张悦编写，第 2 章、第 5 章、第 11 章由段振云、金映丽编写，第 3 章、第 4 章和部分附录由张幼军、孙兴伟编写，第 6 章、第 7 章由赵文辉编写，第 8 章由张凯编写，第 12 章由韩立、姜彤编写。全书由张幼军统稿。

本书由赵福令教授和付景顺教授主审。

由于编者水平有限，书中不足之处在所难免，敬请读者批评指正。

编　者

2011 年 11 月

目录

第1章

绪　论

本章提要

- 本章要求了解几何量精度设计的研究对象；掌握互换性、标准化、优先数系的基本概念；了解互换性、标准化在现代化生产中的意义；掌握优先数系的基本知识；了解几何量检测的意义；理解互换性与公差、标准化、优先数系以及检测的关系；明确本课程的任务。
- 本章重点为有关互换性的概念和意义，难点为互换性与标准化的关系、优先数与优先数系的正确选用。

1.1　几何量精度

机械产品的几何量是指构成零件特征的点、线、面所组成的尺寸、形状与相互位置关系。几何量精度则是指上述要素构成的零件的实际几何形体与设计要求的理想几何形体相接近的程度，包括尺寸精度、形状精度（宏观的和微观的）以及相互位置精度。

零件的几何形体是通过加工后得到的。在加工过程中，由于存在着加工误差，零件的实际几何形体很难与理想几何形体相同，当然，其接近程度越好，几何量的精度就越高。几何量精度设计的任务就是把这种接近程度控制在一定的范围内。

机械产品的设计一般要经历总体设计、运动设计、结构设计和精度设计等过程。精度设计是使产品满足功能要求（即满足使用要求、保证质量）的必要环节，也是产品设计的一个重要环节。

精度设计包括产品的整体精度设计和零件的精度设计。因为整体是由零（部）件组成的，所以零件的精度设计是保证整体精度设计的基础。影响零件精度的因素很多，如结构因素、材料因素、加工因素等，但最基本的是几何因素的影响，即几何量精度直接影响产品的工作性能和质量。

几何量精度设计不仅要满足产品的使用要求，保证产品的质量，而且还要考虑制造产品的成本。并不是产品的几何量精度越高越好，因为精度越高，对产品在加工、制造及检测过程中的要求越高，加工与检测的难度就越大，成本就越高。因此，几何量精度设计的总体原则是，在满足产品使用要求的前提下，选用较低的几何量精度，以保证获得最佳的技术经济效益。

机械产品的几何量精度设计遵守的最重要的原则是互换性原则，为了保证互换性原则的实现，还要遵守标准化原则和优化原则。

1.2　互换性

1.2.1　互换性的含义

自行车、钟表、缝纫机、汽车、拖拉机、机床等的某个零（部）件损坏，都可以迅速更换上一个相同规格的新零（部）件，并且在更换与装配后，能很好地满足机器的使用要求。之所以这样方便，是因为零（部）件具有互换性。

互换性的含义是指在同一规格的一批零（部）件中，任取其一，不需任何挑选、调整或修配就能进行装配，并能保证满足机械产品使用要求的性能。

要使零（部）件具有互换性，首先要保证零件在制造中按同一规格加工。但是，制造过程中的误差是不可避免的，不可能将零件制造得绝对准确。从满足零件的互换性要求和机器的使用性能出发，也不必要将零件制造得绝对准确，只要将零件的几何参数误差控制在一定的范围之内就可以了。这种零件几何参数的允许变动范围称为几何量公差。

1.2.2　互换性的分类

零部件的互换性既包括几何参数的互换，又包括其功能（物理、力学性能参数）的互换。

几何参数互换：是指规定零件的尺寸以及形状和位置等几何参数，保证零件的几何参数在允许的变动范围（公差）内实现互换，以达到互换性。

功能（物理、力学性能参数）互换：是指规定的功能参数应满足互换性，要求零件在更换前后，其强度、硬度和刚度等物理、力学性能应保持一致。

例如，螺栓与螺母联接的更换，保证其可旋合性属于几何参数互换，保证其联接强度属于物理、力学性能参数互换（功能互换）。

本课程研究的就是在满足产品使用要求的基础上实现零（部）件的几何参数互换。

按互换性程度，可将互换性分为完全互换和不完全互换。

完全互换：也称为绝对互换，是指按同一规格标准制造（不分加工场地及加工批量大小）的零（部）件，在装配或更换时，不需任何的选择、调整或附加修配，就能装到机器上去，并且能满足机器的设计使用要求，这样的零（部）件具有完全互换性。如常用的螺栓、螺母、齿轮、键、轴承等。

不完全互换：也称为有限互换，是指按同一规格标准制造的零（部）件，在装配时，需要适当地选择、调整或分组，装配以后分别满足机器的使用要求，这样的零（部）件具有不完全互换性。通常，在装配精度要求较高时，若采用完全互换，将使零件的制造公差很小，加工困难，成本很高，甚至无法加工；而采用不完全互换，可将零件的制造公差适当地放大，便于加工。零件加工完毕后，再通过测量将零件按实际尺寸的大小分成若干组，使同组零件的尺寸差别减小，分组进行装配。如尺寸较大组的孔与尺寸较大组的轴相配，尺寸较小组的孔与尺寸较小组的轴相配。这样，既可保证装配精度和使用要求，又可解决加工困难，降低成本。此时，仅组内零件可以互换，组与组之间的零件不能互换，故称为不完全互换。如轴承内、外圈与滚动体的装配采用的就是不完全互换。

通常把完全互换简称为互换性，完全互换是以零（部）件在装配或更换时不需要挑选或修配为条件，以区别于不完全互换。一般而言，对于厂际协作应采用完全互换，而不完全互换仅限于厂内的生产装配。

总之，无论是采用完全互换，还是采用不完全互换，都要根据具体情况，在设计时事先加以确定。

1.2.3　互换性的作用

互换性在现代工业生产中起着十分重要的作用。

在产品的设计过程中，遵循互换性原则可以最大限度地采用标准化和通用化的零部件，有助于采用 CAD 技术，大大减少计算和绘图工作量，缩短设计周期。

在产品的制造过程中，按照互换性要求设计的零件，可分散在不同的专业工厂、专业车间进行高效、自动化生产，有助于 CAM/CAPP 技术的应用等。

在产品的装配过程中，对相同规格的零（部）件无须挑选和辅助修配，既能大幅度地提高装配效率，又能实现装配过程的机械化和自动化。

在产品的使用与维修过程中，由于有了互换性，使更换零（部）件、维修机器更快捷、有效。例如发电厂的发电设备、手术台上的医疗设备、战场上的武器装备等发生故障，都需要立即维修，继续使用。在这些场合，实现互换性显得极为重要。

总之，互换性已成为现代化工业生产中广泛遵守的一项原则。它在保证产品质量，降低产品成本，提高生产率，增加经济效益等方面具有十分重要的意义。

1.3　标准与标准化

现代工业生产的特点是品种多，规模大，分工细，协作单位多，互换性要求高。为了适应这一特点，实现互换性生产，需要有一种手段使分散的、局部的生产部门和生产环节保持协调及必要的技术统一，成为一个有机的整体。标准与标准化正是解决这种关系的主要手段和途径，是实现互换性生产的基础和实现专业化生产的前提。

1.3.1 标准

标准是指对重复性事物［如产品、零（部）件等］和概念（术语、定义、方法、代号、量值等）所做的统一规定。它以科学、技术和实践经验的综合成果为基础，以促进最佳社会效益为目的，经有关部门协调一致，由主管部门批准，以特定的形式发布，作为共同遵守的准则与依据。可见，标准是为在一定范围内获得最佳秩序，对活动或其结果规定共同的和重复使用的规则、导则或特性的文件。

标准是由一个公认的机构制定和批准的文件。按标准的管辖范围分为国际标准（代号为ISO）和国家标准。我国国家标准的代号及含义见表1-1。按照标准的适用范围，我国的标准分为国家标准、行业标准、地方标准和企业标准四个级别，且后三级标准必须遵从国家标准。根据《中华人民共和国标准化法》的规定，作为强制性的各级标准一经发布，必须遵守，否则就是违法。

表1-1 我国国家标准的代号及含义

代　号	含　义
GB	中华人民共和国强制性国家标准
GB/T	中华人民共和国推荐性国家标准
GB/Z	中华人民共和国国家标准化指导性技术文件

国家标准分类按照标准化对象，通常分为技术标准、管理标准和工作标准三大类。技术标准是指对需要协调统一的技术事项所制定的标准，包括基础标准、零部件标准、产品标准、原材料及毛坯标准、工艺及工艺装备标准、检测试验方法标准、安全、卫生、环境保护标准等，是衡量产品、工程和服务的质量好坏的主要依据。基础标准是指在一定范围内作为其他标准的基础，被普遍使用，且具有广泛指导意义的标准。如计量单位、优先数系、机械制图、公差与配合、几何公差、表面粗糙度等标准。

对机械零件进行几何量精度设计，保证互换性，就要认真研究相关标准的构成及其应用，这是本课程研究的主要内容之一。

1.3.2 标准化

标准化是指在经济、技术、科学和管理等社会实践中，对重复性事物和概念，通过制定、发布和实施标准达到统一，以获得最佳秩序和社会效益的活动。

标准化包括标准的制定、发布、贯彻实施以及修订的全部活动过程。可见，标准是标准化的基础，贯彻实施标准是标准化的核心内容。

标准化是社会生产劳动的产物，在近代工业的兴起和发展过程中，标准化的作用日益重要、应用日趋广泛。1946 年 10 月 14 日，来自 25 个国家的代表集会于伦敦，决定创建国际标准化组织（ISO）（ISO 于 1947 年正式开始运作），1969 年 9 月 ISO 理事会决定把每年的 10 月 14 日定为世界标准日。世界标准日的目的是提高对国际标准化在世界经济活动中重要性的认识，以促进国际标准化工作适应世界范围内的商业、工业、政府和消费者的需要。

我国于 1957 年成立国家科学技术委员会标准局，负责全国标准化工作；1988 年颁布《中华人民共和国标准化法》，确立了标准化在国家经济发展中的地位；从 1958 年发布第一批 120 个国家标准起，至今已制订两万多个新的国家标准，并逐渐向国际标准靠拢。1978 年 9 月我国恢复为 ISO 成员国；2008 年 10 月的第 31 届国际化标准组织大会上，我国正式成为 ISO 常任理事国，确立了在国际化标准组织中的地位。我国从 2002 年起，颁布了一套关于产品几何参数的完整技术标准体系——产品几何技术规范（简称 GPS）（见二维码），这是提升中外标准一致性水平、实施国内外标准互认工程的重要措施。

总之，标准化是现代化生产的必要条件和科学管理的基础，是调整产品结构和产业结构的需要和促进科学技术转化成生产力的平台，是推动贸易发展的桥梁和纽带，标准化有利于稳定和提高产品、工程和服务的质量，保护社会和人身安全。世界各国经济发展过程表明，现代化的程度越高，对标准化的要求越高，标准化促进社会进步和生产发展的意义越重大。

1.4　优先数系与优先数

在产品的设计和制造过程中，需要确定许多技术参数。当选定一个数值作为产品的参数指标时，这个参数就会按一定规律向一切相关的材料和制品的相应技术参数传播与扩散，制约着这些技术参数。例如，当螺纹孔的尺寸一经确定，则与之相应的加工螺纹的丝锥和检验内螺纹的螺纹塞规尺寸、攻螺纹前钻孔所用钻头的尺寸就相应确定，同时与该内螺纹相联接的外螺纹、垫圈等尺寸也随之确定。为了满足不同需要，产品必然出现不同的规格。产品参数的数值即使只有微小的差别，经过反复扩散传播，也将造成许多相应产品的尺寸规格繁多杂乱，给生产的组织管理、协作配套和设备的使用维修带来许多困难。

因此，在现代化工业生产中，为追求最佳的技术经济效益，必须对产品各种技术参数的数值进行合理的简化、协调和统一，这是标准化的一项重要内容。标准化要求各种技术参数系列化和简化，需要将参数值合理地分级分档，使其有适当间隔，便于管理和应用。标准化要求使用统一的数系来协调各个部门的生产，优先数系就是这样一种科学的数值制度。

优先数系是技术经济工作中统一、简化和协调产品技术参数的基础。国家标准GB/T 321—2005《优先数和优先数系》中规定优先数系采用十进等比数列，并规定了五个系列。

所谓十进，要求数系中含有1、10、100、…、10^n和0.1、0.01、…、10^{-n}等数（n为整数）。数列中0.1~1、1~10、10~100等称为十进段。每个十进段中所含的项数是相同的，并且相邻段中的对应项的数值扩大10倍（后段）或缩小为前项的1/10（前段）。优先数系的五个系列公比q见表1-2。其中，R5、R10、R20和R40系列是常用系列，称为基本系列；R80系列为补充系列。R后面的数值既表示公比q为10的整次幂，又表示一个十进段中所含的项数。如R5系列，公比为$10^{1/5}$，每个十进段中含5项数值。

表1-2 优先数系的公比（摘自GB/T 321—2005）

系列符号	R5	R10	R20	R40	R80
r	5	10	20	40	80
$q_r=\sqrt[r]{10}$	1.60	1.25	1.12	1.06	1.03

优先数系的5个系列中任一项值均称优先数。按照公比计算得到的优先数的理论值，除10的整次幂外，都是无理数，这在工程上不能直接应用。而实际应用的都是经过化整后的近似值：取5位有效数字，称为计算值，供精确计算用；取3位有效数字，称为常用值，即通常所称的优先数，经常使用；将基本系列中的常用值做进一步化整，取2位有效数字，称为化整值。优先数系各基本系列的常用值见表1-3。

表1-3 优先数系各基本系列的常用值（摘自GB/T 321—2005）

优先数系	优先数									
R5	1.00	1.60	2.50	4.00	6.30					
R10	1.00	1.25	1.60	2.00	2.50	3.15	4.00	5.00	6.30	8.00
R20	1.00	1.12	1.25	1.40	1.60	1.80	2.00	2.24	2.50	2.80
	3.15	3.55	4.00	4.50	5.00	5.60	6.30	7.10	8.00	9.00
R40	1.00	1.06	1.12	1.18	1.25	1.32	1.40	1.50	1.60	1.70
	1.80	1.90	2.00	2.12	2.24	2.36	2.50	2.65	2.80	3.00
	3.15	3.35	3.55	3.75	4.00	4.25	4.50	4.75	5.00	5.30
	5.60	6.00	6.30	6.70	7.10	7.50	8.00	8.50	9.00	9.50

由表1-3可见，R5系列的项值包含在R10系列之中，R10系列含于R20系列中，依次类推。选用时，采用“先疏后密”的原则，先选用R5系列，R5系列不够用时，再选用以下系列。补充系列R80，仅用于分级很细的特殊场合。

为了使优先数系有更大的适应性，还可以从基本系列中每隔几项选取一个优先数，组成优先数系的派生系列。例如，派生系列R10/3，是从R10系列中每逢三项（每隔两项）取出一个优先数组成的。首项选取不同，派生系列的形成也不同，首项为1时，R10/3系列为1.00，2.00，4.00，8.00，16.00，…

优先数系具有一系列的优点：相邻两项的相对差（后项减前项的差除以前项）是一常数；同一系列中任意几项的积、商以及一项的整数幂仍为该系列中的一个优先数；同时具有疏密适当，前后衔接不间断，简单易记，运算方便，数值标准化等优点。因此，这种优先数系已成为国际上统一的标准数值制度。优先数系与优先数是标准化的理论基础。

◎1.5　几何量检测概述

根据国家标准，对机械产品各零（部）件的几何量规定合理的公差（即几何量精度设计），为保证零（部）件具有互换性提供了可能性，而要把这种可能变成现实，则必须进行检测，只有检测合格，才能保证零（部）件的互换性。几何量检测是组织互换性生产必不可少的重要措施。

检测是检验和测量的统称。检验只评定被测对象是否合格，而不能给出被测对象量值的大小；测量是通过被测对象与标准量的比较，得到被测对象的具体量值。一般来说，在大批量生产条件下，检测精度要求不太高的零件时常用检验，因为检验的效率高；而高精度、单件小批生产或需要进行加工精度分析时，多数采用测量。

在机械加工中，几何量检测工作为实现零件的互换性、提高产品质量和劳动生产率提供了可靠的技术保证。但检测的目的不仅仅在于判断工件是否合格，还有其积极的一面，这就是根据检测的结果，分析产生加工误差的因素，从而采取相应的措施，改进设计，改善工艺，降低生产成本，获取良好的经济效益。

随着生产和科学技术的发展，对检测的准确度和效率提出了越来越高的要求。产品质量的提高，有赖于检测准确度的提高；产品数量的增多，在一定程度上还有赖于检测效率的提高。许多科学尖端技术的突破，都是由于依靠检测技术才得以实现的。而各种新技术在几何量检测中越来越广泛的应用，使几何量检测工作在现代工业生产中显示出越来越重要的作用。

◎1.6　本课程的任务

本课程是高等学校机械类和近机类各专业必修的主干技术基础课，包含几何量精度设计与几何量检测两方面的内容，把标准化和计量学两个领域的有关部分有机地结合在一起，与机械设计、机械制造、质量控制等多学科密切相关，是机械工程技术人员和管理人员必备的基本知识与技能。

本课程的研究对象为几何量的互换性，即研究如何通过合理的几何量精度设计来解决机器使用要求与制造工艺等之间的矛盾，以及如何运用检测技术保证国家标准的贯彻实施。随着机械工业的发展，对机械产品的精度要求越来越高，本课程的重要性愈加凸显。

通过本课程的学习，学生应达到下列要求：

1）掌握互换性和标准化的基本概念及有关的基本术语和定义。

2）了解本课程介绍的相关标准，掌握本课程中几何量精度设计的主要内容、特点和应用原则。

3）能够根据机器和零件的功能要求，初步开展几何量精度设计；能够查用本课程介绍的相关标准表格，并在图样上正确标注。

4）建立技术测量的基本概念，了解常用检测方法与测量器具的工作原理，初步掌握测量操作技能。

总之，本课程的任务在于使学生获得几何量精度设计与检测方面的基础理论、基本知识和基本技能，并具有结合工程实践应用、扩展的能力，再通过后续课程的学习和相关实践工作锻炼，加深理解和逐渐熟练掌握本课程的内容。

本章小结

互换性是现代化生产中一个普遍遵守的原则。为了保证互换性的实现，需要各个生产环节协调和统一；遵守相关标准对几何量规定合理公差来限制加工误差；正确运用检测技术保证标准的贯彻实施从而实现互换性。因此，标准化是实现互换性的基础，检测是实现互换性的保证。

第2章

孔、轴配合的尺寸精度设计

本章提要

- 本章学习国家标准对尺寸精度的主要规定。
- 本章要求了解《极限与配合》国家标准的构成与特点；掌握相关标准的基本术语及定义；熟练应用标准公差和基本偏差等常用国家标准中的表格，并正确进行相关计算；了解未注尺寸公差；掌握孔、轴配合的尺寸精度设计的基本理论与方法；掌握尺寸测量基本方法。
- 本章重点为标准公差与基本偏差的结构、特点和基本规律，难点为尺寸公差与配合的选用。

导入案例

如图 2-1 所示，活塞连杆机构是发动机的主要运动机构。其功用是将活塞的往复直线运动转变为曲轴的旋转运动。该机构主要由活塞、连

图 2-1

活塞连杆机构

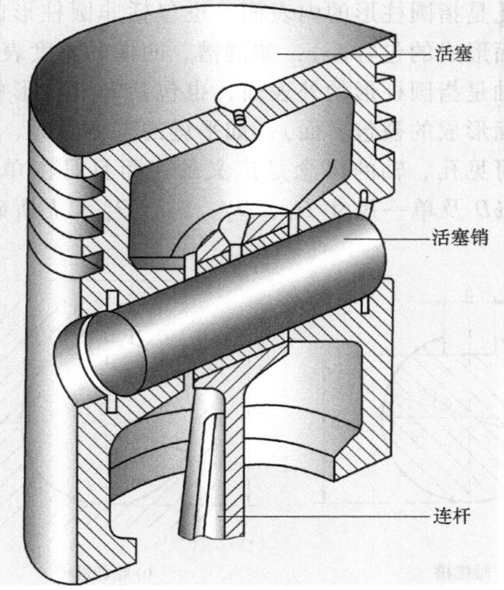

杆和活塞销等组成，活塞承受气缸中气体压力，通过活塞销将作用力传给连杆，以推动曲轴旋转。活塞销与活塞两个销孔之间无相对运动，采用过渡配合；连杆相对活塞销摆动，活塞销与连杆衬套孔之间有相对运动，采用间隙配合。

机械零件的精度取决于该零件的尺寸精度、几何精度以及表面粗糙度等，其中尺寸精度对零件在机械产品中的使用性能和寿命有很大影响。为了经济、合理地满足使用要求，保证互换性，我国先后颁布和实施了一系列有关孔、轴尺寸精度的国家标准，并随着社会的发展不断修订完善。我国1959年首次颁布了《公差与配合》的国家标准GB 159~174—1959（简称“旧国标”）；并于1979年参照国际标准制定了《公差与配合》的国家标准GB 1800~1804—1979（简称“新国标”）取代GB 159~174—1959；从1992年起在对“新国标”的修订中将《公差与配合》改为《极限与配合》。目前正在使用的相关标准有GB/T 1800.1—2009《产品几何技术规范（GPS）　极限与配合　第1部分：公差、偏差和配合的基础》、GB/T 1800.2—2009《产品几何技术规范（GPS）　极限与配合　第2部分：标准公差等级和孔、轴极限偏差表》、GB/T 1801—2009《产品几何技术规范（GPS）　极限与配合　公差带和配合的选择》、GB/T 1804—2000《一般公差　未注公差的线性和角度尺寸的公差》等。这些标准是我国机械工业中重要的基础标准。

本章内容包括上述标准中的基本概念、基本原理及其在孔、轴尺寸精度设计中的应用。

2.1　基本术语和定义

2.1.1　有关孔、轴的定义

孔是指圆柱形的内表面，也包括非圆柱形的内表面（由两平行平面或切面形成的包容面），如键槽、凹槽的宽度表面。

轴是指圆柱形的外表面，也包括非圆柱形的外表面（由两平行平面或切面形成的被包容面），如平键的宽度表面、凸槽的厚度表面。

可见孔、轴的概念是广义的，而且是由单一尺寸构成的。如图2-2中由ϕD及单一尺寸D_1、D_2、D_3、D_4和b所确定的内表面均为孔。由

图2-2

孔和轴的定义示意图

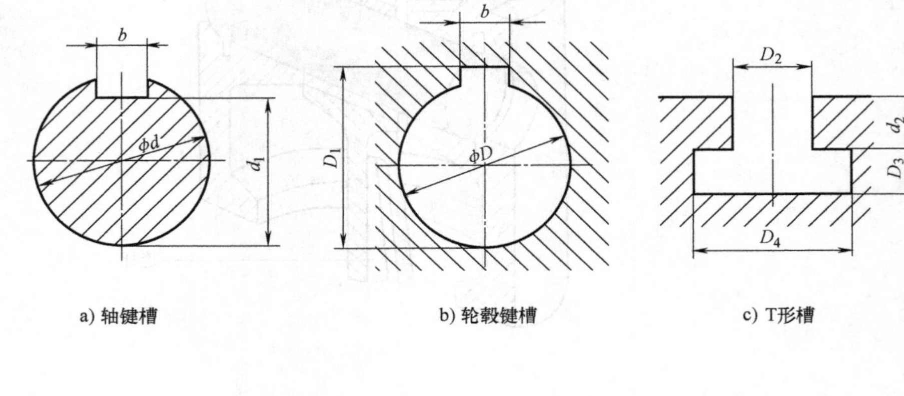

ϕd 及单一尺寸 d_1、d_2 所确定的外表面均为轴。

2.1.2　有关尺寸的术语及定义

尺寸通常分为线性尺寸和角度尺寸两类。线性尺寸（简称尺寸）是指两点之间的距离，如直径、半径、宽度、深度、高度和中心距等。按照 GB/T 4458.4—2003《机械制图　尺寸注法》的规定，图样上的尺寸以毫米（mm）为单位时，不需标注计量单位的符号和名称。尺寸又可分为以下几种：

1. 公称尺寸（D，d）

公称尺寸是设计给定的尺寸。它是根据使用要求，通过强度、刚度等计算，并考虑结构和工艺因素，参照经验或试验数据而确定的。为了减少定值刀具和定值量具的规格数量，提高经济效益，公称尺寸应尽量采用标准尺寸（见附表 1）。孔和轴的公称尺寸分别用符号 D 和 d 表示。

2. 实际尺寸（D_a，d_a）

实际尺寸是零件加工后通过测量得到的尺寸。由于在测量过程中存在测量误差，因而实际尺寸并非真实尺寸，而是一种近似于真实尺寸的尺寸。用两点法测量（如卡尺或千分尺测量）所得的实际尺寸又称局部实际尺寸。由于实际零件表面存在形状误差，所以被测表面不同部位的实际尺寸不尽相同。孔和轴的实际尺寸分别用符号 D_a 和 d_a 表示。

3. 极限尺寸（D_{max}，D_{min}；d_{max}，d_{min}）

极限尺寸是指允许尺寸变化的两个界限值。两个界限值中较大的称为上极限尺寸（最大极限尺寸），较小的称为下极限尺寸（最小极限尺寸）。孔和轴的上极限尺寸分别用符号 D_{max} 和 d_{max} 表示，孔和轴的下极限尺寸分别用符号 D_{min} 和 d_{min} 表示，如图 2-3 所示。若加工后的零件实际尺寸在上、下极限尺寸之间，则该尺寸合格。

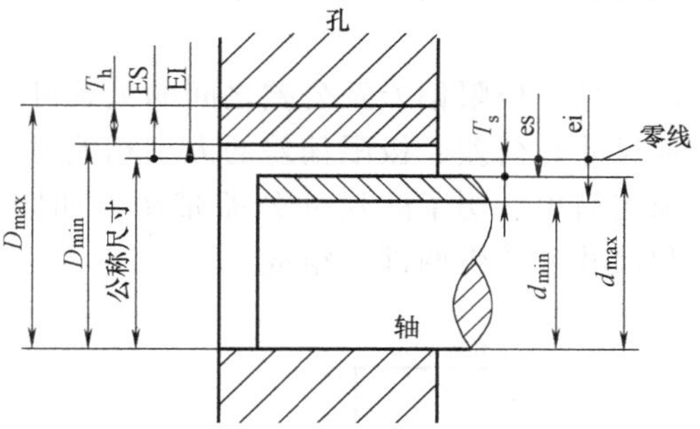

图 2-3
孔、轴尺寸与偏差

2.1.3　有关尺寸偏差、尺寸公差的术语及定义

1. 尺寸偏差

尺寸偏差简称偏差，是指某一尺寸减去公称尺寸所得的代数差。

（1）极限偏差　极限偏差可分为上极限偏差与下极限偏差。上极限偏差（简称上偏差）是指上极限尺寸减去公称尺寸所得的代数差，孔与轴的上极限偏差分别用符号 ES 与 es 表示；下极限偏差（简称下偏差）是指下极限尺寸减去公称尺寸所得的代数差，孔与轴的下极限偏差分别用符号 EI 与 ei 表示，如图 2-3 所示。

极限偏差可用下列公式表示：

$$ES = D_{max} - D \quad EI = D_{min} - D \tag{2-1}$$

$$es = d_{max} - d \quad ei = d_{min} - d \tag{2-2}$$

（2）实际偏差　实际偏差是指实际尺寸减去公称尺寸所得的代数差。孔与轴的实际偏差分别用符号 E_a 与 e_a 表示，即

$$E_a = D_a - D \tag{2-3}$$

$$e_a = d_a - d \tag{2-4}$$

由于零件的极限尺寸、实际尺寸可能大于、小于或等于公称尺寸，因此偏差可为正值、负值或零，计算与标注时，除零外，必须带上正、负号。合格零件的实际偏差应在设计给定的极限偏差范围内。

对于孔：$$EI \leqslant E_a \leqslant ES \tag{2-5}$$

对于轴：$$ei \leqslant e_a \leqslant es \tag{2-6}$$

2. 尺寸公差

尺寸公差简称公差，是指尺寸的允许变动量。孔与轴的公差分别用符号 T_h 与 T_s 表示。公差、极限尺寸与极限偏差之间的关系为

$$T_h = D_{max} - D_{min} = ES - EI \tag{2-7}$$

$$T_s = d_{max} - d_{min} = es - ei \tag{2-8}$$

公差与偏差是两个不同的概念，不能混淆。公差是绝对值，偏差是代数值，可为正值、负值和零。当公称尺寸一定时，公差反映了加工的难易程度、表示制造精度的要求，即公差值越大，制造精度要求越低，加工越容易；而偏差表示偏离公称尺寸的多少，与加工的难易无关。公差用于限制实际尺寸的变动量；而极限偏差用于限制实际偏差，是判断零件尺寸合格与否的依据。公差与极限偏差是设计给定的，而实际偏差是零件加工后，经过测量实际尺寸计算得到的。

3. 尺寸公差带图

上述尺寸、极限偏差及公差之间的关系可用图 2-3 表示。由图 2-3 可见，公称尺寸与公差、极限偏差的大小相差悬殊，无法按同一比例画出。为此，采用简单、明了的尺寸公差带图，如图 2-4 所示。尺寸公差带图由零线和尺寸公差带两部分组成。

图 2-4
尺寸公差带图

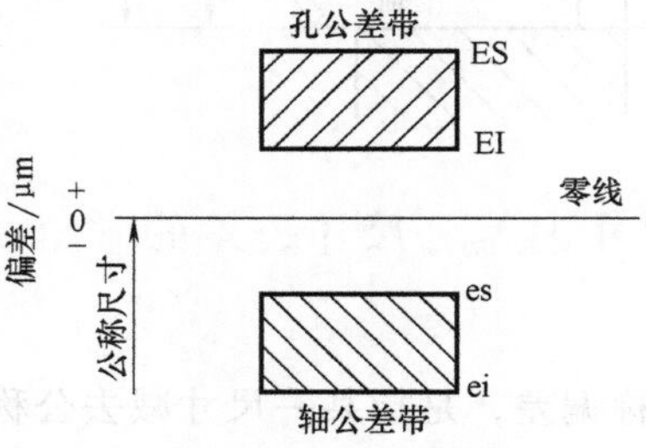

（1）零线　零线是指在尺寸公差带图中，确定偏差的一条基准线，即零偏差线。通常，零线表示公称尺寸。零线上方的偏差值为正，零线

下方的偏差值为负。在绘制公差带图时，要注意标出公称尺寸线、公称尺寸数值及符号“$\overset{+}{\underset{-}{0}}$”。

（2）尺寸公差带　尺寸公差带简称公差带，是指在尺寸公差带图中，由代表上、下极限偏差的两条直线段所限定的一个区域。公差带在垂直零线方向上的宽度代表公差值，沿零线方向的长度可适当选取。在公差带图中，公称尺寸的默认单位为毫米（mm），极限偏差的默认单位为微米（μm）。为了区分孔与轴的公差带，孔公差带用 45°剖面线填充，轴公差带用 135°剖面线填充。

尺寸公差带具有公差带大小和公差带位置两个特性，公差带大小由标准公差确定，公差带位置由基本偏差确定。

4. 标准公差

标准公差是国家标准规定的，用以确定公差带大小的任一公差。

5. 基本偏差

基本偏差是国家标准规定的，用以确定公差带相对零线位置的上极限偏差或下极限偏差，一般为靠近零线的那个极限偏差。

2.1.4　有关配合的术语及定义

1. 配合

配合是指公称尺寸相同并且相互结合的孔与轴公差带之间的关系。孔、轴公差带之间的关系不同，便可形成不同的配合。

2. 间隙或过盈

在孔与轴的配合中，孔的尺寸减去轴的尺寸所得的代数差，此差值为正时称为间隙，用符号 X 表示；此差值为负时称为过盈，用符号 Y 表示。

3. 配合的种类

根据孔、轴公差带之间关系不同，配合分为三类，即间隙配合、过盈配合和过渡配合。

（1）间隙配合（见二维码）　间隙配合是指孔的公差带位于轴的公差带上方，一定具有间隙（包括最小间隙等于零）的配合，如图 2-5 所示。由于一批孔和轴的实际尺寸是变动的，因此，实际间隙的大小将随着孔和轴的实际尺寸而变化。

图 2-5
间隙配合

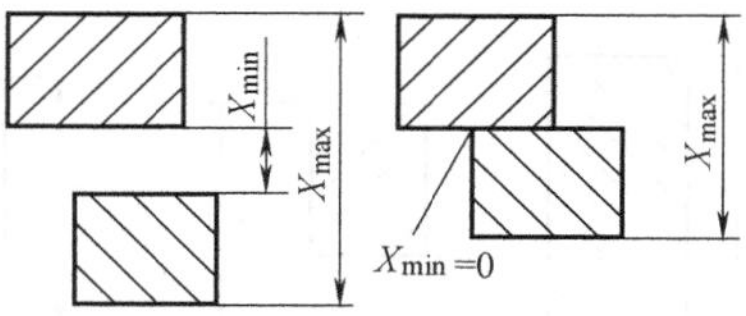

最大间隙为孔的上极限尺寸减去轴的下极限尺寸所得的代数差，用符号 X_{max} 表示，即

$$X_{max} = D_{max} - d_{min} = ES - ei \tag{2-9}$$

最小间隙为孔的下极限尺寸减去轴的上极限尺寸所得的代数差，用符号 X_{min} 表示，即

$$X_{min} = D_{min} - d_{max} = EI - es \tag{2-10}$$

最大间隙与最小间隙统称为极限间隙。平均间隙为最大间隙与最小间隙的平均值，用符号 X_{av} 表示，即

$$X_{av} = (X_{max} + X_{min})/2 \tag{2-11}$$

（2）过盈配合（见二维码）　过盈配合是指孔的公差带位于轴的公差带下方，一定具有过盈（包括最小过盈等于零）的配合，如图 2-6 所示。同理，过盈配合的实际过盈也是变动的。

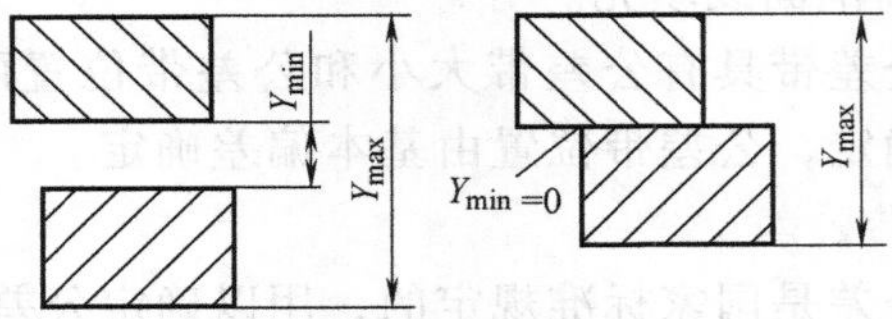

图 2-6　过盈配合

最大过盈为孔的下极限尺寸减去轴的上极限尺寸所得的代数差，用符号 Y_{max} 表示，即

$$Y_{max} = D_{min} - d_{max} = EI - es \tag{2-12}$$

最小过盈为孔的上极限尺寸减去轴的下极限尺寸所得的代数差，用符号 Y_{min} 表示，即

$$Y_{min} = D_{max} - d_{min} = ES - ei \tag{2-13}$$

最大过盈与最小过盈统称为极限过盈。平均过盈为最大过盈与最小过盈的平均值，用符号 Y_{av} 表示，即

$$Y_{av} = (Y_{max} + Y_{min})/2 \tag{2-14}$$

（3）过渡配合（见二维码）　过渡配合是指孔的公差带与轴的公差带相互交叠，孔、轴在结合时可能具有间隙，也可能具有过盈的配合，如图 2-7 所示。同理，过渡配合的实际间隙或过盈也是变动的。

最大间隙 X_{max} 和最大过盈 Y_{max} 分别按式（2-9）和式（2-12）计算。平均间隙或平均过盈的计算为

$$X_{av}(Y_{av}) = \frac{1}{2}(X_{max} + Y_{max}) \tag{2-15}$$

根据式（2-15）计算，结果为正时是平均间隙，为负时是平均过盈。

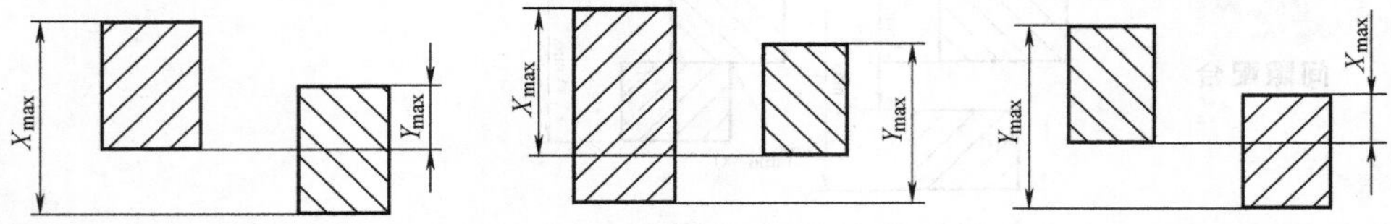

图 2-7　过渡配合

需要注意的是，所谓“可能具有间隙，也可能具有过盈”是对于设计时一批孔、轴而言的，加工后检验合格的一对孔、轴结合时，不是具有间隙就是具有过盈（包括间隙或过盈为零），而不会出现“过渡”的

情况。一般来说，过渡配合的间隙量比间隙配合的间隙量小，过渡配合的过盈量比过盈配合的过盈量小。

4. 配合公差

配合公差是指允许间隙或过盈的变动量，用符号 T_f 表示。

对于间隙配合，配合公差是指允许间隙的变动量，即

$$T_f = X_{max} - X_{min} = T_h + T_s \tag{2-16}$$

对于过盈配合，配合公差是指允许过盈的变动量，即

$$T_f = Y_{min} - Y_{max} = T_h + T_s \tag{2-17}$$

对于过渡配合，配合公差是指允许间隙与过盈的变动量，即

$$T_f = X_{max} - Y_{max} = T_h + T_s \tag{2-18}$$

式（2-16）~式（2-18）表明，无论哪类配合，其配合公差都等于相配合的孔、轴公差之和，因此，配合公差反映了配合精度，配合公差数值越小，则配合精度越高。

5. 配合公差带图

配合公差与极限间隙和极限过盈之间的关系可用配合公差带图表示，如图 2-8 所示。

图 2-8

配合公差带图

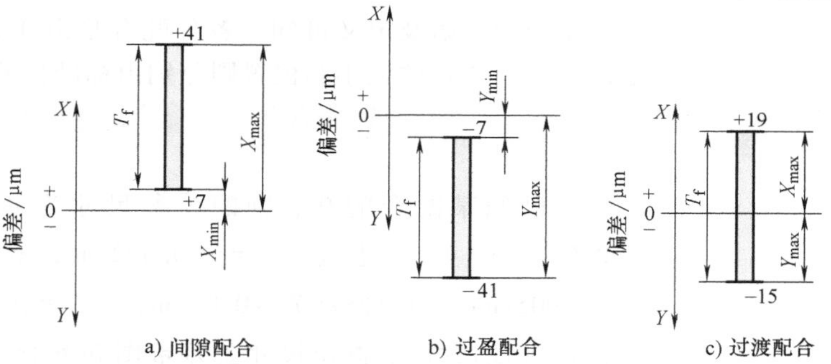

1）零线是指在配合公差带图中，确定间隙或过盈的一条基准线，即零间隙或零过盈线。零线的上方为正，表示间隙；零线的下方为负，表示过盈。

2）配合公差带是指在配合公差带图中，由代表极限间隙或极限过盈的两条直线段所限定的一个区域，该区域用“Ⅱ”图形表示。配合公差带在垂直零线方向上的宽度代表配合公差值。在配合公差带图中，极限间隙或极限过盈用 μm 表示，在图中可不标写单位。

在极限与配合的计算中，灵活应用尺寸公差带图和配合公差带图进行图解法求解，可以将抽象理论形象化、复杂计算简单化（见二维码）。

6. 配合制

用标准化的孔、轴公差带（即同一极限制的孔和轴）组成各种配合的制度称为配合制。GB/T 1800. 1—2009 规定了两种配合制（基孔制和基轴制）来获得各种配合。

（1）基孔制　基孔制是指基本偏差为一定的孔的公差带与不同基本偏差的轴的公差带形成各种配合的一种制度，如图 2-9a 所示。在基孔制

配合中，孔为基准孔，它的公差带位于零线的上方，基本偏差为下极限偏差，且 EI=0。

（2）基轴制　基轴制是指基本偏差为一定的轴的公差带与不同基本偏差的孔的公差带形成各种配合的一种制度，如图 2-9b 所示。在基轴制配合中，轴为基准轴，它的公差带位于零线的下方，基本偏差为上极限偏差，且 es=0。基准孔与基准轴统称为基准件。

图 2-9

配合制

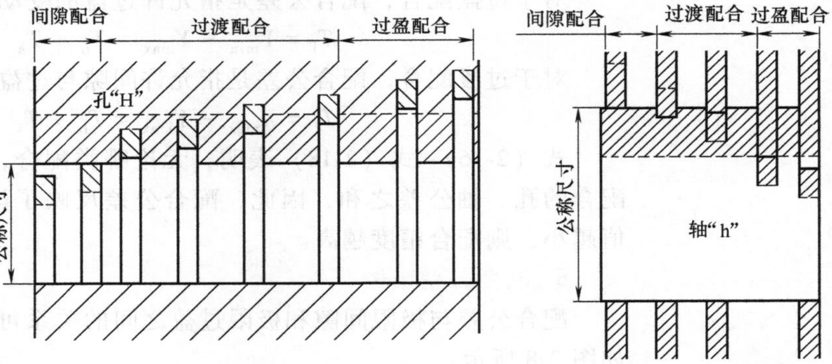

a) 基孔制　　b) 基轴制

从上述术语及定义可知，各种配合是由孔和轴公差带之间的关系决定的，而公差带的大小和位置则分别由标准公差和基本偏差决定。

例 2-1

已知某配合的孔、轴的公称尺寸为 $\phi40$mm，配合公差 T_f = 0.064mm，平均过盈 Y_{av} = −0.002mm，孔的上极限偏差 ES = +0.005mm，轴的公差 T_s=0.025mm，试求孔和轴的极限偏差、极限间隙（或过盈），画出尺寸公差带图和配合公差带图，并说明该配合的配合制和配合种类。

解： 根据式（2-18）计算孔的公差，即

$$T_h = T_f - T_s = (0.064-0.025)\text{mm} = 0.039\text{mm}$$

根据式（2-7）计算孔的下偏差，即

$$EI = ES - T_h = (+0.005-0.039)\text{mm} = -0.034\text{mm}$$

根据式（2-8）、式（2-12）~式（2-15）有

$$Y_{av} = \frac{1}{2}[X_{max}(\text{或 } Y_{min}) + Y_{max}] = \frac{1}{2}[(ES-ei)+(EI-es)]$$

$$= \frac{1}{2}[(+0.005\text{mm}-ei)+(-0.034\text{mm}-es)] = \frac{1}{2}(-0.029\text{mm}-es-ei)$$

故　$es+ei = -0.029\text{mm} - 2Y_{av} = -0.029\text{mm} - 2(-0.002\text{mm}) = -0.025\text{mm}$

又　$T_s = es - ei = 0.025\text{mm}$

由上述两式可求得

$$es = 0\text{mm} \quad ei = -0.025\text{mm}$$

例 2-1（续）

$$X_{max}(\text{或 } Y_{min}) = ES - ei = +0.005mm - (-0.025mm) = +0.030mm$$

因 X_{max}（或 Y_{min}）>0，故应有

$$X_{max} = +0.030mm \quad Y_{max} = EI - es = -0.034mm - 0mm = -0.034mm$$

根据已知条件和上述计算结果可画出孔、轴尺寸公差带图和配合公差带图，如图 2-10 所示。该配合是基轴制过渡配合。

图 2-10

尺寸公差带图和配合公差带图

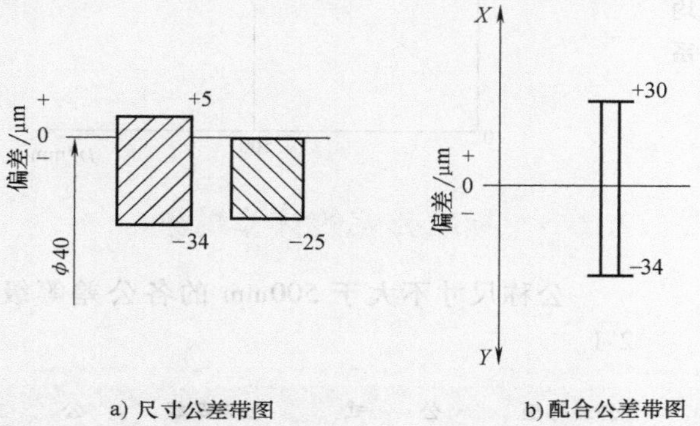

2.2 标准公差系列——尺寸公差带大小的标准化

标准公差系列由不同公差等级和不同公称尺寸的标准公差构成。标准公差数值按以下原则制订。

2.2.1 公差等级

国家标准将标准公差分为 20 级，用 IT 和阿拉伯数字表示为 IT01，IT0，IT1，IT2，…，IT18。从 IT01～IT18，等级依次降低，公差值依次增大。

2.2.2 标准公差因子

标准公差因子是计算标准公差的基本单位。生产实践表明：当工件公称尺寸不大于 500mm（称为常用尺寸）时，在相同的加工条件下，公称尺寸不同的工件加工后产生的加工误差也不同。利用统计分析发现，加工误差与公称尺寸呈立方抛物线的关系，如图 2-11 所示。公差是用来控制加工误差的，由此可建立标准公差因子与公称尺寸的关系。

对于公称尺寸不大于 500mm 的常用尺寸段，其标准公差因子 i 为

$$i = 0.45\sqrt[3]{D} + 0.001D \tag{2-19}$$

式中，i 的单位为 μm；D 是公称尺寸段的几何平均值，单位为 mm。

式（2-19）中，第一项表示加工误差与公称尺寸呈立方抛物线关系；第二项表示测量误差（主要是测量时温度的变化产生的测量误差）与公称尺寸段的几何平均值呈线性关系。

对于公称尺寸大于 500~3150mm 的大尺寸段，其标准公差因子 I 为

$$I = 0.004D + 2.1 \tag{2-20}$$

尺寸大时测量误差是主要因素，特别是温度变化对测量结果的影响比较大，因此标准公差因子与公称尺寸段的几何平均值之间呈线性关系，如图 2-11 所示。

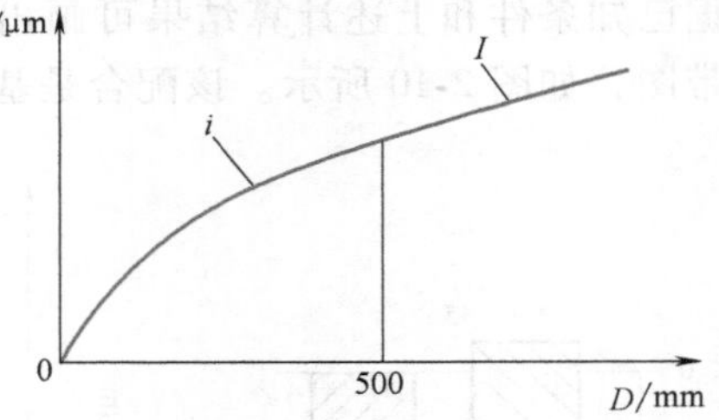

图 2-11 标准公差因子与公称尺寸段的几何平均值之间的关系

2.2.3 标准公差的计算规律

公称尺寸不大于 500mm 的各公差等级的标准公差的计算公式见表 2-1。

表 2-1 公称尺寸不大于 500mm 的标准公差的计算公式

公差等级	公　式	公差等级	公　式	公差等级	公　式
IT01	$0.3+0.008D$	IT6	$10i$	IT13	$250i$
IT0	$0.5+0.012D$	IT7	$16i$	IT14	$400i$
IT1	$0.8+0.020D$	IT8	$25i$	IT15	$640i$
IT2	$(IT1)(IT5/IT1)^{1/4}$	IT9	$40i$	IT16	$1000i$
IT3	$(IT1)(IT5/IT1)^{1/2}$	IT10	$64i$	IT17	$1600i$
IT4	$(IT1)(IT5/IT1)^{3/4}$	IT11	$100i$	IT18	$2500i$
IT5	$7i$	IT12	$160i$		

1）对 IT5~IT18，其标准公差的计算为

$$IT = ai \tag{2-21}$$

式中，a 是标准公差等级系数。

标准公差等级系数采用 R5 优先数系，即公比 $q_5 = \sqrt[5]{10} \approx 1.6$ 的十进等比数列。从 IT6 开始，每增加 5 个等级，公差数值增加到 10 倍。

2）对高精度 IT01、IT0、IT1 这三个公差等级，主要考虑测量误差的影响，因此标准公差与公称尺寸呈线性关系，且三个等级的标准公差的计算公式中的常数和系数均采用优先数系的派生系列 R10/2。

3）对 IT2~IT4，是在 IT1~IT5 之间插入三级，使 IT1、IT2、IT3、IT4、IT5 形成等比级数，公比 $q=(IT5/IT1)^{1/4}$，计算公式见表 2-1。

4）标准公差公差等级系数具有延伸性和内插性，有利于国家标准的发展和扩大使用。例如，按 R10/2 系列向高精度延伸可确定 $IT02=0.2+0.005D$，按 R5 系列向低精度延伸可确定 $IT19=4000i$，按 R10 系列通过内插可确定 $IT6.5=12.5i$。

公称尺寸大于 500~3150mm 的各公差等级的标准公差的计算公式见表 2-2。

表 2-2 公称尺寸大于 500~3150mm 的标准公差的计算公式

公差等级	公　式	公差等级	公　式	公差等级	公　式
IT01	$1I$	IT6	$10I$	IT13	$250I$
IT0	$\sqrt{2}I$	IT7	$16I$	IT14	$400I$
IT1	$2I$	IT8	$25I$	IT15	$640I$
IT2	$(IT1)(IT5/IT1)^{1/4}$	IT9	$40I$	IT16	$1000I$
IT3	$(IT1)(IT5/IT1)^{1/2}$	IT10	$64I$	IT17	$1600I$
IT4	$(IT1)(IT5/IT1)^{3/4}$	IT11	$100I$	IT18	$2500I$
IT5	$7I$	IT12	$160I$		

2.2.4 尺寸分段与标准公差表

由标准公差的计算公式可编制标准公差数值表，设计时，可直接从公差表格中查取标准公差数值。由标准公差的计算公式可知，对同一公差等级，每一个公称尺寸就对应有一个公差值，这样就会形成一个非常庞大的公差数值表，使用很不方便。同时，计算结果表明，当公差等级相同、公称尺寸相近时，公差值差别不大。实践证明，这一差别对配合性质的影响也不大。为了减少标准公差的数目，统一公差值，简化公差表格，便于实际应用，将公称尺寸分成若干段。

尺寸分段后，在同一尺寸段内，只要公差等级相同，不论尺寸大小，公差值都相同。在标准公差的计算式中，公称尺寸 D 为尺寸分段的首、尾两个尺寸的几何平均值。即

$$D = \sqrt{D_1 D_2} \tag{2-22}$$

式中，D_1、D_2 是尺寸分段首、尾两个尺寸。

因此根据标准公差的相关计算公式，可编制标准公差数值表，见附表 2。在实际工作中，可以从附表 2 中直接查取一定公称尺寸和标准公差等级的标准公差数值，还可以根据已知的公称尺寸和标准公差数值确定其对应的标准公差等级。

例 2-2

求公称尺寸为 ϕ50mm 的 IT7 标准公差数值。

解：查附表 2，ϕ50mm 在大于 30~50mm 的尺寸段内，该尺寸段首、尾两个尺寸的几何平均值为

$$D=\sqrt{30\times 50}\,\text{mm}\approx 38.73\text{mm}$$

由式（2-19）和表 2-1 可得

$$i=0.45\sqrt[3]{D}+0.001D=(0.45\sqrt[3]{38.73}+0.001\times 38.73)\,\mu\text{m}\approx 1.56\mu\text{m}$$

$$IT7=16i=16\times 1.56\mu\text{m}=24.98\mu\text{m}$$

经尾数化整，则

$$IT7=25\mu\text{m}$$

按此种计算方法，列出公称尺寸不大于 3150mm 的标准公差数值，见附表 2。

◎2.3　基本偏差系列——尺寸公差带位置的标准化

2.3.1　基本偏差代号及其特点

基本偏差是指已经标准化了的用以确定公差带位置的上极限偏差或下极限偏差，一般是指靠近零线的那个极限偏差。

为了满足各种不同配合的需要，国家标准对孔、轴分别规定了 28 种基本偏差代号，并用英文字母表示。孔的基本偏差代号用大写字母表示，轴的基本偏差代号用小写字母表示。在 26 个英文字母中去掉 5 个容易与其他含义相混淆的字母 I(i)、L(l)、O(o)、Q(q)、W(w)，剩下的 21 个字母加上 7 个双字母 CD(cd)、EF(ef)、FG(fg)、JS(js)、ZA(za)、ZB(zb)、ZC(zc) 作为 28 种基本偏差代号。这些基本偏差代号便构成了基本偏差系列。

由图 2-12 可见，这些基本偏差代号具有以下特点：

1）孔的基本偏差代号 A～G 的基本偏差为下极限偏差 EI（正值）；孔的基本偏差代号 J～ZC 的基本偏差为上极限偏差 ES（多为负值）。

轴的基本偏差代号 a～g 的基本偏差为上极限偏差 es（负值）；轴的基本偏差代号 j～zc 的基本偏差为下极限偏差 ei（多为正值）。

2）基本偏差代号 H 和 h 的基本偏差均为零，即 H 的 EI=0，h 的 es=0，由前述可知，H 和 h 分别为基准孔和基准轴的基本偏差代号。

3）基本偏差代号 JS 和 js 的公差带均相对于零线对称分布，因此，它们的基本偏差可以是上极限偏差（+IT/2），也可以是下极限偏差（−IT/2）。

4）基本偏差的大小一般与公差等级无关。如 A～H 或 a～h 的基本偏差不论公差等级如何，均为一定值。但对于 js、j、k 及 JS、J、K，其基本偏差数值则与公差等级有关。

2.3.2　公差与配合在图样上的标注

（1）公差带代号及其在图样上的标注　孔和轴的公差带代号由基本偏差代号和公差等级代号组成。例如，孔的公差带代号 F9、H8、K7、P6，轴的公差带代号 f7、h7、m6、s6。

零件图上，在公称尺寸之后标注上、下极限偏差数值。例如，孔标注 $\phi30^{+0.021}_{0}$（图2-13a），轴标注 $\phi30^{-0.020}_{-0.033}$（图 2-13b）。

当同时标注公差带代号和相应的极限偏差时，后者应加圆括号（图 2-13c）。

（2）配合代号及其在图样上的标注　配合代号由相互配合的孔和轴的公差带代号组成，用分数形式表示，分子是孔的公差带代号，分母是轴的公差带代号。例如，H8/f8、S8/h7、H8/h8 等。

装配图上，在公称尺寸之后标注配合代号。例如，ϕ30H7/f6（图 2-13d）。

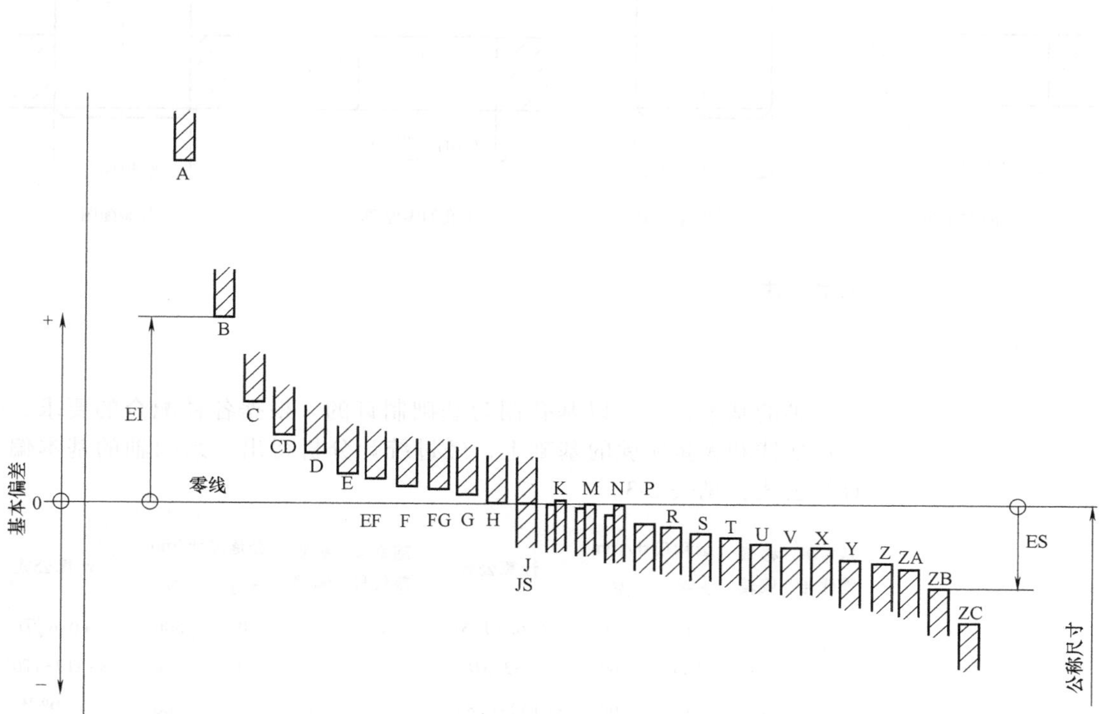

a) 孔的基本偏差系列

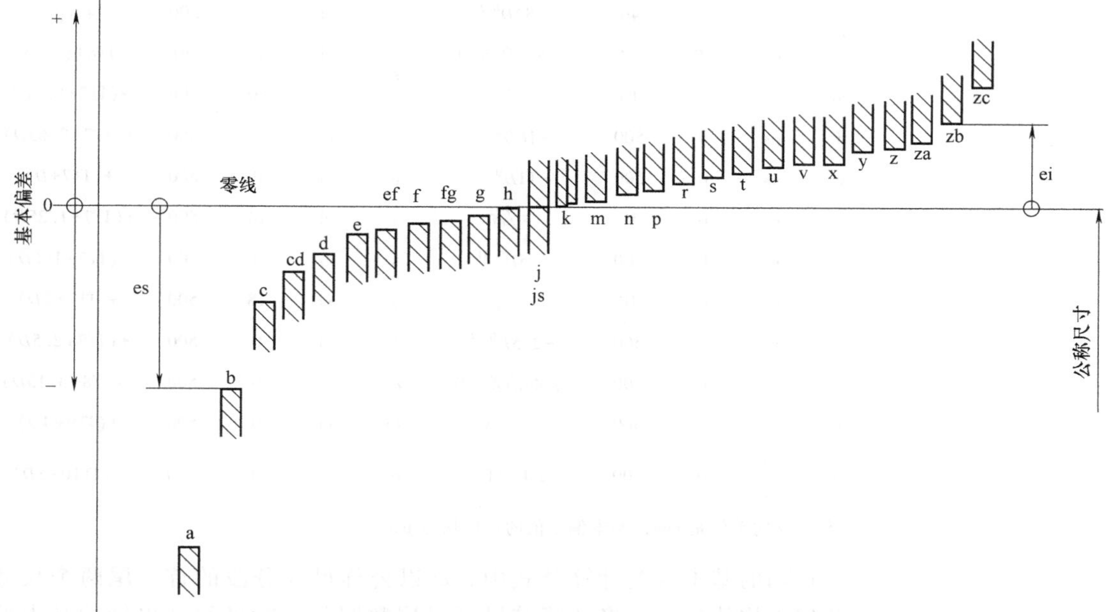

b) 轴的基本偏差系列

图 2-12　基本偏差系列

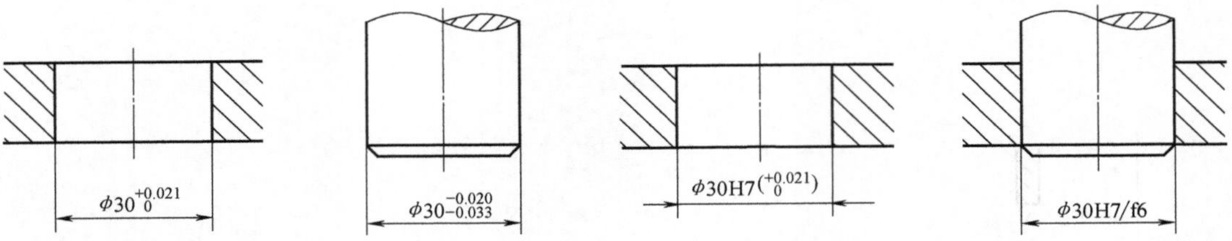

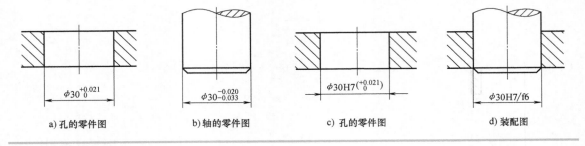

a) 孔的零件图　b) 轴的零件图　c) 孔的零件图　d) 装配图

图 2-13 图样标注

2.3.3 轴的基本偏差的确定

轴的基本偏差是以基孔制为基础制订的。根据各种配合的要求，在生产实践和大量实验的基础上，经过统计分析得出一系列轴的基本偏差计算公式，见表 2-3。

表 2-3 公称尺寸不大于 500mm 的轴的基本偏差计算式

基本偏差代号	极限偏差	公称尺寸/mm		计算公式	基本偏差代号	极限偏差	公称尺寸/mm		计算公式
		大于	至				大于	至	
a	es	1	120	$-(265+1.3D)$	k	ei	0	500	$+0.6\sqrt[3]{D}$
	es	120	500	$-3.5D$	m	ei	0	500	+(IT7−IT6)
b	es	1	160	$-(140+0.85D)$	n	ei	0	500	$+5D^{0.34}$
	es	160	500	$-1.8D$	p	ei	0	500	+[IT7+(0~5)]
c	es	0	40	$-52D^{0.2}$	r	ei	0	500	$+\sqrt{ps}$
	es	40	500	$-(95+0.8D)$	s	ei	0	50	+[IT8+(1~4)]
cd	es	0	10	$-\sqrt{cd}$		ei	50	500	+(IT7+0.4D)
d	es	0	500	$-16D^{0.44}$	t	ei	24	500	+(IT7+0.63D)
e	es	0	500	$-11D^{0.41}$	u	ei	0	500	+(IT7+D)
ef	es	0	10	$-\sqrt{ef}$	v	ei	14	500	+(IT7+1.25D)
f	es	0	500	$5.5D^{0.41}$	x	ei	0	500	+(IT7+1.6D)
fg	es	0	10	$-\sqrt{fg}$	y	ei	18	500	+(IT7+2D)
g	es	0	500	$-2.5D^{0.34}$	z	ei	0	500	+(IT7+2.5D)
h	es	0	500	基本偏差=0	za	ei	0	500	+(IT8+3.15D)
j		0	500	无公式	zb	ei	0	500	+(IT9+4D)
js	es ei	0	500	±0.5ITn	zc	ei	0	500	+(IT10+5D)

注：D 的单位是 mm；基本偏差值的单位均为 μm。

在轴的基本偏差计算公式中，D 以公称尺寸分段的首、尾两个尺寸的几何平均值代入，将计算结果经过尾数圆整，就可编制出轴的基本偏差数值表，见附表 3。设计使用时可直接查用此表，不必再进行计算。

2.3.4 孔的基本偏差的确定

孔的基本偏差是以基轴制为基础制订的。由于基孔制和基轴制是两种等效的公差与配合制度，因此，孔的基本偏差可以由同名代号的轴的基本偏差按照一定的规律转换得到。

转换的原则：基孔制的配合（如 ϕ30H7/t6）变为同名代号基轴制的配合（ϕ30T7/h6）时，保持配合性质不变，即基孔制配合的极限间隙或极限过盈与同名代号基轴制配合的极限间隙或极限过盈对应相等。

1. 基本偏差代号 A～H 的基本偏差的确定

按转换原则，由 a～h（基本偏差为 es）转换为 A～H（基本偏差为 EI），如图 2-14a 所示，由图可知

转换前（基孔制）：　$X_{min}=EI-es=-es$

转换后（基轴制）：　$X'_{min}=EI-es=EI$

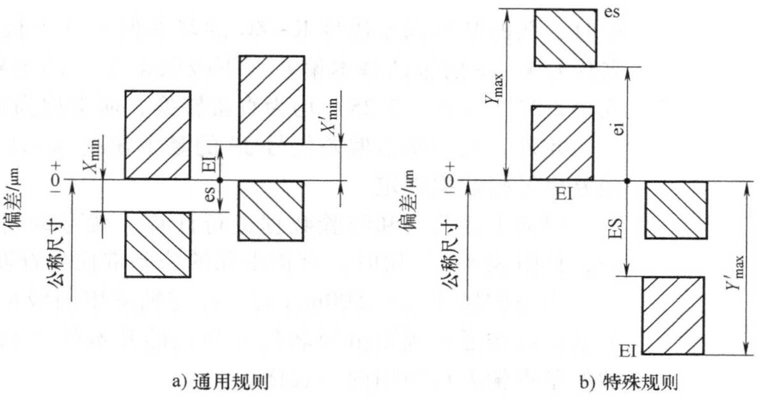

图 2-14　同名代号孔与轴基本偏差的转换

按照转换原则，应满足 $X_{min}=X'_{min}$ 条件，因而有

$$EI=-es \tag{2-23}$$

即孔的基本偏差代号 A～H 的基本偏差（下极限偏差）与对应的同名代号 a～h 的轴的基本偏差（上极限偏差）的绝对值相等，符号相反。

2. 基本偏差代号 J～ZC 的基本偏差的确定

按照转换原则，由 j～zc（基本偏差为 ei）转换为 J～ZC（基本偏差为 ES），如图 2-14b 所示。以过盈配合为例：

转换前（基孔制）：　$Y_{max}=EI-es=-es=-(ei+T_s)$

转换后（基轴制）：　$Y'_{max}=EI-es=EI=ES-T_h$

按照转换原则，应满足 $Y_{max}=Y'_{max}$ 条件，因而有

$$-(ei+T_s)=ES-T_h$$

则

$$ES=-ei+T_h-T_s$$

即

$$\left.\begin{aligned}ES&=-ei+\Delta\\ \Delta&=T_h-T_s\end{aligned}\right\} \tag{2-24}$$

式中，T_h、T_s 是孔与轴的标准公差。

由式（2-24）可见，孔的基本偏差代号 J～ZC 的基本偏差（上极限偏差）等于对应的同名代号的轴的基本偏差（下极限偏差）的负值再加上一个 Δ 值，而 Δ 值为孔的标准公差 T_h 与轴的标准公差 T_s 的差值。

在生产实际中，对于常用尺寸（≤500mm）的孔，当公差等级较高时，要比相同等级的轴更难加工、测量，为了保证孔与轴加工难易程度

相当，设计时应使孔的公差等级比轴的公差等级低一级，则有 $\Delta=T_h-T_s=$ ITn-IT（n-1）$\neq 0$。因有 Δ 存在，通常称式（2-24）为特殊规则。

在国家标准中，下述两种情况下按式（2-24）计算孔的基本偏差。

1）对于较高精度和高精度的过渡配合，即 J、K、M、N 的公差等级为 IT8 或高于 IT8（标准公差≤IT8）时，采用孔比轴低一级的配合。

2）对于较高精度和高精度的过盈配合，即 P～ZC 的公差等级为 IT7 或高于 IT7（标准公差≤IT7）时，采用孔比轴低一级的配合。

当公差等级较低时，即 K、M、N 的公差等级低于 IT8（标准公差>IT8），P～ZC 的公差等级低于 IT7（标准公差>IT7）时，采用孔与轴同级配合，则有 $T_h=T_s$，$\Delta=0$，由式（2-24）可得

$$ES=-ei \tag{2-25}$$

此时，孔的基本偏差代号 K～ZC 的基本偏差（上极限偏差）与对应的同名代号 k～zc 的轴的基本偏差（下极限偏差）的绝对值相等，符号相反。式（2-24）与式（2-25）均为直接转换，通常称为通用规则。

此外，孔的基本偏差代号 JS 的基本偏差为+IT/2 或-IT/2，J 的基本偏差由经验数据确定。

根据上述公式和经验数据进行计算，就可编制出孔的基本偏差数值表，见附表 4。使用时，直接由孔的公差带代号查取其基本偏差的数值。

当公称尺寸大于 500mm 时，孔与轴采用同级配合，所以孔的基本偏差数值可按通用规则由同名代号的轴的基本偏差数值转换得到，故孔与轴的基本偏差可使用同一表格。

2.3.5 孔、轴另一极限偏差的确定

在孔、轴基本偏差确定的基础上，根据孔、轴的公差等级查附表 2 确定标准公差数值，再根据公差与极限偏差之间的关系，即 IT=ES-EI 或 IT=es-ei，计算另一极限偏差。

例 2-3

查表确定下列配合中孔和轴的极限偏差及极限间隙或极限过盈。

1）ϕ30H7/f6 和 ϕ30F7/h6；2）ϕ30H7/p6 和 ϕ30P7/h6。

解：1）查附表 2 得：公称尺寸为 30mm 的 IT6=13μm，IT7=21μm。

① ϕ30H7/f6 为基孔制配合。

ϕ30H7：基本偏差 EI=0μm，则另一极限偏差 ES=EI+IT7=0μm+21μm=+21μm。

ϕ30f6：查附表 3 得基本偏差 es=-20μm，则另一极限偏差 ei=es-IT6=-20μm-13μm=-33μm。

② ϕ30F7/h6 为基轴制配合。

ϕ30F7：查附表 4 得基本偏差 EI=+20μm，则 ES=EI+IT7=+20μm+21μm=+41μm。

例 2-3（续）

ϕ30h6：基本偏差 es = 0μm，则 ei = es − IT6 = 0μm − 13μm = −13μm。

③ 极限间隙。

ϕ30H7/f6 的极限间隙为

$$X_{max}=ES-ei=21\mu m-(-33\mu m)=54\mu m$$

$$X_{min}=EI-es=0\mu m-(-20\mu m)=20\mu m$$

ϕ30F7/h6 的极限间隙为

$$X'_{max}=ES-ei=41\mu m-(-13\mu m)=54\mu m$$

$$X_{min}=EI-es=20\mu s-0\mu s=20\mu m$$

由上述计算看出，ϕ30H7/f6 和 ϕ30F7/h6 的极限间隙量完全相同，两者的配合性质相同，是两对等效配合。

2）查附表 2 得：公称尺寸为 30mm 的 IT6=13μm，IT7=21μm。

① ϕ30H7/p6 为基孔制配合。

ϕ30H7：基本偏差 EI=0μm，则 ES=+21μm。

ϕ30p6：查附表 3 得基本偏差 ei = +22μm，则 es = ei + IT6 = +22μm+13μm=+35μm。

② ϕ30P7/h6 为基轴制配合。

ϕ30h6：基本偏差 es=0μm，则 ei=−13μm。

ϕ30P7：查附表 4 可得 P7 的基本偏差 ES=−22+Δ，其对应的 Δ 值为 8μm，因此有

$$ES=-22\mu m+\Delta=-22\mu m+8\mu m=-14\mu m$$

$$EI=ES-IT7=-14\mu m-21\mu m=-35\mu m。$$

③ 极限过盈。

ϕ30H7/p6 的极限过盈为

$$Y_{max}=EI-es=0\mu m-35\mu m=-35\mu m$$

$$Y_{min}=ES-ei=+21\mu m-22\mu m=-1\mu m$$

ϕ30P7/h6 的极限过盈为

$$Y'_{max}=EI-es=-35\mu m-0\mu m=-35\mu m$$

$$Y'_{min}=ES-ei=-14\mu m-(-13\mu m)=-1\mu m$$

由上述计算可看出，ϕ30H7/p6 和 ϕ30P7/h6 的极限过盈量完全相同，说明两者的配合性质相同。

2.3.6　优先、常用、一般公差带与优先、常用配合

GB/T 1800.1—2009 规定了 20 个公差等级和 28 种基本偏差代号。对于公称尺寸不大于 500mm，基本偏差 J 限用 IT6～IT8 三个公差等级，基本偏差 j 限用 IT5～IT8 四个公差等级，因此可以得到孔的公差带有（28−1）×20+3=543 种，轴的公差带有（28−1）×20+4=544 种。这些孔、轴的公差带又可以组成数目更多的配合（近 30 万对）。数目如此之多的孔、

轴公差带和配合若全部投入使用，显然是不经济的。为了简化公差带和配合的种数，减少定值刀具、量具和工艺装备的品种及规格，国家标准对公称尺寸至500mm的孔、轴分别规定了一般、常用和优先公差带，如图2-15和图2-16所示。图中列出一般公差带：孔有105种，轴有116种；框格内为常用公差带：孔有44种，轴有59种；圆圈内为优先公差带：孔、轴均有13种。

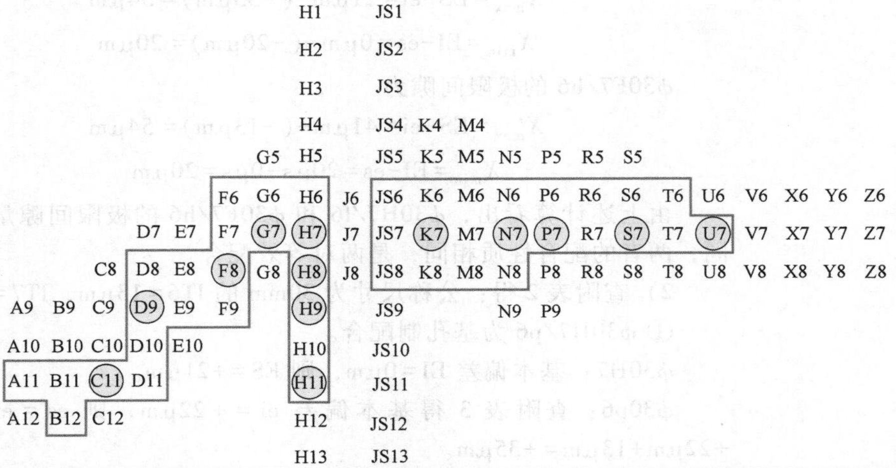

图 2-15 公称尺寸至500mm的一般、常用和优先孔公差带

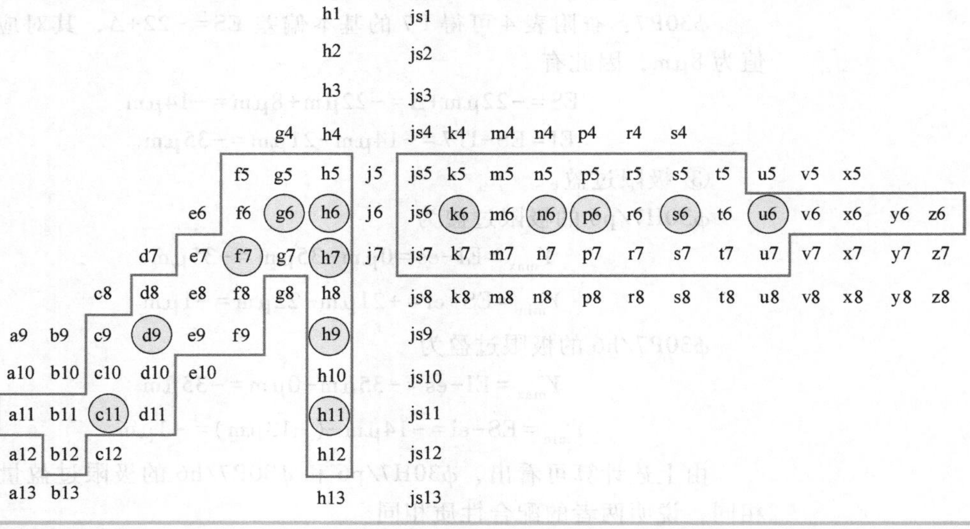

图 2-16 公称尺寸至500mm的一般、常用和优先轴公差带

选用公差带时，应按优先、常用、一般公差带的顺序选取，仅在特殊情况下，当一般公差带不能满足使用要求时，才允许按标准规定的基本偏差和公差等级组成所需的公差带。

在所规定的常用、优先孔和轴公差带的基础上，国家标准规定了公称尺寸不大于500mm基孔制常用配合59种，优先配合13种，见表2-4；基轴制常用配合47种，优先配合13种，见表2-5。

表 2-4　基孔制优先、常用配合（公称尺寸至 500mm）

基准孔	轴																				
	a	b	c	d	e	f	g	h	js	k	m	n	p	r	s	t	u	v	x	y	z
	间隙配合								过渡配合				过盈配合								
H6						H6/f5	H6/g5	H6/h5	H6/js5	H6/k5	H6/m5	H6/n5	H6/p5	H6/r5	H6/s5	H6/t5					
H7						H7/f6	(H7/g6)	(H7/h6)	H7/js6	(H7/k6)	H7/m6	(H7/n6)	(H7/p6)	H7/r6	(H7/s6)	H7/t6	(H7/u6)	H7/v6	H7/x6	H7/y6	H7/z6
H8					H8/e7	(H8/f7)	H8/g7	(H8/h7)	H8/js7	H8/k7	H8/m7	H8/n7	H8/p7	H8/r7	H8/s7	H8/t7	H8/u7				
				H8/d8	H8/e8	H8/f8		H8/h8													
H9			H9/c9	(H9/d9)	H9/e9	H9/f9		(H9/h9)													
H10			H10/c10	H10/d10				H10/h10													
H11	H11/a11	H11/b11	(H11/c11)	H11/d11				(H11/h11)													
H12		H12/b12						H12/h12													

注：1. 带括号的配合为优先配合。

2. 公称尺寸不大于 3mm 的$\frac{H6}{n5}$、$\frac{H7}{p6}$和公称尺寸不大于 100mm 的$\frac{H8}{r7}$为过渡配合。

表 2-5　基轴制优先、常用配合（公称尺寸至 500mm）

基准轴	孔																				
	A	B	C	D	E	F	G	H	JS	K	M	N	P	R	S	T	U	V	X	Y	Z
	间隙配合								过渡配合			过盈配合									
h5						F6/h5	G6/h5	H6/h5	JS6/h5	K6/h5	M6/h5	N6/h5	P6/h5	R6/h5	S6/h5	T6/h5					
h6						F7/h6	(G7/h6)	(H7/h6)	JS7/h6	(K7/h6)	M7/h6	(N7/h6)	(P7/h6)	R7/h6	(S7/h6)	T7/h6	(U7/h6)				
h7					E8/h7	(F8/h7)		(H8/h7)	JS8/h7	K8/h7	M8/h7	N8/h7									
h8				D8/h8	E8/h8	F8/h8		H8/h8													
h9				(D9/h9)	E9/h9	F9/h9		(H9/h9)													
h10				D10/h10				H10/h10													
h11	A11/h11	B11/h11	(C11/h11)	D11/h11				(H11/h11)													
h12		B12/h12						H12/h12													

注：带括号的配合为优先配合。

公称尺寸大于 500～3150mm 是大尺寸段，其常用孔、轴公差带如图 2-17 和图 2-18 所示，国家标准规定孔与轴的配合一般为基孔制的同级配合。

图 2-17 大于 500～3150mm 常用孔公差带

			G6	H6	Js6	K6	M6	N6
		F7	G7	H7	Js7	K7	M7	N7
D8	E8	F8		H8	Js8			
D9	E9	F9		H9	Js9			
D10				H10	Js10			
D11				H11	Js11			
				H12	Js12			

图 2-18 大于 500～3150mm 常用轴公差带

			g6	h6	js6	k6	m6	n6	p6	r6	s6	t6	u6
		f7	g7	h7	js7	k7	m7	n7	p7	r7	s7	t7	u7
d8	e8	f8		h8	js8								
d9	e9	f9		h9	js9								
d10				h10	js10								
d11				h11	js11								
				h12	js12								

2.3.7 线性尺寸的一般公差

1. 一般公差

一般公差是指在车间普通工艺条件下，一般加工能力可保证的公差。采用一般公差的线性尺寸也称为未注公差尺寸，在图样上只标注公称尺寸，而不标注极限偏差。一般公差主要用于较低精度的非配合尺寸。一般公差代表经济加工精度。通常，在正常车间精度保证的条件下，对采用一般公差的尺寸可不检验。采用一般公差可以简化图样，突出图样上注出公差的尺寸，以利于加工和检验。

2. 一般公差线性尺寸的极限偏差

GB/T 1804—2000 对线性尺寸的一般公差规定了精密（f）、中等（m）、粗糙（c）、最粗（v）四个等级，并制订了相应的极限偏差数值，见附表 5。一般公差线性尺寸的极限偏差不分孔、轴，一律取对称分布。

3. 线性尺寸一般公差的表示方法

对线性尺寸一般公差的要求通常在图样上或相应的技术文件中统一标注，采用标准号和公差等级符号表示。

例如，选用中等公差等级时，标注为 GB/T 1804-m。

2.4 尺寸精度设计——公差与配合的选择

尺寸精度设计是机械产品设计中的重要组成部分。尺寸精度设计包括配合制的选择、公差等级的选择和配合的选择。尺寸精度设计总的原则：在满足使用要求的前提下，获得最佳的技术经济效益。

2.4.1　配合制的选择

基孔制和基轴制是标准中规定的两种等效的配合制。设计时，选择配合制需要综合考虑相关零部件的结构特点、加工与装配工艺以及经济效益等因素，并遵循下列原则来确定。

（1）一般情况下应优先选用基孔制　因为中、小尺寸的孔多采用定值刀具（如钻头、铰刀、拉刀等）加工，用定值量具（如极限量规）检验。每一种规格的定值刀具和定值量具只能加工和检验一种尺寸的孔。例如，ϕ50H7/f6、ϕ50H7/n6、ϕ50H7/t6 是公称尺寸相同的基孔制配合。孔的公差带代号相同，所以只需用同一种规格的定值刀具加工和同一种规格的定值量具检验即可。轴的公差带代号虽然各不相同，但车刀、砂轮对不同极限尺寸的轴是同样适用的。可见，采用基孔制配合可以减少公差带的数量，大大减少孔用定值刀具和量具的规格数量，获得显著的经济效益。所以，在一般情况下，应优先选用基孔制。

（2）与基孔制相比，经济效益显著时，应选用基轴制

1）在农业机械、纺织机械及仪器钟表中，经常使用具有一定精度的冷拉钢材直接做轴，不需要再加工。在这种情况下，采用基轴制更为经济合理。

2）由于结构的需要，同一公称尺寸的轴与多个孔相配合，且配合性质不同，在这种情况下，采用基轴制比采用基孔制更经济合理。例如，发动机的活塞连杆机构中（图 2-19a），活塞销与活塞两个销孔之间要求无相对运动，采用过渡配合（M6/h5），而活塞销与连杆衬套孔之间要求有相对运动（只是摆动），采用间隙配合（H6/h5），假设采用基孔制配合（图 2-19b），则活塞两个销孔和连杆衬套孔的公差带相同，而为了满足两种不同的配合要求，就应把活塞销按两种公差带加工成阶梯轴。这种形状的活塞销既不便于加工，又不利于装配，当活塞销大头端通过连

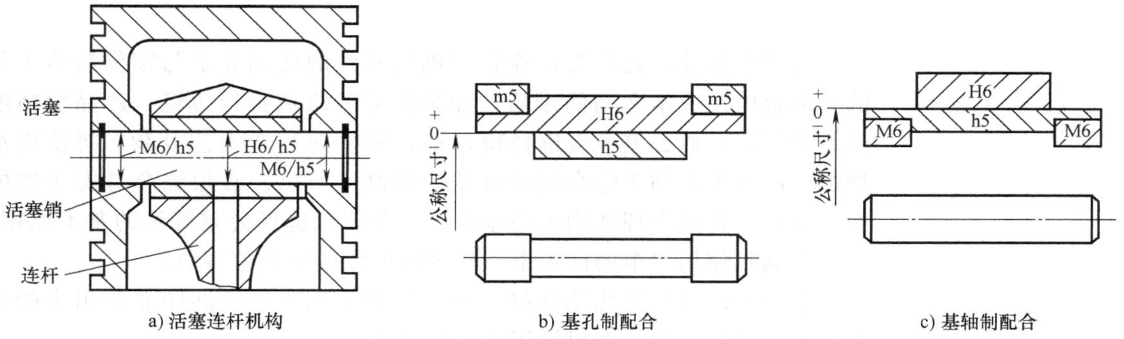

a) 活塞连杆机构　b) 基孔制配合　c) 基轴制配合

图 2-19　基准制选择示例

杆衬套孔时，往往要划伤连杆衬套孔的表面；反之，采用基轴制配合（图 2-19c），则活塞销按一种公差带加工，制成光轴，加工方便，而活塞两个销孔和连杆衬套孔按不同的公差带加工，可获得两种不同的配合。装配时也不会划伤连杆衬套孔，不会影响其配合质量。

（3）以标准件为基准件确定配合制　标准件即标准零件或部件，如滚动轴承、键、销等，一般由专业厂家生产。因此，当与标准件配合时，应以标准件为基准件来确定基准制。

如图 2-20 所示，滚动轴承内圈与轴的配合应采用基孔制配合，轴颈可按 ϕ35k6 加工；滚动轴承外圈与外壳孔的配合应采用基轴制配合，外壳孔可按 ϕ72J7 加工。

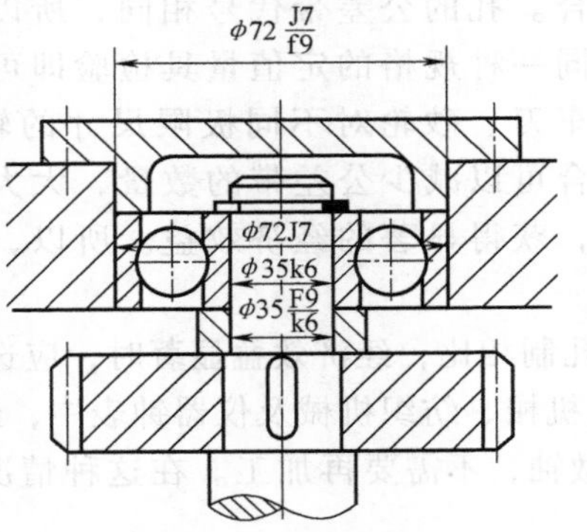

图 2-20
滚动轴承的配合

（4）在某些特殊场合，允许采用任一孔、轴公差带组成的非基准件配合　例如，在图 2-20 中，对于挡圈与轴颈的配合，由于轴的公差带已确定为 ϕ35k6，而挡圈的作用只是将轴承与齿轮隔开，轴向定位，为了装拆方便，挡圈只需松套在轴上即可，因此挡圈与轴颈的配合选为 ϕ35F9/k6；同理，对于轴承端盖与外壳孔的配合，由于外壳孔的公差带已确定为 ϕ72J7，而轴承端盖的作用仅是防尘、防漏及限制轴承的轴向位移量，为了装拆和调整方便，轴承端盖与外壳孔的配合选为 ϕ72J7/f9。这些都是非基准件的配合。

2.4.2　公差等级的选择

选择公差等级就是要正确处理机械零件的使用要求与零件制造工艺的复杂程度及成本之间的矛盾。如果公差等级选择得过低，产品的精度得不到保证；而公差等级选择得过高，零件的制造工艺复杂，将使成本增加。两者都不利于综合经济效益的提高，所以，必须综合考虑矛盾的两个方面，正确合理地确定公差等级。合理地选择公差等级的基本原则：在充分满足使用要求的前提下，尽量选取较低的公差等级。

公差等级常用类比法选择，也就是参考从生产实践中总结出来的经验资料，进行比较，选出恰当的公差等级。

用类比法选择公差等级时，应考虑以下几点：

（1）孔和轴的工艺等价性　由于公称尺寸不大于 500mm 的高精度

（≤IT8）的孔比相同精度的轴难加工、难测量，为使相配的孔与轴的加工难易程度相当，即工艺等价性，一般推荐孔的公差等级比轴的公差等级低一级；通常，IT6～IT8 的孔分别与 IT5～IT7 的轴相配合。低精度（>IT8）或公称尺寸大于 500mm 的孔、轴采用同级配合。

对于采用任一孔、轴公差带组成的非基准件配合，若其中有的零件精度要求不高，则相配件的公差等级可差 2～3 级，以降低加工成本。

（2）根据零件的功能要求和工作条件，确定主次配合表面　对于一般机械而言，主要配合表面的孔和轴选 IT5～IT8，次要配合表面的孔和轴选 IT9～IT12，非配合表面的孔和轴一般选 IT12 以下。

（3）相配件的精度　与滚动轴承、齿轮等配合的孔与轴的公差等级取决于相配件滚动轴承、齿轮的精度等级。例如，与滚动轴承配合，外壳孔为 IT5～IT8，轴颈为 IT4～IT7。

（4）配合性质　由于孔、轴公差等级的高低影响配合间隙或过盈的变动量，即影响配合的一致性和稳定性，因此对过渡配合和过盈配合一般不允许其间隙或过盈的变动量太大，应选较高的公差等级，推荐孔≤IT8，轴≤IT7。而对间隙配合，一般间隙小，公差等级应高；间隙大，公差等级可以低些。例如，可以选用 H6/g5 和 H11/a11。

（5）掌握各种加工方法所能达到的公差等级　目前，各种加工方法可能达到的公差等级见表 2-6。选用公差等级时，应考虑工厂的加工能力，否则，外协加工会提高产品成本。还需注意，随着工艺水平的不断发展和提高，某种加工方法所能达到的公差等级也会有所变化。

表 2-6　各种加工方法可能达到的公差等级

加工方法	公差等级(IT)																			
	01	0	1	2	3	4	5	6	7	8	9	10	11	12	13	14	15	16	17	18
研磨	■	■	■	■	■	■	■													
珩磨						■	■	■	■											
圆磨							■	■	■	■										
平磨							■	■	■	■										
金刚石车							■	■	■											
金刚石镗							■	■	■											
拉削							■	■	■	■										
铰孔								■	■	■	■	■								
车									■	■	■	■	■							
镗									■	■	■	■	■							
铣										■	■	■	■							
刨、插												■	■							
钻												■	■	■	■					
滚压、挤压												■	■							

表 2-6
（续）

加工方法	公差等级(IT)																			
	01	0	1	2	3	4	5	6	7	8	9	10	11	12	13	14	15	16	17	18
冲压																				
压铸																				
粉末冶金成型																				
粉末冶金烧结																				
砂型铸造、气割																				
锻造																				

（6）掌握各公差等级的应用范围　各公差等级的应用范围难以严格划分，大体应用情况见表 2-7。其中，IT5～IT12 用于一般机械中的常用配合，其具体应用情况见表 2-8，可供选择时参考。

当已知配合的极限间隙或极限过盈时，可通过计算和查表确定孔、轴的公差等级。

表 2-7
公差等级的应用范围

应　用	公差等级(IT)																			
	01	0	1	2	3	4	5	6	7	8	9	10	11	12	13	14	15	16	17	18
量块																				
量规																				
配合尺寸																				
特别精密零件																				
非配合尺寸																				
原材料公差																				

表 2-8
公差等级为 IT5～IT12 的应用

公差等级	应　用
IT5	主要用在配合公差、形状公差要求甚小的地方，它的配合性质稳定，一般在机床、发动机、仪表等重要部位应用，如与 5 级滚动轴承配合的箱体孔、机床主轴、精密机械及高速机械中的轴颈、精密丝杠轴颈等
IT6	配合性能可达到较高的均匀性，主要用在与滚动轴承相配合的孔，轴与齿轮、涡轮、联轴器、带轮、凸轮等连接的轴颈，机械丝杠轴颈，摇臂钻立柱，机床夹具中导向件外径尺寸，6 级精度齿轮的基准孔，7 级、8 级精度齿轮的基准轴颈
IT7	IT7 精度比 IT6 稍低，应用条件与 IT6 基本相似，在一般机械中应用较为普遍，如联轴器、带轮、凸轮等孔径，机床夹盘座孔，夹具中固定钻套，7 级、8 级齿轮的基准孔，9 级、10 级齿轮的基准轴
IT8	IT8 在机械制造中属中等精度，如轴承座衬套沿宽度方向的尺寸，9～12 级齿轮的基准孔，11 级、12 级齿轮的基准轴
IT9 IT10	主要用于机械制造中轴套外颈与内孔、操纵件与轴、单键与花键等
IT11 IT12	配合精度很低，装配后可能产生很大间隙，适用于基本上无配合要求的场合，如机器中法兰盘与止口、滑块与滑移齿轮、加工中工序间尺寸、冲压加工的配合件、各种机器中的扳手孔与扳手座的连接

2.4.3　配合的选择

由前述配合制和公差等级的选择，确定了基准孔或基准轴的公差带，以及相应的非基准轴或非基准孔公差带的大小，因此配合的选择就是要确定非基准轴或非基准孔公差带的位置，即确定非基准轴或非基准孔的基本偏差代号。

通常，选择配合的方法有计算法、试验法和类比法。目前，广泛采用的方法是类比法。采用类比法选择配合时应从以下几方面着手。

1. 配合种类的确定

国家标准规定了间隙配合、过盈配合及过渡配合三大类配合。设计时究竟应选择哪一类配合，主要取决于使用要求，如图 2-21 所示。

图 2-21
配合种类的确定

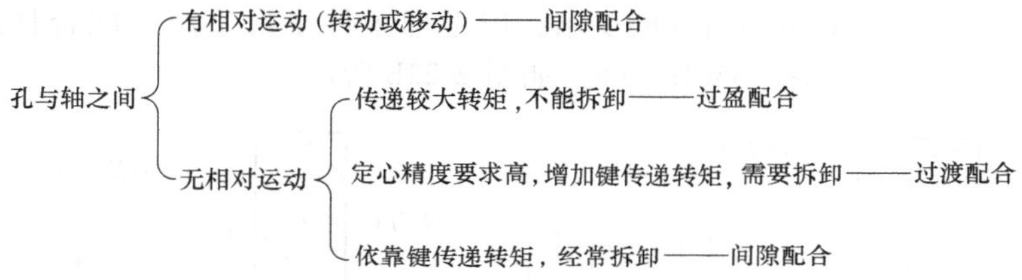

2. 配合松紧程度的确定

1）工作时，互相结合的零件间有相对运动，应考虑其运动形式、运动速度、运动精度、润滑条件、支承数目等。一般来说，轴向移动比回转运动需要小一些的间隙；对有正、反运动的情况，为减少和避免过大的冲击和振动，间隙应小些；当运动的准确性要求高或回转精度要求高时，间隙应小些；润滑油的黏度大时，间隙可稍大些；当支承数目较多时，为了补偿轴线的同轴度误差，应选间隙大一些。

2）对于互相结合的零件在工作时不允许有相对运动的情形，若单纯靠结合面间的过盈来保证传递转矩或轴向力时，应选过盈大一些；若不单纯靠结合面间的过盈而是靠附加紧固件（键、销、螺钉等）来传递不大的转矩时，过盈可小些；所用材料的许用应力小时，过盈也应小些。

3）结合件间定心精度要求高时，有相对运动的地方间隙要小一些；无相对运动的地方应尽量避免间隙的出现，同时又不允许有太大的过盈。

4）经常需要拆装零件的配合，要比不常拆装零件的配合松些。有的零件虽不经常拆装，但拆装比较耗时、复杂，也要选取较松的配合。

5）对过盈配合，零件承受动载荷要比承受静载荷的过盈大些；对间隙配合，则零件承受动载荷的间隙应小些。

6）当形状误差、位置误差较大或结合面较长时，对过盈配合，过盈应减少；对间隙配合，间隙应增加。

7）表面越粗糙，对过盈配合，过盈应增加；对间隙配合，间隙应减少。

8）生产类型不同，对配合的松紧程度影响也不同。在大批量生产时，多采用调整法加工零件，加工后尺寸的分布通常遵循正态分布，即绝大多数零件的尺寸靠近公差带中点。而单件小批生产时，多采用试切法加工零件，加工后尺寸遵循偏态分布，即绝大多数零件的尺寸靠近最大实体尺寸。因此，同一种配合的零件采用不同生产类型生产，装配后的松紧程度也不同。单件小批生产的零件装配后与大批量生产的零件装配后相比较，对具有间隙的配合，前者使平均间隙减少；对具有过盈的配合，前者使平均过盈增大。如图 2-22a 所示，设计时给定孔与轴的配合为 ϕ50H7/js6，大批量生产时，孔、轴装配后形成的平均间隙 X_{av} = +12.5μm；而单件小批生产时，孔和轴的尺寸分布中心分别趋向孔的下极限尺寸和轴的上极限尺寸，于是，孔、轴装配后形成的平均间隙 X'_{av} 要比 +12.5μm 小得多，不能满足原设计要求。因此，为满足设计时 ϕ50H7/js6 的要求，应考虑单件小批生产对配合性质的影响，此时，可选择 ϕ50H7/h6，如图 2-22b 所示。

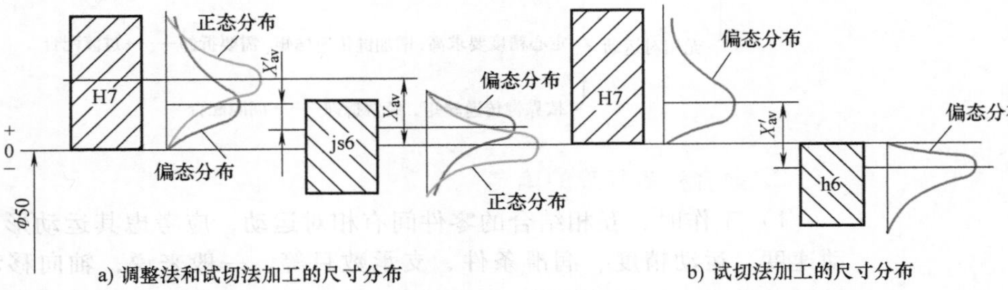

图 2-22　**生产类型对配合选择的影响**

9）如果相互配合的孔、轴工作温度不为标准温度（+20℃），特别是孔、轴温度相差较大或其线胀系数差异较大时，应考虑热变形的影响。这对于高温或低温下工作的机械，尤为重要。

10）如果相互配合的零件装配时存在较大的变形，则选择配合要考虑装配变形的影响。如图 2-23 所示结构，薄壁套筒外表面与机座孔的配合为过盈配合 ϕ80H7/u6，套筒内孔与轴的配合为间隙配合 ϕ60H7/f6。由于套筒外表面与机座孔的装配会产生过盈，当套筒压入机座孔后，套筒内孔会收缩，产生变形，使孔径减小，因此不能满足使用要求。在选择

图 2-23

有装配变形的配合

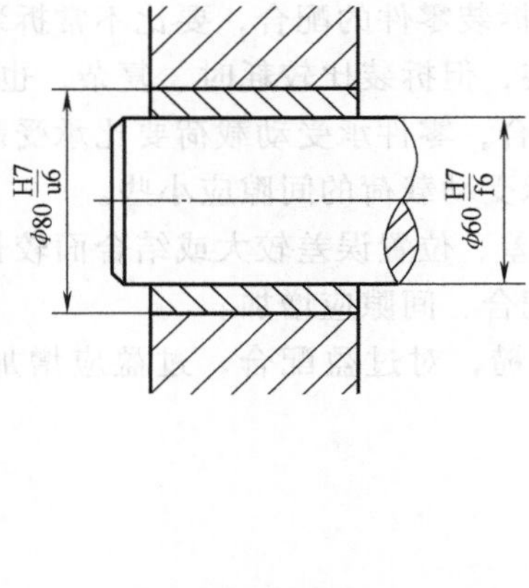

套筒内孔和轴的配合时，应考虑变形量的影响。具体办法有两个：一是将套筒内孔做大些或轴做小些，可将 ϕ60H7 孔加大为 ϕ60G7 或将 ϕ60f6 的轴减小为 ϕ60ef6，以补偿装配变形；二是用工艺措施保证，将套筒压入机座孔后，再按 ϕ60H7 加工套筒内孔。

3. 各种配合的特征及应用

间隙配合的特征是具有间隙。选择间隙配合中非基准件基本偏差的依据是最小间隙。

过渡配合的特征是装配时可能产生间隙，也可能产生过盈，并且间隙与过盈量均较小。选择过渡配合中非基准件基本偏差的依据是最大间隙。

过盈配合的特征是具有过盈。选择过盈配合中非基准件基本偏差的依据是最小过盈。

各种基本偏差的特点及应用实例见表 2-9。

在实际设计工作中，应了解和掌握经生产实践验证过的典型配合实例，优先选用优先配合。表 2-10 为优先配合的应用说明，表 2-11 列举了部分配合实例及说明，供选择时参考。

当已知配合的极限间隙或极限过盈时，可通过计算确定配合代号。

表 2-9　各种基本偏差的特点及应用实例

配合	基本偏差	特点及应用实例
间隙配合	a(A) b(B)	可得到特别大的间隙，很少采用。主要用于工作时温度高、热变形大的零件的配合，如内燃机中铝活塞与气缸钢套孔的配合为 H9/a6
	c(C)	可得到很大的间隙。一般用于工作条件较差（如农业机械）、工作时受力变形大及装配工艺性不好的零件的配合，也适合用于高温工作的间隙配合，如内燃机排气阀杆与导管的配合为 H8/c7
	d(D)	与 IT7~IT11 对应，适用于较松的间隙配合（如滑轮、活套的带轮与轴的配合），以及大尺寸滑动轴承与轴颈的配合（如涡轮机、球磨机等的滑动轴承）。活塞环与活塞环槽的配合可用 H9/d9
	e(E)	与 IT6~IT9 对应，具有明显的间隙，用于大跨距及多支点的转轴轴颈与轴承的配合，以及高速、重载的大尺寸轴颈与轴承的配合，如大型电动机、内燃机的主要轴承处的配合为 H8/e7
	f(F)	多与 IT6~IT8 对应，用于一般的转动配合，受温度影响不大、采用普通润滑油的轴颈与滑动轴承的配合，如齿轮变速器、小电动机、泵等的转轴轴颈与滑动轴承的配合 H7/f6
	g(G)	多与 IT5~IT7 对应，形成配合的间隙较小，用于轻载精密装置中的转动配合，用于插销的定位配合，滑阀、连杆销等处的配合，钻套导向孔多用 G6
	h(H)	多与 IT4~IT11 对应，广泛用于无相对转动的配合、一般的定位配合。若没有温度、变形的影响，也可用于精密轴向移动部位，如车床尾座导向孔与滑动套筒的配合为 H6/h5
过渡配合	js(JS)	多用于 IT4~IT7 具有平均间隙的过渡配合，用于略有过盈的定位配合，如联轴器，齿圈与轮毂的配合，滚动轴承外圈与外壳孔的配合多用 JS7。一般用手或木槌装配
	k(K)	多用于 IT4~IT7 平均间隙接近于零的配合，用于定位配合，如滚动轴承的内、外圈分别与轴颈、外壳孔的配合。用木槌装配
	m(M)	多用于 IT4~IT7 平均过盈较小的配合，用于精密的定位配合，如涡轮的青铜轮缘与轮毂的配合为 H7/m6。用纯铜棒装配
	n(N)	多用于 IT4~IT7 平均过盈较大的配合，很少形成间隙。用于加键传递较大转矩的配合，如压力机上齿轮的孔与轴的配合。用纯铜棒或压力机装配

表 2-9 （续）

配合	基本偏差	特点及应用实例
过盈配合	p(P)	用于过盈小的配合。与 H6 或 H7 孔形成过盈配合，而与 H8 孔形成过渡配合。碳钢和铸铁零件形成的配合为标准压入配合，如卷扬机绳轮的轮毂与齿圈的配合为 H7/p6。合金钢零件的配合需要过盈小时可用 p（或 P）
	r(R)	用于传递大转矩或受冲击负荷而需要加键的配合，如涡轮孔与轴的配合为 H7/r6。必须注意，H8/r8 配合在公称尺寸<100mm 时，为过渡配合
	s(S)	用于钢和铸铁零件的永久性和半永久性结合，可产生相当大的结合力，如套环压在轴、阀座上用 H7/s6 配合
	t(T)	用于钢和铸铁零件的永久性结合，不用键就能传递转矩，需用热套法或冷轴法装配，如联轴器与轴的配合为 H7/t6
	u(U)	用于过盈大的配合，最大过盈需验算，用热套法进行装配，如火车车轮轮毂孔与轴的配合为 H6/u5
	v(V)，x(X) y(Y)，z(Z)	用于过盈特大的配合，目前使用的经验和资料很少，须经试验后才能应用。一般不推荐

表 2-10 优先配合的应用说明

优先配合		说明
基孔制	基轴制	
H11/c11	C11/h11	间隙非常大，液体摩擦情况差，用于要求大公差和大间隙的外露组件；要求装配方便的很松的配合；高温工作和很松的转动配合
H9/d9	D9/h9	间隙比较大，液体摩擦情况好，用于公差等级较低、温度变化大、高转速或径向压力较大的自由转动配合
H8/f7	F8/h7	液体摩擦情况良好，配合间隙适中，能保证旋转时有较好的润滑条件。用于中等转速的一般精度的转动，也可用在长轴或多支承的中等精度的定位配合
H7/g6	G7/h6	间隙比较小，用于不回转的精密滑动配合或用于缓慢间歇回转的精密配合，也可用于保证配合件间具有良好的同轴精度或定位精度，又需经常拆装的配合
H7/h6 H8/h7 H9/h9 H11/h11	H7/h6 H8/h7 H9/h9 H11/h11	均为间隙配合，其最小间隙为零，最大间隙等于孔、轴公差之和，用于具有缓慢的轴向移动或摆动的配合；有同轴度和导向精度要求的定位配合
H7/k6	K7/h6	过渡配合，装拆尚方便，用木槌打入或取出，用于要求稍有过盈的精密定位配合。当传递转矩较大时，应加紧固件
H7/n6	N7/h6	过渡配合，装拆困难，需用钢锤费力打入，用于允许有较大过盈的精密定位配合；在加紧固件的情况下，可承受较大的转矩、冲击和振动；用于装配后不需拆卸或大修理时才拆卸的配合
H7/p6	P7/h6	过盈量小，用于定位精度特别重要时，能以最好的定位精度达到部件的刚性及同轴度精度要求。当传递大转矩时，应加紧固件
H7/s6	S7/h6	过盈量属于中等，用于钢和铸件零件的永久性和半永久性接合，在传递中等载荷时，不需加紧固件
H7/u6	U7/h6	过盈量较大，用于传递大的转矩或承受大的冲击载荷，不加紧固件便能得到牢固结合的场合

表 2-11
部分配合实例及说明

配合实例	说　　明
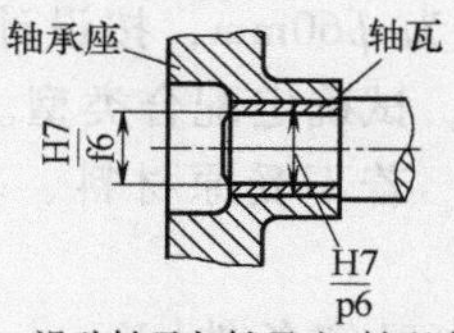 滑动轴承与轴承座、轴配合	在滑动轴承结构中，为保证轴承正常工作时轴瓦与轴颈间形成液体摩擦状态，故轴瓦与轴颈间的配合选为 H7/f6，而轴瓦与轴承座不允许有相对运动，故采取小过盈量的过盈配合 H7/p6
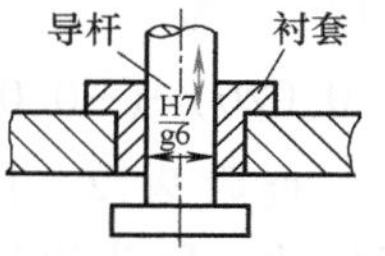 凸轮机构的导杆与衬套配合	在凸轮机构中，导杆要在衬套中做精密滑动，故导杆与衬套间要采用小间隙配合 H7/g6
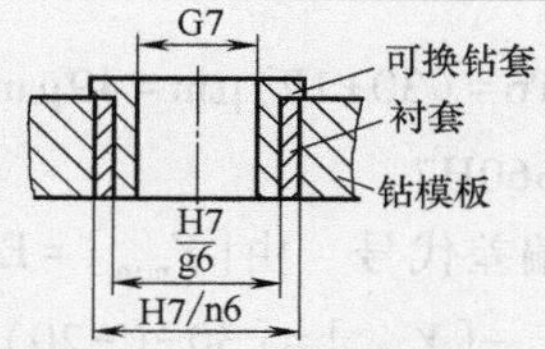 可换钻套与衬套、衬套与模板配合	在可换钻套结构中，衬套压入钻模板，要求精确定位，且不常拆卸，故衬套与钻模板采用较紧的过渡配合 H7/n6，而可换钻套需要定期更换，因此可换钻套与衬套采用小间隙的间隙配合 H7/g6，钻套内孔与钻头间应保证有一定间隙，以防止两者可能卡住或咬死，故钻套内孔采用 G7
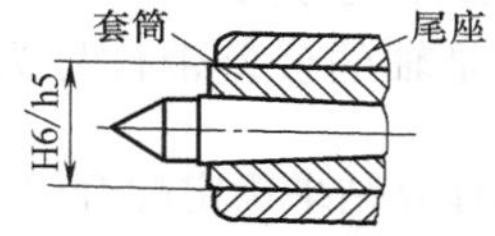 顶尖套筒与尾座孔配合	在车床尾座结构中，顶尖套筒在调整时，要在尾座孔中滑动，需要间隙，但在工作时要保证顶尖高的精度，又不能有间隙，故套筒外圈与尾座孔只能采用精度高而间隙小的间隙配合 H6/h5
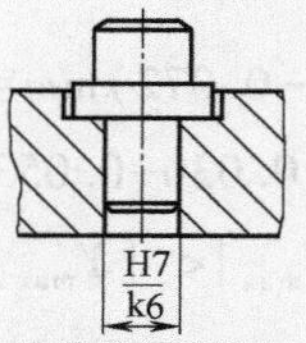 定位销与孔配合	在固定式定位销结构中，定位销直接装配在夹具体上使用，定位精度要求较高且不常拆卸，故定位销与夹具体采用过渡配合 H7/k6
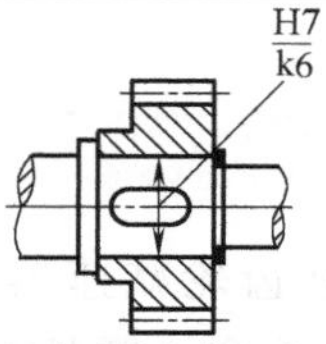 固定齿轮与轴配合	固定齿轮与轴间要求相对静止，有较好的定心精度且不常拆卸，加键可传递一定的载荷，故固定齿轮与轴采用过渡配合 H7/k6
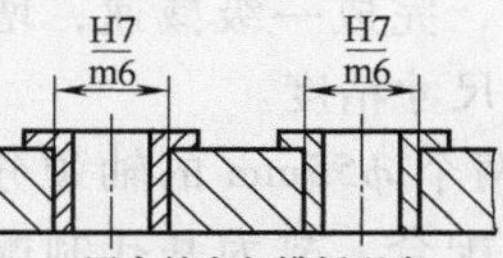 固定钻套与模板配合	固定钻套直接压入钻模板中，要求定位精度较高，且不常拆卸，故固定钻套与钻模板常采用过渡配合 H7/m6
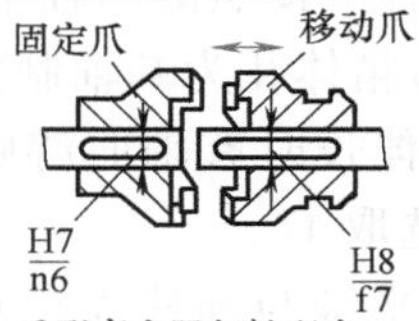 爪形离合器与轴配合	在爪形离合器结构中，固定爪与主动轴间要求精确定位，无相对运动，大修时才拆卸，故固定爪与主动轴采用过渡配合 H7/n6，而移动爪可在从动轴上自由移动，加键能传递一定的载荷，故移动爪与从动轴采用间隙配合 H8/f7

例 2-4

已知孔和轴的公称尺寸为 $\phi 60$mm，按设计要求配合的过盈应在 -0.020～-0.073mm 范围内，试确定配合类型。

解：（1）确定配合制　若不受原材料、基准件及结构的限制，应优先选用基孔制。

（2）计算配合公差　由已知条件 $[Y_{max}]=-0.073$mm，$[Y_{min}]=-0.020$mm，可计算配合公差 $[T_f]$ 为

$$[T_f]=[Y_{min}]-[Y_{max}]=[(-0.020)-(-0.073)]\text{mm}=0.053\text{mm}$$

（3）确定孔、轴的公差　查附表 2，由 $\phi 60$mm 查得：IT6 = 19μm，IT7 = 30μm。由工艺等价性，取孔的公差等级为 IT7，轴的公差等级为 IT6，则

$$T_f=T_h+T_s=\text{IT7}+\text{IT6}=(30+19)\mu\text{m}=49\mu\text{m}<[T_f]=53\mu\text{m}$$

于是孔的公差带代号为 $\phi 60$H7。

（4）确定轴的基本偏差代号　由 $[Y_{min}]=\text{ES}-\text{ei}$ 得

$$\text{ei}=\text{ES}-[Y_{min}]=T_h-[Y_{min}]=[30-(-20)]\mu\text{m}=+50\mu\text{m}$$

查附表 3，取轴的基本偏差代号为 s，ei = +53μm，则 es = ei + IT6 = (+53+19)μm = +72μm，于是轴的公差带代号为 $\phi 60$s6。

（5）确定配合代号　由计算结果确定配合代号为 $\phi 60\dfrac{\text{H7}\left(^{+0.030}_{\ \ 0}\right)}{\text{s6}\left(^{+0.072}_{+0.053}\right)}$。

该配合的极限过盈为

$$Y_{max}=\text{EI}-\text{es}=(0-0.072)\text{mm}=-0.072\text{mm}$$

$$Y_{min}=\text{ES}-\text{ei}=(+0.030-0.053)\text{mm}=-0.023\text{mm}$$

因为 $|Y_{min}|>|[Y_{min}]|$，$|Y_{max}|<|[Y_{max}]|$，所以该配合满足使用要求。

例 2-5

图 2-24 所示为某一级圆柱齿轮减速器，动力由齿轮轴 8 输入，齿轮轴上的齿轮与圆柱齿轮 6 啮合，圆柱齿轮 6 通过平键 5 与输出轴 4 联接传递运动与动力，完成一级减速，增加转矩输出。试分析图中标注的输出轴 4 上的尺寸精度。

解：1）输出轴 4 中两个 $\phi 55$mm 的轴颈分别与两个同规格的标准件滚动轴承 3 的内圈相配合，故为基孔制配合；轴颈随轴承内圈一起转动，应采用小过盈配合，按照滚动轴承国家标准 GB/T 275—2015 选取 k6；该轴承外圈与箱体孔为基轴制配合，由于两者没有相对运动，为保证该轴在受热伸长时有轴向游隙，采用较松的过渡配合，按照 GB/T 275—2015 选取 J7。

2）$\phi 58$mm 的轴颈通过平键与圆柱齿轮 6 相联接，为保证对中

例 2-5（续）

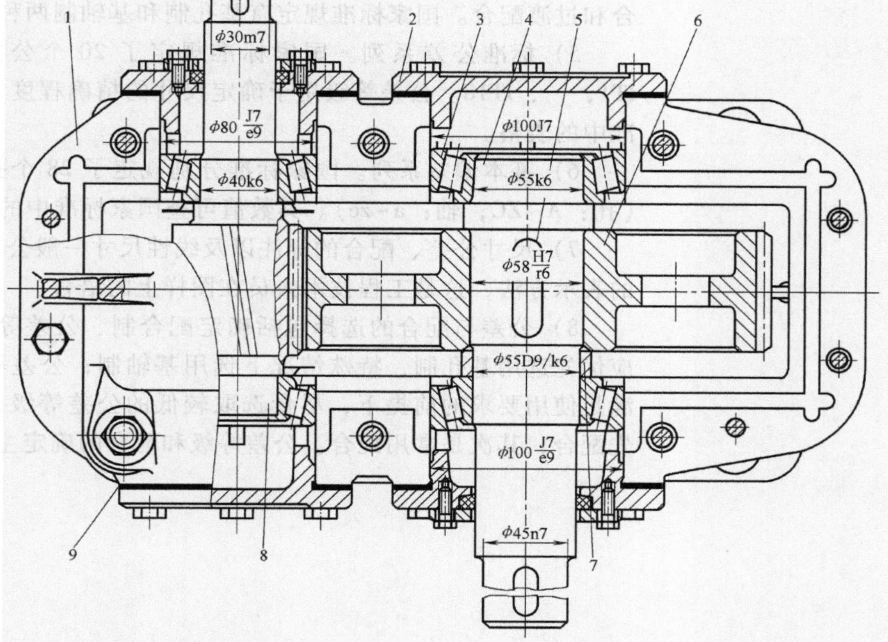

图 2-24

圆柱齿轮减速器

1—箱体　2—轴承端盖　3—滚动轴承　4—输出轴　5—平键　6—圆柱齿轮　7—轴套　8—齿轮轴　9—垫片

性、传动平稳性和装卸方便，齿轮孔与轴选用基孔制的小过盈配合 H7/r6。

3）起轴向定位作用的轴套 7 与 ϕ55mm 的轴颈相配合，允许较大间隙以便于装卸，由于轴颈尺寸公差带已选为 k6，因此此处采用非配合制配合 D9/k6。

4）轴承端盖 2 与外壳孔相配合，轴承盖主要起防尘、防漏及限制轴承轴向位移的作用，由于箱体孔的公差带已定为 J7，为了装拆方便，轴承端盖和箱体孔采用间隙较大的非配合制配合 J7/e9。

5）ϕ45mm 的轴颈通过平键与联轴器等传动件相联接，要求有较好的定心精度且需要拆卸，故此处采用过渡配合，该轴颈选取 n7。

本章小结

本章主要介绍“极限与配合”国家标准的组成、特点、术语和定义等，以及尺寸公差与配合的选用。“极限与配合”国家标准是机械行业应用最广泛的基础标准，因此本章是本课程中最重要的一章。

1）有关“尺寸”的术语有公称尺寸、实际尺寸、极限尺寸。尺寸合格条件：实际尺寸在极限尺寸的范围内。

2）公差与偏差：尺寸公差反映尺寸公差带的大小，偏差反映尺寸公差带的位置；尺寸公差影响配合的精度，偏差影响配合的松紧。

3）尺寸公差带有大小和位置两个参数。国家标准将这两个参数标准化，得到标准公差系列和基本偏差系列。

4）按孔和轴的尺寸公差带的位置不同，配合分为间隙配合、过盈配合和过渡配合。国家标准规定有基孔制和基轴制两种配合制。

5）标准公差系列。国家标准规定了 20 个公差等级：IT01，IT0，IT1，…，IT18。公差等级用于确定尺寸的精确程度，其数值可查国家标准中的表格。

6）基本偏差系列。国家标准分别规定了 28 个孔、轴基本偏差代号（孔：A~ZC；轴：a~zc）。其数值可查国家标准中的表格。

7）尺寸公差、配合的标注以及线性尺寸一般公差的规定和在图样上的表示方法，这是工程技术人员在图样上的语言。

8）公差与配合的选择包括确定配合制、公差等级以及配合的种类。应优先选用基孔制，特殊情况下选用基轴制；公差等级的选择原则是在满足使用要求的前提下，尽量选取较低的公差等级；配合应尽量选用优先配合，其次是常用配合。公差等级和配合的确定主要采用类比法。

第3章

几何精度设计

本章提要

- 本章学习国家标准对几何误差与公差的主要规定。
- 本章要求了解几何精度的研究对象；掌握几何公差的种类、定义及其标注方法；理解几何公差带的特性及其作用；理解公差原则的含义及其应用；掌握几何精度设计的基本理论与方法；了解几何误差的评定方法及检测原则。
- 本章重点为几何公差的基本概念和图样标注与应用，难点为公差原则的应用和几何公差的选用。

导入案例

为保证被加工工件的尺寸精度与几何精度，对数控车床主轴有多项精度要求，包括主轴定心轴颈的径向圆跳动、主轴轴肩的轴向圆跳动、主轴锥孔的径向圆跳动以及主轴轴线对床鞍导轨的平行度等。机床装配调试时必须进行相应几何误差的检测。图 3-1 所示为主轴轴线对床鞍导轨的平行度误差检测，将吸在滑板上的千分表测头压在插入主轴孔内的检验棒素线上，推动滑板，使测头在检验棒上平行移动，千分表指针最大差值即为主轴与床鞍导轨的平行度误差。

图 3-1

主轴轴线对床鞍导轨的平行度误差检测

几何公差是为控制构成机械零件几何特性的点、线、面的几何误差

(以往称为形位误差) 所规定的公差。

20世纪50年代前后，工业化国家就有形位公差标准。国际标准化组织（ISO）在1969年公布形位公差标准，并于1978年推荐了形位公差检测原理和方法。我国于1980年颁布《形状和位置公差》标准，包括术语、注法、公差值和检测规定。近年来，按照与国际标准接轨的原则，我国先后对相关国家标准进行了多次修订，并在GB/T 1182—2008中首次使用“几何公差”替代“形位公差”。目前推荐使用的标准为GB/T 18780.1—2002《产品几何量技术规范（GPS） 几何要素 第1部分：基本术语和定义》、GB/T 1182—2008《产品几何技术规范（GPS） 几何公差 形状、方向、位置和跳动公差标注》、GB/T 13319—2003《产品几何量技术规范（GPS） 几何公差 位置度公差注法》、GB/T 1184—1996《形状和位置公差 未注公差值》、GB/T 4249—2009《产品几何技术规范（GPS） 公差原则》、GB/T 16671—2009《产品几何技术规范（GPS） 几何公差 最大实体要求、最小实体要求和可逆要求》、GB/T 17851—2010《产品几何技术规范（GPS） 几何公差 基准和基准体系》以及GB/T 1958—2004《产品几何量技术规范（GPS） 形状和位置公差 检测规定》等。

3.1　零件几何要素和几何公差的特征项目

3.1.1　几何误差对零件使用性能的影响

按图样上的设计要求，将毛坯加工成零件，由于机床、夹具、刀具和零件所组成的工艺系统本身具有一定的误差，以及受力变形、振动、磨损等各种因素的影响，使加工后零件几何体的实际形状及其实际相对位置偏离理想状态而产生的误差称为几何误差。

几何误差对零件使用性能的影响可归纳为以下几方面：

(1) 影响配合性质　如在间隙配合中，轴与孔结合面的形状误差会使间隙分布不均匀，相对运动时易造成局部表面过早磨损，使运动不平稳，降低零件的使用寿命；在过盈配合中，则会使各处的过盈量分布不均匀，影响连接强度。

(2) 影响零件的工作精度　如机床导轨表面的直线度误差，会影响刀架溜板的运动精度和平稳性；齿轮箱上各轴承孔的位置误差会影响齿轮传动的接触精度与齿侧间隙。

(3) 影响可装配性　如花键轴上各个键与花键孔中各键槽的位置误差，箱盖、法兰盘等零件上各螺栓孔的位置误差，都将影响可装配性。

(4) 影响其他功能　如液压或气密零件的形状误差会影响密封性；承受载荷的零件结合面会减小实际接触面积，从而降低承载能力及接触刚度。

总之，零件的几何误差将影响机械产品的工作精度、连接强度、运动平稳性、耐磨性、密封性及可装配性等。因此，对几何误差必须加以控制。

3.1.2　零件几何要素及其分类

构成机械零件几何特征的点、线、面统称为几何要素，简称要素。如

图 3-2a 所示的零件上，点要素有圆锥顶点 5 和球心 8；线要素有素线 6 和轴线 7；面要素有球面 1、圆锥面 2、环状端平面 3 和圆柱面 4。几何公差的研究对象就是构成零件几何特征的要素。由于其状态、结构、地位和功能不同，几何要素可有多种分类方式。

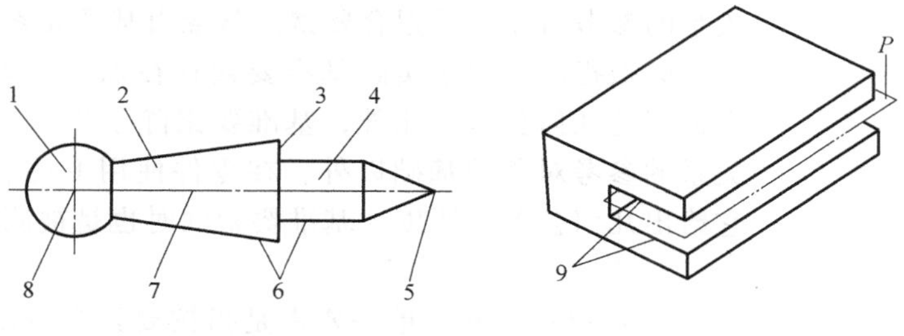

a) 点、线、面　　b) 中心平面

图 3-2

零件几何要素

1—球面 2—圆锥面 3—环状端平面 4—圆柱面 5—圆锥顶点 6—素线 7—轴线 8—球心 9—两平行平面 *P*—中心平面

1. 按结构特征分类

（1）组成要素　组成要素（也称轮廓要素）是指零件的表面和表面上的线，如图 3-2a 所示零件上的球面 1、圆锥面 2、圆柱面 4、环状端平面 3 和圆锥面、圆柱面的素线 6 及图3-2b所示零件上的两平行平面 9。组成要素中，按是否具有定形尺寸可分为：

1）尺寸要素。由一定大小的线性尺寸或角度尺寸确定的几何形状，可以是具有一定直径定形尺寸的圆柱面、圆球、圆锥面和具有一定厚度（或槽宽距离）定形尺寸的两平行平面，如图 3-2 所示的圆柱面 4、球面 1、圆锥面 2 和两平行平面 9。

2）非尺寸要素。不具有定形尺寸的几何形状，如图 3-2 所示的环状端平面 3（具有表示外形大小的直径尺寸，却不具有厚度定形尺寸）。

（2）导出要素　导出要素（也称中心要素）是指由一个或几个尺寸要素的对称中心得到的中心点、中心线或中心平面，如图 3-2a 所示零件上的圆柱面 4 的轴线 7、球面 1 的球心 8 和图 3-2b 所示两平行平面 9 的中心平面 *P*。应当指出，导出要素依存于对应的尺寸要素，离开了对应的尺寸要素，便不存在导出要素。例如，没有尺寸要素球面 1，就没有导出要素球心 8；没有尺寸要素圆柱面 4，就没有导出要素轴线 7。

2. 按存在状态分类

（1）实际要素　实际组成要素，简称实际要素，指由接近实际组成要素所限定的工件实际表面的组成要素部分。

（2）提取要素　提取要素是提取组成要素和提取导出要素的统称。提取组成要素指按规定方法，由实际组成要素提取有限数目的点所形成的实际组成要素的近似替代。提取导出要素指由一个或几个提取组成要素得到的中心点、中心线或中心面。

（3）拟合要素　拟合要素包括拟合组成要素和拟合导出要素。拟合组成要素指按规定的方法由提取组成要素形成的并具有理想形状的组成要素。拟合导出要素指由一个或几个拟合组成要素得到的中心点、中心线或中心面。

3. 按检测关系分类

（1）被测要素　被测要素是指图样上给出了几何公差的要素，也称注有公差的要素，是检测的对象。

（2）基准要素　基准要素是指图样上规定用来确定被测要素的方向或位置关系的要素。基准则是检测时用来确定被测提取要素方向或位置关系的参考对象，是拟合要素。基准由基准要素建立。

必须指出，由于实际基准要素存在加工误差，因此应对基准要素规定适当的几何公差。此外，基准要素除了作为确定被测要素方向或位置关系的参考对象的基础以外，在零件使用上还有本身的功能要求，而对它给出几何公差。所以，基准要素同时也是被测要素。

4. 按功能关系分类

（1）单一要素　单一要素是指按要素自身功能要求而给出形状公差的被测要素。

（2）关联要素　关联要素是指要素对基准要素有功能关系而给出方向、位置或跳动公差的被测要素。应当指出，基准要素按自身功能要求可以是单一要素或是关联要素。

3.1.3　几何公差含义及其特征项目

几何公差是指被测要素对图样上给定的理想形状、理想方向和位置的允许变动量。其中，形状公差是指被测单一要素的形状所允许的变动量。方向、位置和跳动公差是指被测关联要素相对于基准的方向和位置所允许的变动量。不论注有公差的被测要素的局部尺寸如何，被测要素均应位于给定的几何公差带之内，并且其几何误差可以达到允许的最大值。

GB/T 1182—2008 规定的几何公差的特征项目分为形状公差、方向公差、位置公差和跳动公差 4 大类，共有 19 个，它们的名称和符号见表 3-1。其中，形状公差特征项目有 6 个，没有基准要求；方向公差特征项目有 5 个，位置公差特征项目有 6 个，跳动公差特征项目有 2 个，它们都有基准要求。没有基准要求的线、面轮廓度公差属于形状公差，而有基准要求的线、面轮廓度公差则属于方向、位置公差。被测要素的形状、方向和位置精度可以用一个或几个几何公差特征项目来控制。

表 3-1　几何公差的分类、特征项目及符号

公差类型	特征项目	符　　号	公差类型	特征项目	符　　号
形状公差	直线度	—	方向公差	平行度	//
	平面度	▱		垂直度	⊥
	圆度	○		倾斜度	∠
	圆柱度	⌭		线轮廓度	⌒
	线轮廓度	⌒		面轮廓度	⌓
	面轮廓度	⌓			

表 3-1
（续）

公差类型	特征项目	符　号	公差类型	特征项目	符　号
位置公差	同心度（用于中心点）	◎	位置公差	线轮廓度	⌒
				面轮廓度	⌓
	同轴度（用于轴线）	◎	跳动公差	圆跳动	↗
	对称度	⌯			
	位置度	⌖		全跳动	⌰

3.1.4　几何公差带的特性

几何公差带是用来限制被测要素变动的区域，这个区域可以是平面的或者是空间的。只要被测要素全部落在给定的公差带内，就表明其合格。除非另有要求，被测要素在公差带内可以具有任何形状、方向和位置。

几何公差带具有形状、大小、方向和位置等特性。

1）几何公差带的形状取决于被测要素的几何形状、给定的几何公差特征项目和标注形式。表 3-2 列出了几何公差带的 9 种主要形状。

表 3-2
几何公差带的主要形状

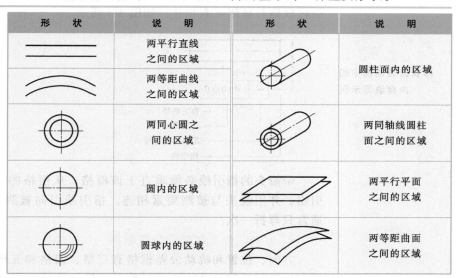

形　状	说　明	形　状	说　明
	两平行直线之间的区域	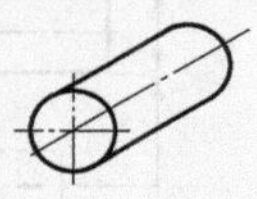	圆柱面内的区域
	两等距曲线之间的区域		
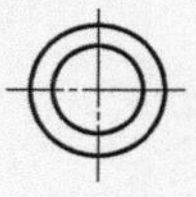	两同心圆之间的区域	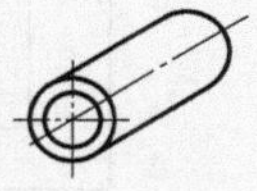	两同轴线圆柱面之间的区域
	圆内的区域		两平行平面之间的区域
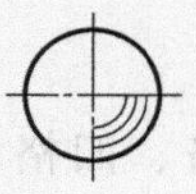	圆球内的区域		两等距曲面之间的区域

2）几何公差带的大小用它的宽度或直径来表示，取决于给定的公差值。如果几何公差值为圆形、圆柱形或球形公差带的直径，则应在公差值数字前加注符号“ϕ”或“$S\phi$”（球的直径）。

3）几何公差带的方向和位置则由给定的几何公差特征项目和标注形式确定。

几何公差带的方向是指与公差带延伸方向相垂直的方向，通常是被测要素指引线箭头所指的方向。因此，几何公差带的方向应与包容被测要素的最小区域一致。对于位置公差带，其方向应与基准保持图样上给定的几何关系。

几何公差带的位置可分为固定的和浮动的两种情况。位置公差带的位置相对于基准要素是完全确定的，不随被测要素的尺寸、形状和位置的改变而变动；而形状公差由于不涉及基准，因此是浮动的。

几何公差带是按几何概念定义的（但跳动公差带除外），与测量方法无关，所以在实际生产中可以采用不同测量方法来测量和评定某一被测要素是否满足设计要求。而跳动是按特定的测量方法定义的，其公差带的特性则与该测量方法有关。

3.2 几何公差在图样上的标注方法

3.2.1 几何公差框格和基准符号

零件要素的几何公差要求应按规定方法以几何公差框格形式标注在图样上。几何公差框格用细实线绘制，由两格或多格组成，采用矩形框格形式给出几何公差要求。

1. 形状公差框格

形状公差框格共有两格，从左到右第一格填写几何公差特征项目符号，第二格填写以毫米为单位的公差值和有关符号，并用带箭头的指引线将框格与被测要素相连，如图 3-3 所示。

图 3-3

形状公差框格中的内容填写示例

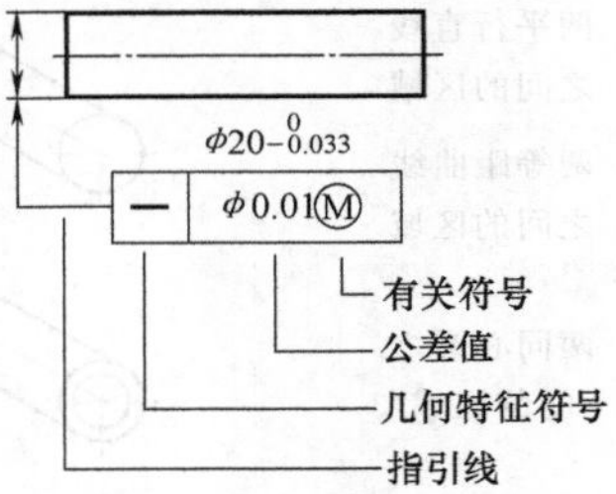

带箭头的指引线必须垂直于该框格，从框格的一端（左端或右端）引出，并用箭头与被测要素相连。指引线引向被测要素时，允许弯折，通常只弯折一次。

2. 方向、位置和跳动公差框格

方向、位置和跳动公差框格有三格、四格和五格等几种，从左到右第一格填写几何公差特征项目符号，第二格填写以毫米为单位的几何公差值和有关符号，从第三格起填写被测要素的基准所使用的字母和有关符号，用带箭头的指引线将框格与被测要素相连，如图 3-4 和图 3-5 所示。这三类公差框格的指引线与形状公差框格的指引线的标注方法相同。

图 3-4

位置公差框格中的内容填写示例

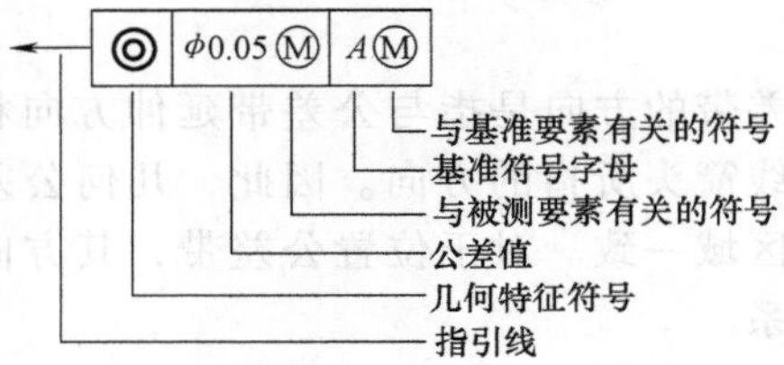

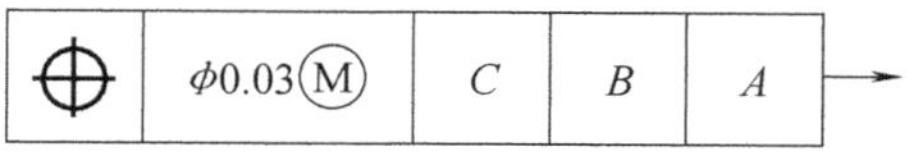

图 3-5 采用多基准的几何公差框格填写示例

方向、位置和跳动公差有基准要求。被测要素的基准在图样上用大写英文字母表示（为了避免混淆和误解，不采用 *I*、*O*、*Q*、*X*），如图 3-4 和图 3-5 所示。

几何公差框格中基准字母按字母的优先顺序自左至右填写，即第三、四、五格中分别填写第一基准、第二基准和第三基准的字母，而与这些字母在字母表中的顺序无关。如图3-5所示，第三格中的字母 *C* 代表第一基准，第四格中的 *B* 代表第二基准，第五格中的 *A* 代表第三基准。

3. 基准符号

基准符号由一个基准方框（框内注写基准字母）和一个涂黑的或空白的基准三角形用细实线连接而构成，如图 3-6 所示。涂黑的和空白的基准三角形的含义相同。基准符号引向基准要素时，无论基准符号在图面上的方向如何，其方框与字母都应水平书写，且连接线分别垂直于基准与方框。

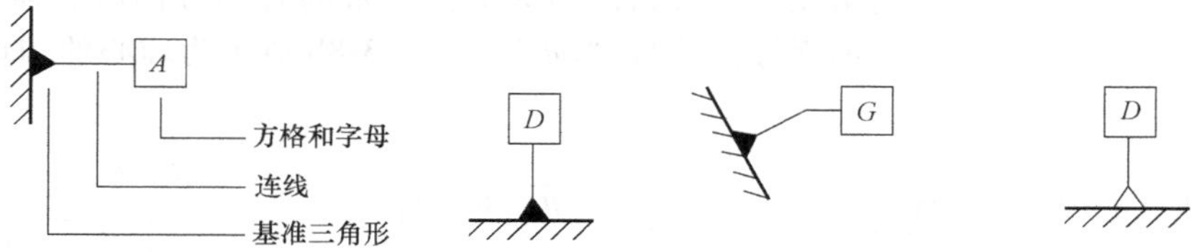

a) 水平绘制　b) 垂直绘制　c) 倾斜绘制　d) 空白的三角形

图 3-6 基准符号

3.2.2 被测要素的标注方法

几何公差框格与被测要素用带箭头的指引线相连，按下列方法标注。

1. 被测要素的标注方法

当被测要素为组成要素时，指引线的箭头应置于该要素的轮廓线上或其延长线上，指引线箭头必须明显地与尺寸线错开，如图 3-7a、b 所示。对于被测表面，还可以用带点的引出线把该表面引出（这个点指在该表面上），指引线的箭头置于引出线的水平线上，如图 3-7c 所示。

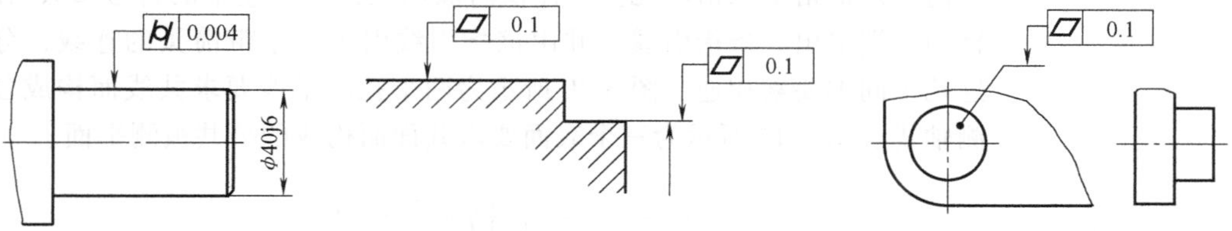

a) 指引线箭头置于轮廓线上　b) 指引线箭头置于轮廓线的延长线上　c) 指引线箭头置于引出线的水平线上

图 3-7 被测组成要素的标注示例

当被测要素为导出要素时，指引线箭头应与该要素所对应尺寸要素的尺寸线对齐，而且指引线应与该要素的线性尺寸线的延长线重合，如

图 3-3、图 3-4 和图 3-8 所示。

图 3-8

被测导出要素的标注示例

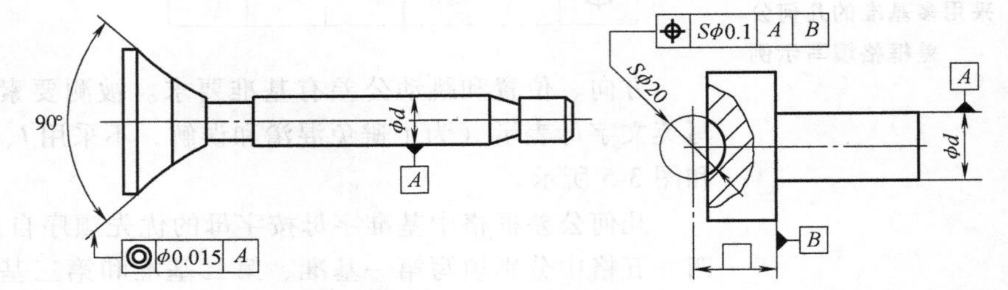

a) 被测圆锥轴线　　b) 被测球心

2. 指引线箭头的指向

指引线的箭头应指向几何公差带的宽度方向或直径方向。当指引线的箭头指向公差带的宽度方向时，公差框格中的几何公差值只写出数字，该方向垂直于被测要素，如图 3-9a 所示；或者与给定的方向相同，如图 3-9b 所示。当指引线的箭头指向圆形或圆柱形公差带的直径方向时，需要在几何公差值的数字前面标注符号“ϕ”，如图 3-9c 和图 3-3 所示。当指引线的箭头指向圆球形公差带的直径方向时，需要在几何公差值的数字前面标注符号“$S\phi$”，如图 3-8b 所示为球心的圆球形公差带。

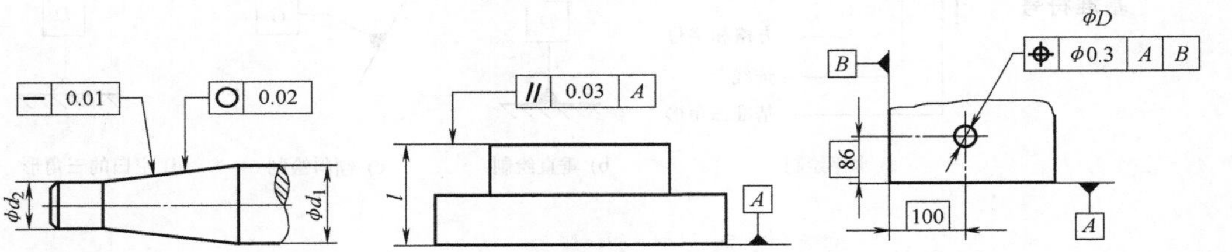

a) 指向公差带的宽度方向　　b) 指向公差带的宽度方向　　c) 指向圆形公差带的直径方向

图 3-9 被测要素几何公差框格指引线箭头的指向

3. 公共被测要素的标注方法

对于公共轴线、公共平面和公共中心平面等由几个同类要素构成的公共被测要素且有同一几何公差要求，应采用一个公差框格标注。此时应在几何公差框格第二格内几何公差值后面加注公共公差带的符号 CZ，在该框格的一端引出一条指引线，并由该指引线引出几条带箭头的连线，分别与这几个同类要素相连。图 3-10 所示为两个孔的轴线要求共线而构成公共被测轴线。图 3-11 所示为三个表面要求共面而构成的公共被测平面。

图 3-10

公共被测轴线标注示例

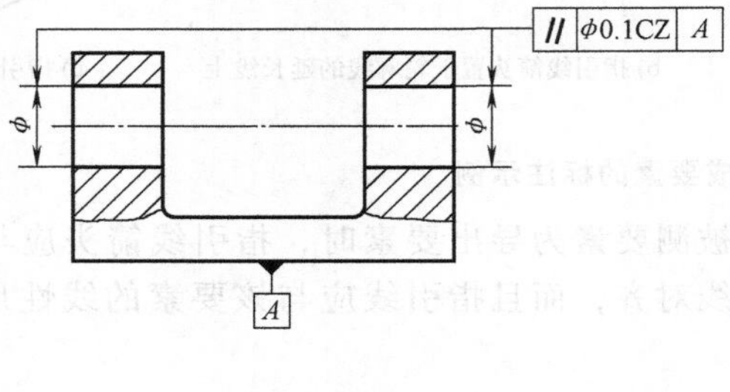

图 3-11

公共被测平面标注示例

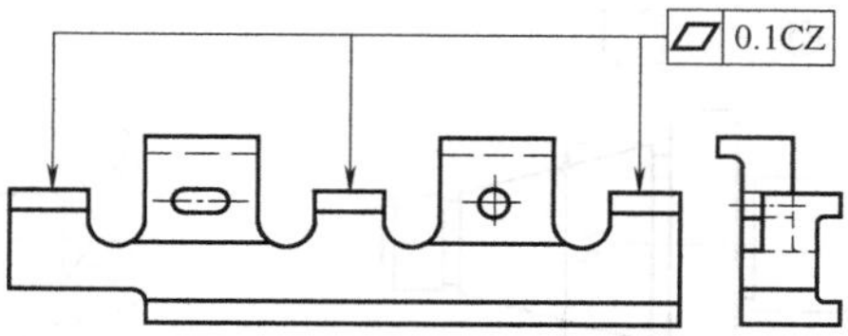

3.2.3 基准要素的标注方法

1. 基准组成要素的标注方法

当基准要素为表面或表面上的线等组成要素时，应把基准符号的基准三角形的底边放置在该要素的轮廓线上或其延长线上，并且基准三角形放置处必须与尺寸线明显错开，如图 3-10 和图 3-12a 所示。对于基准表面，也可以用带点的引出线将该表面引出（这个点指在该表面上），基准三角形的底边放置于该基准表面引出线的水平线上，如图 3-12b 所示。

图 3-12

基准组成要素标注中基准三角形底边的放置位置示例

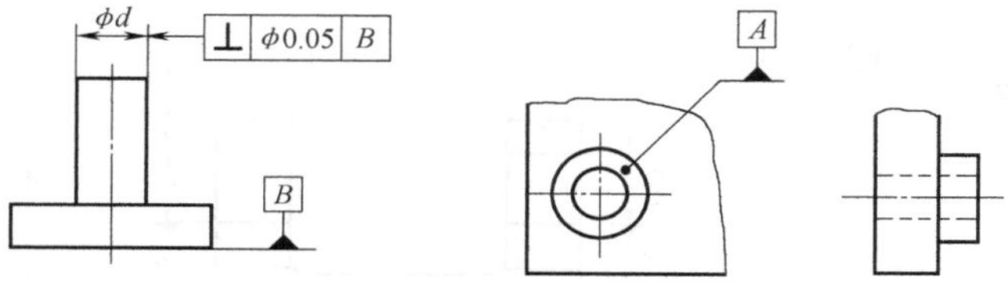

a) 放置在轮廓线的延长线上　b) 放置在引出线的水平线上

2. 基准导出要素的标注方法

当基准要素为轴线或中心平面等导出要素时，应把基准符号的基准三角形的底边放置于基准轴线或基准中心平面所对应的尺寸要素的尺寸界线上，并且基准符号的细实线位于该尺寸要素的尺寸线的延长线上，如图 3-13a 所示。如果尺寸线处安排不下两个箭头，则保留尺寸线的一个箭头，其另一个箭头用基准符号的基准三角形代替，如图 3-13b 所示。

图 3-13

基准导出要素标注中基准三角形的放置位置示例

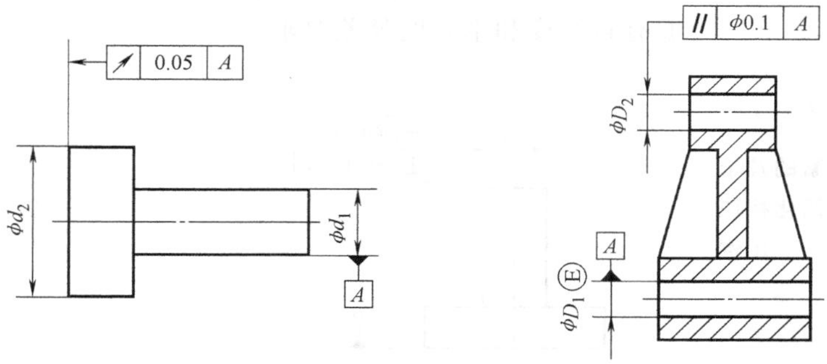

a) 基准符号的细实线位于尺寸线的延长线上　b) 尺寸线的一个箭头用基准符号的基准三角形代替

当基准要素为圆锥轴线时，基准符号的细实线应位于圆锥直径尺寸线的延长线上，如图 3-14a 所示。若圆锥采用角度标注，则基准符号的基准三角形应放置在对应圆锥的角度的尺寸界线上，且基准符号的细实线正对该圆锥的角度尺寸线，如图 3-14b 所示。

图 3-14

基准圆锥轴线标注示例

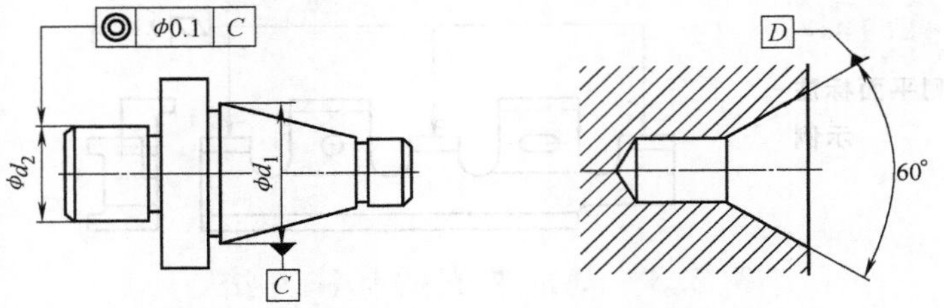

a) 圆锥注出最大圆锥直径　　b) 圆锥注出角度

3. 公共基准的标注方法

对于由两个同类要素构成的公共基准轴线、公共基准中心平面等公共基准，应对这两个同类要素分别标注不同的基准符号，并且在被测要素方向、位置或跳动公差框格第三格中填写中间用短横线隔开的两个基准字母，如图 3-15 所示。

图 3-15

公共基准标注示例

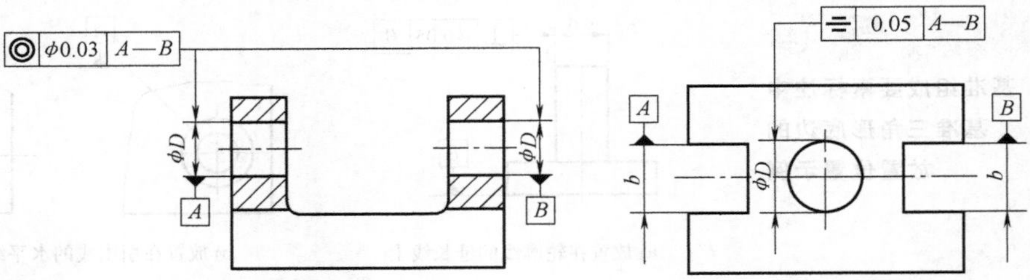

a) 公共基准轴线　　b) 公共基准中心平面

3.2.4 几何公差的简化标注方法

为了减少图样上几何公差框格或指引线的数量，在保证识图方便和不引起误解的前提下，可以简化几何公差的标注。

1. 同一被测要素有几项几何公差要求的简化标注方法

同一被测要素有几项几何公差要求时，可以将这几项要求的几何公差框格重叠绘出，只用一条指引线引向被测要素。图 3-16 所示轴线对端面有直线度和垂直度公差要求。

图 3-16

同一被测要素的几项几何公差简化标注示例

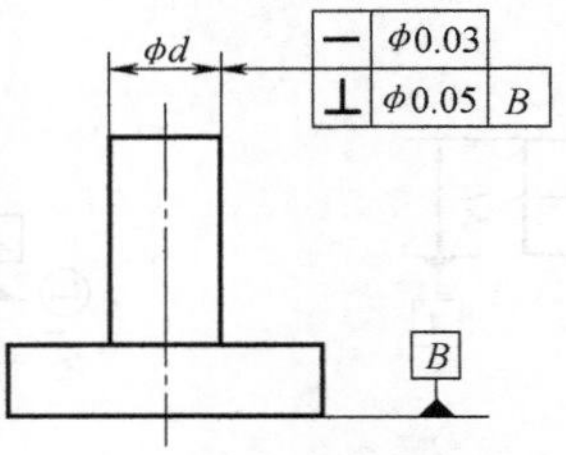

2. 几个被测要素有同一几何公差带要求的简化标注方法

几个被测要素有同一几何公差带要求时，可以使用一个几何公差框格，由该框格的一端引出一条指引线，在指引线上绘制几条带箭头的连线，分别与这几个被测要素相连。如图 3-17 所示，三个不要求共面的被测表面的平面度公差值均为 0.1mm。

图 3-17

几个被测要素有同一几何公差要求的简化标注示例

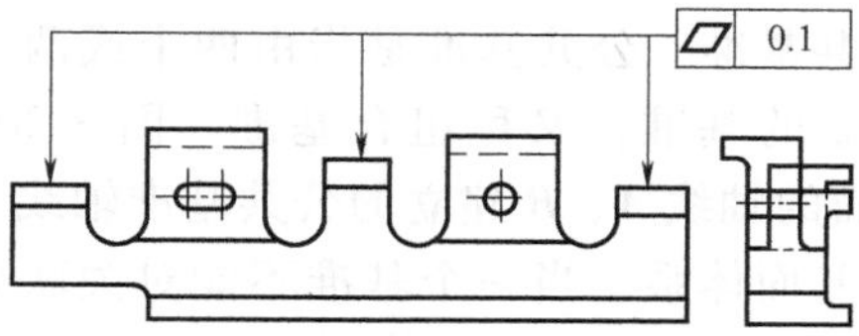

3. 几个同类被测要素有相同几何公差带要求的简化标注方法

几个被测要素的结构和尺寸分别相同且有相同几何公差带要求时，可以只对其中一个要素绘制公差框格，在几何公差框格的上方所标注被测要素的定形尺寸之前注明被测要素的个数（阿拉伯数字），并在两者之间加上乘号“×”。如图 3-18 所示，齿轮轴的两个轴颈的结构和尺寸分别相同，且有相同的圆柱度公差和径向圆跳动公差要求。对于非尺寸要素，可以在几何公差框格的上方注明被测要素的个数和乘号“×”（例如“6×”）。如图 3-19 所示，三条刻线的中心线间距离的位置度公差值均为 0.05mm。

图 3-18

两个轴颈有相同几何公差要求

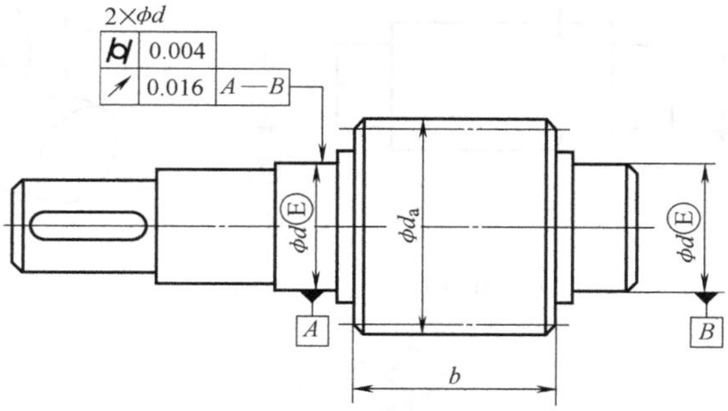

图 3-19

三条刻线有同一位置度公差要求

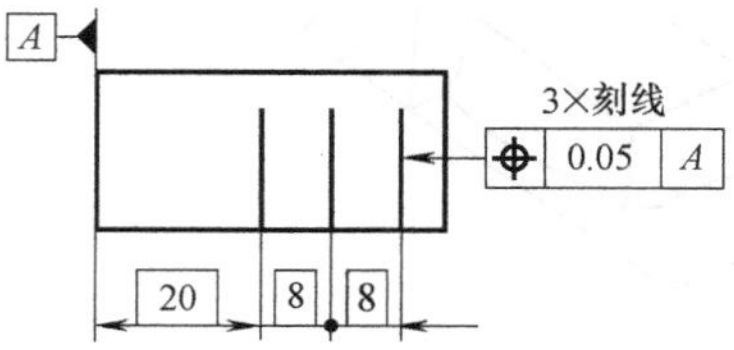

◎ 3.3　几何公差带

3.3.1　基准

1. 基准的种类

基准是用来确定实际关联要素几何位置关系的参考对象，应具有理想形状（有时还应具有理想方向）。基准有基准点、基准直线和基准平面等几种形式，但基准点用得极少。按需要，关联要素的方向和位置可以根据单一基准、公共基准或三基面体系来确定。

(1) 单一基准　单一基准是指由一个基准要素建立的基准。如图

3-10 所示，由一个平面要素建立基准平面 A；再如图 3-13 所示，由圆柱面轴线建立基准轴线 A。

（2）公共基准 公共基准是指由两个或两个以上的同类基准要素建立的一个独立的基准，又称组合基准。图 3-20 所示为由两个直径皆为 ϕd_1 的圆柱面的轴线 A、B 建立的公共基准轴线 $A—B$。

（3）三基面体系 当一个基准不能对关联要素提供完整而正确的方向或位置时，就需要引用基面体系。为与空间直角坐标系一致，规定以三个相互垂直的平面 A、B、C 构成一个基准体系——三基面体系，如图 3-21 所示。其中，第二基准平面 B 垂直于第一基准平面 A，第三基准平面 C 垂直于 A 且垂直于 B。三基面体系中两个基准平面的交线构成一条基准轴线，三条基准轴线的交点构成基准点。确定关联要素方向和位置时，可以使用三基面体系中的三个基准平面，也可以使用其中的两个或一个基准平面，或者使用一个基准平面和一条基准轴线。

图 3-20

同轴度

S—提取中心线

Z—圆柱形公差带

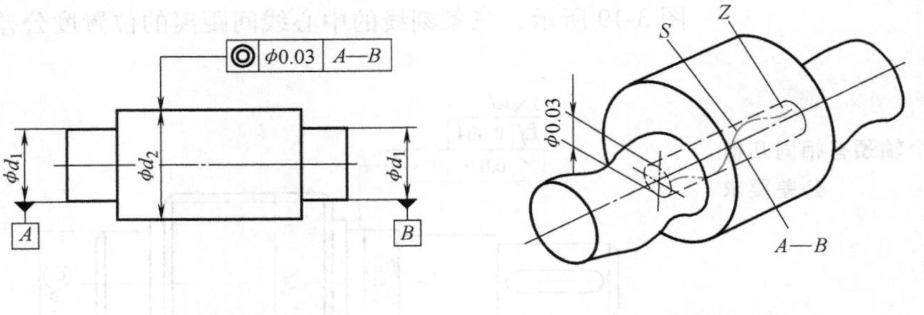

a) 图样标注　b) 公共基准轴线

图 3-21

三基面体系

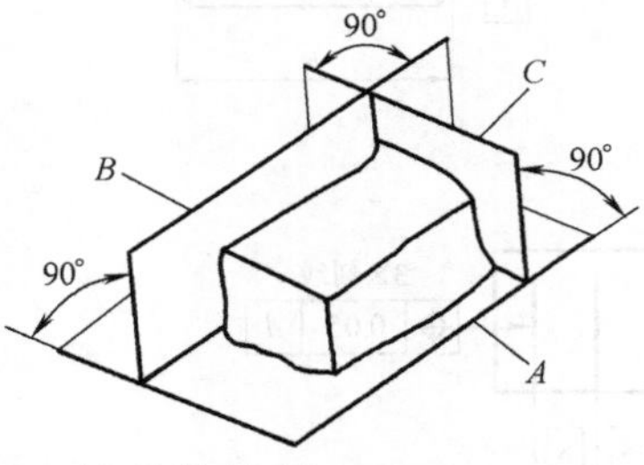

2. 基准的体现

零件加工后，其实际基准要素不可避免地存在或大或小的形状误差（有时还存在方向误差）。如果以存在误差的实际基准要素作为基准，则难以确定提取关联要素的方向和位置。如图 3-22 所示，上表面（被测表面）对底平面有平行度要求，实际基准表面 1 存在形状误差，用两点法

图 3-22

实际基准要素存在形状误差

1—实际基准表面

2—平板工作平面

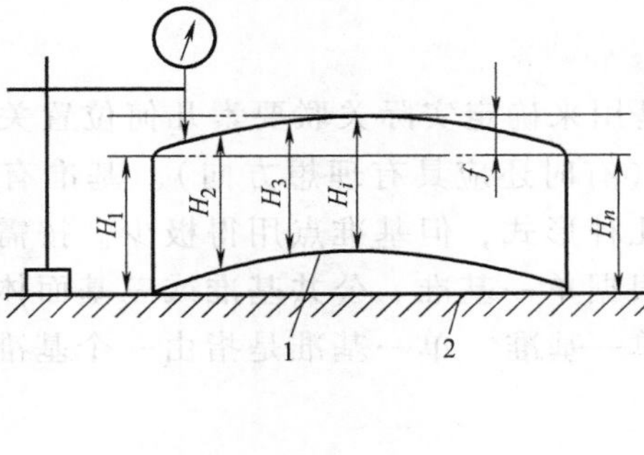

测得被测要素的局部尺寸 $H_1=H_2=H_i=\cdots=H_n$，则平行度误差值似乎为零；但实际上该上表面相对于具有理想形状的基准平面（平板工作平面 2）来说，却有平行度误差，其数值为指示表最大与最小示值之差 f。

再如图 3-23a 所示，ϕD 孔的轴线相对于基准平面 A 和 B 有位置度要求。由于两个实际基准要素存在形状误差，还存在方向误差（互不垂直），如图 3-23b 所示，则根据实际基准要素就很难评定该孔轴线的位置度误差值。显然，当两个基准分别为拟合平面 A 和 B 且互相垂直时，就不难确定该孔轴线的提取位置 S 对其拟合位置 O 的偏移量 Δ，进而确定位置度误差值 $\phi f_U=\phi(2\Delta)$。如果 $\phi f_U\leqslant\phi t$，则表示合格。

由上述可知，在加工和检测中，实际基准要素的形状误差较大时，不宜直接使用实际基准要素作为基准。基准通常用形状足够精确的表面来模拟体现。例如，基准平面可用平台、平板的工作面来模拟体现（图 3-22），孔的基准轴线可用与孔成无间隙配合的心轴或可膨胀式心轴的轴线来模拟体现（图 3-24），轴的基准轴线可用 V 形块来体现（图 3-25），三基面体系中的基准平面可用平板和方箱的工作面来模拟体现。

图 3-23

提取基准要素存在形状误差和方向误差

S—孔轴线的提取位置

O—孔轴线的拟合位置

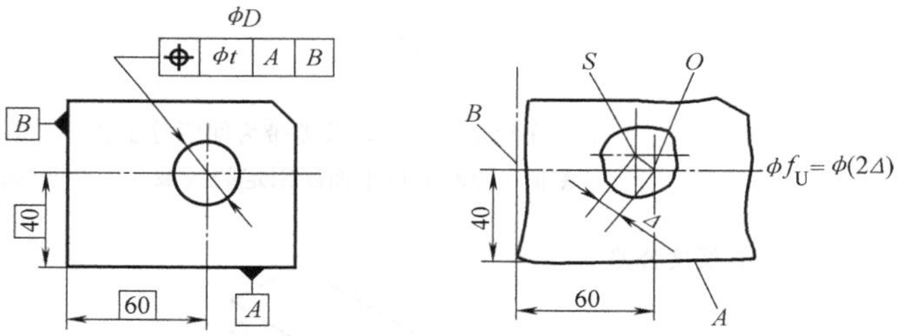

a) 图样标注　　b) 两个提取基准要素存在方向误差

图 3-24

径向和轴向圆跳动测量

1—顶尖　2—被测零件

3—心轴

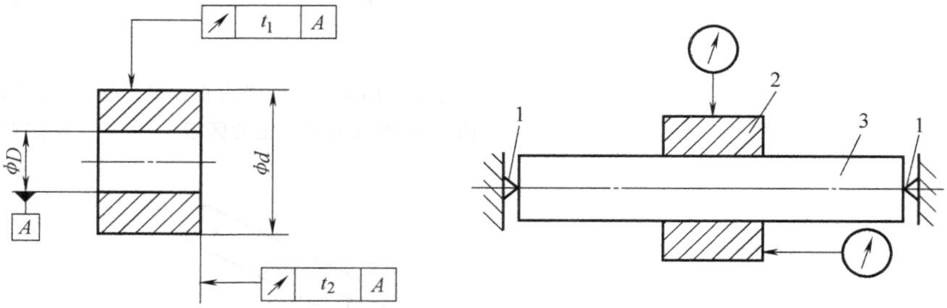

a) 图样标注　　b) 测量示意图

图 3-25

径向圆跳动测量

1—被测零件　2—两个等高 V 形块　3—平板

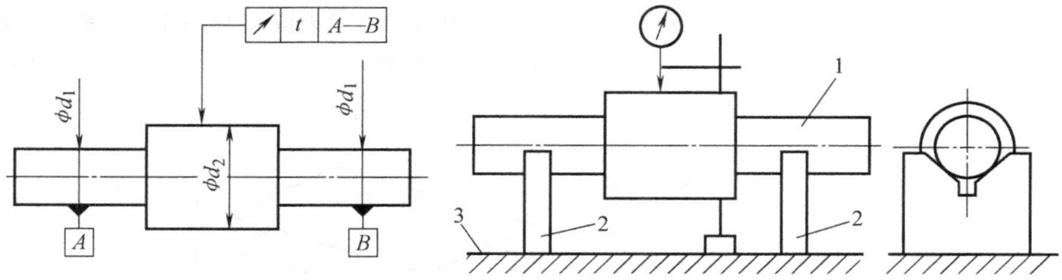

a) 图样标注　　b) 测量示意图

3.3.2　形状公差带

1. 形状公差带

形状公差是指被测要素的形状所允许的变动全量，涉及的要素是线和面，包括直线度、平面度、圆度和圆柱度等特征项目。形状公差带是限制被测要素形状变动的一个区域。直线度、平面度、圆度和圆柱度公差带的定义和标注示例见表 3-3。

表 3-3　典型形状公差带的定义和标注示例

特征项目	公差带定义	标注示例和解释
直线度公差	公差带为在给定平面内和给定方向上，间距等于公差值 t 的两平行直线所限定的区域 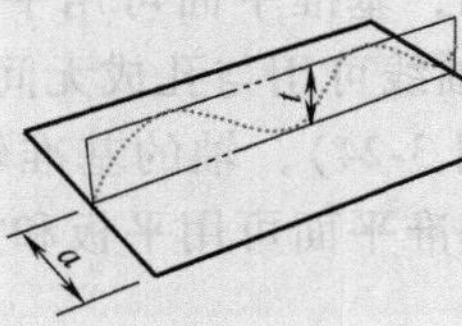 a—任一距离	在任一平行于图示投影面的平面内，上表面的提取（实际）线应限定在间距等于 0.1mm 的两平行直线之间 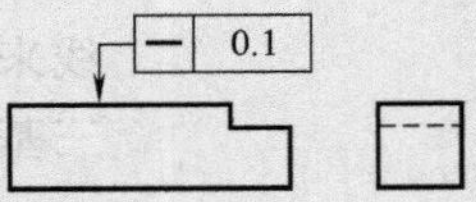
	在给定方向上，公差带为间距等于公差值 t 的两平行平面所限定的区域 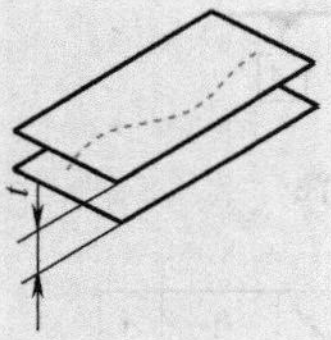	提取（实际）棱边应限定在间距等于 0.1mm 的两平行直线之间 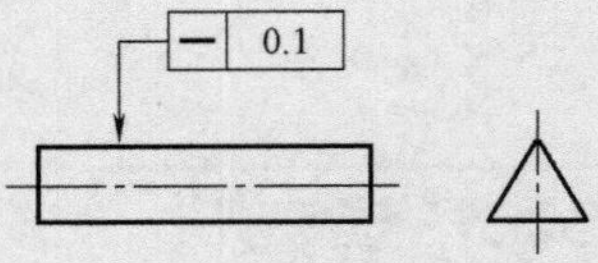
	在任意方向上，公差带为直径等于公差值 ϕt 的圆柱面所限定的区域 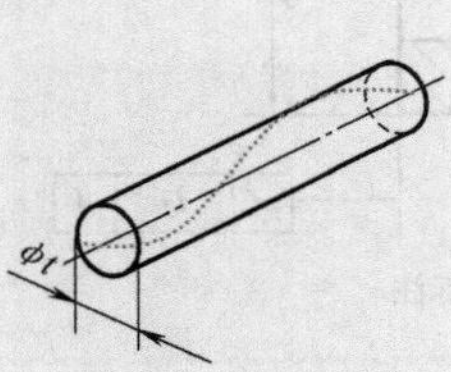 	外圆柱面的提取（实际）中心线应限定在直径等于 ϕ0.06mm 的圆柱面内 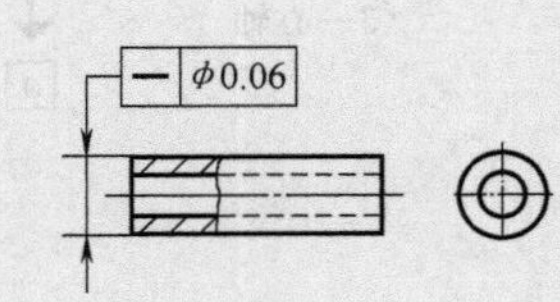
平面度公差	公差带为间距等于公差值 t 的两平行平面所限定的区域 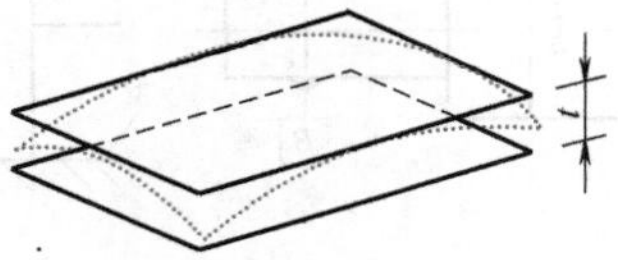 	提取（实际）表面应限定在间距等于 0.07mm 的两平行平面之间 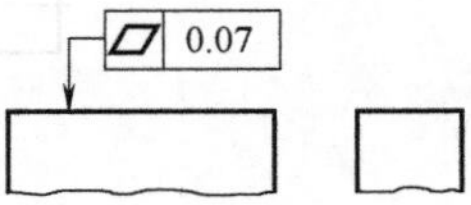

表 3-3 （续）

特征项目	公差带定义	标注示例和解释
圆度公差	公差带为在给定横截面内，半径差等于公差值 t 的两同心圆所限定的区域 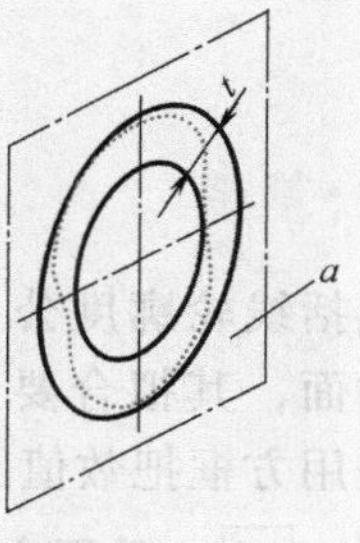 a—任一横截面	在圆柱面的任意横截面内，提取（实际）圆周应限定在半径差等于 0.03mm 的两共面同心圆之间 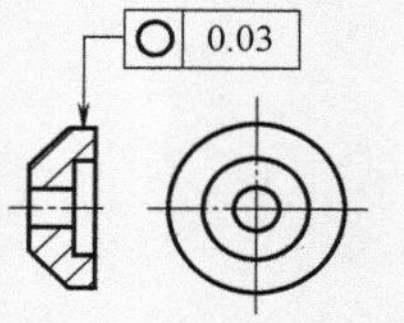
		在圆锥面的任意横截面内，提取（实际）圆周应限定在半径差等于 0.1mm 的两同心圆之间 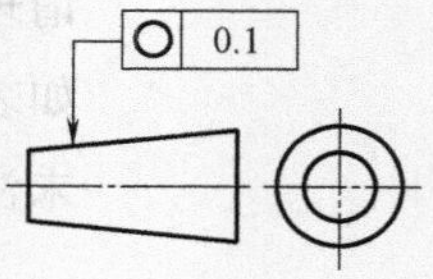
圆柱度公差	公差带为半径差等于公差值 t 的两同轴线圆柱面所限定的区域 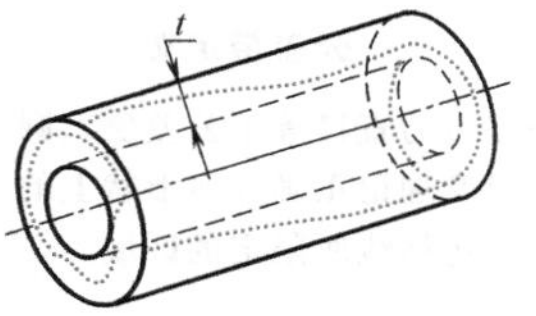	提取（实际）圆柱面应限定在半径差等于 0.1mm 的两同轴圆柱面之间 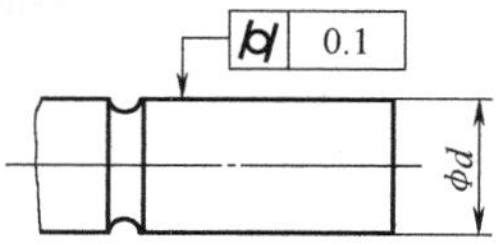

2. 形状公差带的特点

形状公差是针对单一要素自身提出的要求，因此形状公差带不涉及基准，公差带的方向和位置可以随被测要素的有关尺寸、形状及位置的改动而浮动。也就是说，形状公差带只有形状和大小的要求，而没有方向和位置的要求。

例 3-1

按几何公差项目读法及几何公差带含义，解读图 3-26 中标注的几何公差。

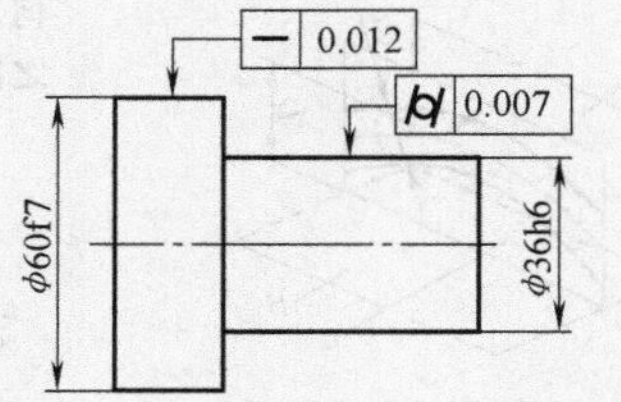

图 3-26 几何公差标注示例

解：1）ϕ60f7 圆柱面上任一素线的直线度公差值为 0.012mm。

例 3-1（续）

即该圆柱表面上任一素线必须位于轴向平面内，距离为公差 0.012mm 的两平行直线所限定的区域。

2）ϕ36h6 圆柱面的圆柱度公差值为 0.007mm。即该圆柱面必须位于半径差为公差值 0.007mm 的两同轴圆柱面所限定的区域。

3.3.3 轮廓度公差带

轮廓度公差包括线轮廓度公差和面轮廓度公差两个特征项目，涉及的要素是曲线和曲面，其拟合要素的形状需要用理论正确尺寸决定。所谓理论正确尺寸是用方框把数值围起来表示没有公差而绝对准确的尺寸，如表 3-4 中的 $\boxed{R10}$、$\boxed{22}$。采用方框的形式表示，是为了区别于图样上的未注公差尺寸。

轮廓度公差带分为无基准的和相对于基准体系的两种。前者的方向和位置可以浮动，而后者的是固定的。线、面轮廓度公差带的定义和标注示例见表 3-4。

表 3-4 线、面轮廓度公差带的定义和标注示例

特征项目	公差带定义	标注示例和解释
无基准的线轮廓度公差	公差带为直径等于公差值 t、圆心位于被测要素理论正确几何形状上的一系列圆的两包络线所限定的区域 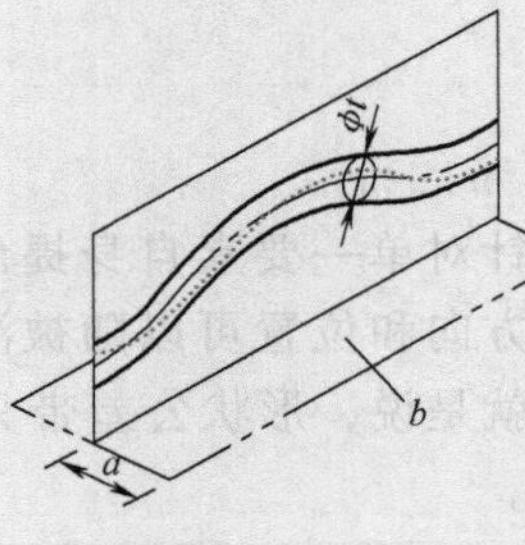 a—任一距离 b—垂直于右图视图所在平面	在任一平行于图示投影面的截面内，提取（实际）轮廓线应限定在直径等于 0.04mm、圆心位于被测要素理论正确几何形状上的一系列圆的两包络线之间 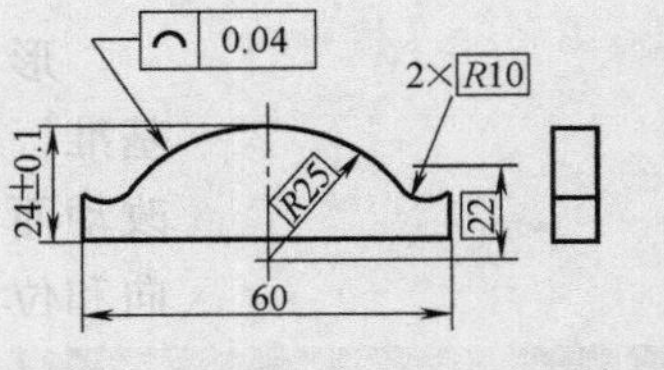
相对于基准体系的线轮廓度公差	公差带为直径等于公差值 t、圆心位于由基准平面 A 和基准平面 B 确定的被测要素理论正确几何形状上的一系列圆的两包络线所限定的区域 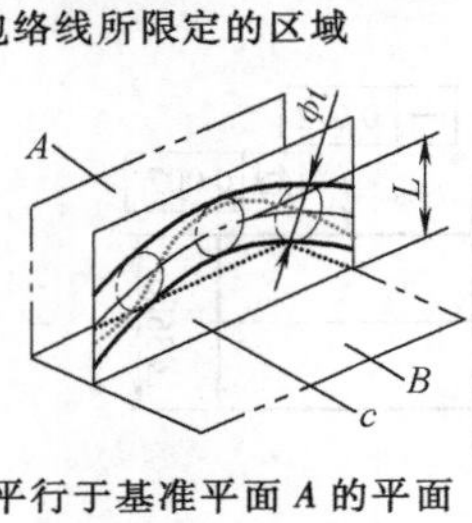 c—平行于基准平面 A 的平面	在任一平行于图示投影面的截面内，提取（实际）轮廓线应限定在直径等于 0.04mm、圆心位于由基准平面 A 和基准平面 B 确定的被测要素理论正确几何形状上的一系列圆的两等距包络线之间 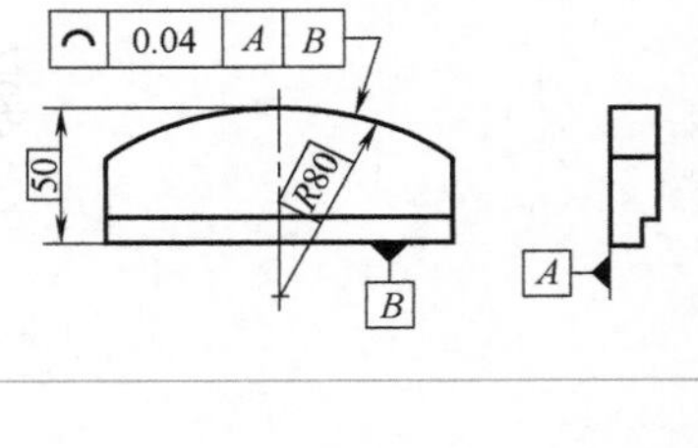

表 3-4
（续）

特征项目	公差带定义	标注示例和解释
无基准的面轮廓度公差	公差带为直径等于公差值 t、球心位于被测要素理论正确几何形状上的一系列圆球的两包络面所限定的区域 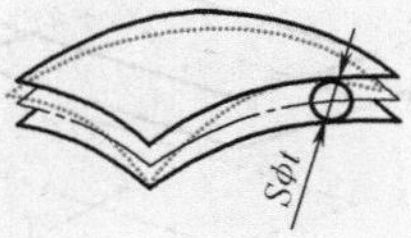 	提取（实际）轮廓面应限定在直径等于 0.02mm、球心位于被测要素理论正确几何形状上的一系列圆球的两等距包络面之间 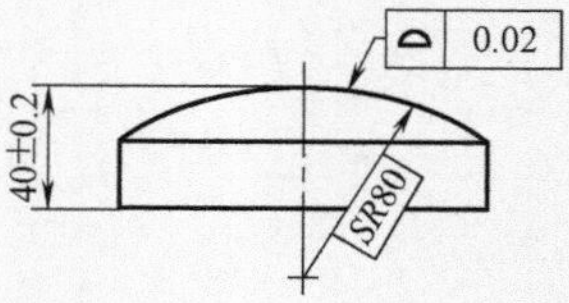
相对于基准体系的面轮廓度公差	公差带为直径等于公差值 t、球心位于由基准平面 A 确定的被测要素理论正确几何形状上的一系列圆球的两包络面所限定的区域 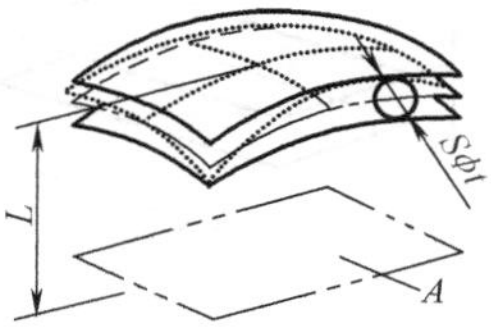 L—理论正确几何图形的顶点至基准平面 A 的距离	提取（实际）轮廓面应限定在直径等于 0.1mm、球心位于由基准平面 A 确定的被测要素理论正确几何形状上的一系列圆球的两等距包络面之间 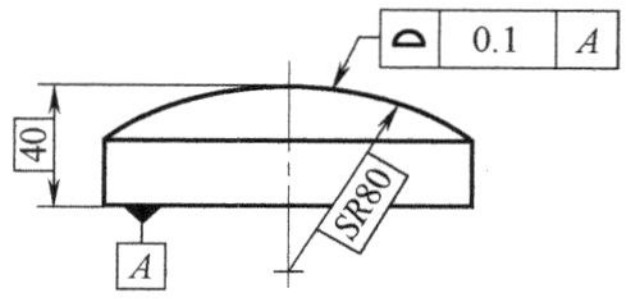

3.3.4　方向公差带

1. 方向公差带

方向公差（又称定向公差）是指被测关联要素相对于基准的实际方向对理想方向的允许变动量，涉及的要素是线和面。方向公差有平行度、垂直度和倾斜度公差等特征项目。

方向公差涉及的被测要素和基准要素各有平面和直线之分，因此，它们之间有面对面、线对面、面对线和线对线四种形式。

平行度公差带与基准保持理论正确角度为 0° 方向；垂直度公差带与基准保持理论正确角度为 90° 方向；其余角度均为倾斜度公差带。

典型方向公差带的定义和标注示例见表 3-5。

表 3-5
典型方向公差带的定义和标注示例

特征项目		公差带定义	标注示例和解释
平行度公差	面对面	公差带为间距等于公差值 t 且平行于基准平面 A 的两平行平面所限定的区域 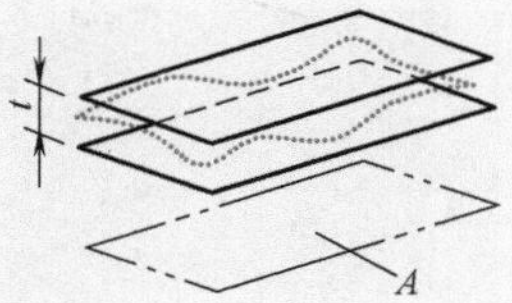 	提取（实际）表面应限定在间距等于 0.01mm 且平行于基准平面 A 的两平行平面之间 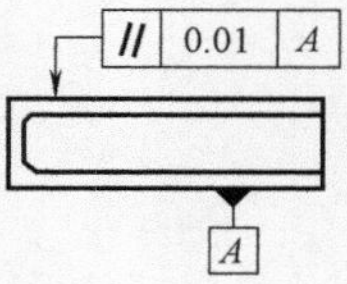

表 3-5 （续）

特征项目		公差带定义	标注示例和解释
平行度公差	线对面	公差带为间距等于公差值 t 且平行于基准平面 A 的两平行平面所限定的区域 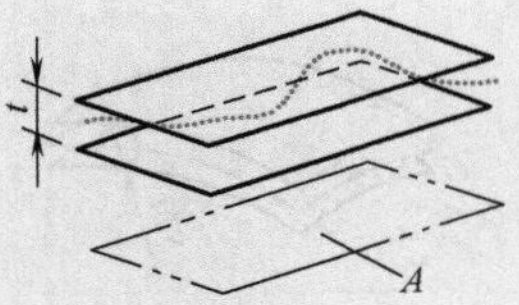	被测孔的提取（实际）中心线应限定在间距等于 0.01mm 且平行于基准平面 A 的两平行平面之间 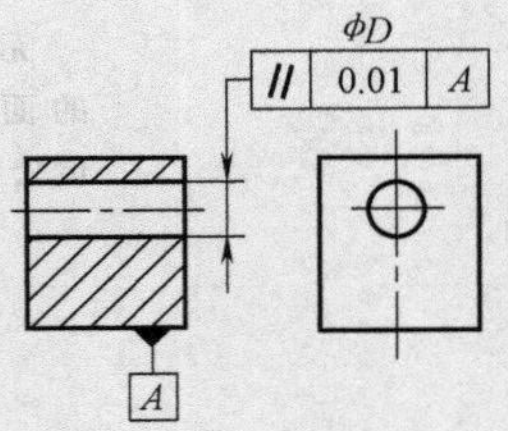
	面对线	公差带为间距等于公差值 t 且平行于基准轴线 C 的两平行平面所限定的区域 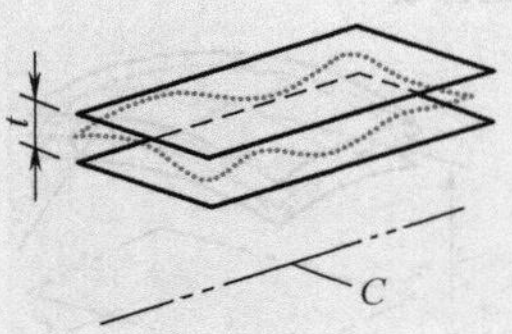	提取（实际）表面应限定在间距等于 0.1mm 且平行于基准轴线 C 的两平行平面之间 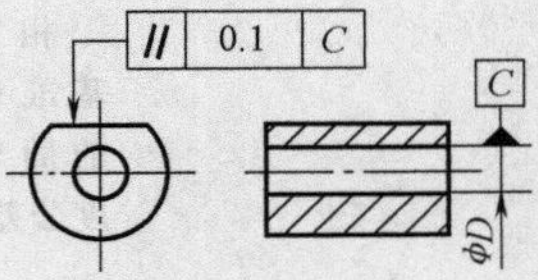
	线对线 任意方向上	公差带为直径等于公差值 ϕt 且轴线平行于基准轴线 A 的圆柱面所限定的区域 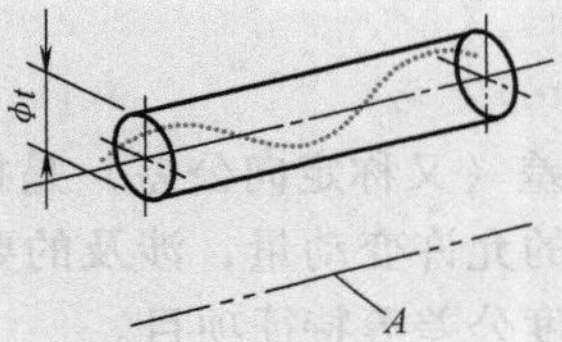	被测孔的提取（实际）中心线应限定在直径等于 ϕ0.03mm 且平行于基准轴线 A 的圆柱面内 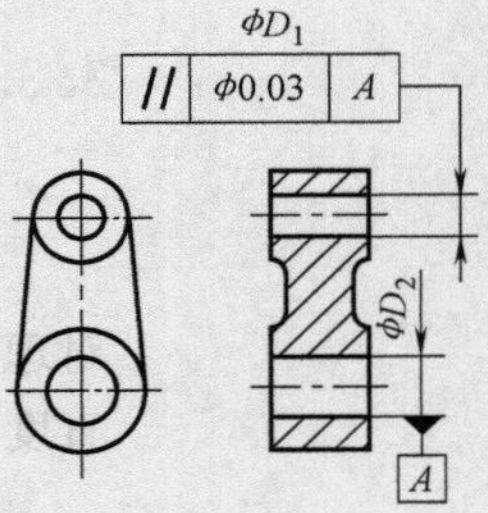
	线对线 互相垂直的方向上	公差带为间距等于公差值 t_1，且平行于基准轴线 A 的两个平行平面所限定的区域 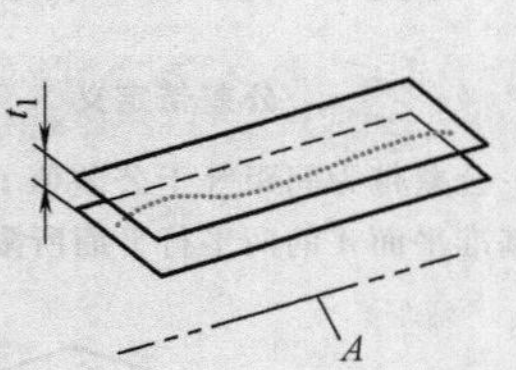	被测孔的提取（实际）中心线应限定在间距等于 0.1mm，在给定的相互垂直方向上且平行于基准轴线 A 的两组平行平面之间 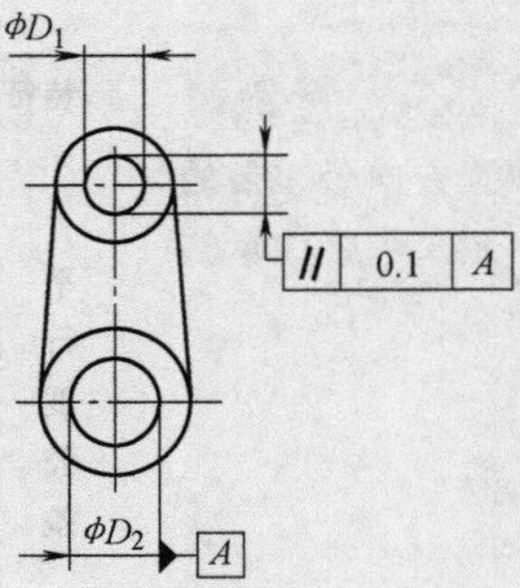

表 3-5（续）

特征项目		公差带定义	标注示例和解释
垂直度公差	面对面	公差带为间距等于公差值 t 且垂直于基准平面 A 的两平行平面所限定的区域 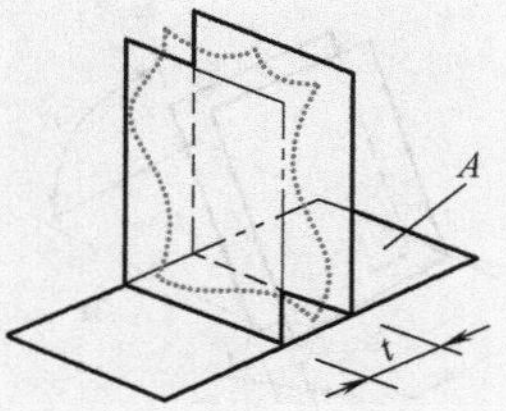	提取（实际）表面应限定在间距等于 0.08mm 且垂直于基准平面 A 的两平行平面之间 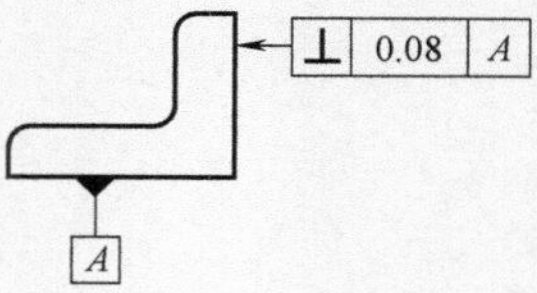
	面对线	公差带为间距等于公差值 t 且垂直于基准轴线 A 的两平行平面所限定的区域 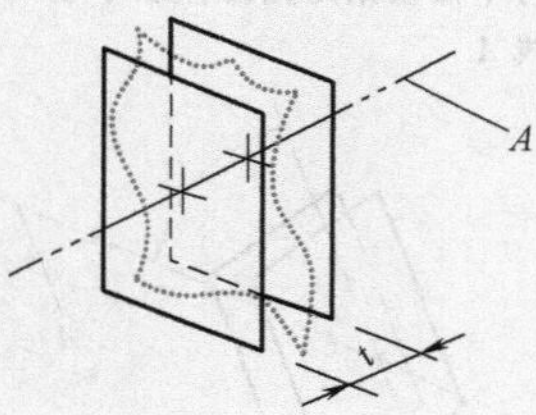	提取（实际）表面应限定在间距等于 0.08mm 且垂直于基准轴线 A 的两平行平面之间 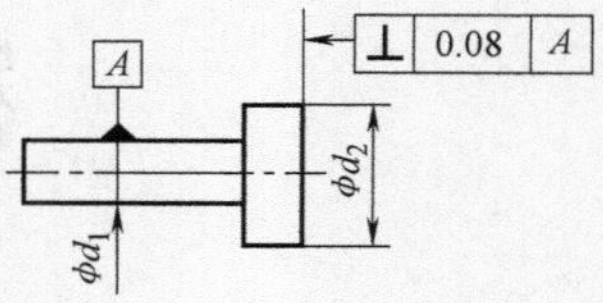
	线对线	公差带为间距等于公差值 t 且垂直于基准轴线 A 的两平行平面所限定的区域 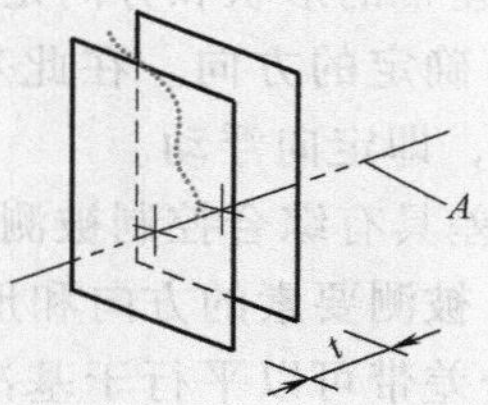	被测孔的提取（实际）中心线应限定在间距等于 0.06mm 且垂直于基准轴线 A 的两平行平面之间 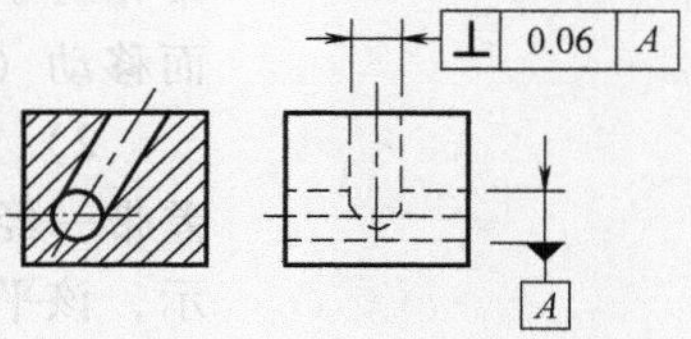
	线对面	在任意方向上，公差带为直径等于公差值 ϕt 且轴线垂直于基准平面 A 的圆柱面所限定的区域 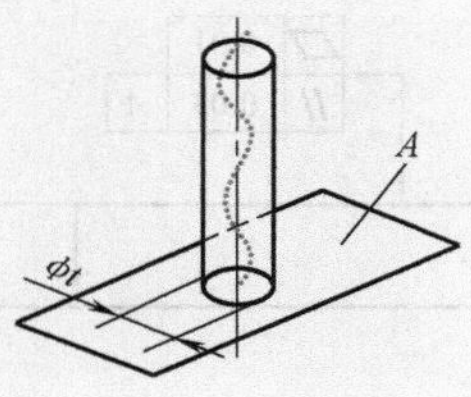	被测圆柱面的提取（实际）中心线应限定在直径等于 ϕ0.01mm 且垂直于基准平面 A 的圆柱面内 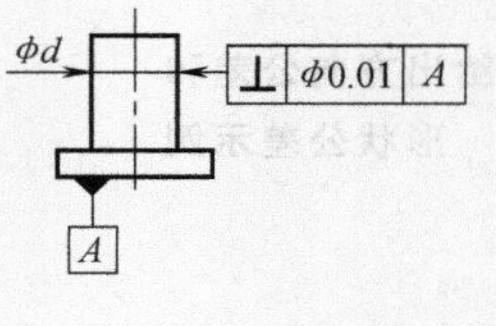

表 3-5
（续）

特征项目		公差带定义	标注示例和解释
倾斜度公差	面对面	公差带为间距等于公差值 t 的两平行平面所限定的区域。该两平行平面按给定角度倾斜于基准平面 A 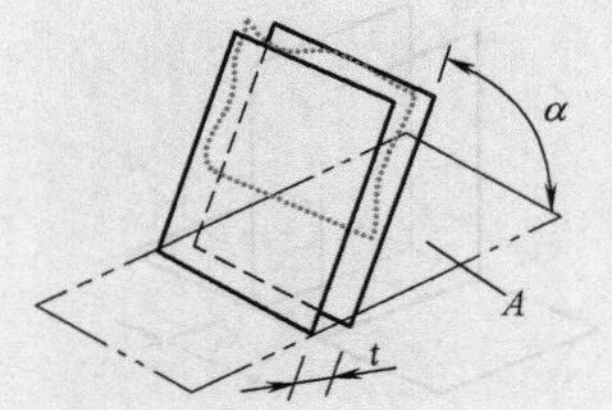	提取（实际）表面应限定在间距等于 0.08mm 的两平行平面之间。该两平行平面按理论正确角度 40°倾斜于基准平面 A 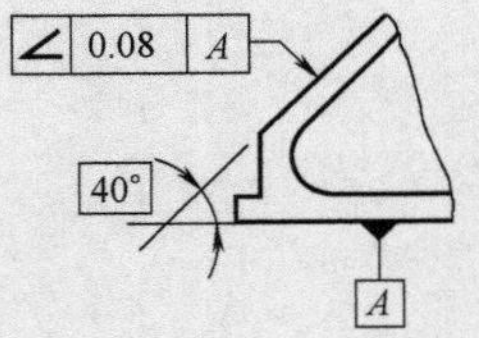
	线对线	被测直线与基准直线在同一平面上。 公差带为间距等于公差值 t 的两平行平面所限定的区域。该两平行平面按给定角度倾斜于基准轴线 A 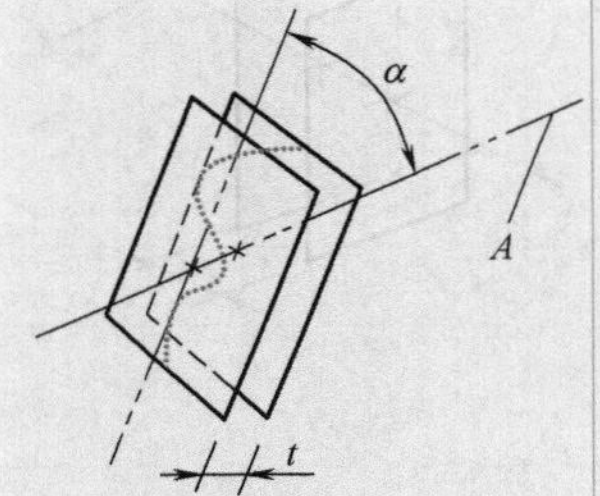	被测孔的提取（实际）中心线应限定在间距等于 0.08mm 的两平行平面之间。该两平行平面按理论正确角度 60°斜于公共基准轴线 $A—B$ 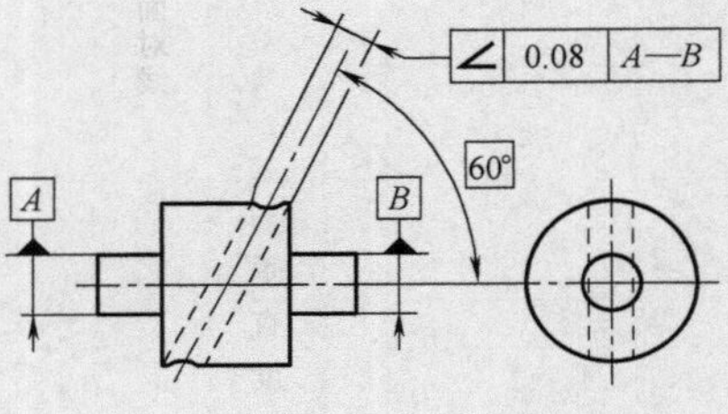

2. 方向公差带的特点

1）方向公差带的形状和方向是确定的，但位置是浮动的。方向公差带相对于基准有确定的方向。在此基础上，其位置可随被测要素的变动而移动（平移），即定向浮动。

2）方向公差具有综合控制被测要素的方向和形状的功能。即方向公差带一经确定，被测要素的方向和形状误差就会受到限制。如图 3-27 所示，该平行度公差带可以平行于基准平面 A 移动，既控制被测要素的平行度误差（面对面的平行度误差），同时又在 $t=0.03$mm 平行度公差带的范围内控制该被测要素的平面度误差 $f(f \leqslant t)$。需要指出，当对某一被测要素给出方向公差后，对其形状精度有进一步要求时，可以另行给出形状公差，其形状公差值必须小于方向公差值。

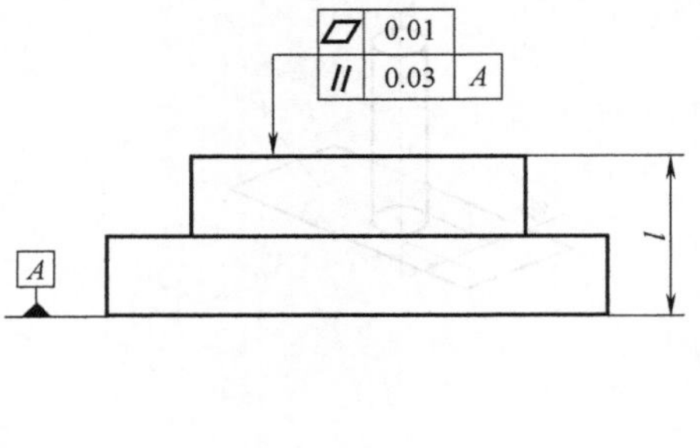

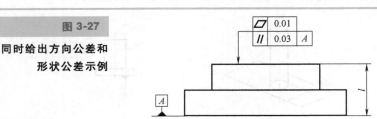

图 3-27
同时给出方向公差和形状公差示例

3.3.5　位置公差带

位置公差（又称定位公差）是指被测要素相对于基准的实际位置对理想位置的允许变动量，涉及的要素是点、线和面。位置公差包括同心度、同轴度、对称度和位置度公差等特征项目。典型位置公差带的定义和标注示例见表 3-6。

表 3-6　典型位置公差带的定义和标注示例

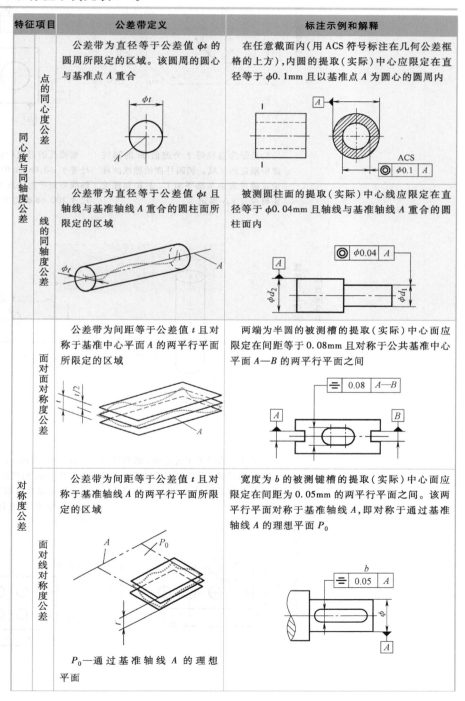

特征项目		公差带定义	标注示例和解释
同心度与同轴度公差	点的同心度公差	公差带为直径等于公差值 ϕt 的圆周所限定的区域。该圆周的圆心与基准点 A 重合 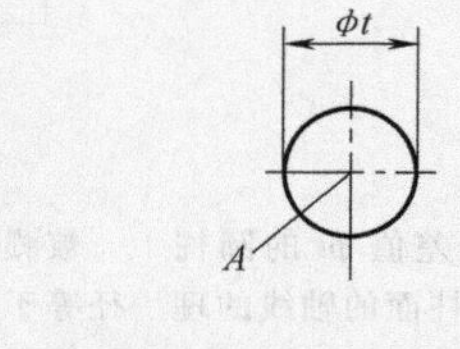	在任意截面内（用 ACS 符号标注在几何公差框格的上方），内圆的提取（实际）中心应限定在直径等于 ϕ0.1mm 且以基准点 A 为圆心的圆周内 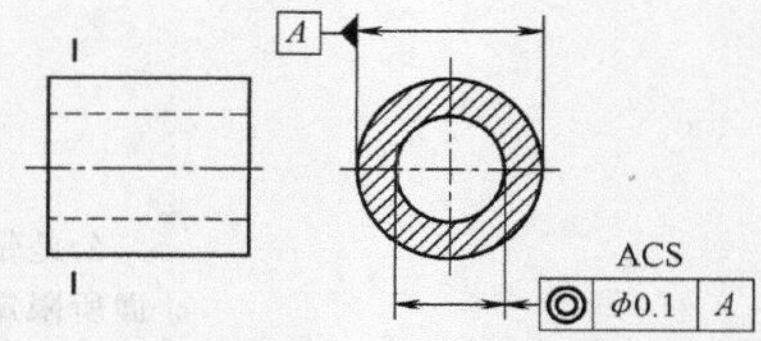
	线的同轴度公差	公差带为直径等于公差值 ϕt 且轴线与基准轴线 A 重合的圆柱面所限定的区域 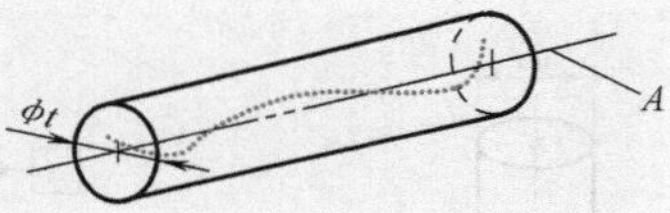	被测圆柱面的提取（实际）中心线应限定在直径等于 ϕ0.04mm 且轴线与基准轴线 A 重合的圆柱面内 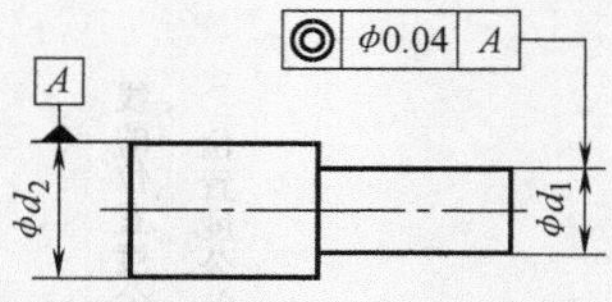
对称度公差	面对面对称度公差	公差带为间距等于公差值 t 且对称于基准中心平面 A 的两平行平面所限定的区域 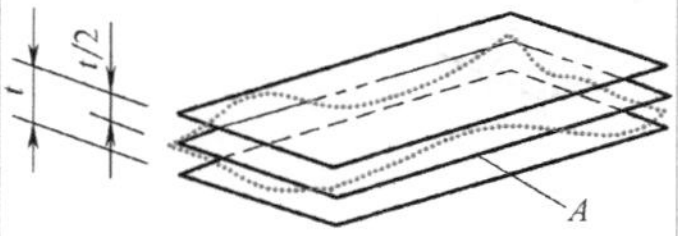	两端为半圆的被测槽的提取（实际）中心面应限定在间距等于 0.08mm 且对称于公共基准中心平面 $A—B$ 的两平行平面之间 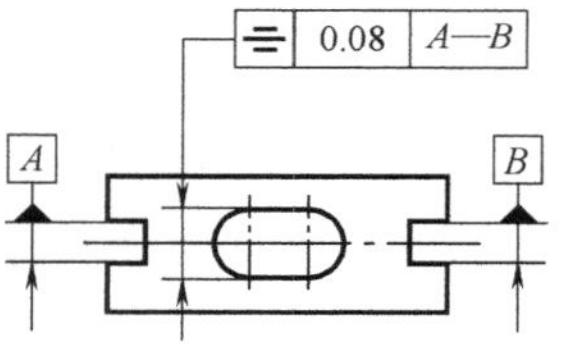
	面对线对称度公差	公差带为间距等于公差值 t 且对称于基准轴线 A 的两平行平面所限定的区域 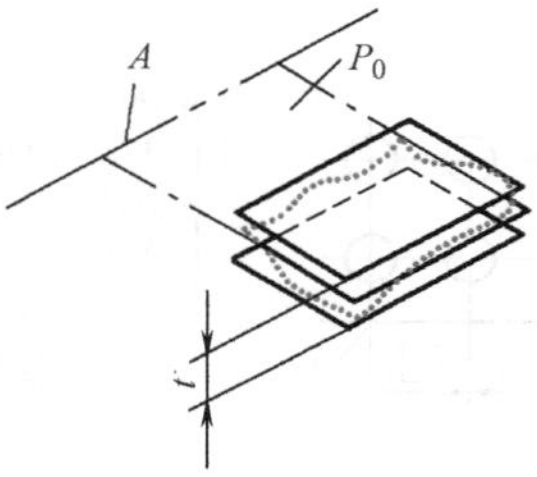 P_0—通过基准轴线 A 的理想平面	宽度为 b 的被测键槽的提取（实际）中心面应限定在间距为 0.05mm 的两平行平面之间。该两平行平面对称于基准轴线 A，即对称于通过基准轴线 A 的理想平面 P_0 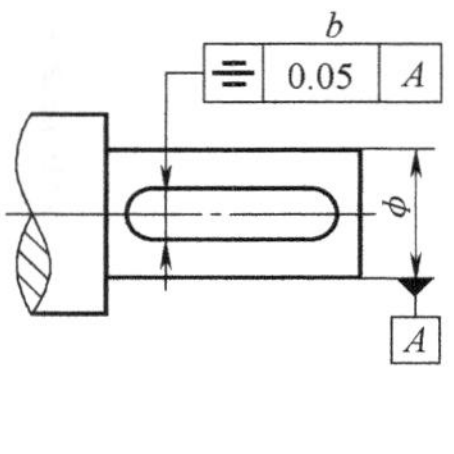

表 3-6（续）

特征项目		公差带定义	标注示例和解释
位置度公差	点的位置度公差	公差带为直径等于公差值 $S\phi t$ 的圆球面所限定的区域。该圆球面中心的理论正确位置由基准平面 A、B、C 和理论正确尺寸 x、y 确定 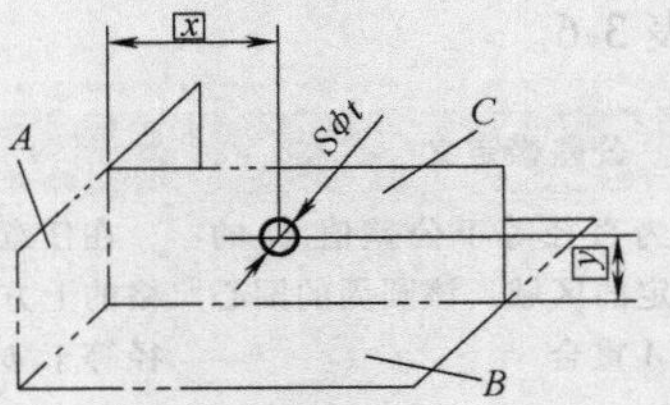 	提取（实际）球心应限定在直径等于 $S\phi0.3$mm 的圆球面内。该圆球面的中心应处于由基准平面 A、B、C 和理论正确尺寸 30、25 确定的理论正确位置上 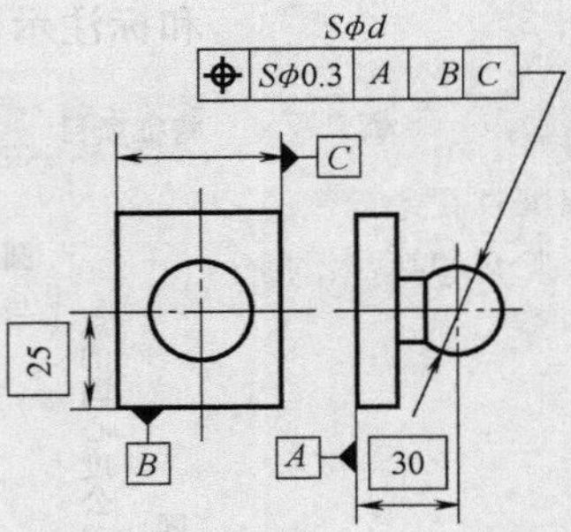
	线的位置度公差	公差带为直径等于公差值 ϕt 的圆柱面所限定的区域。该圆柱面的轴线的理论正确位置由基准平面 C、A、B 和理论正确尺寸 x、y 确定 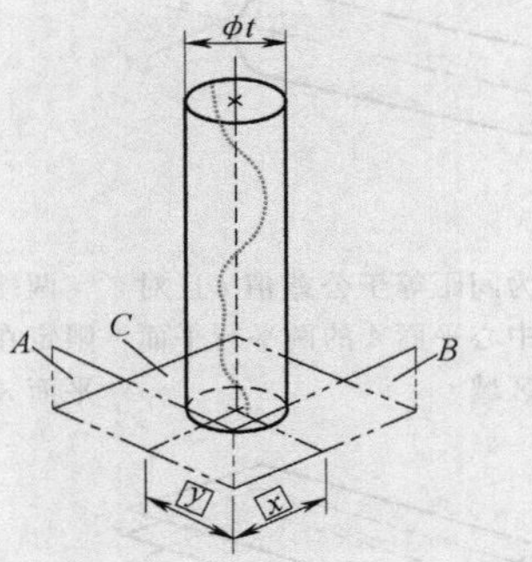 	被测孔的提取（实际）中心线应限定在直径等于 $\phi0.08$mm 的圆柱面内。该圆柱面的轴线应处于由基准平面 C、A、B 和理论正确尺寸 100、68 确定的理论正确位置上 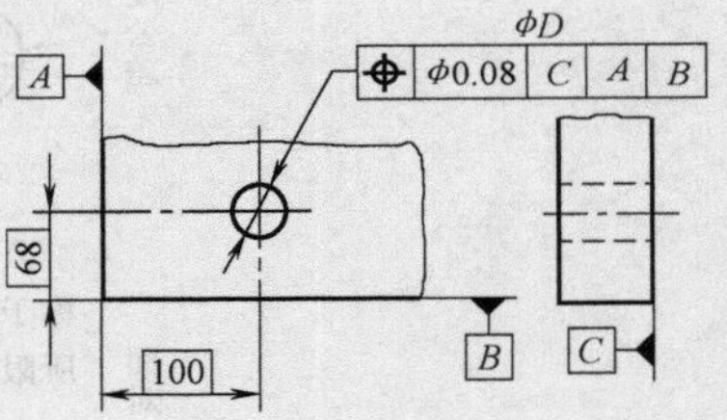
	成组要素位置度公差	公差带为直径等于公差值 t 的圆柱面所限定的区域。该圆柱面的轴线的理论正确位置由基准平面 C、B、A 和理论正确尺寸确定 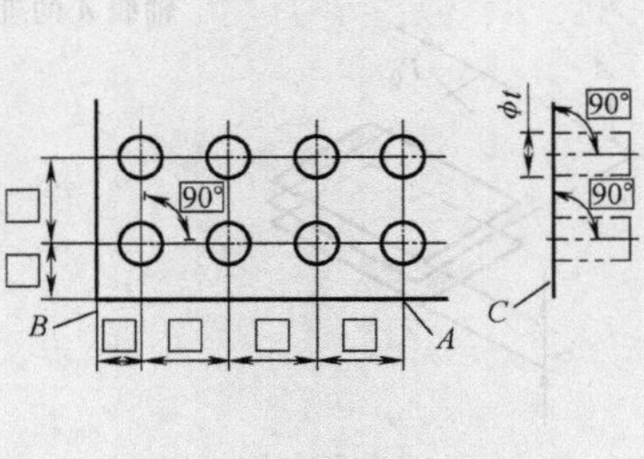 	各提取（实际）中心线应各自限定在直径等于 0.1mm 的圆柱面内。该圆柱面的轴线应处于由基准平面 C、A、B 和理论正确尺寸 20、15、30 确定的各孔轴线的理论正确位置上 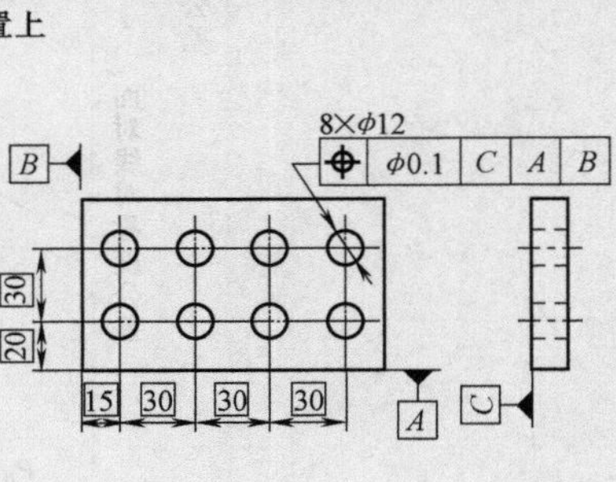

表 3-6
（续）

特征项目		公差带定义	标注示例和解释
位置度公差	面对线位置度公差	公差带为间距等于公差值 t 且对称于被测表面理论正确位置的两平行平面所限定的区域。该理论正确位置由基准平面 A、基准轴线 B 和理论正确尺寸 L、理论正确角度 α 确定 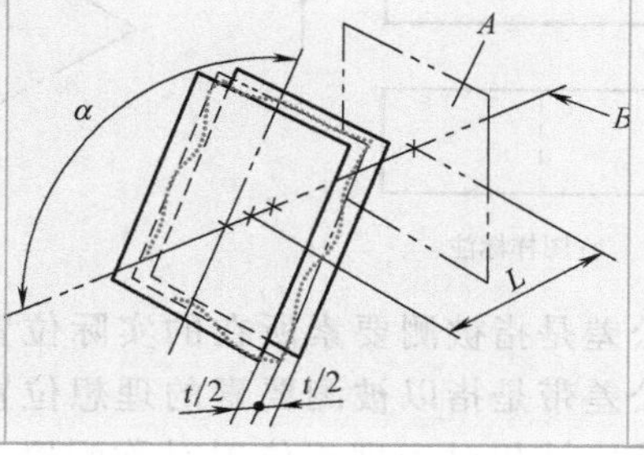	提取表面应限定在间距等于 0.05mm 且对称于被测表面理论正确位置的两平行平面之间。该理论正确位置由基准平面 A、基准轴线 B 和理论正确尺寸 15mm、理论正确角度 105°确定 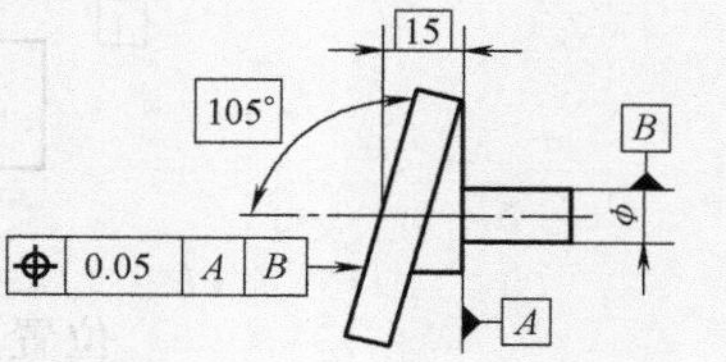

1. 同心度公差带

同心度公差涉及的要素是点。同心度是指被测点应与基准点重合的精度要求。同心度公差是指被测点对基准点（被测点的理想位置）的允许变动量。同心度公差带是指直径等于公差值，且与基准点同心的圆内的区域。

2. 同轴度公差带

同轴度公差涉及的要素是圆柱面和圆锥面的轴线，均为导出要素。同轴度是指被测轴线应与基准轴线重合的精度要求。同轴度公差是指被测轴线对基准轴线的允许变动量。同轴度公差带为直径等于公差值且与基准轴线同轴线的圆柱面内的区域。在图 3-20 所示的图样标注中，ϕd_2 圆柱面的被测轴线应与公共基准轴线 $A—B$ 重合，拟合要素的形状为直线，以公共基准轴线 $A—B$ 为中心在任意方向上控制被测轴线的变动范围，因此同轴度公差带应是以公共基准轴线 $A—B$ 为轴线，直径等于公差值 ϕ0. 03mm 的圆柱面内的区域。

3. 对称度公差带

对称度公差涉及的要素均为导出要素（中心平面或轴线）。对称度是指被测导出要素（被测中心平面或被测轴线）应与基准要素（基准中心平面或基准轴线）重合，或者应通过基准导出要素的精度要求。对称度公差是指被测要素的位置对基准的允许变动量。对称度公差带是指间距等于公差值，且相对于基准对称配置的两平行平面之间的区域。在图 3-28 所示的图样标注中，宽度为 b 的槽的被测中心平面应与宽度为 B 的两平行平面的基准中心平面 A 重合。拟合要素的形状为平面，以基准中心平面 A 为中心在给定方向上控制被测要素的变动范围。因此，公差带应是间距等于 0. 02mm 且相对于基准中心平面 A 对称配置的两平行平面之间的区域。

4. 位置度公差带

位置度公差涉及的被测要素有点、线、面，而涉及的基准要素通常为线和面。位置度是指被测要素应位于由基准和理论正确尺寸确定的理想位置上的精度要求。

图 3-28

面对面的对称度

S—被测中心平面

Z—两平行平面形状的公差带

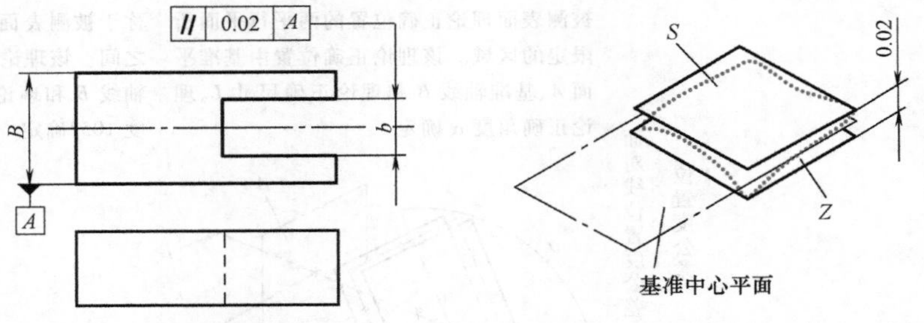

a) 图样标注　　b) 公差带

位置度公差是指被测要素所在的实际位置对其理想位置的允许变动量。位置度公差带是指以被测要素的理想位置为中心来限制被测要素变动的区域，该区域相对于理想位置对称配置，该区域的宽度或直径等于公差值。如图 3-29a 所示，拟合被测要素的形状为平面，应位于平行于基准平面 *A* 且至该基准平面的距离（定位尺寸）为理论正确尺寸 $\boxed{l}$ 的理想位置 P_0 上（图 3-29b），以 P_0 为中心在给定方向上控制被测要素的变动范围。因此，公差带应是间距等于 0.05mm 且相对于上述理想位置对称配置的两平行平面之间的区域。

图 3-29

平面的位置度公差带

S—被测要素

Z—公差带

P_0—被测表面的理想位置

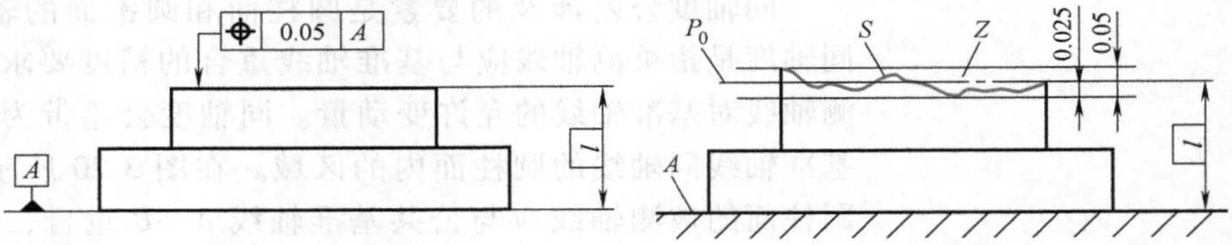

a) 图样标注　　b) 公差带

对于尺寸和结构相同的几个被测要素（称为成组要素，如孔组），用由理论正确尺寸按确定的几何关系将其联系在一起作为一个整体而构成的几何图框，来给出其理想位置。在图3-30所示的图样标注中，圆周布置的六孔组有位置度要求，六个孔的轴线应均布在直径为理论正确尺寸 $\boxed{\phi L}$ 的圆周上。六孔组的几何图框就是这个圆周及均布的六条轴线，该

图 3-30

圆周布置六孔组的位置度公差带示例

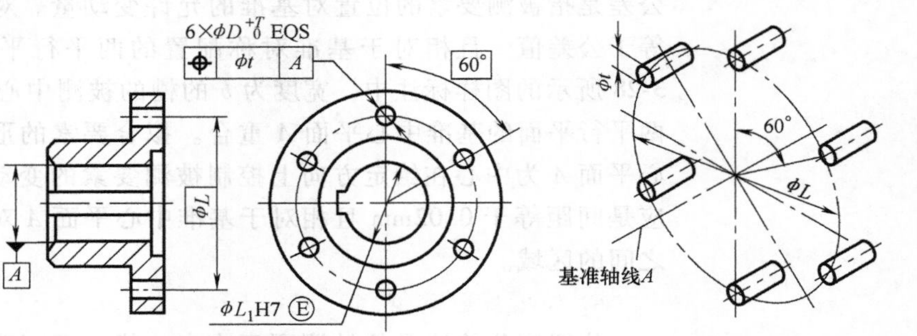

a) 图样标注　　b) 各孔轴线的公差带

几何图框的中心与基准轴线 A 重合，其定位的理论正确尺寸为零。各孔轴线的位置度公差带是以由基准轴线 A 和几何图框确定的各自理想位置（按 60° 均匀分布，在尺寸后标记 EQS）为中心的圆柱面内的区域，它们分别相对于各自的理想位置对称分布，公差带的直径等于公差值 ϕt。

5. 位置公差带的特点

1）位置公差带的形状、大小、方向和位置都是确定的。位置公差是用来控制被测要素对基准的相对位置关系的，相对于基准的定位尺寸为理论正确尺寸，即位置公差带的中心具有确定的理想位置，以该理想位置来对称配置公差带。对于同轴度和对称度公差被测要素与基准要素在图样上重合，因此用于确定公差带相对于基准位置的理论正确尺寸为零。

2）位置公差带具有综合控制被测要素的形状、方向和位置的功能。位置公差带能把同一被测要素的形状误差和方向误差控制在位置公差带范围内。如图 3-31 所示，该位置度公差带既控制提取（实际）被测表面距基准平面 A 的位置度误差，又在 0.05mm 位置度公差带范围内控制该被测表面的平行度误差及其自身平面度误差。

当某一被测要素给出位置公差后，需要对其方向精度或形状精度有进一步要求时，可以另行给出方向公差或形状公差，且应满足：$t_{位置} > t_{方向} > t_{形状}$，如图 3-31 所示。

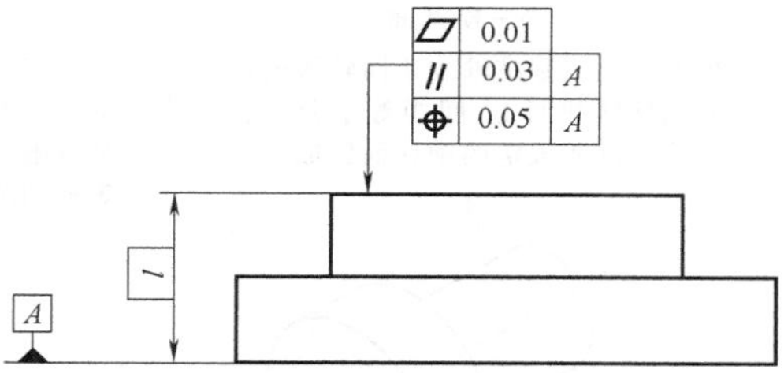

图 3-31
同时给出位置、方向和形状公差示例

3.3.6　跳动公差带

1. 跳动公差带

跳动公差是指被测要素绕基准（轴线）回转一周或连续回转时所允许的最大跳动量，涉及的被测要素为圆柱面、圆形端平面、环状端平面、圆锥面和曲面等组成要素，涉及的基准要素为轴线。

跳动公差有圆跳动公差和全跳动公差两个特征项目。如图 3-32 所示，圆跳动是指被测要素在无轴向移动的条件下绕基准轴线旋转一周的过程中，由位置固定的指示表在给定测量方向上对该被测要素测得的最大与最小示值之差。全跳动（图 3-32 中的双向箭头表示）是指被测要素在无轴向移动的条件下绕基准轴线连续旋转的过程中，指示表与被测要素做相对基准轴线的直线运动，指示表在给定的测量方向上对该被测要素测得的最大与最小示值之差。

跳动公差是按特定测量方法定义的位置公差。测量跳动时测量方向是指示表测杆轴线相对于基准轴线的方向。根据测量方向，跳动分为径向圆跳动（测杆轴线与基准轴线垂直且相交）、轴向圆跳动（两轴线平行）和斜向圆跳动（两轴线倾斜某一给定角度且相交），如图 3-32 所示。

图 3-32
圆跳动和全跳动公差

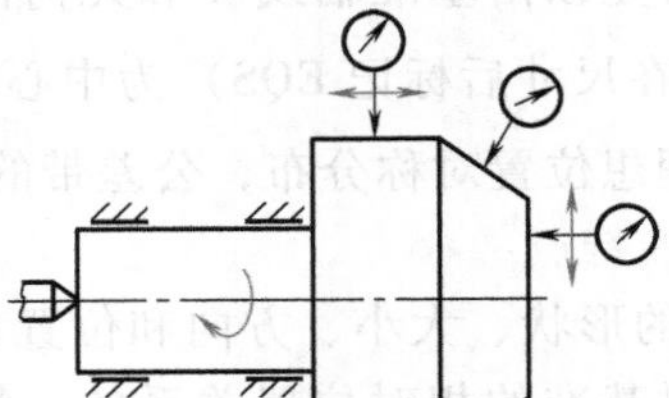

典型跳动公差带的定义和标注示例见表 3-7。

表 3-7
典型跳动公差带的定义和标注示例

特征项目		公差带定义	标注示例和解释
圆跳动公差	径向圆跳动公差	公差带为在任一垂直于基准轴线 A 的横截面内、半径差等于公差值 t、圆心在基准轴线 A 上的两同心圆所限定的区域 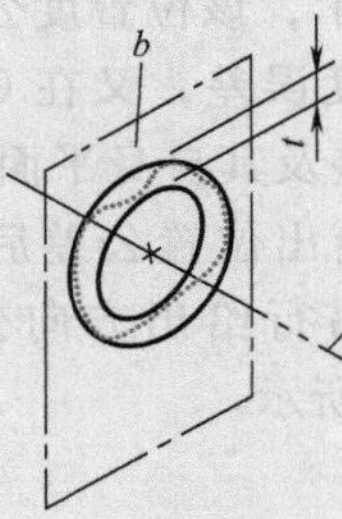 b—横截面	在任一垂直于基准轴线 A 的横截面内，被测圆柱面的提取（实际）圆应限定在半径差等于 0.1mm 且圆心在基准轴线 A 上的两同心圆之间 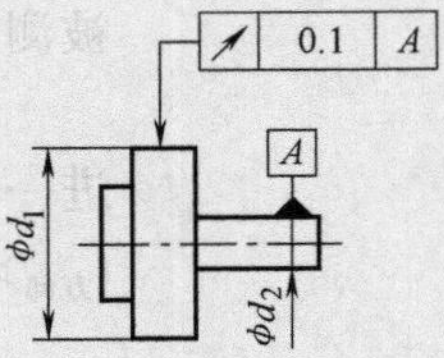
	轴向圆跳动公差	公差带为与基准轴线 A 同轴线的任一直径的圆柱横截面上，间距等于公差值 t 的两个等径圆所限定的圆柱面区域 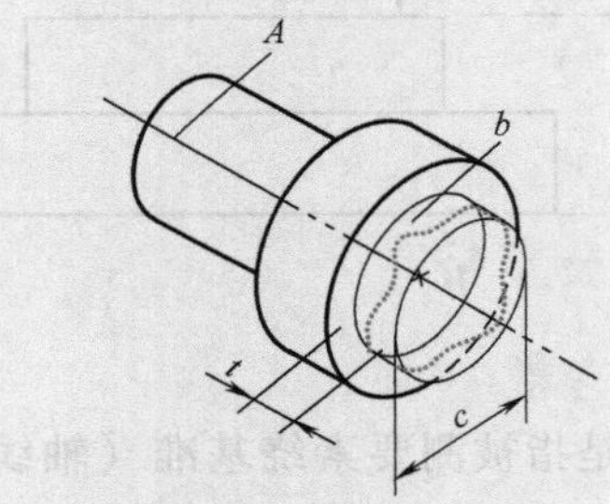 b—公差带　c—任意直径	在与基准轴线 A 同轴线的任一直径的圆柱形面（测量圆柱面）上，提取（实际）圆应限定在轴向距离等于 0.1mm 的两个等径圆之间 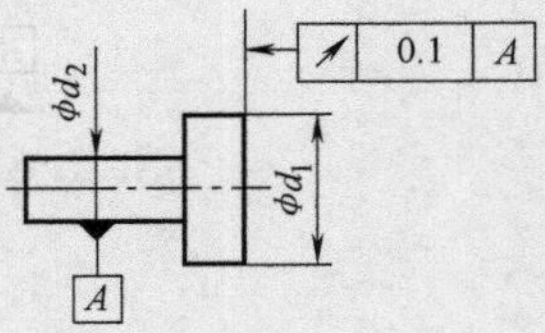
	斜向圆跳动公差	公差带为与基准轴线 A 同轴线的某一圆锥面（测量圆锥面）上，间距等于公差值 t 的直径不相等的两个圆所限定的圆锥面区域 除非另有规定，测量方向应垂直于被测表面 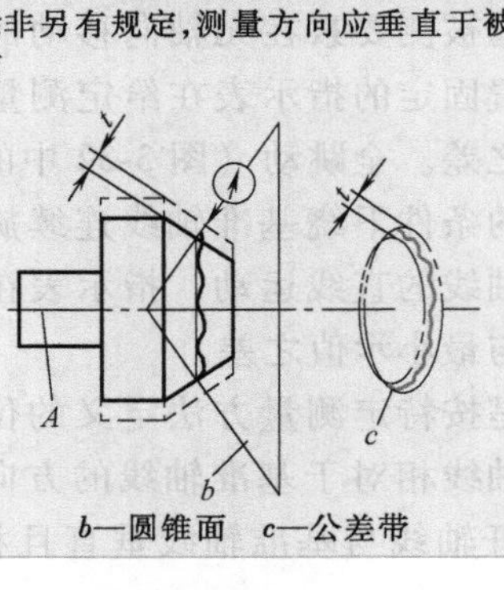 b—圆锥面　c—公差带	在与基准轴线 A 同轴线的任一圆锥面（测量圆锥面）上，提取（实际）线应限定在素线方向间距等于 0.1mm 的直径不相等的两个圆之间 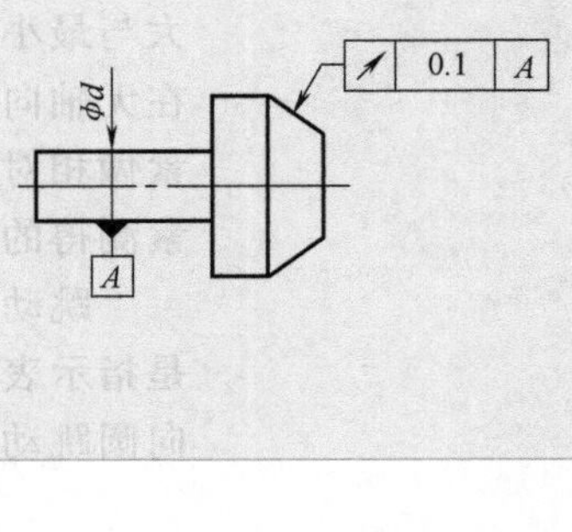

表 3-7（续）

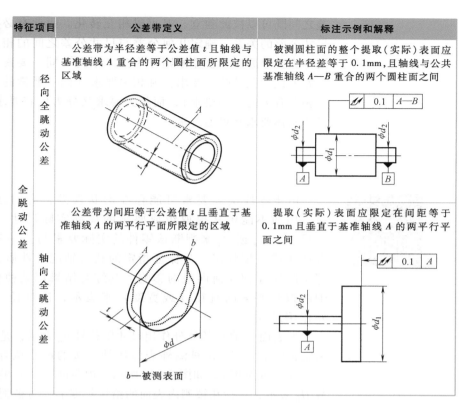

特征项目		公差带定义	标注示例和解释
全跳动公差	径向全跳动公差	公差带为半径差等于公差值 t 且轴线与基准轴线 A 重合的两个圆柱面所限定的区域 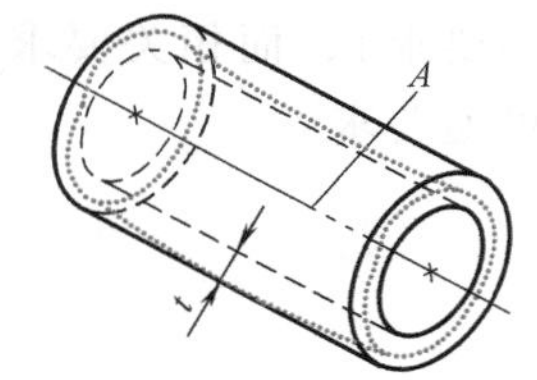	被测圆柱面的整个提取（实际）表面应限定在半径差等于 0.1mm，且轴线与公共基准轴线 A—B 重合的两个圆柱面之间 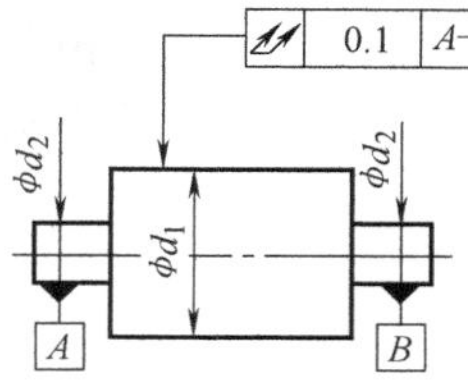
	轴向全跳动公差	公差带为间距等于公差值 t 且垂直于基准轴线 A 的两平行平面所限定的区域 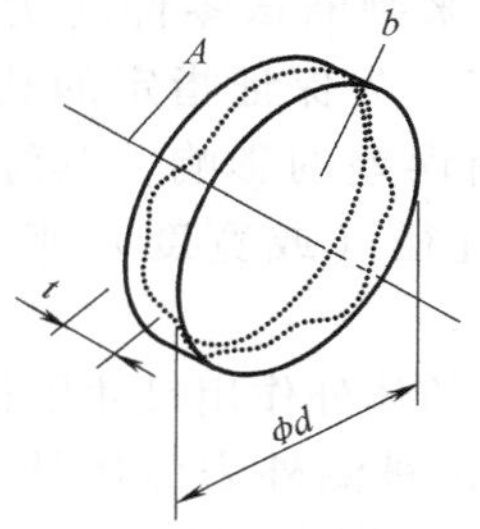 b—被测表面	提取（实际）表面应限定在间距等于 0.1mm 且垂直于基准轴线 A 的两平行平面之间 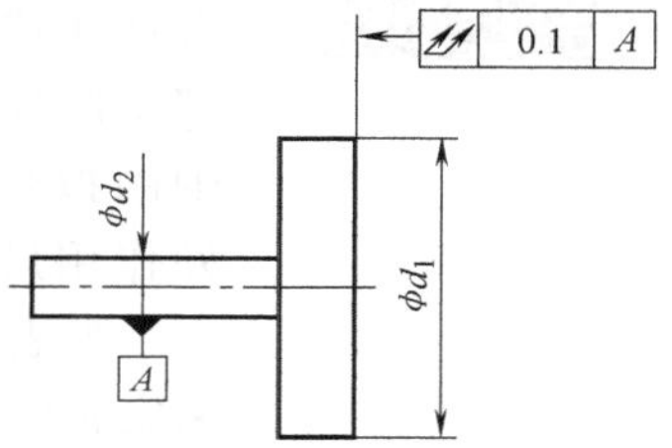

2. 跳动公差带的特点

1）跳动公差带有形状和大小的要求。例如，轴向全跳动公差带垂直于基准轴线；径向圆跳动和径向全跳动公差带的中心在基准轴线上，但公差带相对基准轴线的位置是可以浮动的。

2）跳动公差带能综合控制同一被测要素的形状和方向误差。例如，径向全跳动公差带综合控制同轴度误差和圆度误差。轴向全跳动公差带控制端面对基准轴线的垂直度误差和端面的平面度误差。若综合控制被测要素不能满足功能要求，则可进一步给出相应的形状公差（其数值应小于跳动公差值），如图 3-33 所示。

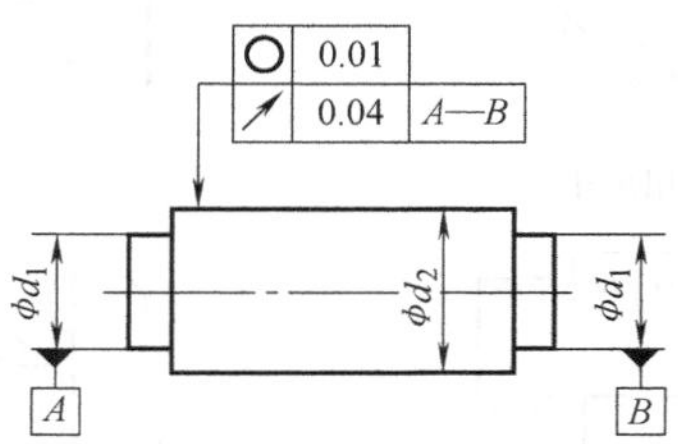

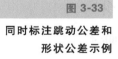

图 3-33 同时标注跳动公差和形状公差示例

3.4 公差原则

在设计零件时，常常对零件的同一几何要素不仅规定尺寸公差，而且还规定几何公差。从零件的功能要求考虑，规定的几何公差与尺寸公差之间既可以彼此独立，又可以相互转化。因此有必要研究几何公差与尺寸公差的关系。确定几何公差与尺寸公差之间的相互关系应遵循的原则称为公差原则。公差原则分为独立原则（同一要素的尺寸公差与几何公差彼此无关的公差要求）和相关要求（同一要素的尺寸公差与几何公差相互有关的公差要求），而相关要求又分为包容要求、最大实体要求、最小实体要求和可逆要求。

3.4.1 有关公差原则的术语及定义

1. 体外作用尺寸（见二维码）

由于零件实际要素可能存在形状误差，有时还有方向、位置误差，因而不能单从提取组成要素的局部实际尺寸（以下简称局部实际尺寸）D_a 或 d_a 来判断该零件的实际要素与另一实际要素之间的配合性质或装配状态。为保证指定的孔与轴配合性质，应同时考虑其局部实际尺寸和几何误差的影响，其综合结果用某种包容实际孔或实际轴的拟合要素的直径（或宽度）来表示，该直径（或宽度）称为体外作用尺寸。

外表面（轴）的体外作用尺寸用符号 d_{fe} 表示，是指在被测外表面的给定长度上，与实际被测外表面体外相接的最小拟合面（最小理想孔）的直径（或宽度），如图 3-34a 所示。内表面（孔）的体外作用尺寸用符号 D_{fe} 表示，是指在被测内表面的给定长度上，与被测内表面体外相接的最大拟合面（最大拟合轴）的直径（或宽度），如图 3-34b 所示。对于关联要素，该拟合面的轴线（或中心平面）必须与基准保持图样上给定的几何关系，如图 3-35 所示，被测轴的体外作用尺寸 d_{fe} 是指在被测轴的配合面全长上，与被测轴体外相接的最小拟合孔 K 的直径，而该拟合孔的轴线必须垂直于基准平面 D。

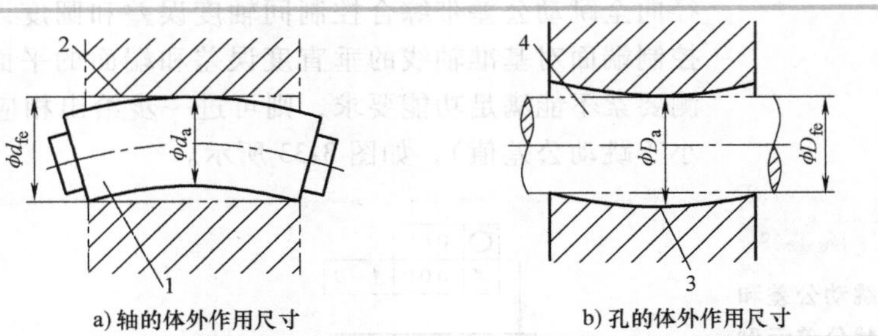

a) 轴的体外作用尺寸　　b) 孔的体外作用尺寸

图 3-34

单一尺寸要素的体外作用尺寸

1—被测轴　2—最小的外接拟合孔　3—被测孔　4—最大的外接拟合轴

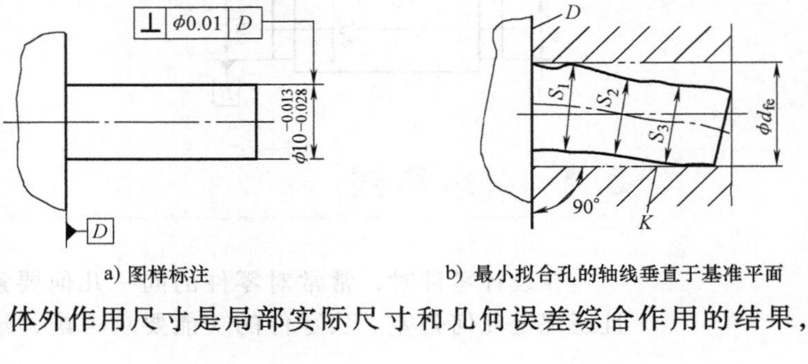

a) 图样标注　　b) 最小拟合孔的轴线垂直于基准平面

图 3-35

关联尺寸要素轴的体外作用尺寸

S_1、S_2、S_3—局部实际尺寸

体外作用尺寸是局部实际尺寸和几何误差综合作用的结果，是孔、

轴在装配中真正起作用的尺寸；孔的体外作用尺寸比其局部实际尺寸小，轴的体外作用尺寸比其局部实际尺寸大；对某一零件而言，其局部实际尺寸有无数个，但其体外作用尺寸只能是一个确定值；一般情况下，体外作用尺寸无法计算，如果孔、轴的提取导出要素几何误差 $f_{几何}$ 较大，而其他几何误差很小，可以忽略时，孔、轴的体外作用尺寸计算式为

$$d_{fe}=d_a+f_{几何} \tag{3-1}$$

$$D_{fe}=D_a-f_{几何} \tag{3-2}$$

2. 体内作用尺寸（见二维码）

外表面（轴）的体内作用尺寸用符号 d_{fi} 表示，是指在被测外表面的给定长度上，与实际被测外表面体内相接的最大拟合面的直径或宽度，如图 3-36a 所示。内表面（孔）的体内作用尺寸用符号 D_{fi} 表示，是指在被测内表面的给定长度上，与实际内表面体内相接的最小拟合面的直径或宽度，如图 3-36b 所示。对于关联要素，该提取导出要素应与基准保持图样上给定的几何关系。一般情况下，如果孔、轴提取导出要素几何误差 $f_{几何}$ 较大，而其他几何误差很小可以忽略时，孔、轴的体内作用尺寸计算式为

$$d_{fi}=d_a-f_{几何} \tag{3-3}$$

$$D_{fi}=D_a+f_{几何} \tag{3-4}$$

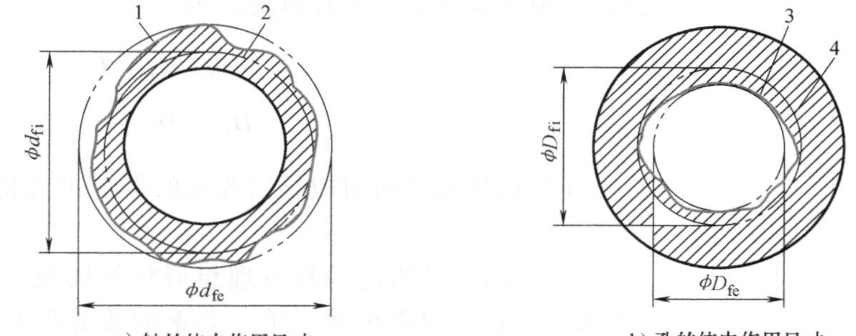

a) 轴的体内作用尺寸　　b) 孔的体内作用尺寸

图 3-36

单一尺寸要素的体内作用尺寸

1—实际被测轴
2—最大的内接拟合面
3—实际被测孔
4—最小的内接拟合面

3. 最大、最小实体状态和最大、最小实体尺寸

轴或孔在加工后可能出现的情况称为状态。在轴或孔的尺寸公差范围内，有最大和最小实体状态两种极限情况。

最大实体状态（MMC）为假定局部实际尺寸处处位于极限尺寸内且使其具有实体最大（即材料量最多）的状态。最大实体状态下的尺寸称为最大实体尺寸（MMS）。（见二维码）

最小实体状态（LMC）为假定局部实际尺寸在给定长度上处处位于极限尺寸内且使其具有实体最小（即材料量最少）的状态。最小实体状态下的尺寸称为最小实体尺寸（LMS）。（见二维码）

外表面（轴）的最大实体尺寸用符号 d_M 表示，最小实体尺寸用符号 d_L 表示；内表面（孔）的最大实体尺寸用符号 D_M 表示，最小实体尺寸用符号 D_L 表示。其计算公式为

$$d_M = d_{max} \quad d_L = d_{min} \tag{3-5}$$

$$D_M = D_{min} \quad D_L = D_{max} \tag{3-6}$$

4. 最大实体实效状态和最大实体实效尺寸

最大实体实效状态（MMVC）是指提取组成要素在给定长度上处于最大实体状态（具有最大实体尺寸），且其对应提取导出要素的几何误差等于图样上标注的几何公差时的综合极限状态（图样上该几何公差的数值后面标注了符号Ⓜ，如图 3-3 所示）。此极限状态下的体外作用尺寸称为最大实体实效尺寸（MMVS）。外表面（轴）和内表面（孔）的最大实体实效尺寸分别用符号 d_{MV} 和 D_{MV} 表示，其计算公式为

$$d_{MV} = d_{max} + t \tag{3-7}$$

$$D_{MV} = D_{min} - t \tag{3-8}$$

式中，t 是该轴或孔所对应导出要素的带Ⓜ的几何公差值。

5. 最小实体实效状态和最小实体实效尺寸

最小实体实效状态（LMVC）是指提取组成要素在给定长度上处于最小实体状态（具有最小实体尺寸），且对应提取导出要素的几何误差等于图样上标注的几何公差时的综合极限状态（图样上该几何公差的数值后面标注符号Ⓛ）。此极限状态下的体内作用尺寸称为最小实体实效尺寸（LMVS）。外表面（轴）和内表面（孔）的最小实体实效尺寸分别用符号 d_{LV} 和 D_{LV} 表示，其计算公式为

$$d_{LV} = d_{min} - t \tag{3-9}$$

$$D_{LV} = D_{max} + t \tag{3-10}$$

式中，t 是该轴或孔所对应导出要素的带Ⓛ的几何公差值。

6. 边界

边界是由设计给定的具有理想形状的极限包容面，该极限包容面的直径或宽度称为边界尺寸。单一要素的边界没有方向和位置的约束，而关联要素的边界应与基准保持图样上给定的几何关系。

对于外表面（轴）来说，边界相当于一个具有理想形状的内表面（孔），轴的边界尺寸用符号 BS_s 表示；对于内表面来说，边界相当于一个具有理想形状的外表面，孔的边界尺寸用符号 BS_h 表示。被测轴和被测孔的边界分别用环规和塞规模拟体现，如图 3-37 所示。

图 3-37

边界的模拟

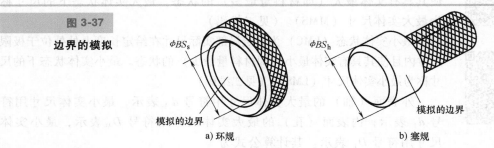

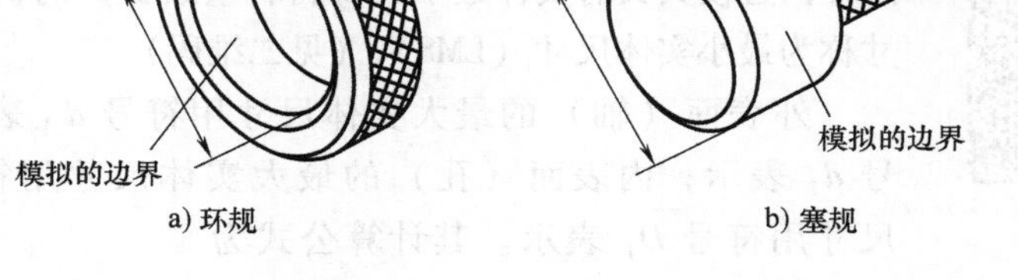

a) 环规　　b) 塞规

最大实体边界（MMB）是指最大实体状态的理想形状的极限包容面。最大实体实效边界（MMVB）是指最大实体时效状态的理想形状的极限包容面。关联要素的最大实体边界、最大实体实效边界应与基准要素保持图样上给定的几何关系。

最小实体边界（LMB）是指最小实体状态的理想形状的极限包容面。最小实体实效边界（LMVB）是指最小实体时效状态的理想形状的极限包容面。关联要素的最小实体边界、最小实体实效边界应与基准要素保持图样上给定的几何关系。

根据设计要求，应用不同相关要求时，被测要素的实际轮廓不得超出特定的边界。

3.4.2　独立原则

1. 独立原则的含义

独立原则是指图样上给定的每一个尺寸和几何（形状、方向或位置）之间彼此无关、相互独立。独立原则是尺寸公差和几何公差相互关系遵循的基本原则。采用独立原则时，应在图样上标注

公差原则按 GB/T 4249

当被测要素采用独立原则时，尺寸公差只控制局部实际尺寸的变动量，即将局部实际尺寸控制在给定的极限尺寸范围内，不控制该要素本身的形状误差（如圆柱要素的圆度和轴线直线度误差、平面要素的平面度误差）。图样上给出的几何公差只控制被测要素对其理想形状、方向或位置的变动量，而与该局部实际尺寸的大小无关。因此，不论局部实际尺寸的大小如何，该被测要素应能全部落在给定的几何公差带内，几何误差值应不大于图样上标注的几何公差值。

图 3-38 所示为按独立原则注出尺寸公差和轴线直线度公差的示例。零件加工后，其局部实际尺寸应在 29.979~30mm 范围内，轴线直线度误差应不大于 $\phi 0.01$mm。只有同时满足上述两个条件，该零件才合格。

图 3-38
按独立原则标注公差示例

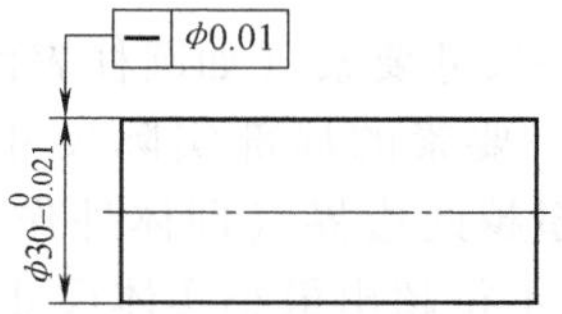

被测要素采用独立原则时，局部实际尺寸和几何误差分别检测。局部实际尺寸用两点法测量，几何误差使用普通计量器具来测量。

2. 独立原则的主要应用

1）尺寸公差与几何公差需要分别满足要求，两者不发生联系的要素需采用独立原则。例如，印刷机的滚筒精度的重要要求是控制其圆柱度误差，以保证印刷或印染时滚筒与纸面接触均匀，使印刷的图文清晰，而滚筒尺寸（直径）的变动量对印刷或印染质量则无甚影响，即该滚筒的形状精度要求高，而尺寸精度要求不高。在这种情况下，应采用独立

原则，规定严格的圆柱度公差和较大的尺寸公差，以获得最佳的技术经济效益。再如，零件上的通油孔不与其他零件配合，只要能控制通油孔尺寸的大小，就能保证规定的油流量，而该孔的轴线弯曲并不影响油的流量。因此，按独立原则规定通油孔的尺寸公差较严而轴线直线度公差较大是经济而合理的。

2）独立原则主要应用于要求严格控制要素的几何误差的场合。对于除配合要求外，还有极高几何精度要求的要素，其尺寸公差与几何公差的关系应采用独立原则。

例如汽车发动机连杆的小头孔（图3-39）与活塞销配合，功能上要求该孔圆柱度误差不大于0.003mm。若用尺寸公差控制只允许这样小的形状误差，将造成尺寸加工极为困难。考虑汽车的产量很大，该孔的尺寸公差和圆柱度公差可以按独立原则给出，即规定适当大小的尺寸公差 $\phi12.5^{+0.008}_{-0.007}$mm 和严格的圆柱度公差0.003mm，采用按局部实际尺寸分组装配来满足配合要求和功能要求。

图 3-39

连杆

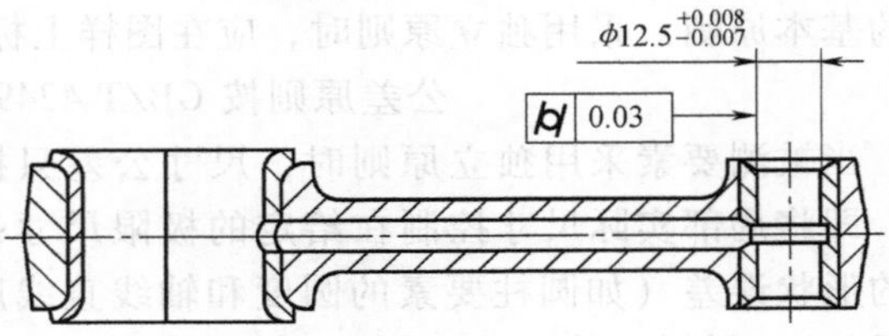

3）对于未注尺寸公差的要素，它们的尺寸公差与几何公差的关系均采用独立原则。通常，这样的几何公差也是不标注的。

独立原则可以应用于各种功能要求，公差值是固定不变的。对于功能上允许几何公差与尺寸公差相关的要素，采用独立原则就不经济，可以根据具体情况采用不同的相关要求。

3.4.3　包容要求

1. 包容要求的含义

包容要求适用于单一尺寸要素（如圆柱表面或两平行对应面），应用最大实体边界来控制单一要素的局部实际尺寸和形状误差的综合结果，表示提取组成要素不得超越此边界（即体外作用尺寸应不超出最大实体尺寸），其局部实际尺寸不得超出最小实体尺寸。

按包容要求给出尺寸公差时，需要在公称尺寸的上、下极限偏差后面或尺寸公差带代号后面标注符号Ⓔ，如 $\phi40^{+0.018}_{+0.002}$Ⓔ、ϕ100H7Ⓔ、ϕ40k6Ⓔ、ϕ100H7（$^{+0.035}_{0}$）Ⓔ。

图样上对轴或孔标注了符号Ⓔ，应满足

$$d_{fe} \leqslant d_M \text{ 且 } d_a \geqslant d_L \tag{3-11}$$

$$D_{fe} \geqslant D_M \text{ 且 } D_a \leqslant D_L \tag{3-12}$$

图3-40所示为轴和孔的最大实体边界示例。要求轴或孔遵守包容要求时，其实际轮廓 S 应控制在最大实体边界（MMB）范围内，且其局部

实际尺寸 d_a 或 D_a 应不超出最小实体尺寸。

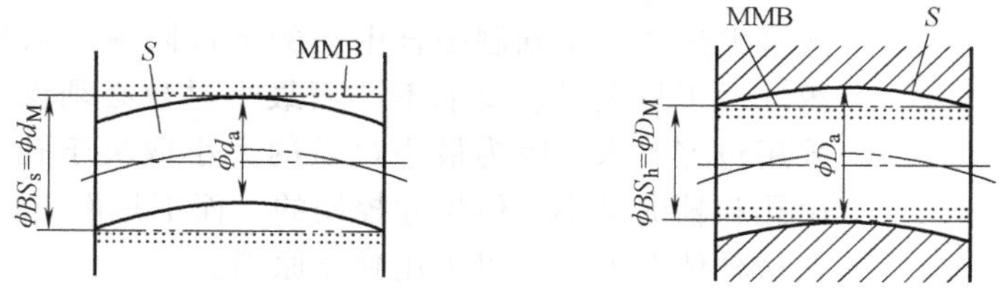

图 3-40

最大实体边界示例

BS_s、BS_h—轴、孔的边界尺寸 MMB—最大实体边界 S—轴、孔的实际轮廓

2. 按包容要求标注的图样解释

包容要求是尺寸误差和几何误差同时控制在尺寸公差范围内的一种公差要求。采用包容要求时，在最大实体边界（MMB）范围内，该局部实际尺寸和形状误差相互依赖，允许的形状误差值完全取决于局部实际尺寸的大小。若轴或孔的局部实际尺寸处处皆为最大实体尺寸，则其形状误差必须为零才能合格。

如图 3-41a 所示，轴的实际轮廓不得超过边界尺寸 BS_s 为 ϕ20mm 的最大实体边界，即轴的体外作用尺寸应不大于 20mm 的最大实体尺寸。轴的局部实际尺寸应不小于 19.979mm 的最小实体尺寸。当轴处于最大实体状态（MMC）时，不允许存在形状误差，如图 3-41b 所示；当轴处于最小实体状态（LMC）时，其轴线直线度误差允许值可达到图样上给定的公差值 0.021mm，如图 3-41c 所示（假设轴横截面形状正确）。图 3-41d 所示为给出表达上述关系的动态公差图，该图表示轴线直线度误差允许值随轴的局部实际尺寸 d_a 变化的规律。

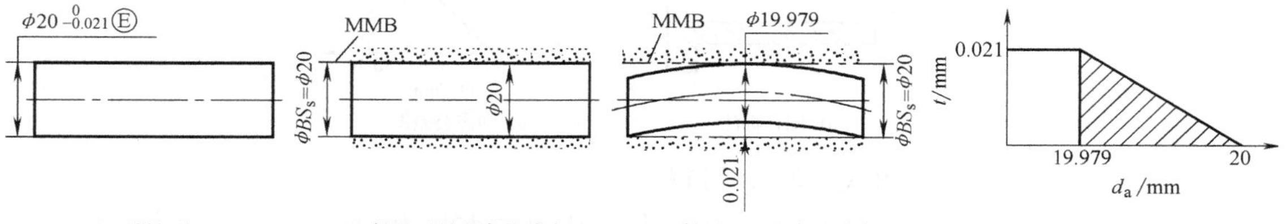

图 3-41 **包容要求的解释**

采用包容要求时，应该用光滑极限量规检验。量规的通规模拟体现孔、轴的最大实体边界，用来检验该孔、轴的实际轮廓是否在最大实体边界范围内；止规则体现两点法测量，用来判断该孔、轴的局部实际尺寸是否超出最小实体尺寸。

3. 包容要求的主要应用

包容要求常用于保证孔与轴的配合性质，特别是配合公差较小的精密配合要求，用最大实体边界保证所需要的最小间隙或最大过盈。

例如，ϕ20H7（$^{+0.021}_{\ \ 0}$）Ⓔ孔与 ϕ20h6（$^{\ \ 0}_{-0.013}$）Ⓔ轴的间隙配合中，所需要最小间隙为零的间隙配合性质是通过孔和轴各自遵守最大实体边界来保证的，不会因为孔和轴的形状误差而产生过盈。而采用独立原则的 ϕ20H7 孔和 ϕ20h6 轴的装配却可能因为各自的形状误差而产生过盈。

采用包容要求时，基孔制配合中轴的上极限偏差数值即为最小间隙或最大过盈；基轴制配合中孔的下极限偏差数值即为最小间隙或最大过盈。对于最大过盈要求不严而最小过盈必须保证的配合，其孔和轴不必采用包容要求，因为最小过盈的大小取决于孔和轴的局部实际尺寸，是由孔和轴的最小实体尺寸控制的，而不是由它们的最大实体边界控制的，在这种情况下，可以采用独立原则。

按包容要求给出单一尺寸要素孔、轴的尺寸公差后，若对该孔、轴的形状精度有更高的要求，还可以进一步给出形状公差值，形状公差值必须小于给出的尺寸公差值。

例 3-2

按 $\phi50^{+0.10}_{0}$Ⓔ（图 3-42a），加工一个孔，加工后测得该孔的局部实际尺寸 D_a 为 $\phi50.02$mm，其轴线的直线度误差 f_- 为 $\phi0.01$mm，其他形状误差可忽略不计，试判断该零件是否合格。

解：由题意可知：$D_M=D_{min}=\phi50$mm，$D_L=D_{max}=\phi50.10$mm，$D_a=\phi50.02$mm，$f_-=\phi0.01$mm。画出动态公差图，如图 3-42b 所示。

图 3-42
采用包容要求的示例

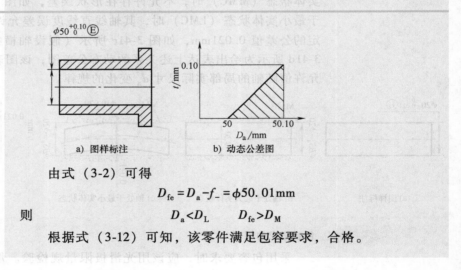

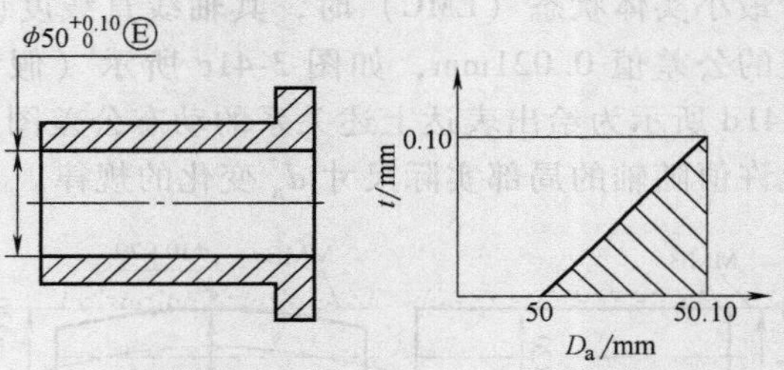

a）图样标注　　b）动态公差图

由式（3-2）可得

$$D_{fe}=D_a-f_-=\phi50.01\text{mm}$$

则

$$D_a<D_L \qquad D_{fe}>D_M$$

根据式（3-12）可知，该零件满足包容要求，合格。

3.4.4　最大实体要求

1. 最大实体要求的含义

最大实体要求应用边界尺寸为最大实体实效边界（MMVB）来控制被测的局部实际尺寸和几何误差的综合结果，要求该要素的实际轮廓不得超出此边界，并且局部实际尺寸不得超出极限尺寸。最大实体要求适用于提取导出要素（中心要素）。

图 3-43 所示为轴和孔的最大实体实效边界的示例。关联要素的最大实体实效边界应与基准保持图样上给定的几何关系，图 3-43b 所示为关

联要素的最大实体实效边界垂直于基准面 A。

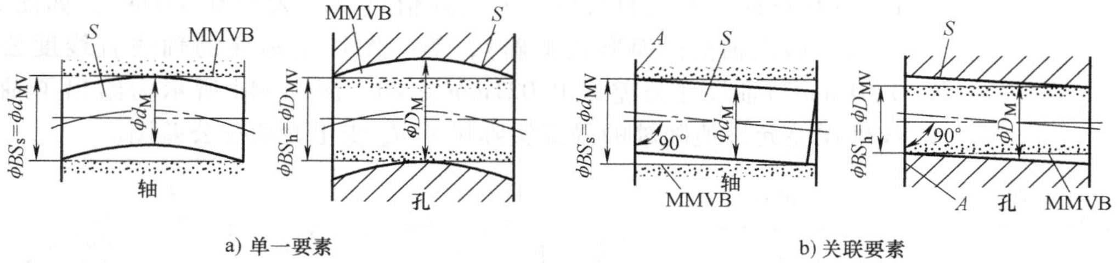

图 3-43 **最大实体实效边界示例**

最大实体要求是对尺寸要素的尺寸及其导出要素几何公差的综合要求。当要求轴线、中心平面等导出要素的几何公差与其对应的尺寸要素（圆柱面、对应的两平行平面等）的尺寸公差相关时，可以采用最大实体要求。

2. 最大实体要求应用于被测要素

（1）最大实体要求应用于被测要素的含义和在图样上的标注方法 最大实体要求应用于被测要素时，应在被测要素几何公差框格中的公差值后面标注符号Ⓜ，如图 3-3 和图3-4所示。

1）图样上标注的几何公差值是被测要素处于最大实体状态时给出的公差值，并且给出控制局部实际尺寸和几何误差的综合结果（实际轮廓）的最大实体实效边界。

2）被测要素的实际轮廓在给定长度上不得超出最大实体实效边界（即其体外作用尺寸应不超出最大实体实效尺寸），且其局部实际尺寸不得超出极限尺寸。可用下式表示为

$$d_{fe} \leqslant d_{MV} \text{且} \ d_{max} \geqslant d_a \geqslant d_{min} \quad (3\text{-}13)$$

$$D_{fe} \geqslant D_{MV} \text{且} \ D_{max} \geqslant D_a \geqslant D_{min} \quad (3\text{-}14)$$

3）当被测要素的实际轮廓偏离其最大实体状态时，即其局部实际尺寸偏离最大实体尺寸时（$d_a<d_{max}$或 $D_a>D_{min}$时），在被测要素的实际轮廓不超出最大实体实效边界的条件下，允许几何误差值大于图样上标注的几何公差值，即此时允许用被测要素的尺寸公差补偿其几何公差，其几何公差值可以增大。

（2）被测要素按最大实体要求标注的图样解释 图 3-44 所示为最大实体要求应用于单一要素的示例。图 3-44a 所示的图样标注表示 $\phi 20_{-0.021}^{\ 0}$ mm 轴的轴线直线度公差与尺寸公差的关系采用最大实体要求。当轴处于最大实体状态时，其轴线直线度公差值为 0.01mm。局部实际尺寸应在 19.979~20mm 范围内。轴的边界尺寸 BS_s 即轴的最大实体实效尺寸 d_{MV} 按式（3-7）计算，即

$$BS_s=d_{MV}=d_{max}+t_-=(20+0.01)\ \text{mm}=20.01\text{mm}$$

在遵守最大实体实效边界（MMVB）的条件下，当轴处于最大实体状态即轴的局部实际尺寸处处皆为最大实体尺寸 20mm 时，轴线直线度误差允许达到图样上给定的几何公差值，为 0.01mm，如图3-44b所示；

当轴处于最小实体状态即轴的局部实际尺寸处处皆为最小实体尺寸 19.979mm 时，轴线直线度误差允许值可以增大到 0.031mm，如图 3-44c 所示（假设轴横截面形状正确），等于图样上标注的轴线直线度公差值 0.01mm 与轴尺寸公差值 0.021mm 之和。图 3-44d 所示为给出了轴线直线度误差允许值随轴的局部实际尺寸 d_a 变化的动态公差图。

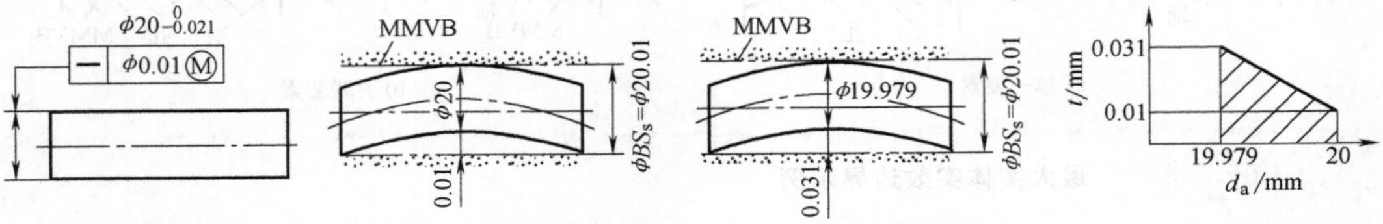

a) 图样标注　b) 轴处于最大实体状态　c) 轴处于最小实体状态　d) 动态公差图

图 3-44　最大实体要求应用于单一要素的示例

图 3-45 所示为最大实体要求应用于关联要素的示例。图 3-45a 所示的图样标注表示 $\phi50^{+0.10}_{0}$mm 孔的轴线对基准平面 A 的垂直度公差与尺寸公差的关系采用最大实体要求，当孔处于最大实体状态时，其轴线垂直度公差值为 0.08mm，局部实际尺寸应在 50~50.10mm 范围内。孔的边界尺寸 BS_h 即孔的最大实体实效尺寸 D_{MV} 按式（3-8）计算，即

$$BS_h = D_{MV} = D_{min} - t_- = (50 - 0.08)\text{mm} = 49.92\text{mm}$$

在遵守最大实体实效边界（MMVB）的条件下，当孔的局部实际尺寸处处皆为最大实体尺寸 50mm 时，轴线垂直度误差允许值为 0.08mm，如图 3-45b 所示；当孔的局部实际尺寸处处皆为最小实体尺寸 50.10mm 时，轴线垂直度误差允许值可以增大到 0.18mm，如图 3-45c 所示，等于图样上标注的轴线垂直度公差值 0.08mm 与孔尺寸公差值 0.10mm 之和。图 3-45d 所示为给出了轴线垂直度误差允许值随孔的局部实际尺寸 D_a 变化的动态公差图。

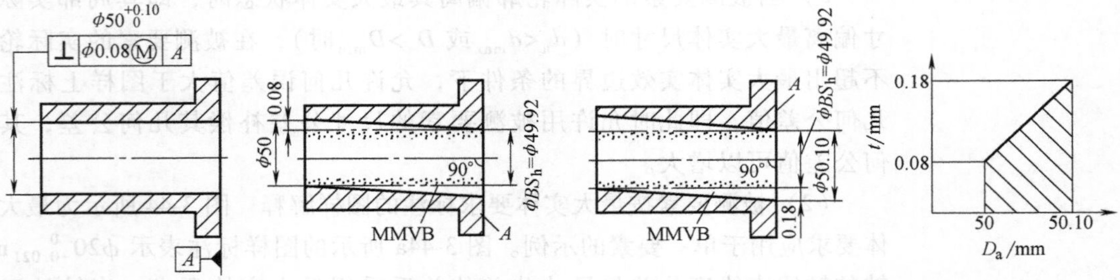

a) 图样标注　b) 孔处于最大实体状态　c) 孔处于最小实体状态　d) 动态公差图

图 3-45　最大实体要求应用于关联要素的示例

图 3-46 所示为关联要素同时采用最大实体要求和独立原则的示例。图 3-46a 所示的图样标注表示上公差框格按最大实体要求，标注孔处于最大实体状态时给出的轴线垂直度公差值 0.08mm，其动态公差带图如图 3-45d 所示；下公差框格按独立原则，规定孔的轴线垂直度误差允许值应

不大于 0.12mm。因此，无论孔的局部实际尺寸偏离其最大实体尺寸到什么程度，即使孔处于最小实体状态，其轴线垂直度误差值也不得大于 0.12mm。即该孔的轴线垂直度误差必须同时满足最大实体要求和独立原则。图 3-46b 给出了轴线垂直度误差允许值随孔的实际尺寸 D_a 变化的规律的动态公差图。

图 3-46

关联要素同时采用最大实体要求和独立原则的示例

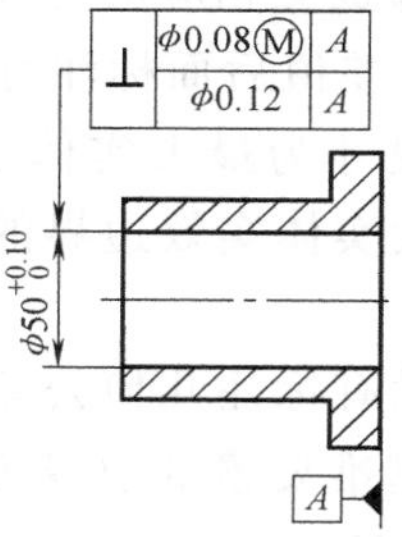

a) 图样标注

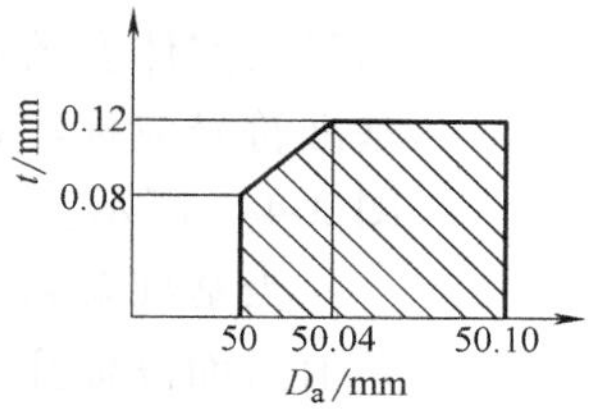

b) 动态公差图

（3）最大实体要求应用于被测要素而标注的几何公差值为零　最大实体要求应用于被测要素时，可以给出被测要素处于最大实体状态下的几何公差值为零，而在几何公差框格第二格中的几何公差值用“0 Ⓜ”的形式注出，如图 3-47a 所示，这是最大实体要求应用于被测要素的特例。此时，被测要素的最大实体实效边界就是最大实体边界，边界尺寸等于最大实体尺寸。无论单一要素或关联要素，其几何公差值标注为“0 Ⓜ”时，都能获得包容要求的效果。

图 3-47a 所示的图样标注表示：关联要素孔的实际轮廓不得超出边界尺寸为 ϕ50mm 的最大实体边界；孔的局部实际尺寸应不大于 50.10mm 的最小实体尺寸。当孔处于最大实体状态时，轴线垂直度误差允许值为零；若孔的局部实际尺寸大于 50mm 的最大实体尺寸，则允许轴线垂直度误差存在；当孔处于最小实体状态时，轴线垂直度误差允许值可达 0.10mm。图 3-47b 所示为表达上述关系的动态公差图，表示垂直度误差允许值随孔的局部实际尺寸 D_a 变化的规律。

图 3-47

最大实体要求的零几何公差示例

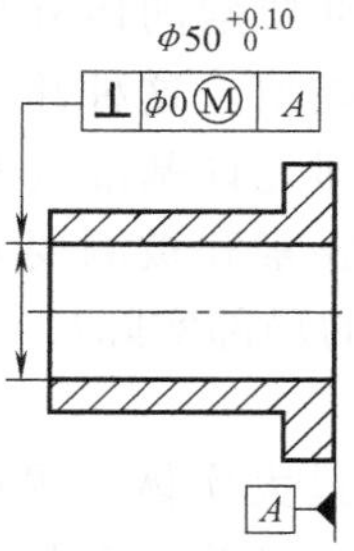

a) 图样标注

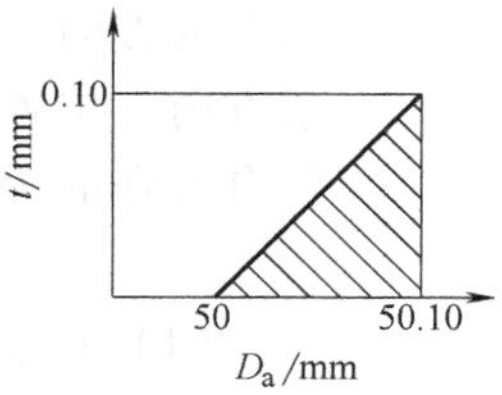

b) 动态公差图

3. 最大实体要求应用于基准要素

基准要素是确定被测要素方向和位置的参考对象的基础。基准要素尺寸公差与被测要素方向、位置公差的关系可以是彼此无关而独立的，或者是相关的。基准要素本身可以采用独立原则、包容要求、最大实体要求或其他相关要求。

最大实体要求应用于基准要素是指基准要素尺寸公差与被测要素方向、位置公差的关系采用最大实体要求。这时必须在被测要素几何公差框格中的基准字母后面标注符号Ⓜ（图3-48），以表示被测要素的方向、位置公差与基准要素的尺寸公差相关。

（1）基准要素的实际轮廓也受相应的边界控制　当基准要素的导出要素注有几何公差，且几何公差值后面标注符号Ⓜ时，基准要素的边界为最大实体实效边界，边界尺寸为最大实体实效尺寸。在这种情况下，基准符号应标注在形成该最大实体实效边界的几何公差框格的下方，如图 3-48a 所示。

当基准要素的导出要素没有标注几何公差，或者注有几何公差但公差值后面没标注符号Ⓜ时，基准要素的边界为最大实体边界，边界尺寸为最大实体尺寸，如图 3-48b 所示。

图 3-48

基准要素的边界示例

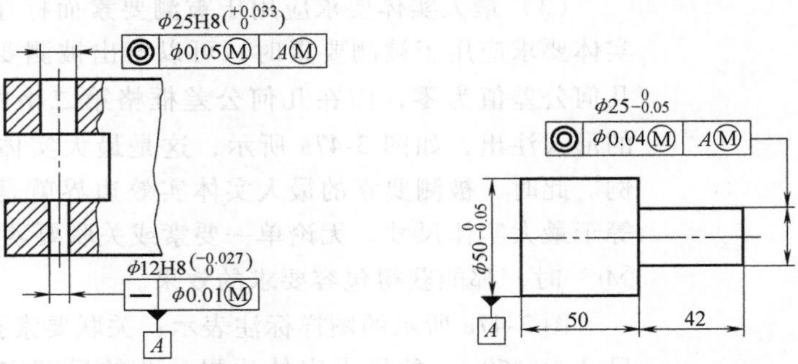

a) 基准要素的边界为最大实体实效边界　b) 基准要素的边界为最大实体边界

（2）在一定的条件下，允许基准要素的尺寸公差补偿被测要素的方向、位置公差　当基准要素的实际轮廓处于基准要素遵守的边界上时，实际基准要素的体外作用尺寸就等于基准要素遵守的边界尺寸。在基准要素遵守的边界范围内，当实际基准要素的体外作用尺寸偏离边界尺寸时，允许该实际基准要素在边界范围内浮动，允许浮动量为体外作用尺寸与边界尺寸的差值。当实际基准要素的体外作用尺寸等于其最小实体尺寸时，浮动量可达到其尺寸公差值。这种浮动就允许被测要素相对于基准的方向、位置公差值增大，即允许基准要素的尺寸公差补偿被测要素方向、位置公差，前提是基准要素和被测要素的实际轮廓都不得超出各自遵守的边界，并且基准要素的局部实际尺寸应在其极限尺寸范围内。

4. 可逆要求用于最大实体要求

（1）可逆要求　可逆要求为最大实体要求或最小实体要求的附加要求，表示尺寸公差可以在实际几何误差小于几何公差之间的差值范围内增大，是指在不影响零件功能的前提下，当被测轴线、被测中心平面等被测导出要素的几何误差值小于图样上标注的几何公差值时，允许对应被测尺寸要素的尺寸公差值大于图样上标注的尺寸公差值。因为在生产实际中，有些零件只要求将其实际轮廓限定在某一控制边界内，而不严格区分其尺寸公差和几何公差是否在允许的范围内，有些零件对公差与配合无严格要求，仅要求装配互换。因此，凡是在最大、最小实体要求的应用场合，均可考虑应用可逆要求。

（2）可逆要求用于最大实体要求　可逆要求用于最大实体要求时，应在被测要素几何公差框格中的公差值后面标注双重符号ⓂⓇ，如图 3-49a 所示，表示在被测要素的实际轮廓不超出其最大实体实效边界的条件下，允许被测要素的尺寸公差补偿其几何公差，并允许被测要素的几何公差补偿其尺寸公差；当被测要素的几何误差值小于图样上标注的几何公差值或等于零时，允许局部实际尺寸超出其最大实体尺寸，甚至等于其最大实体实效尺寸。可用下式表示为

$$d_{fe} \leqslant d_{MV} \text{且} d_{MV} \geqslant d_a \geqslant d_{min} \tag{3-15}$$

$$D_{fe} \geqslant D_{MV} \text{且} D_{max} \geqslant D_a \geqslant D_{MV} \tag{3-16}$$

（3）被测要素按可逆要求用于最大实体要求标注的图样解释　图 3-49 所示为可逆要求用于最大实体要求的示例。图 3-49a 所示图样标注表示 $\phi 20_{-0.1}^{\ 0}$mm 轴的轴线垂直度公差与尺寸公差两者可以相互补偿，该轴应遵守边界尺寸 BS_s 为 20.2mm 的最大实体实效边界（MMVB）。在遵守该边界的条件下，轴的局部实际尺寸 d_a 在其上极限与下极限尺寸 20～19.9mm 范围内变动时，其轴线垂直度误差允许值 t 应在 0.2～0.3mm 之间，如图 3-49b、c 所示。如果轴的轴线垂直度误差值 f 小于 0.2mm 甚至为零，则该轴的局部实际尺寸 d_a 允许大于 20mm，并可达到 20.2mm，如图 3-49d 所示，即允许该轴的轴线垂直度公差补偿其尺寸公差。图 3-49e 所示为表示上述关系的动态公差图。

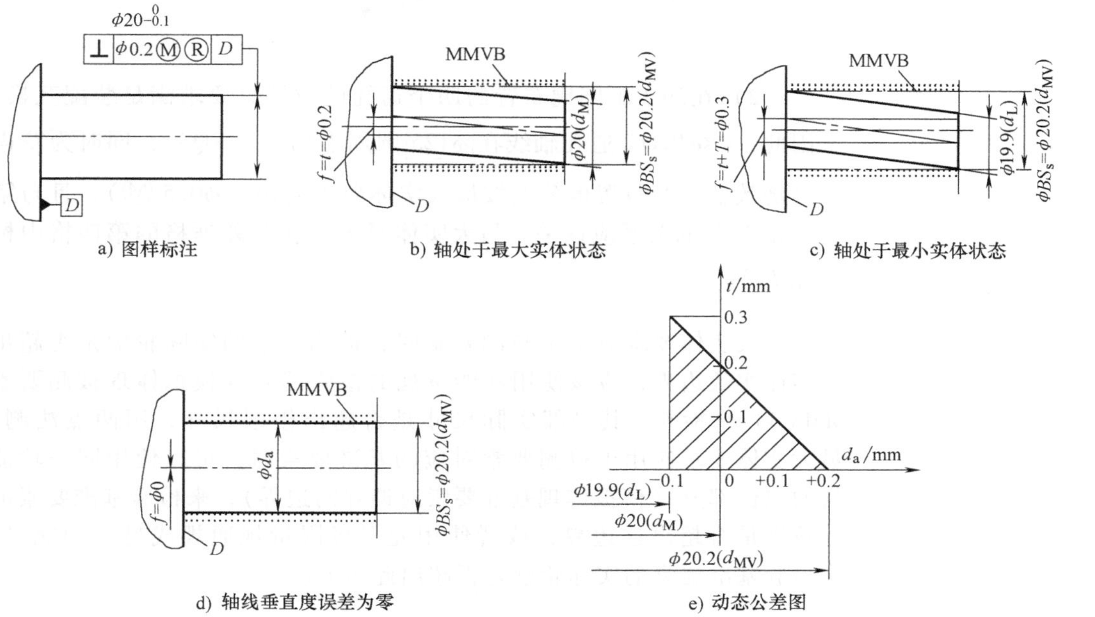

图 3-49　可逆要求用于最大实体要求的示例

MMVB—最大实体实效边界　T—尺寸公差值　t—轴线垂直度公差值　f—轴线垂直度误差值

5. 最大实体要求的主要应用

只要求装配互换的几何要素，通常采用最大实体要求。例如，用螺栓或螺钉联接的圆盘零件上圆周布置的通孔的位置度公差广泛采用最大实体要求，以便充分利用图样上给出的孔的尺寸公差补偿几何公差，获得最佳的技术经济效益。

例 3-3

减速器端盖（图 3-50）通过其上圆周分布的四个通孔，用螺钉紧固在箱体上。试分析其几何精度要求。

解： 1）图 3-50 中，端面 *A* 为端盖在箱体上的安装基准，为第一基准。ϕ100e9 圆柱面的轴线 *B* 用于端盖在箱体轴承孔中定位，为第二基准。装配时，在端面 *A* 与箱体孔端面贴合的前提下，轴线 *B* 应垂直于端面 *A*。为了保证轴线 *B* 相对于端面 *A* 的垂直度要求，又要充分利用 ϕ100e9 圆柱面的尺寸公差，轴线 *B* 的垂直度公差采用最大实体要求且标注零几何公差值（ϕ0 Ⓜ）。

图 3-50
减速器端盖

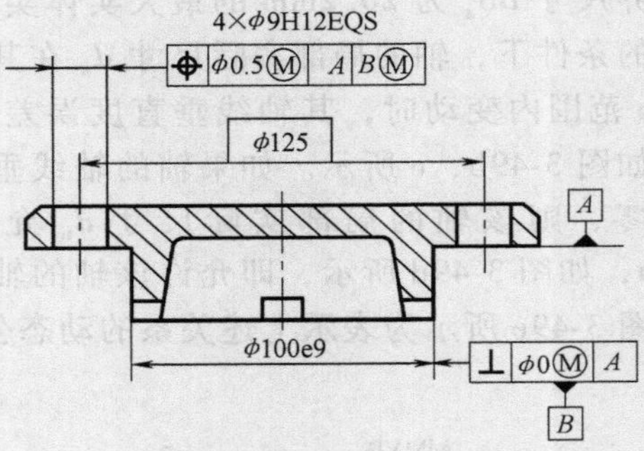

2）在端盖上圆周布置的四个通孔的位置只要求满足装配互换，因此，4×ϕ9H12 通孔轴线在 $\boxed{\phi 125}$ 圆周上均布（EQS），同时为获得经济效益，其位置度公差按最大实体要求给出（ϕ0.5 Ⓜ），且与第二基准 *B* 的关系应该采用最大实体要求（在公差框格的第四格中标注 *B* Ⓜ）。

最大实体要求应用于被测要素时，被测要素的实际轮廓是否超出最大实体实效边界，应该使用功能量规的检验部分（模拟体现被测要素的 MMVB）来检验；其局部实际尺寸是否超出极限尺寸，用两点法测量。最大实体要求应用于被测要素对应的基准要素时，可以使用同一功能量规的定位部分（模拟体现基准要素应遵守的边界），来检验基准要素的实际轮廓是否超出这边界；或者使用光滑极限量规通规或另一功能量规，来检验基准要素的实际轮廓是否超出此边界。

3.4.5　最小实体要求

最小实体要求是控制被测要素的实际轮廓处于其最小实体实效边界

（LMVB）之内的公差要求。当其实际尺寸偏离最小实体尺寸时，允许其几何误差值超出其给出的公差值。最小实体要求适用于提取导出要素。

1. 最小实体要求应用于被测要素

最小实体要求应用于被测要素时，应在被测要素几何公差框格中公差值后面标注符号Ⓛ，如图 3-51a 所示。这表示图样上标注的几何公差值是被测要素处于最小实体状态下给出的公差值，在被测要素的实际轮廓不超出其最小实体实效边界的条件下，允许被测要素的尺寸公差补偿其几何公差，其局部实际尺寸应在其极限尺寸范围内。可用下式表示为

$$d_{fi} \geqslant d_{LV} \text{且} d_{max} \geqslant d_a \geqslant d_{min} \tag{3-17}$$

$$D_{fi} \leqslant D_{LV} \text{且} D_{max} \geqslant D_a \geqslant D_{min} \tag{3-18}$$

图 3-51a 所示为 $\phi8^{+0.25}_{0}$mm 孔的轴线对基准 A 的位置度公差采用最小实体要求的示例。孔的最小实体实效尺寸按式（3-10）计算为 $D_{LV}=D_L+t=\phi8.65$mm。当孔处于最小实体状态（$D_L=\phi8.25$mm）时，允许的位置度公差为 $\phi0.4$mm（图样上给定的值），如图3-51b所示；当孔处于最大实体状态（$D_M=\phi8$mm）时，孔的轴线对基准 A 的位置度公差达到最大值，即等于图上给出的位置度公差（0.4mm）与孔的尺寸公差（0.25mm）之和 0.65mm；图 3-51c 所示为表达上述关系的动态公差图。

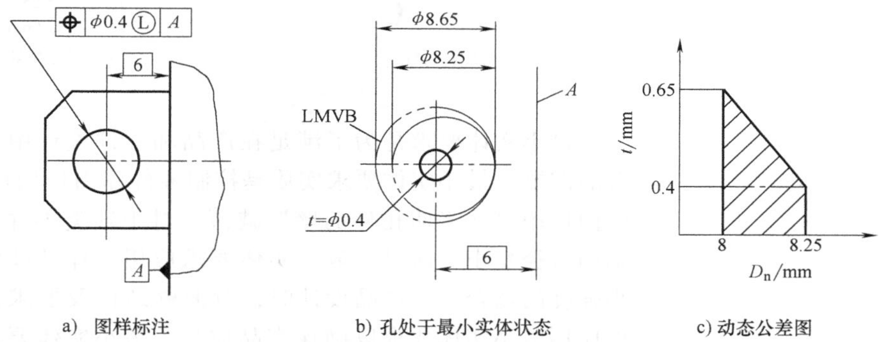

图 3-51 采用最小实体要求而标注零几何公差值示例

当最小实体要求应用于被测要素而给出的最小实体状态下的几何公差值为零时，被测要素几何公差框格第二格中的几何公差值用“0Ⓛ”的形式注出。在这种情况下，被测要素的最小实体实效边界就是最小实体边界，其边界尺寸为最小实体尺寸，其他解释不变。

2. 最小实体要求应用于基准要素

最小实体要求应用于基准要素，是指基准要素的尺寸公差与被测要素的方向、位置公差的关系采用最小实体要求。这时必须在被测要素几何公差框格中的基准字母的后面标注符号Ⓛ，以表示被测要素的方向、位置公差与基准要素的尺寸公差相关。这表示在基准要素遵守的边界的范围内，当实际基准要素的体内作用尺寸偏离这边界的尺寸时，允许基准要素的尺寸公差补偿被测要素的方向、位置公差，前提是基准要素和被测要素的实际轮廓都不得超出各自应遵守的边界，并且基准要素的局部实际尺寸应在其极限尺寸范围内。

3. 可逆要求用于最小实体要求

可逆要求用于最小实体要求时，应在被测要素几何公差框格中的公差值后面标注双重符号ⓁⓇ，如图 3-52 所示，表示在被测要素实际轮廓不超出其最小实体实效边界的条件下，允许被测要素的尺寸公差补偿其几何公差，同时也允许被测要素几何公差补偿其尺寸公差。

如图 3-52a 所示，采用可逆要求，此时被测孔不得超出其最小实体实效边界，即其关联体内作用尺寸不应超出最小实体实效尺寸 D_{LV} = $\phi 8.65$mm。局部实际尺寸都应在 $\phi 8 \sim \phi 8.65$mm 之间，其轴线的位置度误差可根据其局部实际尺寸的不同在 $\phi 0 \sim \phi 0.65$mm 之间变动。可逆要求的特点：如果孔轴线的位置度误差为零，则局部实际尺寸可达到 $\phi 8.65$mm，超出了最小实体尺寸，使尺寸公差增大了。图 3-52b 所示为表达上述关系的动态公差图。

图 3-52 可逆要求用于最小实体要求的标注示例

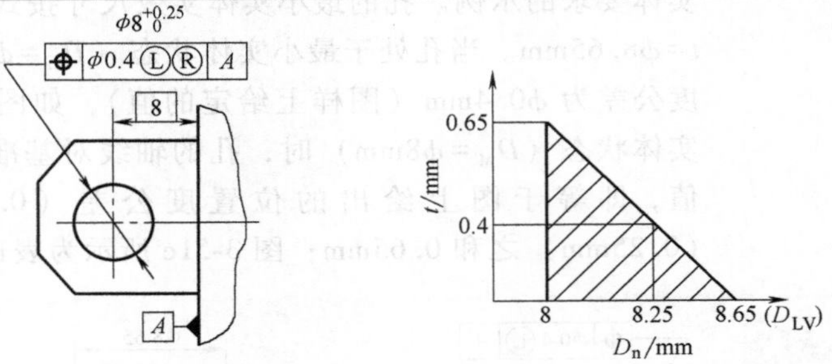

a) 图样标注　　b) 动态公差图

4. 最小实体要求的应用

最小实体要求是为了满足在产品和零件设计中获取最佳技术经济效益的需要。最小实体要求实质是控制零件体内作用尺寸：对于孔类零件，体内作用尺寸将使孔件的壁厚减薄；对于轴类零件，体内作用尺寸将使轴的直径变小。所以，最小实体要求应用于保证孔件最小壁厚及轴件最小强度的场合。在产品设计时，对薄壁结构及要求高强度轴件，可以考虑应用最小实体要求以确保产品质量。最小实体要求也用于在获得最佳的技术经济效益的前提下控制零件上特定表面至拟合导出要素的最大距离等功能要求。

虽然最小实体要求属于相关要求，但是没有类似能够体现最大实体要求那样的量规，因为最小实体实效边界是自最小实体状态朝着入体方向叠加而形成的。对于采用最小实体要求的要素，其几何误差使用普通计量器具来测量，其局部实际尺寸则用两点法测量。

3.5 几何误差

3.5.1 最小包容区域

几何误差是指被测提取要素对其拟合要素的最大变动量，是几何公差的控制对象。几何误差值不大于相应的几何公差值，则认为合格。拟合要素的位置应符合最小条件，即拟合要素处于符合最小条件的位置时，被测要素对拟合要素的最大变动量为最小。对于被测组成要素（如实际表面、轮廓线），拟合要素位于该实际要素的实体之外且与它接触。对于被测导出要素（如提取中心线），拟合要素位于该实际要素的中心位置。

评定几何误差时，按最小条件的要求，用最小包容区域（简称最小区域）的宽度或直径来表示几何误差值。所谓最小包容区域，是指包容被测要素时具有最小宽度或直径的包容区域。各个几何误差项目的最小包容区域的形状分别与各自的公差带形状相同，但前者的宽度或直径则由被测要素本身决定。也就是说，零件的几何误差若合格，其被测要素的最小包容区域必须能够为相应的几何公差带所包容。

如图 3-53 所示，评定给定平面内的轮廓线的直线度误差时，有许多条位于不同位置的理想直线 A_1B_1、A_2B_2、A_3B_3，用它们评定的直线度的误差值分别为 f_1、f_2、f_3。这些拟合直线中必有一条（也只有一条）拟合直线即直线 A_1B_1 能使实际被测轮廓线对它的最大变动量为最小（$f_1<f_2<f_3$），因此拟合直线 A_1B_1 的位置符合最小条件，实际被测轮廓线的直线度误差值为 f_1。

图 3-53
最小条件示例

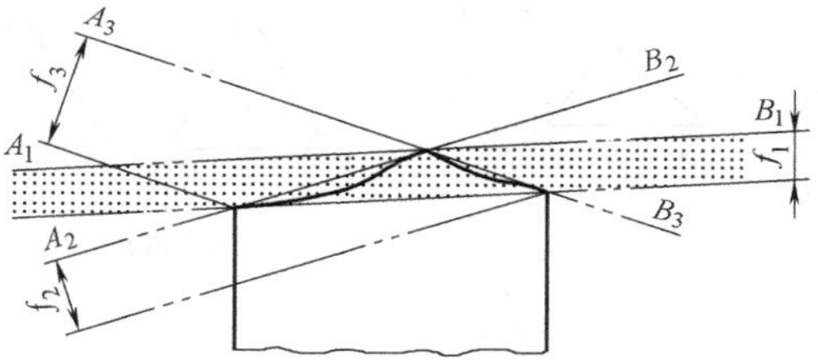

用最小条件评定的误差结果是唯一的，数值是最小的。此外，在满足零件功能要求的前提下，也允许采用其他评定方法来评定形状误差值。但这样评定的几何误差值将大于或等于按最小条件评定的几何误差值，有可能把合格品误评为废品。因此，最小条件法是仲裁的依据。

3.5.2　几何误差的评定

1. 形状误差的评定

形状误差是指被测要素的形状对其拟合要素形状的变动量。

（1）给定平面内直线度误差值的评定　直线度误差值应该采用最小包容区域来评定，其判别准则如图 3-54 所示：由两条平行直线包容提取被测直线 S 时，S 上至少有高、低、高相间（或者低、高、低相间）三个极点分别与这两条平行直线接触，则这两条平行直线之间的区域 U 即

图 3-54
直线度误差最小包容区域判别准则
○—高极点
□—低极点

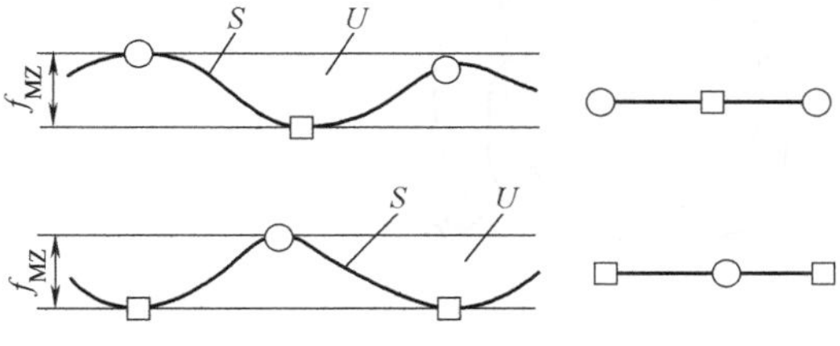

为最小包容区域，该区域的宽度 f_{MZ} 即为符合定义的直线度误差值。

（2）平面度误差值的评定　平面度误差值采用最小包容区域评定的判别准则如图 3-55 所示：由两个平行平面包容提取被测表面 S 时，S 上至少有四个极点分别与这两个平行平面接触，且满足下列两个准则之一，那么这两个平行平面之间的区域 U 即为最小包容区域，该区域的宽度 f_{MZ} 即为符合定义的平面度误差值。

1）三角形准则：如图 3-55a 所示，至少有三个高（低）极点与一个平面接触，有一个低（高）极点与另一个平面接触，并且这一个低（高）极点的投影落在上述三个高（低）极点连成的三角形内，或者落在该三角形的一条边上。

2）交叉准则：如图 3-55b 所示，至少有两个高极点和两个低极点分别与这两个平行平面接触，并且两个高极点的连线和两个低极点的连线在空间呈交叉状态，或者有两个高（低）极点与两个平行包容平面中的一个平面接触，还有一个低（高）极点与另一个平面接触，且该低（高）极点的投影落在两个高（低）极点的连线上。

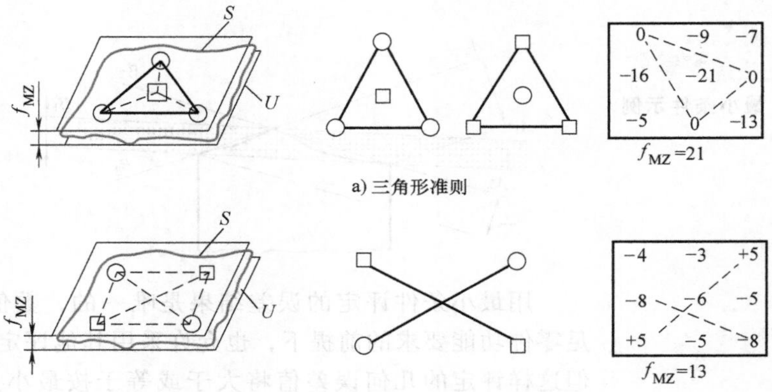

a) 三角形准则

b) 交叉准则

图 3-55　平面度误差最小包容区域判别准则
○—高极点
□—低极点

（3）圆度误差值的评定　圆度误差值采用最小包容区域评定的判别准则如图3-56所示：由两个同心圆包容实际被测圆 S 时，S 上至少有四个极点内、外相间地与这两个同心圆接触（至少有两个内极点与内圆接触，两个外极点与外圆接触），则这两个同心圆之间的区域 U 即为最小包容区域，该区域的宽度即这两个同心圆的半径差 f_{MZ} 就是符合定义的圆度误差值。

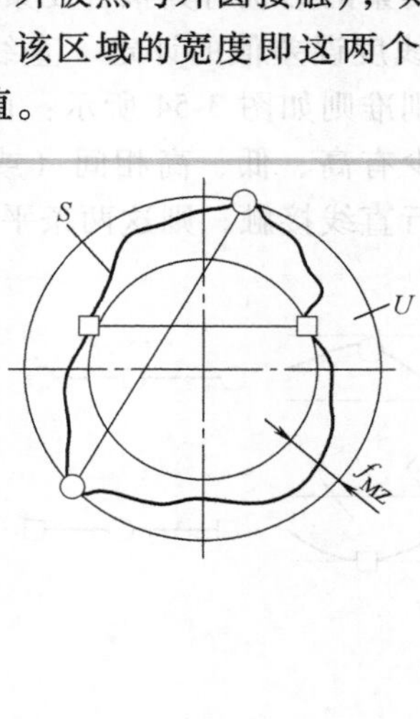

图 3-56　圆度误差最小包容区域判别准则
○—高极点
□—低极点

圆度误差值也可以用由实际被测圆确定的最小二乘圆作为评定基准来评定，取最小二乘圆圆心至实际被测圆的轮廓的最大距离与最小距离之差作为圆度误差值。圆度误差值还可以用由实际被测圆确定的最小外接圆（仅用于轴）或最大内接圆（仅用于孔）作为评定基准来评定圆度误差值。

2. 方向误差的评定

方向误差是指被测关联要素对其具有确定方向的拟合要素的变动量，拟合要素的方向由基准确定。

如图 3-57 所示，评定方向误差时，在拟合要素相对于基准 A 的方向保持图样上给定的几何关系（平行、垂直或倾斜某一理论正确角度）的前提下，应使被测要素 S 对拟合要素的最大变动量为最小。对于被测组成要素，此拟合要素位于该被测要素的实体之外且与它接触。对于被测关联导出要素，此拟合要素位于该被测要素的中心位置。

方向误差值用对基准保持所要求方向的定向最小包容区域 U（简称定向最小区域）的宽度 f_U 或直径 ϕf_U 来表示。定向最小包容区域的形状与方向公差带的形状相同，但前者的宽度或直径则由实际关联要素本身决定。如图 3-57 所示，由具有确定方向的两平行平面包容实际关联要素 S 时，S 上至少有两个极点（高、低极点或左、右极点）分别与该两平行平面接触，则两平行平面间区域 U 即为定向最小包容区域，其宽度 f 即为符合定义的方向误差值。

图 3-57 方向误差最小包容区域判别准则

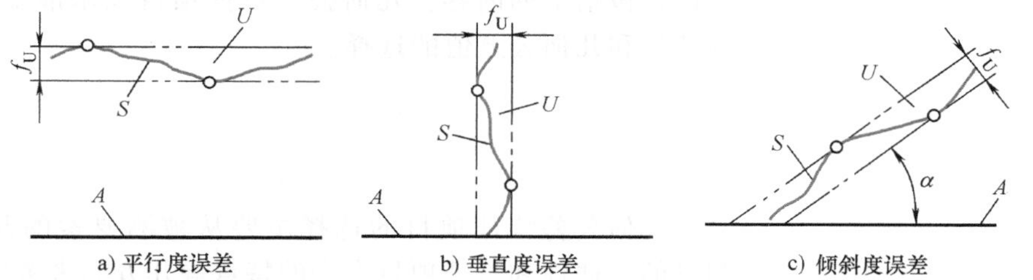

3. 位置误差的评定

位置误差是指被测关联要素对其具有确定位置的拟合要素的变动量，拟合要素的位置由基准和理论正确尺寸确定。

位置误差值用定位最小包容区域（简称定位最小区域）的宽度或直径来表示。定位最小包容区域是指以拟合要素的位置为中心来对称地包容提取关联要素时具有最小宽度或最小直径的包容区域。定位最小包容区域的几何公差带的形状与位置公差带的形状相同，但前者的宽度或直径则由被测要素本身决定。通常，被测要素上只有一个测点与定位最小包容区域接触。位置误差值等于这个接触点至拟合要素所在位置的距离的两倍。

如图 3-58a 所示，评定图 3-29 所示零件的位置度误差时，拟合平面所在的位置 P_0（评定基准）由基准平面 A 和理论正确尺寸 $\boxed{l}$ 确定。定位最小包容区域 U 为对称配置于 P_0 的两平行平面之间的区域，被测要素 S 上只有一个测点与 U 接触，位置度误差值 f_U 为这一点至 P_0 的距离的两倍。如图 3-58b 所示，评定图 3-23 所示零件上孔的轴线位置度误差时，设该孔的被测提取中心线用心轴轴线模拟体现，此被测提取中心线用一个点 S 表示；拟合轴线的位置（评定基准）由基准 A、B 和理论正确尺寸 $\boxed{L_x}$、$\boxed{L_y}$ 确定，用点 O 表示。以点 O 为圆心、OS 为半径作圆，则该圆内的区域就是定位最小包容区域 U。位置度误差值 $\phi f_U=\phi(2\times OS)$。

图 3-58 位置误差最小包容区域示例

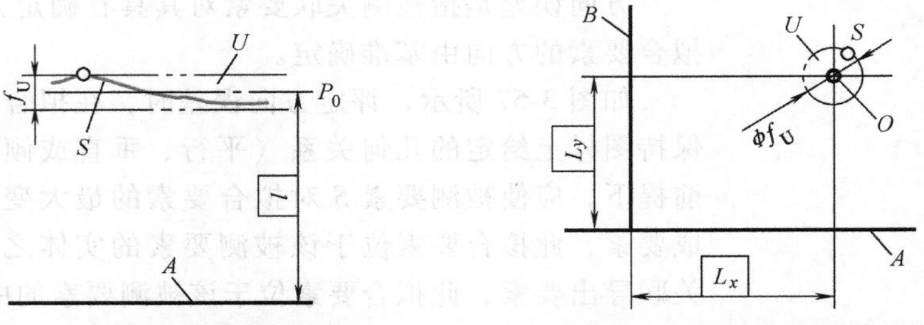

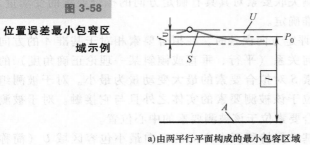

a) 由两平行平面构成的最小包容区域　　b) 由一个圆构成的最小包容区域

3.6 几何精度的设计

零件制造时，所有几何要素都会产生形状和位置误差。在对零件规定几何公差时，并不是详尽地标注出对所有几何误差的限制，而只是对零件使用功能及顺利装配有较大影响的项目给出几何精度要求。几何精度设计包括下列内容：几何公差特征项目及基准要素的选择、公差原则的选择和几何公差值的选择。

3.6.1 几何公差特征项目及基准要素的选择

1. 几何公差特征项目的选择

几何公差特征项目的选择主要从被测要素的几何特征、功能要求、测量的方便性和特征项目本身的特点等几方面来考虑。

（1）零件的几何特征　形状公差项目的设计主要按要素的几何形状特征制订，如控制平面的形状误差选择平面度。方向和位置公差项目的设计主要以要素间的几何方位关系为依据，如轴类零件的两个轴颈要控制同轴度误差等。在分析加工后零件可能存在的各种几何误差时，图样上是否都要规定相应的公差项目，还须对下述的三个方面进行综合考虑决定。

（2）零件的功能要求　分析影响零件功能要求的主要误差项目。例如，影响车床主轴工作精度的主要误差是前后轴颈的圆柱度误差和同轴度误差；车床导轨直线度误差影响溜板的运动精度；齿轮箱体上各轴承孔轴线平行度误差影响齿轮的接触精度和齿侧间隙均匀性。

当用尺寸公差控制几何误差已能满足精度要求且经济时，则可只给出尺寸公差，而不另给出几何公差。这时，可对被测要素采用包容要求。如果尺寸精度要求低而几何精度要求高，则不应由尺寸公差控制几何误差，而应按独立原则给出几何公差，否则将影响经济性。

（3）各几何公差项目的特点　在几何公差的 19 个项目中，分别有单项控制和综合控制的公差项目。例如，圆柱度公差是综合性的项目，可以控制圆度误差、素线直线度误差、素线平行度误差、轴线直线度误差等；方向公差可以控制有关的形状误差；位置公差可以控制与其有关的方向误差和形状误差等。因此，在选择项目时，应充分发挥综合控制公差项目的功能，这样可以减少图样上给出的几何公差项目，从而减少需检测的几何误差项目。

（4）测量条件 测量条件应包括有无相应的测量设备、测量难易程度、测量效率是否与生产批量相适应等。在满足功能要求的前提下，应选用测量简便的项目代替测量较难的项目。例如，同轴度公差可以用径向圆跳动公差或径向全跳动公差代替；端面对轴线的垂直度公差可以用轴向圆跳动公差或轴向全跳动公差代替。但必须注意，径向圆跳动误差是同轴度误差与圆柱面形状误差的综合结果，故用径向圆跳动代替同轴度时，给出的径向圆跳动公差值应略大于同轴度公差值，否则就会要求过严。用轴向圆跳动代替端面对轴线的垂直度并不可靠，而轴向全跳动公差与端面对轴线的垂直度公差带相同，故可以等价替代。

2. 基准要素的选择

在确定被测要素几何公差的同时，必须确定基准要素。根据需要，可以采用单一基准、公共基准或三面基准体系。基准要素选择应根据零件的功能和设计要求，并兼顾其结构特点及加工和检测要求来考虑。

1）基准要素通常应具有较高的形状精度，它的长度、面积、刚度较大。

2）遵守基准统一原则。即设计基准、定位基准、测量基准和装配基准是同一要素，这样，既可减少因基准不重合而产生的误差，又可简化夹具、量具的设计、制造和检测过程。例如，一根阶梯轴就应该以安装时支承该轴的两轴颈的公共轴线作为基准。

3）选用三基面体系时，应选择对被测要素的使用要求影响最大或定位最稳的平面（可以三点定位）作为第一基准；影响次之或窄而长的平面（可以两点定位）作为第二基准；影响小或短小的平面（一点定位）作为第三基准。

3.6.2 公差原则的选择

公差原则主要根据被测要素的功能要求、零件尺寸大小和检测是否方便来选择，并应考虑充分利用给出的尺寸公差带，还应考虑用被测要素的几何公差补偿其尺寸公差的可能性。

按独立原则给出的几何公差值是固定的，不允许几何误差值超出图样上标注的几何公差值。而按相关要求给出的几何公差是可变的，在遵守给定边界的条件下，允许几何公差值增大。有时独立原则、包容要求和最大实体要求都能满足某种同一功能要求，但在选用时应注意它们的经济性和合理性。对于保证最小壁厚不小于某个极限值和表面至拟合中心的最大距离不大于某个极限值等功能要求，应该选用最小实体要求来满足。表3-8列出了几种公差原则的应用场合及示例，供选择时参考。

表3-8 几种公差原则的应用场合及示例

公差原则	应用场合	示　例
独立原则	尺寸精度与几何精度需要分别满足要求	齿轮箱体孔的尺寸精度与两孔轴线的平行度；连杆活塞销孔的尺寸精度与圆柱度；滚动轴承内、外圈滚道的尺寸精度与形状精度
	尺寸精度与几何精度要求相差较大	滚筒类零件尺寸精度要求较低，形状精度要求较高；平板的形状精度要求很高，尺寸精度无要求；冲模架的下模座尺寸精度无要求，平行度要求较高；通油孔的尺寸精度有一定要求，形状精度无要求
	尺寸精度与几何精度无联系	滚子链条的套筒或滚子内、外圆柱面的轴线同轴度与尺寸精度；齿轮箱体孔的尺寸精度与孔轴线间的位置精度；发动机连杆上孔的尺寸精度与孔轴线间的位置精度
	保证运动精度	导轨的形状精度要求严格，尺寸精度要求次要
	保证密封性	气缸套的形状精度要求严格，尺寸精度要求次要
	未注公差	凡未注尺寸公差与未注几何公差的，都采用独立原则，如退刀槽、倒角、圆角等非功能要素
包容要求	保证（公差与配合）国家标准规定的配合性质	ϕ20H7Ⓔ孔与ϕ20h6Ⓔ轴的配合，可以保证配合的最小间隙等于零
	尺寸公差与几何公差间无严格比例关系要求	一般的孔与轴配合，只要求作用尺寸不超越最大实体尺寸，局部实际尺寸不超越最小实体尺寸
最大实体要求	保证关联作用尺寸不超越最大实体尺寸	关联要素的孔与轴有配合性质要求，标注0Ⓜ
	被测导出要素	保证自由装配，如轴承盖上用于穿过螺钉的通孔，法兰盘上用于穿过螺栓的通孔
	基准导出要素	基准轴线或中心平面相对于拟合导出要素允许偏离，如同轴度的基准轴线
最小实体要求	被测导出要素	保证孔件最小壁厚及轴件的最小强度
	基准导出要素	基准轴线或中心平面相对于拟合导出要素允许偏离
可逆要求	最大实体要求与最小实体要求	保证零件的实际轮廓在某一控制边界内，而不严格区分其尺寸和几何公差是否在允许的范围内

下面就单一尺寸要素孔、轴配合的几个方面来分析独立原则与包容要求的选择。

1. 从尺寸公差带的利用分析

孔或轴采用包容要求时，其局部实际尺寸与形状误差之间可以相互补偿，从而使整个尺寸公差带得到充分利用，技术经济效益较高。

但另一方面，包容要求所允许的形状误差的大小完全取决于局部实际尺寸偏离最大实体尺寸的数值。如果孔或轴的局部实际尺寸处处皆为最大实体尺寸或者趋近于最大实体尺寸，那么，它必须具有理想形状或者接近于理想形状才合格，而实际上极难加工出这样精确的形状。

2. 从配合均匀性分析

按独立原则对孔或轴给出一定的形状公差和尺寸公差，后者的数值小于按包容要求给出的尺寸公差数值，使按独立原则加工的孔或轴的体外作用尺寸允许值等于按包容要求确定的孔或轴最大实体边界尺寸，以使独立原则和包容要求都能满足指定的同一配合性质。由于采用独立原则时不允许形状误差值大于某个确定的形状公差值，采用包容要求时允许形状误差值达到尺寸公差数值，而孔与轴的配合均匀性与它们的形状误差的大小有着密切的关系，因此从保证配合均匀性来看，采用独立原则比采用包容要求好。

3. 从零件尺寸大小和检测方便分析

按包容要求用最大实体边界控制形状误差，对于中、小型零件，便于使用光滑极限量规检验。但是，对于大型零件，就难以使用笨重的光滑极限量规检验。在这种情况下，按独立原则的要求进行检测，就比较容易实现。

以上对包容要求的分析也适用于最大实体要求。

3.6.3　几何公差值的选择

几何公差值主要根据被测要素的功能要求和加工经济性等来选择。在零件图上，被测要素几何精度要求有两种表示方法：一种是对几何精度要求较高时，一般来说，零件上对几何精度有特殊要求的要素只占少数，这部分被测要素几何精度要求需用几何公差框格的形式单独注出几何公差值；另一种是对几何精度要求不高，它们的几何精度用一般加工工艺就能够达到，在图样上不必单独注出其几何公差，按 GB/T 1184—1996 的规定，统一给出未注几何公差（在技术要求中用文字说明），以简化图样标注，突出注出公差要求。

1. 注出几何公差的确定

几何公差值的确定原则与一般尺寸公差选用原则一样，即在满足零件使用要求的前提下，选取最经济的公差值。几何公差值可以采用计算法或类比法确定。

（1）计算法　计算法是指对于某些几何公差值，可以用尺寸链分析计算来确定；对于用螺栓或螺钉联接两个或两个以上的零件上孔组的各个孔位置度公差，可以根据螺栓或螺钉与通孔间的最小间隙确定。

用螺栓联接时，各个被联接零件上的孔均为通孔，位置度公差值 t 按下式确定，即

$$t \leqslant X_{\min} \tag{3-19}$$

式中，$X_{\min}$是通孔与螺栓间的最小间隙。

用螺钉联接时，各个被联接零件中有一个零件上的孔为螺孔，而其

余零件上的孔则为通孔，位置度公差值 t 按下式确定，即

$$t \leqslant 0.5X_{\min} \tag{3-20}$$

（2）类比法　类比法是指将所设计的零件与具有同样功能要求且经使用表明效果良好而资料齐全的类似零件进行对比，经分析后确定所设计零件有关要素的几何公差值。在采用类比法确定几何公差值时，应注意以下问题：

1）几何公差、尺寸公差的关系应该相互协调。其一般原则是形状公差<方向公差<位置公差<尺寸公差。但应注意非一般情况：细长轴轴线的直线度公差远远大于尺寸公差；位置度与对称度公差往往与尺寸公差相当；当形状公差或位置公差与尺寸公差相等时，对同一要素按包容要求处理。

2）综合几何公差大于单项几何公差。如圆柱度公差大于圆度公差、素线和轴线直线度公差。

3）形状公差与表面粗糙度之间的关系也应协调。通常，中等尺寸和中等精度的零件，表面粗糙度 Ra 值可占形状公差值的 20%～25%。

对已有专门标准规定的几何公差，例如与滚动轴承配合的轴颈和箱体孔（外壳孔）的几何公差、矩形花键的位置度公差、对称度公差以及齿轮坯的几何公差和齿轮箱体上两对轴承孔的公共轴线之间的平行度公差等，分别按各自的专门标准确定。

GB/T 1184—1996 的附录中，对直线度、平面度、圆度、圆柱度、平行度、垂直度、倾斜度、同轴度、对称度、圆跳动和全跳动公差 11 个特征项目分别规定了若干公差等级及对应的公差值（见附表 6 和附表 7）。在这 11 个特征项目中，GB/T 1184—1996 将圆度和圆柱度的公差等级分别规定了 13 个等级，它们分别用阿拉伯数字 0、1、2、…、12 表示，其中 0 级最高，等级依次降低，12 级最低。其余 9 个特征项目的公差等级分别规定了 12 个等级，它们分别用阿拉伯数字 1、2、…、12 表示，其中 1 级最高，等级依次降低，12 级最低。此外，还规定了位置度公差值数系（见附表 8）。

表 3-9～表 3-12 列出了 11 个几何公差特征项目的部分公差等级的应用举例，供选择几何公差等级时参考，根据所选择的公差等级从公差表格查取几何公差值。

表 3-9　直线度、平面度公差等级的应用举例

公差等级	应用举例
5	1 级平板，2 级宽平尺，平面磨床的纵导轨、垂直导轨、立柱导轨及工作台，液压龙门刨床和转塔车床床身导轨，柴油机进气、排气阀门导杆
6	普通机床导轨面，如卧式车床、龙门刨床、滚齿机、自动车床等的床身导轨、立柱导轨、柴油机壳体
7	2 级平板，机床主轴箱、摇臂钻床底座和工作台，镗床工作台，液压泵盖，减速器壳体结合面
8	机床传动箱体、交换齿轮箱体，车床溜板箱体，柴油机气缸体、连杆分离面、缸盖结合面，汽车发动机缸盖曲轴箱结合面，液压管件和法兰连接面

表 3-9

（续）

公差等级	应用举例
9	3 级平板，自动车床床身底面，摩托车曲轴箱体，汽车变速器壳体，手动机械的支承面

表 3-10

圆度、圆柱度公差等级的应用举例

公差等级	应用举例
5	一般计量仪器主轴、测杆外圆柱面，陀螺仪轴颈，一般机床主轴轴颈及主轴轴承孔，柴油机、汽油机活塞、活塞销，与 6 级滚动轴承配合的轴颈
6	仪表端盖外圆柱面，一般机床主轴及前轴承孔，泵、压缩机的活塞、气缸，汽油发动机凸轮轴，纺机锭子，减速器传动轴轴颈，高速船用柴油机、拖拉机曲轴主轴颈，与 6 级滚动轴承配合的外壳孔，与 G 级滚动轴承配合的轴颈
7	大功率低速柴油机曲轴轴颈、活塞、活塞销、连杆、气缸，高速柴油机箱体轴承孔，千斤顶或压力油缸活塞，机车传动轴，水泵及通用减速器转轴轴颈，与 0 级滚动轴承配合的外壳孔
8	大功率低速发动机曲轴轴颈，压气机连杆盖、连杆体，拖拉机气缸、活塞，炼胶机冷铸轴辊，印刷机传墨辊，内燃机曲轴轴颈，柴油机凸轮轴承孔、凸轮轴、拖拉机、小型船用柴油机气缸套
9	空气压缩机缸体，液压传动筒，通用机械杠杆与拉杆用套筒销子，拖拉机活塞环、套筒孔

表 3-11

平行度、垂直度、倾斜度、轴向跳动度公差等级的应用举例

公差等级	应用举例
4,5	卧式车床导轨、重要支承面，机床主轴轴承孔对基准的平行度，精密机床重要零件，计量仪器、量具、模具的基准面和工作面，机床主轴箱箱体重要孔，通用减速器壳体孔，齿轮泵的油孔端面，发动机轴和离合器的凸缘，气缸支承端面，安装精密滚动轴承的壳体孔的凸肩
6,7,8	一般机床的基准面和工作面，压力机和锻锤的工作面，中等精度钻模的工作面，机床一般轴承孔对基准的平行度，变速器箱体孔，主轴花键对定心表面轴线的平行度，重型机械滚动轴承端盖，卷扬机、手动传动装置中的传动轴，一般导轨，主轴箱箱体孔，刀架、砂轮架、气缸配合面对基准轴线以及活塞销孔对活塞轴线的垂直度，滚动轴承内、外圈端面对基准轴线的垂直度
9,10	低精度零件，重型机械滚动轴承端盖，柴油机、煤气发动机箱体曲轴孔、曲轴轴颈，花键轴和轴肩端面，带式运输机法兰盘等端面对基准轴线的垂直度，手动卷扬机及传动装置中轴承孔端面，减速器壳体平面

表 3-12

同轴度、对称度、径向圆跳动公差等级的应用举例

公差等级	应用举例
5,6,7	这是应用范围较广的公差等级，用于几何精度要求较高、尺寸公差等级高于或等于 IT8 的零件。5 级常用于机床主轴轴颈，计量仪器测量杆，汽轮机主轴，柱塞液压泵转子，高精度滚动轴承外圈，一般精度滚动轴承内圈。7 级用于内燃机曲轴、凸轮轴、齿轮轴、水泵轴、汽车后轮输出轴，电动机转子、印刷机传墨辊的轴颈，键槽
8,9	常用于几何精度要求一般、尺寸公差等级为 IT9~IT11 的零件。8 级用于拖拉机发动机分配轴轴颈，与 9 级精度以下齿轮相配的轴，水泵叶轮，离心泵体，棉花精梳机前后滚子，键槽等。9 级用于内燃机气缸套配合面，自行车中轴

2. 未注几何公差的确定

图样上没有单独注出几何公差的要素也有几何精度要求，但要求偏低，同一要素的未注几何公差与尺寸公差的关系采用独立原则。

应当指出，方向公差能自然地用其公差带控制同一要素的形状误差。因此，对于注出方向公差的要素，就不必考虑该要素的未注形状公差。

位置公差能自然地用其公差带控制同一要素的形状误差和方向误差。因此，对于注出位置公差的要素，就不必考虑该要素的未注形状公差和未注方向公差。此外，对于采用相关要求的要素，要求该要素的实际轮廓不得超出给定的边界，因此所有未对该要素单独注出的几何公差都应遵守这边界。

GB/T 1184—1996 对未注几何公差做了如下规定：

直线度、平面度、垂直度、对称度和圆跳动以及同轴度的未注公差各分为 H、K 和 L 三个公差等级（它们的数值分别见附表 9～附表 12），其中 H 级最高，L 级最低。

圆度的未注公差值等于直径尺寸的公差值。圆柱度未注公差可用圆柱面的圆度、素线直线度和相对素线间平行度的未注公差三者综合代替，因为圆柱度误差由圆度、素线直线度和相对素线间平行度误差三部分组成，其中每一项误差可分别由各自的未注公差控制。

平行度的未注公差值等于要求平行的两个要素间距离的尺寸公差值，或者等于其平面度或直线度未注公差值，取值应取这两个公差值中的较大值，基准要素则应选取要求平行两要素中的较长者；如果这两个要素的长度相等，则其中任一要素都可作为基准要素。

此外，倾斜度的未注公差可以采用适当的角度公差代替。对于轮廓度和位置度要求，若不标注理论正确尺寸和几何公差，而标注坐标尺寸，则按坐标尺寸的规定处理。

未注几何公差值应根据零件的特点和生产单位的具体工艺条件，由生产单位自行选定，并在有关技术文件中予以明确。采用 GB/T 1184—1996 规定的未注几何公差值时，应在图样上标题栏附近或技术要求中注出标准号和所选用公差等级的代号（中间用短横线“-”分开）。例如，选用 K 级时，标注为

未注几何公差按 GB/T 1184-K

3. 应用示例

例 3-4

图 3-59 所示为某减速器的输出轴。试分析其几何精度要求。

解：1）该轴上两个 $\phi 55k6$ 轴颈分别与两个相同规格的 0 级滚动轴承内圈配合，因此，为保证指定的配合性质，对两个 $\phi 55k6$ 轴颈给出包容要求。按滚动轴承有关标准的规定，应对两个 $\phi 55k6$ 轴颈的形状精度提出更高的要求。参照表 3-10，确定圆柱度公差等级为 6 级，查附表 19，选取圆柱度公差值为 0.005mm。

该轴上两个 $\phi 55k6$ 轴颈的轴线是该轴在箱体上的装配基准（基准 A 和基准 B），因此应限制两轴颈的同轴度，以保证轴承外圈和箱体孔的安装精度。为了检测方便，可用两轴颈对公共基准轴线 $A—B$ 的径向圆跳动公差代替同轴度公差。参照表 3-11，用类比法确定径向圆跳动公差等级为 7 级，查附表 6，选取径向圆跳动公差值为 0.025mm。

例 3-4（续）

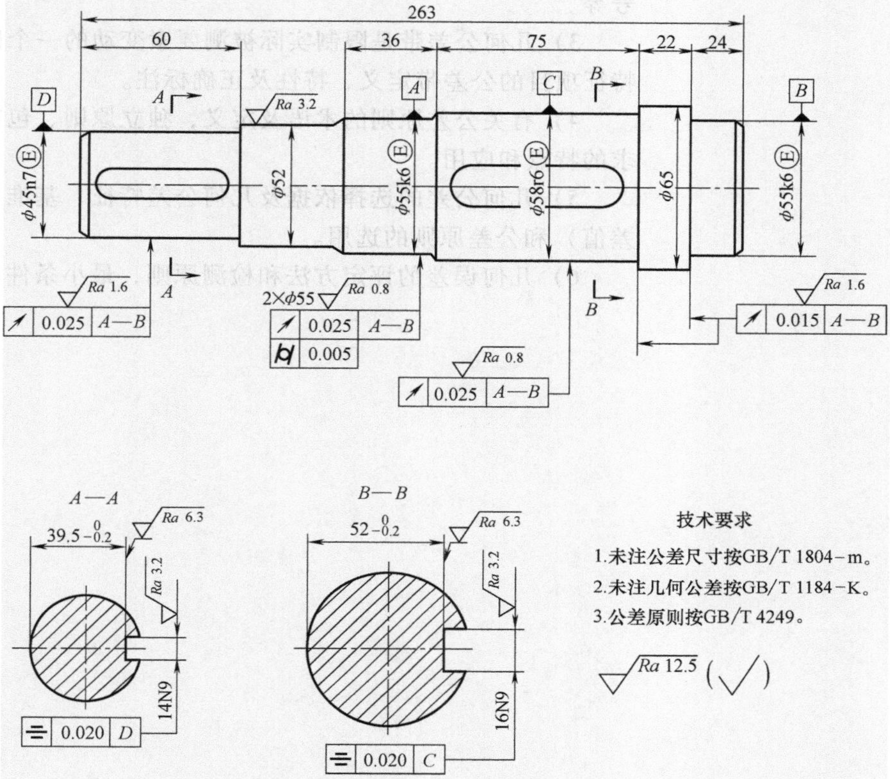

图 3-59　输出轴

2）ϕ45n7 和 ϕ58r6 轴段需要与带轮和齿轮相配合，因此，为保证指定的配合性质，对这两个带键槽轴段均给出包容要求。为保证该轴的使用性能，ϕ45n7、ϕ58r6 两个带键槽轴段的轴线应与两个 ϕ55k6 轴颈同轴，用类比法确定两个带键槽轴段对公共基准轴线 *A—B* 的径向圆跳动公差值为 0.025mm。

3）ϕ65 两轴肩端面为止推面，起轴向定位作用。为保证零件在该输出轴上的安装精度，按滚动轴承有关标准的规定，选取两个轴肩分别对公共基准轴线 *A—B* 的轴向圆跳动公差值为 0.015mm（见附表 19）。

4）为保证键与轴键槽、传动件轮毂键槽的可装配性，对 ϕ58r6 和 ϕ45n7 轴段上的键槽 16N9 和 14N9 规定对称度公差，按 8 级（GB/T 1184—1996）选取，确定键槽 16N9 和 14N9 分别相对于 ϕ58r6 轴线 *C* 和 ϕ45n7 轴线 *D* 的对称度公差值为 0.020mm。

5）该轴上其余要素的几何精度皆按未注几何公差 K 级处理。

本章小结

1）几何公差的研究对象是构成零件几何特征的几何要素，分为组成要素与导出要素，被测要素与基准要素以及单一要素与关联要素等。

2）几何公差是形状公差、方向公差、位置公差和跳动公差的统称。国家标准规定了 19 项几何公差项目及各几何公差特征项目的含义、符号等。

3）几何公差带是限制实际被测要素变动的一个区域，常用几何公差特征项目的公差带定义、特性及正确标注。

4）有关公差原则的术语及定义，独立原则、包容要求和最大实体要求的特点和应用。

5）几何公差的选择依据及几何公差特征、基准要素、公差等级（公差值）和公差原则的选用。

6）几何误差的评定方法和检测原则，最小条件和最小包容区域。

第4章

表面粗糙度

本章提要

- 本章要求理解表面粗糙度轮廓的基本概念；了解表面粗糙度对机械零件使用性能的影响；掌握表面粗糙度的主要评定参数及应用场合；掌握表面粗糙度技术要求在图样上的标注方法；初步掌握表面粗糙度的选用原则；了解表面粗糙度轮廓的基本检测方法。
- 本章重点为表面粗糙度的评定参数及标注，难点为表面粗糙度评定参数值的选用。

导入案例

表面粗糙度反映机械零件表面的微观几何形状特性，直接影响零件的使用性能。因此，表面粗糙度的检测是机械零件的常规检测项目。图4-1所示为表面粗糙度测量仪，常用于检测零件表面的轮廓算术平均偏差 *Ra* 等评定参数。

图 4-1
表面粗糙度的检测

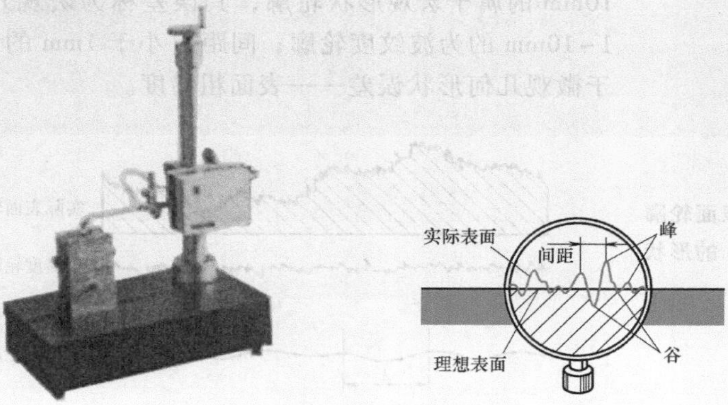

表面粗糙度用来描述机械零件表面加工后形成的具有较小间距和微小峰谷组成的微观几何形状特性，在旧标准中被称为表面光洁度。表面光洁度是从人的视觉观点提出来的，表面粗糙度源于零件表面微观几何形状的实际状况，因而表面粗糙度的称谓比表面光洁度更科学严谨。为与国际标准（ISO）接轨，我国在1983年颁布的国家标准GB 3505—1983、GB 1031—1983中首次采用表面粗糙度，从此表面光洁度不再使用。目前在使用的国家标准有GB/T 3505—2009《产品几何技术规范（GPS） 表面结构 轮廓法 术语、定义及表面结构参数》、GB/T 10610—2009《产品几何技术规范（GPS） 表面结构 轮廓法 评定表面结构的规则和方法》、GB/T 1031—2009《产品几何技术规范（GPS） 表面结构 轮廓法 表面粗糙度参数及其数值》和GB/T 131—2006《产品几何技术规范（GPS） 技术产品文件中表面结构的表示法》等。

4.1 表面粗糙度的基本概念

4.1.1 表面粗糙度轮廓的界定

为了研究零件的表面结构，通常用垂直于零件实际表面的平面与该零件实际表面相交所得到的轮廓作为评估对象，称其为表面轮廓，是一条轮廓曲线，如图4-2所示。

图4-2 表面轮廓

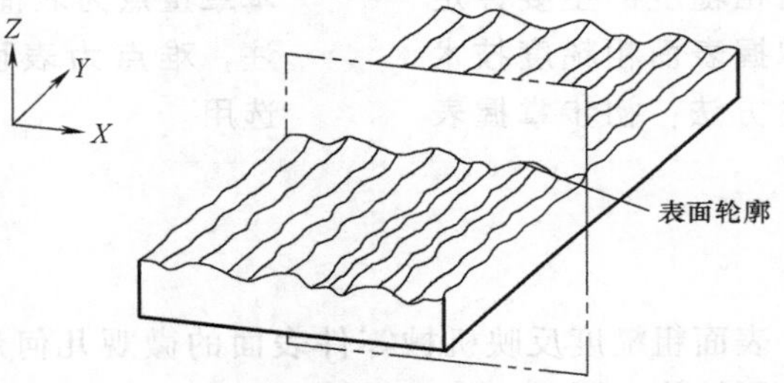

加工后的零件表面实际轮廓一般包含粗糙度轮廓、波纹度轮廓和宏观形状轮廓等叠加在一起构成的几何形状误差，如图4-3所示。这三种轮廓通常按表面轮廓上相邻峰、谷间距λ的大小来划分；间距λ大于10mm的属于宏观形状轮廓，其误差称为宏观几何形状误差；间距λ在1~10mm的为波纹度轮廓；间距λ小于1mm的为粗糙度轮廓，其误差属于微观几何形状误差——表面粗糙度。

图4-3 零件实际表面轮廓的形状

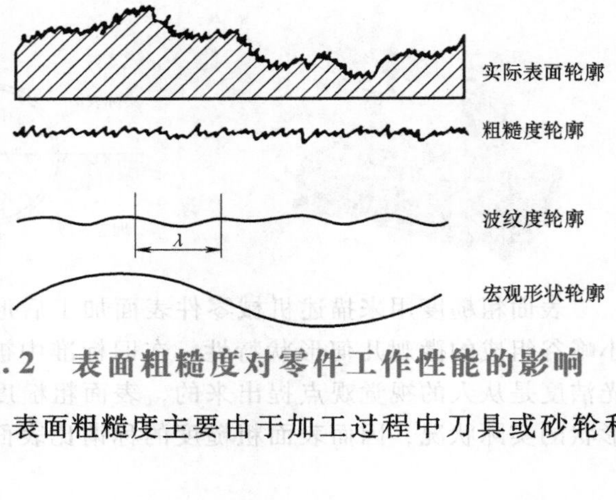

4.1.2 表面粗糙度对零件工作性能的影响

表面粗糙度主要由于加工过程中刀具或砂轮和零件表面间的摩擦、

切屑分离时工件表面层金属的塑性变形以及工艺系统中的高频振动等原因所形成，不同于主要因机床几何精度方面的误差所引起的表面宏观几何形状误差（如平面度、圆度误差等），也不同于在加工过程中主要由于机床-刀具-工件系统的强迫振动等引起的表面波纹度。零件的表面粗糙度对其功能要求、使用寿命和可靠性等都有很大的影响，也是几何精度设计的重要内容。表面粗糙度对零件的影响主要表现在以下几个方面：

1. 对摩擦和磨损的影响

较粗糙的两个零件表面接触并产生相对运动时，峰顶间的接触作用就会产生摩擦阻力使零件磨损，零件越粗糙，阻力就越大，零件磨损也越快。但并不是表面粗糙度数值越小，耐磨性就越好，因为表面过于光滑不利于在该表面上储存润滑油，反而使摩擦因数增大，从而加剧磨损。

2. 对配合性质的影响

相互配合的孔、轴表面上的微小峰被去掉后，它们的配合性质会发生变化。对于间隙配合，相对运动的表面因粗糙不平而迅速磨损，致使配合表面间的实际间隙逐渐增大；对于过盈配合，表面轮廓峰顶在装配时易被挤平，实际有效过盈减小，致使连接强度降低。

3. 对抗疲劳强度的影响

零件表面越粗糙，凹痕越深，对应力集中越敏感。特别是当零件承受交变载荷时，由于应力集中的影响，疲劳裂纹容易在其表面轮廓的微小谷底出现，使疲劳强度降低，导致零件表面产生裂纹而损坏。

4. 对耐蚀性的影响

粗糙的表面，易使腐蚀性物质存积在表面的微观凹谷处，并会向零件表面层渗透，致使零件表面产生腐蚀。表面越粗糙，则腐蚀就越严重。

此外，表面粗糙度对零件其他使用性能，如结合的密封性、接触刚度、对流体流动的阻力以及对机器、仪器的外观质量和测量精度等都有很大影响。因此，为保证机械零件的使用性能和互换性，在对零件进行几何精度设计时，必须合理地提出表面粗糙度技术要求。

4.2　表面粗糙度的评定

测量和评定表面粗糙度时，应规定取样长度、评定长度、轮廓滤波器的截止波长、中线和评定参数。当没有指定测量方向时，测量截面方向与表面粗糙度幅度参数的最大值相一致，该方向垂直于被测表面的加工纹理，即垂直于表面主要加工痕迹的方向。

4.2.1　取样长度、评定长度及长波和短波轮廓滤波器的截止波长

1. 取样长度

取样长度是用于评定表面粗糙度所规定的 X 轴方向上的一段基准线长度，用符号 lr 表示，如图 4-4 所示。规定和选择取样长度是为了限制和减弱表面波纹度、排除形状误差对表面粗糙度的测量结果的影响。取样长度应根据零件实际表面的形成情况、纹理特征及轮廓走向，选取反

映表面粗糙度轮廓特征的那段长度，并且至少包含 5 个以上的轮廓峰和谷。表面越粗糙，则取样长度应越大。

图 4-4
取样长度和评定长度

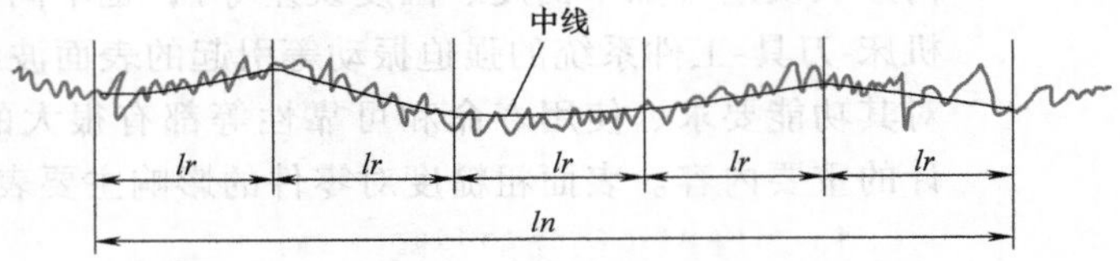

2. 评定长度

评定长度是用于判别被评定轮廓的 X 轴方向上的长度，用符号 ln 表示，如图 4-4 所示。评定长度可以包含一个或连续的几个取样长度。由于零件表面的微小峰、谷的不均匀性，为了更可靠地反映表面粗糙度轮廓的特性，应测量连续的几个取样长度上的表面粗糙度轮廓。标准评定长度为连续的 5 个取样长度（即 $ln=5lr$）；若被测表面比较均匀，可选 $ln<5lr$；若被测表面均匀性差，可选 $ln>5lr$。

3. 长波和短波轮廓滤波器的截止波长

为了评价表面轮廓（图 4-3 所示的实际表面轮廓）上各种几何形状误差中的某一几何形状误差，可以利用轮廓滤波器过滤掉其他的几何形状误差。轮廓滤波器是指能将表面轮廓分离成长波成分和短波成分的滤波器，它们所能抑制的波长称为截止波长。从短波截止波长至长波截止波长这两个极限值之间的波长范围称为传输带。

使用接触（触针）式仪器测量表面粗糙度时，为了抑制波纹度轮廓对粗糙度轮廓测量结果的影响，仪器的截止波长为 λc 的长波滤波器从实际表面轮廓上把波长较大的波纹度轮廓波长成分加以抑制或排除掉，长波截止波长 λc 等于取样长度 lr，即 $\lambda c=lr$；截止波长为 λs 的短波滤波器从实际表面轮廓上抑制比粗糙度轮廓波长更短的成分，从而只呈现粗糙度轮廓，以对其进行测量和评定。

取样长度 lr、评定长度 ln 及截止波长 λs 和 λc 的标准化值见附表 13。

4.2.2　粗糙度轮廓的中线

中线是具有几何轮廓形状并划分被评定轮廓的基准线。获得实际表面轮廓后，为了定量地评定表面粗糙度轮廓，首先要确定一条中线，然后以中线为基准来计算各种评定参数的数值。通常采用下列的表面粗糙度轮廓中线。

1. 轮廓的最小二乘中线

表面粗糙度轮廓的最小二乘中线如图 4-5 所示。在一个取样长度 lr 范围内，最小二乘中线使轮廓上各点至该线的距离 Z_i 的平方之和为最小，即 $\int_0^{lr} Z(x)^2\mathrm{d}x$ 或 $\sum_{i=1}^{n} Z_i^2=\min$。

2. 轮廓的算术平均中线

轮廓的算术平均中线如图 4-6 所示。在一个取样长度 lr 范围内，算术平均中线与轮廓走向一致，将轮廓划分为上、下两部分，使上部分的

各峰面积之和等于下部分的各谷面积之和，即

$$\sum_{i=1}^{n} F_i = \sum_{i=1}^{n} F_i'$$

图 4-5

表面粗糙度轮廓的最小二乘中线

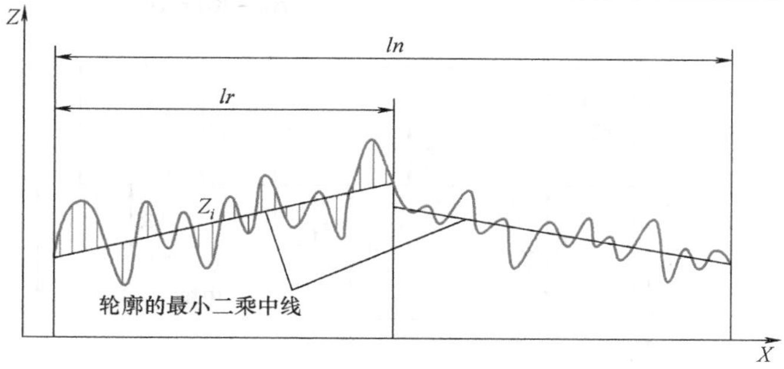

图 4-6

粗糙度轮廓的算术平均中线

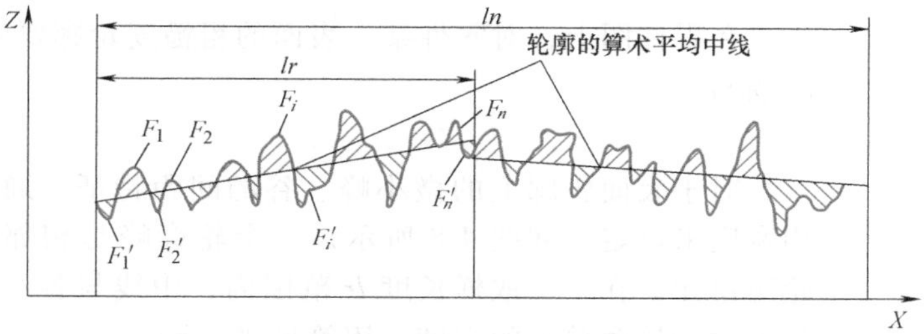

4.2.3　粗糙度轮廓的评定参数

为了定量地评定粗糙度轮廓，必须用参数及其数值来表示粗糙度轮廓的特征。鉴于表面轮廓上的微小峰、谷的幅度和间距的大小是构成粗糙度轮廓的两个独立的基本特征，因此在评定粗糙度轮廓时，通常采用下列的幅度参数和间距参数。

1. 轮廓的算术平均偏差（幅度参数）

如图 4-5 所示，轮廓的算术平均偏差是指在一个取样长度 lr 范围内，被评定轮廓上各点至中线的纵坐标值 $Z(x)$ 的绝对值的算术平均值，用符号 Ra 表示。用公式表示为

$$Ra = \frac{1}{lr}\int_0^{lr} |Z(x)| \mathrm{d}x \tag{4-1}$$

或近似表示为

$$Ra = \frac{1}{n}\sum_{i=1}^{n} |Z_i| \tag{4-2}$$

2. 轮廓的最大高度（幅度参数）

如图 4-7 所示，在一个取样长度 lr 范围内，被评定轮廓上各个高极点至中线的距离称为轮廓峰高，用符号 Zp_i 表示，其中最大的距离称为最大轮廓峰高 Rp（图中 $Rp=Zp_6$）；被评定轮廓上各个低极点至中线的距离称为轮廓谷深，用符号 Zv_i 表示，其中最大的距离称为最大轮廓谷深，

用符号 Rv 表示（图中 $Rv=Zv_2$）。

轮廓的最大高度是指在一个取样长度 lr 范围内，被评定轮廓的最大轮廓峰高 Rp 与最大轮廓谷深 Rv 之和的高度，用符号 Rz 表示，即

$$Rz=Rp+Rv \tag{4-3}$$

图 4-7

轮廓的最大高度

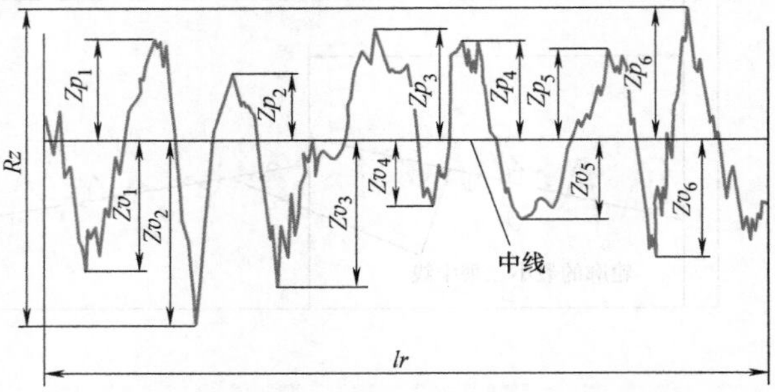

在零件图上，对零件某一表面的粗糙度轮廓要求，按需要选择 Ra 或 Rz 标注。

3. 轮廓单元的平均宽度（间距参数）

对于表面轮廓上的微小峰、谷的间距特征，通常采用轮廓单元的平均宽度来评定。如图 4-8 所示，一个轮廓峰与相邻的轮廓谷的组合称为轮廓单元，在一个取样长度 lr 范围内，中线与各个轮廓单元相交线段的长度称为轮廓单元的宽度，用符号 Xs_i 表示。

图 4-8

轮廓单元的宽度与轮廓单元的平均宽度

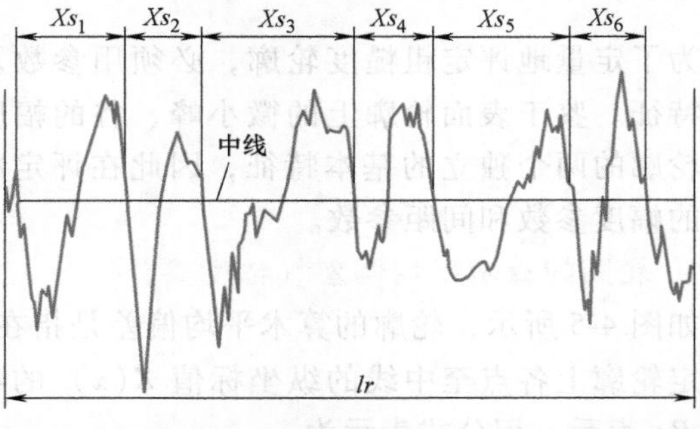

轮廓单元的平均宽度是指在一个取样长度 lr 范围内所有轮廓单元的宽度 Xs_i 的平均值，用符号 Rsm 表示，即

$$Rsm=\frac{1}{m}\sum_{i=1}^{m}Xs_i \tag{4-4}$$

Rsm 属于附加评定参数，与 Ra 或 Rz 同时选用，不能独立采用。

4. 轮廓支承长度率（曲线参数）

轮廓支承长度率是指在给定水平截面高度（c）上轮廓的实体材料长度（b）之和［即轮廓支承长度 $Ml(c)$］与评定长度的比率，用 $Rmr(c)$ 表示，即

$$Rmr(c)=\frac{Ml(c)}{l_n}=\frac{\sum_{i=1}^{n}b_i}{l_n} \tag{4-5}$$

轮廓支承长度率与表面轮廓形状有关，是反映表面耐磨性能的指标。如图 4-9 所示，在给定水平位置时，图 4-9b 所示的表面比图 4-9a 所示的轮廓支承长度大，所以图 4-9b 所示的表面较耐磨。

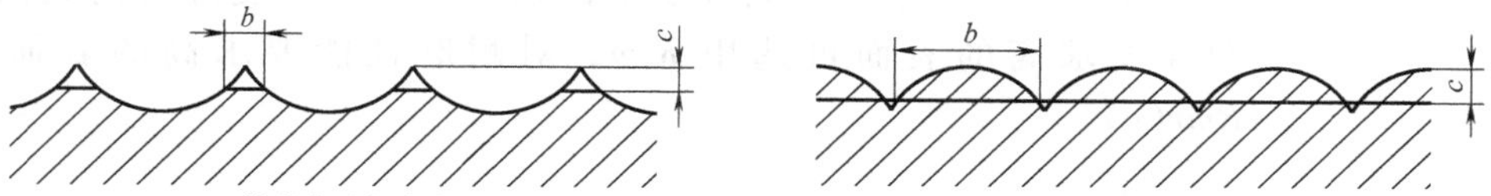

a) 轮廓支承长度小　　b) 轮廓支承长度大

图 4-9　表面轮廓形状对零件表面质量的影响

4.3　表面粗糙度的技术要求

4.3.1　表面粗糙度技术要求的内容

在零件图上规定表面粗糙度的技术要求时，必须标注幅度参数符号及极限值，同时还应标注传输带、取样长度、评定长度的数值（若采用标准化值，可以不标注予以默认）以及极限值判断规则（若采用 16%规则，予以默认，不标注）。必要时可以标注补充要求。补充要求包括表面纹理及方向、加工方法、加工余量和附加其他的评定参数。

表面粗糙度的评定参数及极限值应根据零件的功能要求和经济性来选择。

4.3.2　表面粗糙度评定参数的选择

由于加工工艺等因素的不同，致使零件加工表面的微观几何特性有所不同，因此对零件工作性能和使用寿命的影响也有所不同。对表面质量要求高的零件，需要对各项表面特性分别提出明确的要求。

表面粗糙度的评定参数是用来定量描述零件表面微观几何形状特征的。幅度参数是表面粗糙度的基本评定参数，表面粗糙度的评定参数应从轮廓的算术平均偏差 *Ra* 和轮廓的最大高度 *Rz* 中选取；除幅度参数外，根据表面功能的需要，还可以从间距参数 *Rsm* 和轮廓支承长度率 *Rmr*(*c*) 中选取，*Rsm* 和 *Rmr*(*c*) 属于附加评定参数，与 *Ra* 或 *Rz* 同时选用，不能独立采用。

1）在幅度参数中，参数 *Ra* 的概念很直观，*Ra* 值反映表面粗糙度特性的信息量大，而且 *Ra* 值用触针式轮廓仪测量比较容易。因此，对于光滑表面和半光滑表面，普遍采用 *Ra* 作为评定参数。但由于触针式轮廓仪功能的限制，不宜测量极光滑（$Ra<0.025\mu m$）或粗糙（$Ra>6.3\mu m$）的表面，因此对于极光滑或粗糙的表面，采用 *Rz* 作为评定参数。*Rz* 值通常用非接触式的光切显微镜测量。由于 *Rz* 值不能反映峰顶的尖锐或平钝的几何形状特性，所以不及 *Ra* 值反映的微观几何形状特性全面。

2）当只给出幅度参数不能满足零件功能要求时，可以选用附加参数。图 4-9 中，两个表面的轮廓最大高度参数相同，而使用性能显然不同。可见，只用幅度参数不能全面反映零件表面微观几何形状误差。只有少数零件的重要表面且有特殊使用要求时才选用 *Rsm* 或 *Rmr*(*c*)，如对外观质量和涂装性能有要求的表面、承受交变应力的表面、对密封性要求高的表面可选用 *Rsm*，对耐磨性能要求高的表面可选用 *Rmr*(*c*)。

4.3.3 表面粗糙度参数极限值的选择

表面粗糙度参数的数值已标准化。设计时，表面粗糙度参数极限值应从 GB/T 1031—2009 规定的数值系列（见附表 14）中选取，必要时可采用补充系列中的数值。

一般来说，零件粗糙度轮廓幅度参数值越小，零件工作性能就越好，使用寿命也越长。表面粗糙度参数值的选用原则是满足功能要求，其次是考虑经济性及工艺的可能性。在满足零件功能要求的前提下，应尽量选用较大的幅度参数值，以获得最佳的技术经济效益。在具体设计时，一般多采用经验统计资料，根据类比法初步确定表面粗糙度后，再对比工作条件做适当调整。这时应注意下述一些原则：

1）同一零件上，工作表面的粗糙度参数值通常比非工作表面小。

2）相对运动速度高、单位面积压力大、承受交变应力作用的表面的表面粗糙度参数值应较小。

3）摩擦表面的表面粗糙度参数值应比非摩擦表面小。

4）对于要求配合性质稳定的小间隙配合和承受重载荷的过盈配合，其孔、轴的表面粗糙度参数值都应较小。

5）对于耐蚀性、密封性能要求高的表面以及要求外表美观的表面，其表面粗糙度参数值应小。

6）在确定表面粗糙度参数值时，应注意它与尺寸公差、形状公差协调，参见表 4-1。一般来说，孔、轴尺寸的标准公差等级越高，则该表面粗糙度参数值就应越小。对于同一标准公差等级的小尺寸的孔或轴的表面粗糙度参数值应比大尺寸的小一些。

表 4-1 表面粗糙度参数值与尺寸公差值、几何公差值的一般关系

几何公差值 t 对尺寸公差值 T 的百分比 t/T(%)	表面粗糙度参数值对尺寸公差值 T 的百分比	
	Ra/T(%)	Rz/T(%)
约 60	≤5	≤30
约 50	≤2.5	≤15
约 40	≤1.2	≤7

7）凡有关标准已对表面粗糙度技术要求做出具体规定的特定表面（例如，与滚动轴承配合的轴颈和外壳孔，见附表 20），应按该标准规定来确定其表面粗糙度参数值。

表 4-2 列出了各种不同的表面粗糙度参数值的选用实例。

表 4-2 表面粗糙度参数值的选用实例

Ra/μm	Rz/μm	表面形状特征		应用举例
>40~80	>160~320	粗糙的	明显可见刀痕	粗糙度最高的加工面，一般很少采用
>20~40	>80~160		可见刀痕	粗加工表面比较精确的一级，应用范围较广，如轴端面、倒角、穿螺钉孔和铆钉孔的表面、垫圈的接触面等
>10~20	>40~80		微见刀痕	
>5~10	>20~40	半光	可见加工痕迹	半精加工面、支架、箱体、离合器、带轮侧面、凸轮侧面等非接触的自由表面，与螺栓头和铆钉头相接触的表面，所有轴和孔的退刀槽，一般遮板的结合面等
>2.5~5	>10~20		微见加工痕迹	半精加工面、箱体、支架、盖面、套筒等和其他零件连接而没有配合要求的表面，需要发蓝的表面，需要滚花的预先加工面，主轴非接触的全部外表面等
>1.25~2.5	>6.3~10		看不清加工痕迹	基面及表面质量要求较高的表面，中型机床工作台面（普通精度），组合机床主轴箱和盖面的结合面，中等尺寸带轮的工作表面，衬套、滑动轴承的压入孔，一般低速转动的轴颈
>0.63~1.25	>3.2~6.3	光	可辨加工痕迹的方向	中型机床（普通精度）滑动导轨面、导轨压板、圆柱销和圆锥销的表面，一般精度的刻度盘，需镀铬抛光的外表面，中速转动的轴颈，定位销压入孔等
>0.32~0.63	>1.6~3.2		微辨加工痕迹的方向	中型机床（较高精度）滑动导轨面，滑动轴承轴瓦的工作表面，夹具定位元件和钻套的主要表面，曲轴和凸轮轴的工作轴颈，分度盘表面，高速工作下的轴颈及衬套的工作面等
>0.16~0.32	>0.8~1.6		不可辨加工痕迹的方向	精密机床主轴锥孔，顶尖圆锥面，直径小的精密心轴和转轴的结合面，活塞的活塞销孔，要求气密的表面和支承面
>0.08~0.16	>0.4~0.8	极光	暗光泽面	精密机床主轴箱与套筒配合的孔，仪器在使用中要承受摩擦的表面，如导轨、槽面等，液压传动用的孔的表面，阀的工作面，气缸内表面，活塞销的表面等
>0.04~0.08	>0.2~0.4		亮光泽面	特别精密的滚动轴承套圈滚道、滚珠及滚柱表面，测量仪器中中等精度间隙配合零件的工作表面，工作量规的测量表面等
>0.02~0.04	>0.1~0.2		镜状光泽面	特别精密的滚动轴承套圈滚道、滚珠及滚柱表面，高压油泵中柱塞和柱塞套的配合表面，保证高度气密的结合表面等

表 4-2

（续）

$Ra/\mu m$	$Rz/\mu m$	表面形状特征		应用举例
>0.01~0.02	>0.05~0.1	极光	平状镜面	仪器的测量表面，量仪中高精度间隙配合零件的工作表面，尺寸超过 100mm 的量块工作表面等
≤0.01	≤0.05		镜面	量块工作表面，高精度测量仪器的测量面，光学测量仪器中的金属镜面等

4.4 表面粗糙度技术要求在零件图上的标注

确定零件表面粗糙度评定参数及极限值和其他技术要求后，应按照 GB/T 131—2006 的规定，把表面粗糙度技术要求正确地标注在表面粗糙度完整图形符号上和零件图上。

4.4.1 表面粗糙度符号

为标注表面粗糙度各种不同的技术要求，GB/T 131—2006 规定了一个基本图形符号，如图 4-10a 所示，以及三个完整图形符号，如图 4-10b、c、d 所示。

基本图形符号（图 4-10a）仅用于简化标注（其应用示例见图 4-27），不能单独使用。在基本图形符号的长边端部加一条横线，或者同时在其三角形部位增加一段短横线或一个圆圈，就构成用于三种不同工艺要求的完整图形符号（图 4-10b、c、d）。图 4-10b 所示的符号表示表面可以用任何工艺方法获得。图 4-10c 所示的符号表示表面用去除材料的方法获得，例如车、铣、钻、刨、磨、抛光、电火花加工、气割等方法获得的表面。图 4-10d 所示的符号表示表面用不去除材料的方法获得，例如铸、锻、冲压、热轧、冷轧、粉末冶金等方法获得的表面。

图 4-10

表面粗糙度的基本图形符号和完整图形符号

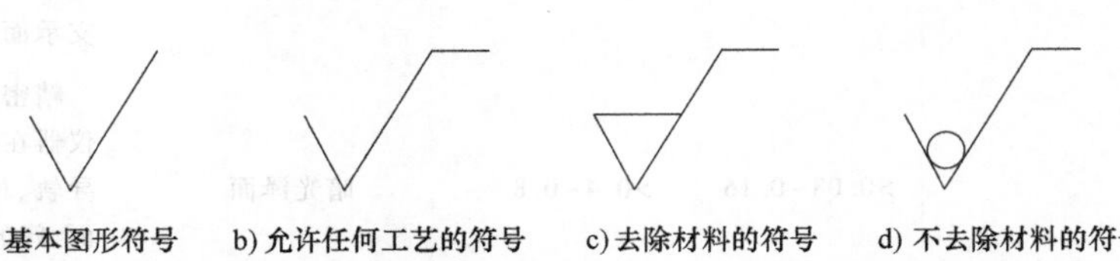

a) 基本图形符号　b) 允许任何工艺的符号　c) 去除材料的符号　d) 不去除材料的符号

在表面粗糙度完整图形符号的长边与横线拐角处加画一小圆（图 4-11），表示所有表面具有相同的表面粗糙度要求，其应用示例如图 4-28 所示。

图 4-11

表面粗糙度特殊符号

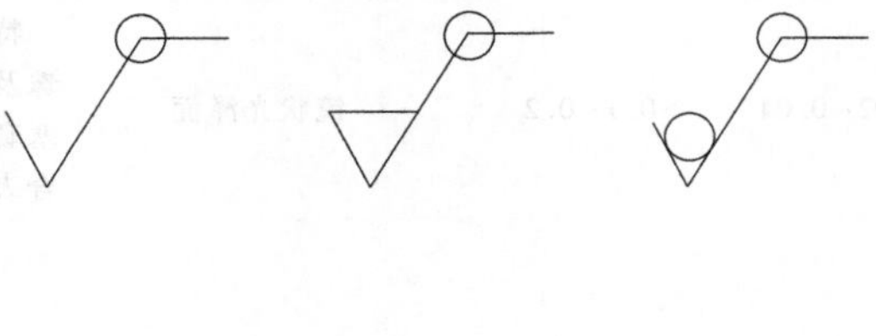

4.4.2 表面粗糙度技术要求的标注

1. 表面粗糙度各项技术要求在完整图形符号上的标注位置

表面粗糙度各项技术要求应标注在图 4-12 所示的指定位置上，此图为在去除材料的完整图形符号上的标注。

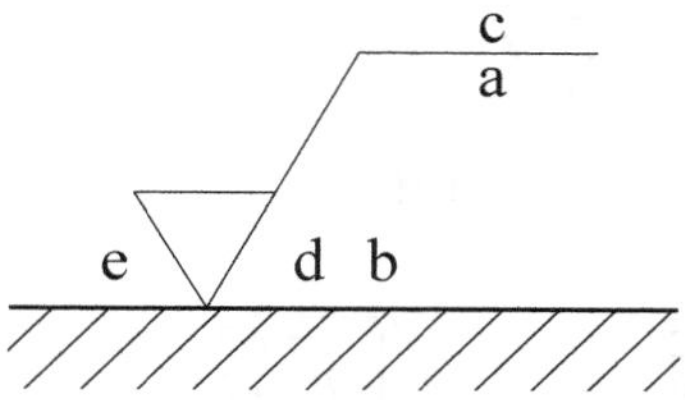

图 4-12 表面粗糙度完整图形符号上各项技术要求的标注位置

在周围注写了技术要求的完整图形符号称为表面粗糙度符号，简称粗糙度符号。在完整图形符号周围的各个指定位置上分别标注下列技术要求：

位置 a：标注幅度参数符号（*Ra* 或 *Rz*）及极限值（单位为 μm）和有关技术要求。在位置 a 依次标注下列的各项技术要求的符号及相关数值：

上、下限值符号 传输带数值/幅度参数符号 评定长度值 极限值判断规则（空格）幅度参数极限值

必须注意：①传输带数值后面有一条斜线“/”，若传输带数值采用默认的标准化值而省略标注，则此斜线不予注出；②评定长度值是用所包含的取样长度个数（阿拉伯数字）来表示的，如果默认为标准化值 5（即 $ln=5lr$），同时极限值判断规则采用默认规则，都省略标注，为了避免误解，幅度参数符号与幅度参数极限值之间应插入空格；③倘若极限值判断规则采用默认规则而省略标注，则为了避免误解，评定长度值与幅度参数极限值之间应插入空格，否则可能把表示评定长度值的取样长度个数误读为极限值的首位数。

位置 b：标注附加评定参数的符号及相关数值（如 *Rsm*，其单位为 mm）。

位置 c：标注加工方法、表面处理、涂层或其他工艺要求，如车、磨、镀等加工表面。

位置 d：标注表面纹理和方向。

位置 e：标注加工余量（单位为 mm）。

2. 表面粗糙度极限值的标注

按 GB/T 131—2006 的规定，在完整图形符号上标注幅度参数值时，分为下列两种情况：

（1）标注极限值中的一个数值且默认为上限值 在完整图形符号上，幅度参数的符号及极限值应一起标注。当只单向标注一个数值时，则默认其为幅度参数的上限值。标注示例如图 4-13a（默认传输带，默认评定长度，极限值判断规则默认为 16%）、b（评定长度 $ln=3lr$）所示。

（2）同时标注上、下限值 需要在完整图形符号上同时标注幅度参数上、下限值时，则应分成两行标注幅度参数符号和上、下限值。上限

值标注在上方，并在传输带的前面加注符号“U”。下限值标注在下方，并在传输带的前面加注符号“L”。当传输带采用默认的标准化值而省略标注时，则在上方和下方幅度参数符号的前面分别加注符号“U”和“L”，标注示例如图 4-14 所示。

图 4-13
幅度参数值默认为上限值的标注

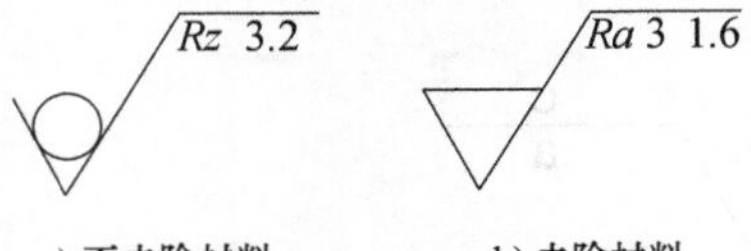

a) 不去除材料　b) 去除材料

图 4-14
上、下限值的标注

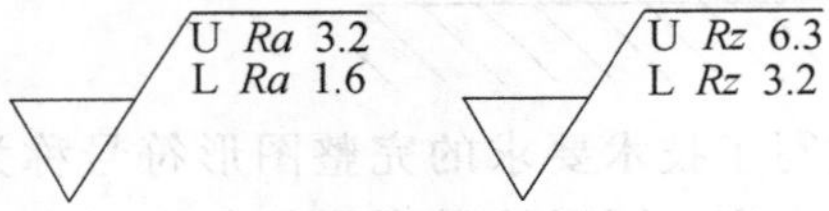

对某一表面标注幅度参数的上、下限值时，在不引起歧义的情况下可以不加写 U、L。

3. 极限值判断规则的标注

按 GB/T 10610—2009 规定，根据表面粗糙度参数符号上给定的极限值，对实际表面进行检测后判断其合格性时，可采用下列两种判断规则：

（1）16%规则　16%规则是指在同一评定长度范围内幅度参数所有的实测值中，大于上限值的个数少于总数的 16%，小于下限值的个数少于总数的 16%，则认为合格。16%规则是表面粗糙度技术要求标注中的默认规则，标注示例如图 4-13、图 4-14 所示。

（2）最大规则　在幅度参数符号的后面增加标注一个“max”的标记，则表示检测时合格性的判断采用最大规则。它是指整个被测表面上幅度参数所有的实测值皆不大于上限值，才认为合格。图 4-15 所示为确认最大规则的单个幅度参数值且默认为上限值的标注；图 4-16 所示为确认最大规则的上限值和默认 16%规则的下限值的标注。

图 4-15
最大规则标注

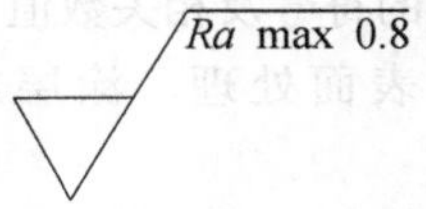

图 4-16
最大规则和 16%规则标注

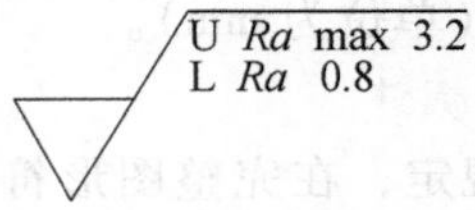

4. 传输带和取样长度、评定长度的标注

如果表面粗糙度完整图形符号上没有标注传输带（图 4-13~图 4-16），则表示采用默认传输带，即默认短波滤波器和长波滤波器的截止波长（λs 和 λc）皆为标准化值。

需要指定传输带时，传输带标注在幅度参数符号的前面，并用斜线“/”隔开。传输带用短波和长波滤波器的截止波长（mm）进行标注，

短波滤波器 λs 在前，长波滤波器 λc 在后（$\lambda c = lr$），它们之间用连字号“-”隔开，标注示例如图 4-17 所示。

图 4-17
确认传输带的标注

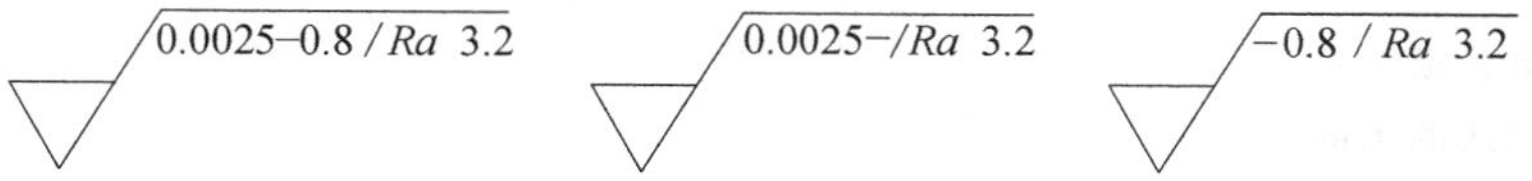

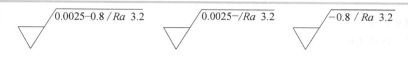

a) 短、长波滤波器都标注　b) 只标注短波滤波器　c) 只标注长波滤波器

在图 4-17a 所示的标注中，传输带 $\lambda s = 0.0025\text{mm}$，$\lambda c = lr = 0.8\text{mm}$。在某些情况下，对传输带只标注两个滤波器中的一个，另一个滤波器则采用默认的截止波长标准化值。对于只标注一个滤波器，应保留连字号“-”来区分是短波滤波器还是长波滤波器，例如，在图 4-17b 所示的标注中，传输带 $\lambda s = 0.0025\text{mm}$，$\lambda c$ 默认为标准化值；在图 4-17c 所示的标注中，传输带 $\lambda c = 0.8\text{mm}$，λs 默认为标准化值。

设计时若采用标准评定长度，则评定长度值采用默认的标准化值 5 而省略标注。若需要指定评定长度时，则应在幅度参数符号的后面注写取样长度的个数，如图 4-13b 所示。

5. 表面纹理的标注

各种典型的表面纹理及其方向用图 4-18 中规定的代号标注。如果这些代号不能清楚地表示表面纹理要求，可以在零件图上加注说明。

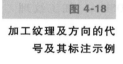

图 4-18
加工纹理及方向的代号及其标注示例

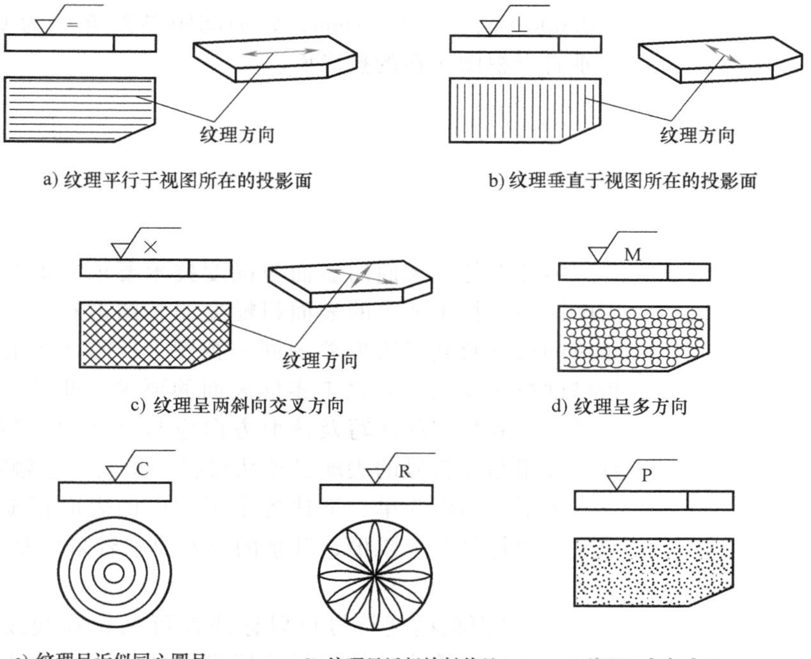

a) 纹理平行于视图所在的投影面　b) 纹理垂直于视图所在的投影面

c) 纹理呈两斜向交叉方向　d) 纹理呈多方向

e) 纹理呈近似同心圆且圆心与表面中心相关　f) 纹理呈近似放射状且与表面中心相关　g) 纹理无方向或呈凸起的微粒状

6. 附加评定参数和加工方法的标注

附加评定参数和加工方法的标注示例如图 4-19 所示。该图表现了上述各项技术要求在完整图形符号上的标注（加注了加工方法和加工纹理

方向）。

图 4-19

表面粗糙度各项技术要求标注的示例

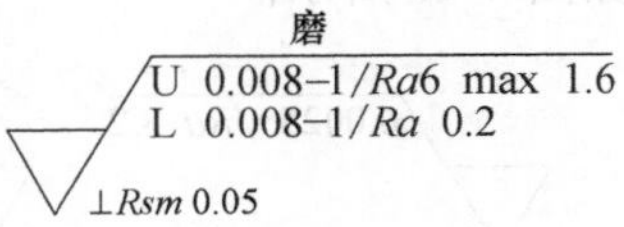

7. 加工余量的标注

在零件图上标注的表面粗糙度技术要求都是针对完工表面的要求，一般不需要标注加工余量。对于多工序的表面可标注加工余量，如图 4-20 中车削工序加工余量为 0.4mm。

图 4-20

加工余量的标注

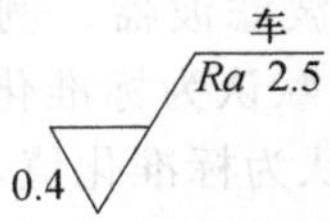

例 4-1

解读图 4-19 的含义。

解：图 4-19 表示用磨削的方法获得的表面粗糙度 *Ra* 的上限值为 1.6μm（采用最大规则），评定长度 $ln=6lr$，*Ra* 的下限值为 0.2μm（默认 16% 规则），默认评定长度；传输带皆采用 $\lambda s=0.008$mm，$\lambda c=lr=1$mm；附加间距参数 *Rsm* 为 0.05mm；加工纹理垂直于视图所在的投影面。

4.4.3 表面粗糙度符号在零件图上标注的规定和方法

1. 一般规定

零件上任一表面的表面粗糙度技术要求一般只标注一次，并且用在周围注写了技术要求的表面粗糙度完整图形符号，尽可能标注在注写了相应的尺寸及其极限偏差的同一视图上。除非另有说明，所标注的表面粗糙度技术要求是对完工零件表面的要求。此外，表面粗糙度符号上的各种代号和数字的注写及读取方向应与尺寸的注写及读取方向一致，并且表面粗糙度符号的尖端必须从材料外指向并接触零件表面。

为了使图例简单，下述各个图例中的表面粗糙度符号上都只标注了幅度参数符号及上限值，其余的技术要求皆采用默认的标准化值。

2. 常规标注方法

1）表面粗糙度符号可以标注在可见轮廓线或其延长线、尺寸界线上，可以用带箭头的指引线或用带黑端点（它位于可见表面上）的指引线引出标注。图 4-21 所示为表面粗糙度符号标注在轮廓线、尺寸界线和带箭头的指引线上。图 4-22 所示为表面粗糙度符号标注在轮廓线、轮廓线的延长线和带箭头的指引线上。图 4-23 所示为表面粗糙度符号标注在带黑端点的指引线上。

图 4-21

表面粗糙度符号的注写方向

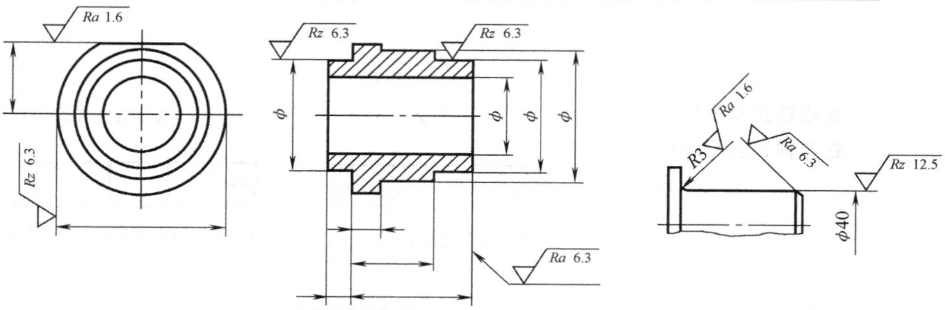

a) 轴套的标注　　b) 轴颈的标注

图 4-22

表面粗糙度符号标注在轮廓线、轮廓线的延长线和带箭头的指引线上

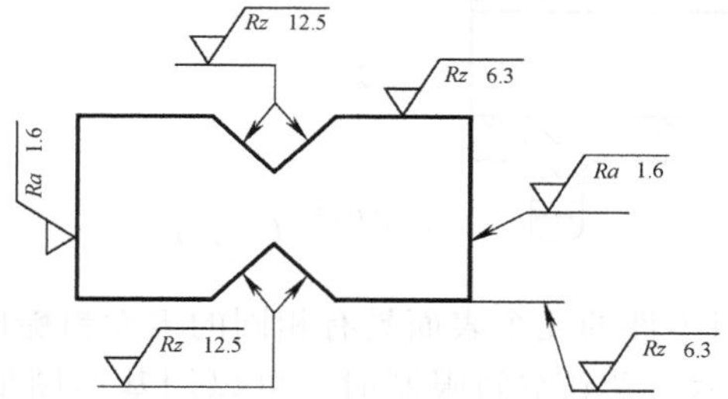

图 4-23

表面粗糙度符号标注在带黑点的指引线上

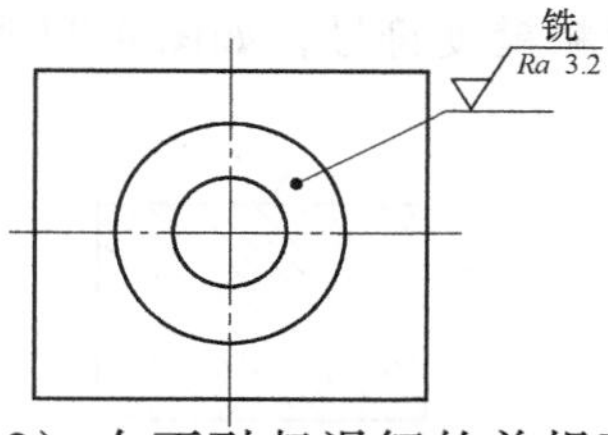

2）在不引起误解的前提下，表面粗糙度符号可标注在特征尺寸的尺寸线上。如图4-24所示，表面粗糙度符号标注在孔、轴直径定形尺寸线上和键槽的宽度定形尺寸的尺寸线上。

图 4-24

表面粗糙度符号标注在尺寸线上

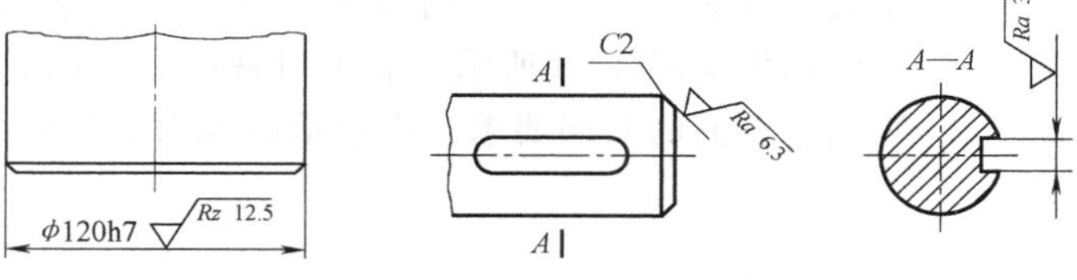

a) 轴的直径定形尺寸　　b) 键槽的宽度定形尺寸

3）表面粗糙度符号可以标注在几何公差框格的上方，如图 4-25 所示。

3. 简化标注的规定方法

1）当零件的多个表面具有相同的表面粗糙度技术要求时，则对这些表面的技术要求可以统一标注在零件图的标题栏附近。采用这种简化注法时，除了需要标注相关表面统一技术要求的表面粗糙度符号以外，还需要在其右侧画一个圆括号，在这括号内给出一个图 4-10a 所示的基本图形符号。标注示例见图 4-26 的右下角标注，表示除了两个已标注表面粗糙度符号的表面以外的其余表面的表面粗糙度要求均为 $Ra=3.2\mu m$。

图 4-25

表面粗糙度符号标注在几何公差框格的上方

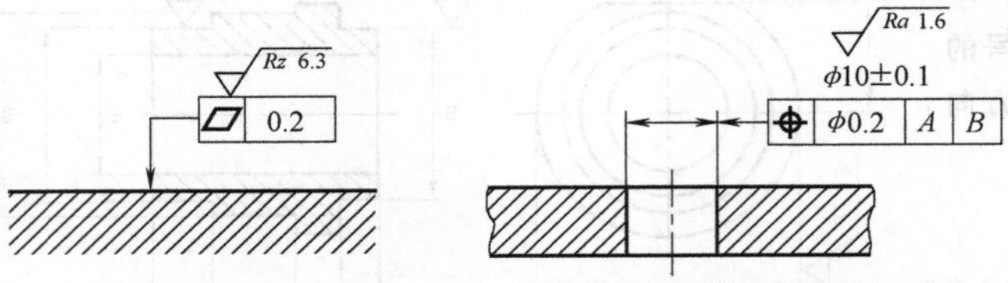

a) 标注在几何框格上方　　b) 标注在框格顶部已注写特征尺寸的上方

图 4-26

零件表面具有相同的表面粗糙度技术要求时的简化标注

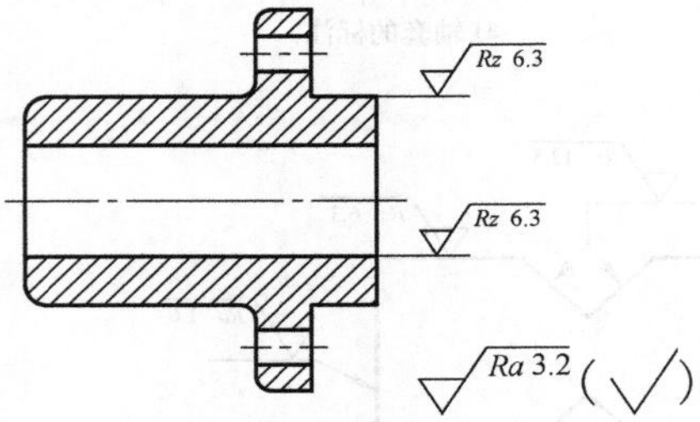

2）当零件的几个表面具有相同的表面粗糙度技术要求但表面粗糙度符号直接标注受到空间限制时，可以用基本图形符号或只带一个字母的完整图形符号标注在零件的这些表面上，而在图形或标题栏附近以等式的形式标注相应的表面粗糙度符号，如图 4-27 所示。

图 4-27

以等式形式的简化标注

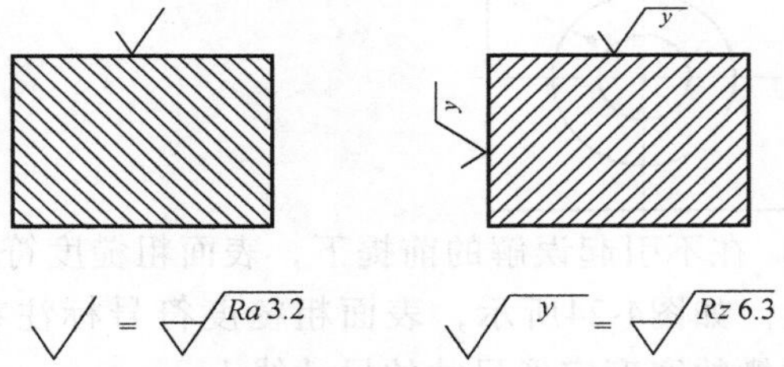

a) 用基本图形符号标注　　b) 用完整图形符号标注

3）当图样某个视图上构成封闭轮廓的各个表面具有相同的表面粗糙度技术要求时，可以采用图 4-11 所示的表面粗糙度特殊符号进行标注，标注示例如图 4-28 所示，表示对视图上封闭轮廓周边的上、下、左、右等六个表面的共同要求，不包括前表面和后表面。

图 4-28

简化注法示例

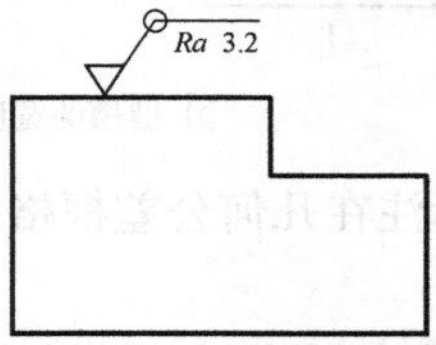

例 4-2

图 3-29 所示为减速器输出轴的零件图，试确定其表面粗糙度技术要求。

例 4-2（续）

解： 由于轮廓的算术平均偏差 Ra 能较全面地反映零件的微观几何形状特性，因此表面粗糙度的评定参数选择 Ra。为了保证该轴的配合性质和使用性能，采用类比法确定表面粗糙度技术要求。

1）两个 $\phi55$ 轴颈均与滚动轴承内圈配合，是齿轮轴在箱体上的安装基准，尺寸公差等级为 IT6，轴颈表面采用磨削加工工艺获得。故查阅附表 20，轴颈表面粗糙度 Ra 上限值取 0.8μm。

2）$\phi58$ 轴段与齿轮孔为基孔制的过盈配合，尺寸公差等级为 IT6，参照表 4-1，表面粗糙度 Ra 上限值取 0.8μm；同理，$\phi45$ 轴段与传动件为基孔制的过盈配合，尺寸公差等级为 IT7，Ra 上限值取 1.6μm。

3）$\phi65$ 轴段的两轴肩端面分别为齿轮和轴承的轴向定位面，故查阅附表 20，Ra 上限值取 1.6μm。

4）$\phi52$ 轴段没有标注尺寸公差等级，为非配合面，其表面粗糙度可以放宽要求，故 Ra 上限值取 3.2μm。

5）$\phi58$ 轴段和 $\phi45$ 轴段的键槽槽宽尺寸公差等级为 IT9，键槽两侧面为配合表面，表面粗糙度 Ra 的上限值选取 3.2μm；键槽底面为非配合表面，Ra 的上限值取 6.3μm。

6）该轴上其余表面为非配合表面，表面粗糙度 Ra 上限值皆为 12.5μm。

本章小结

1）表面粗糙度反映工件表面的微观几何形状特性，对零件的功能要求、使用寿命和可靠性等都有很大影响。

2）表面粗糙度的基本术语：取样长度 lr、评定长度 ln、表面粗糙度轮廓中线等。

3）表面粗糙度的主要评定参数：幅度参数（Ra、Rz）以及轮廓单元的平均宽度（Rsm）、轮廓支承长度率 $Rmr(c)$ 等。基本评定参数为幅度参数，首选 Ra。

4）表面粗糙度的技术要求包括幅度参数符号及极限值，传输带、取样长度、评定长度的数值和极限值判断规则，以及补充要求等。通常只给出幅度参数符号及极限值。

5）表面粗糙度技术要求在图样上的标注。注意表面粗糙度符号标注的方向和位置。表面粗糙度符号的方向应与尺寸的方向一致，且符号尖端必须从材料外指向并接触零件表面。

第5章

尺寸链

本章提要

- 本章要求掌握尺寸链的基本概念；了解尺寸链的基本类型和特点；掌握建立直线尺寸链的基本方法和步骤；能够运用完全互换性解尺寸链；了解用大多数互换性解尺寸链的方法。
- 本章重点为用完全互换性进行尺寸链计算和校核，难点为建立尺寸链。

导入案例

图 5-1 所示为车床装配简图，床头顶尖与尾座顶尖的高度差 A_0 的大小取决于床头顶尖至导轨的高度 A_1、尾座底板的厚度 A_2 及尾座顶尖至底板的高度 A_3 的大小。A_0、A_1、A_2、A_3 这四个相互连接的尺寸便形成了尺寸链。

图 5-1

车床装配简图

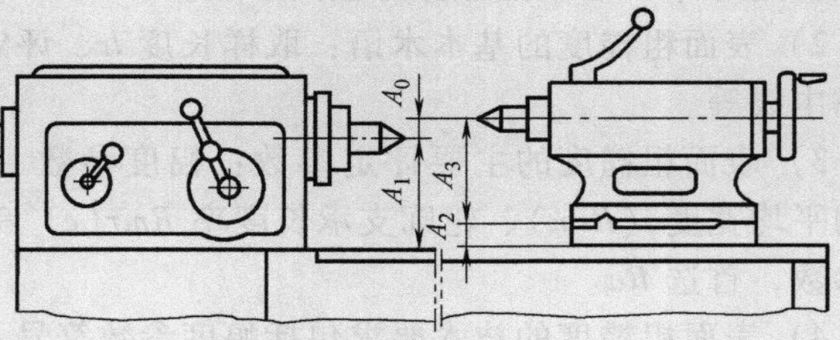

在几何量精度设计中，零件的精度是由整机、部件所要求的精度决定的，而整机、部件的精度则由零件的精度来保证。尺寸链理论是用来分析和研究整机与零部件间精度关系的基本理论。在充分考虑整机、部件的装配精度与零件加工零度的前提下，可以运用尺寸链计算方法，合理地确定零件的几何量精度，使产品获得尽可能高的性价比。我国已发布这方面的国家标准 GB/T 5847—2004《尺寸链　计算方法》，供设计时参考使用。

5.1 尺寸链的基本概念

5.1.1 有关尺寸链的术语及定义

1. 尺寸链

在机器结构中，产品的设计要求或零件的工艺要求决定了某些零件的几何要素之间具有一定的尺寸联系。在机器装配或零件加工过程中，由相互连接的尺寸形成封闭的尺寸组称为尺寸链。

在分析与计算尺寸链时，不必画出零件或机构的结构图，只需将各要素之间的尺寸关系用尺寸链图表示即可。图 5-1 所示车床装配简图的尺寸链如图 5-2 所示。

图 5-2

尺寸链

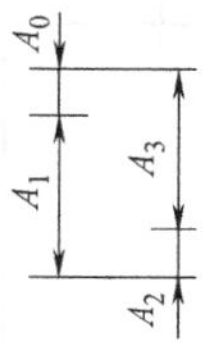

2. 环

列入尺寸链中的每一个尺寸称为环，图 5-2 中的 A_0、A_1、A_2、A_3 都是环。环可分为封闭环与组成环。

（1）封闭环　封闭环是尺寸链中在装配过程或加工过程最后自然形成的一个环，如图 5-2 中的 A_0。一个尺寸链中通常只有一个封闭环。

（2）组成环　尺寸链中对封闭环有影响的全部环称为组成环。任一组成环的变动必然引起封闭环的变动，图 5-2 中的 A_1、A_2、A_3 都是组成环。根据对封闭环影响不同，组成环分为增环和减环。增环是指它的变动会引起封闭环同向变动的组成环，即该环增大时封闭环增大，该环减小时封闭环减小。减环是指它的变动会引起封闭环反向变动的组成环。图 5-2 中，A_2、A_3 为增环，A_1 为减环。通常，当尺寸链确定以后，增环与减环的确定可采用如下方法：沿着封闭的尺寸链图中的尺寸依次按一个方向（如顺时针方向）画箭头，与封闭环 A_0 方向相同的为减环，方向相反的为增环。图 5-3a 中，A_1、A_2 为减环，A_3、A_4 为增环；图 5-3b 中，A_5 为减环，A_1、A_2、A_3、A_4 为增环。表示尺寸链中各组成环对封闭环大小和方向的影响系数称为传递系数，用符号 ζ 表示，增环的 ζ 为正，减环的 ζ 为负。

5.1.2 尺寸链的分类

1. 按几何特征分类

（1）长度尺寸链　全部环为长度尺寸的尺寸链，如图 5-2 所示。

图 5-3

增环、减环的确定

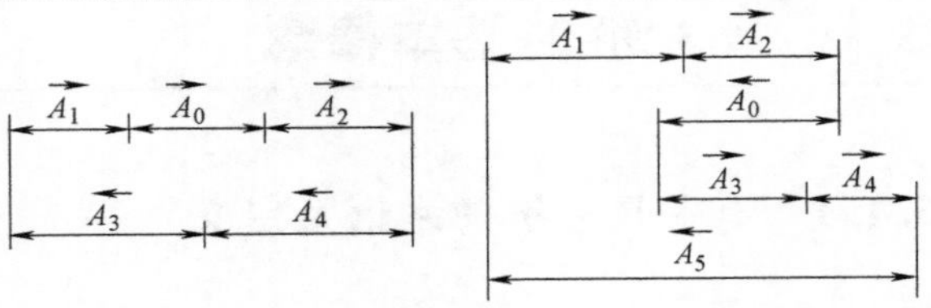

a)　　b)

（2）角度尺寸链　全部环为角度尺寸的尺寸链，它可用于分析与计算机械结构中有关要素的位置精度，如平行度、垂直度、同轴度等。如图 5-4a 所示，要保证滑动轴承座孔端面对支承底面 B 垂直 α_0，则可要求孔中心线与支承底面 B 平行 α_2，孔端面与孔中心线垂直 α_1，这样 α_0、α_1、α_2 便构成一角度尺寸链，如图 5-4b 所示。

图 5-4

零件角度尺寸链

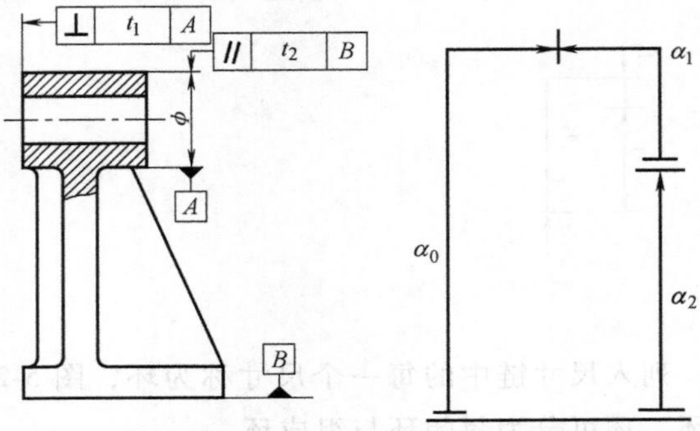

a) 零件图样标注　　b) 角度尺寸链图

2. 按功能要求分类

（1）装配尺寸链　全部组成环为不同零件的设计尺寸所形成的尺寸链，如图 5-2 所示。

（2）零件尺寸链　全部组成环为同一零件的设计尺寸所形成的尺寸链，如图5-5所示。

图 5-5

零件尺寸链

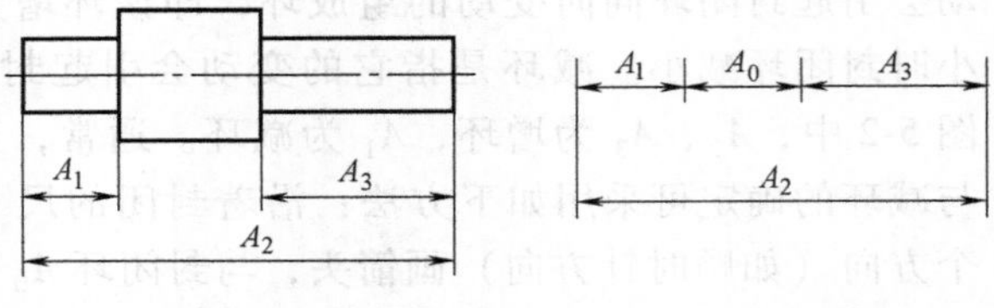

a) 零件图　　b) 尺寸链图

装配尺寸链和零件尺寸链通称为设计尺寸链。

（3）工艺尺寸链　全部组成环为零件在加工时该零件的工艺尺寸所形成的尺寸链，如图 5-6 所示。

3. 按各环的相互位置分类

（1）直线尺寸链　全部组成环平行于封闭环的尺寸链，图 5-2、图 5-5、图 5-6 所示均为直线尺寸链，直线尺寸链中增环的传递系数 $\zeta=+1$，减环的传递系数 $\zeta=-1$。

（2）平面尺寸链　全部组成环位于一个或几个平行平面内，但某些组成环不平行于封闭环的尺寸链，如图 5-7 所示。

图 5-6

工艺尺寸链

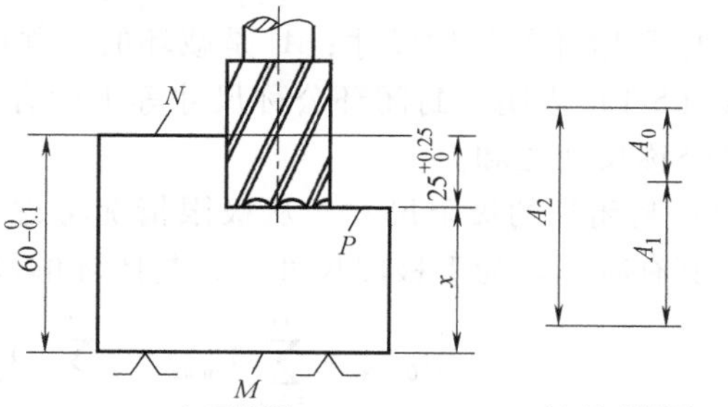

a）工序图　　b）尺寸链图

图 5-7

平面尺寸链

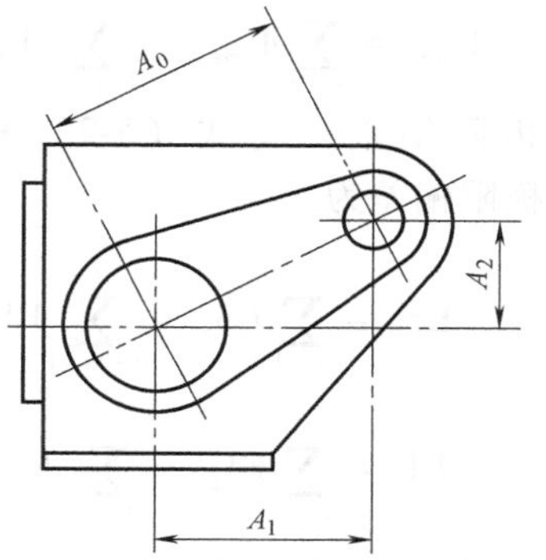

（3）空间尺寸链　全部组成环位于几个不平行的平面内的尺寸链。平面尺寸链和空间尺寸链采用坐标投影法可转换为直线尺寸链，然后用解直线尺寸链的方法求解。故本章只阐述直线尺寸链。

5.2　尺寸链的计算

利用尺寸链进行精度设计，主要解决以下两类问题：

（1）设计计算　已知封闭环的极限尺寸和各组成环的公称尺寸，确定各组成环的极限偏差，即根据封闭环的精度要求设计各组成环的精度。

（2）校核计算　已知各组成环的极限尺寸，求封闭环的极限尺寸，以校核各组成环的精度能否保证封闭环的精度要求。

根据对产品互换程度要求不同，尺寸链的计算方法分为互换法、分组法、修配法和调整法。其中，互换法又分为完全互换法和大数互换法。

5.2.1　完全互换法

完全互换法也称极值法，它是从尺寸链各环的极限值出发进行计算的，能够完全保证互换性，即在全部产品中，装配时各组成环不需挑选或改变其大小和位置，装配后即能达到封闭环的公差要求。

1. 完全互换法的计算方法

（1）封闭环的公称尺寸　设组成环环数为 n，增环环数为 m，则封

闭环的公称尺寸为

$$A_0 = \sum_{z=1}^{m} A_z - \sum_{j=m+1}^{n} A_j \tag{5-1}$$

式中，A_z 是增环的公称尺寸；A_j 是减环的公称尺寸。

式（5-1）表明，封闭环公称尺寸等于所有增环公称尺寸之和减去所有减环公称尺寸之和。

（2）封闭环的极限尺寸　从极限情况考虑，当所有增环均为上极限尺寸、所有减环均为下极限尺寸时，封闭环的尺寸达到最大，即

$$A_{0\max} = \sum_{z=1}^{m} A_{z\max} - \sum_{j=m+1}^{n} A_{j\min} \tag{5-2}$$

同理，有

$$A_{0\min} = \sum_{z=1}^{m} A_{z\min} - \sum_{j=m+1}^{n} A_{j\max} \tag{5-3}$$

（3）封闭环的极限偏差　将式（5-2）和式（5-3）分别减去式（5-1），得封闭环的极限偏差为

$$ES_0 = \sum_{z=1}^{m} ES_z - \sum_{j=m+1}^{n} EI_j \tag{5-4}$$

$$EI_0 = \sum_{z=1}^{m} EI_z - \sum_{j=m+1}^{n} ES_j \tag{5-5}$$

即封闭环的上极限偏差等于所有增环的上极限偏差之和减去所有减环的下极限偏差之和；封闭环的下极限偏差等于所有增环的下极限偏差之和减去所有减环的上极限偏差之和。

（4）封闭环的公差　式（5-2）与式（5-3）相减，得封闭环的公差为

$$T_0 = \sum_{z=1}^{m} T_z + \sum_{j=m+1}^{n} T_j = \sum_{i=1}^{n} T_i \tag{5-6}$$

即封闭环的公差等于所有组成环公差之和。

2. 设计计算

设计计算是根据封闭环的精度要求来设计组成环的精度，通常，按等公差法或等精度法将封闭环的公差分配给各组成环，并确定组成环的极限偏差。

对于公称尺寸相差不大的组成环，可按等公差法分配，即设各组成环公差相等，$T_1 = T_2 = \cdots = T_n = T_{avL}$（各组成环的平均公差），因此各组成环的平均公差为

$$T_{avL} = \frac{T_0}{n} \tag{5-7}$$

当各组成环尺寸差别较大时，可按等精度法分配，即设各组成环具有相同的公差等级系数：$a_1 = a_2 = \cdots = a_n = a_{avL}$（各组成环的平均公差等级

系数)，由第 2 章标准公差计算公式可推出

$$T_0 = \sum_{i=1}^{n} T_i = a_{avL} \sum_{i=1}^{n} i_i$$

所以，有

$$a_{avL} = \frac{T_0}{\sum_{i=1}^{n} i_i} \tag{5-8}$$

式中，i_i 是第 i 个组成环的标准公差因子，见表 5-1。

表 5-1 公称尺寸不大于 500mm 的标准公差因子（单位：μm）

尺寸分段/mm	标准公差因子 i	尺寸分段/mm	标准公差因子 i
≤3	0.54	>80~120	2.17
>3~6	0.73	>120~180	2.52
>6~10	0.90	>180~250	2.90
>10~18	1.08	>250~315	2.23
>18~30	1.31	>315~400	3.54
>30~50	1.56	>400~500	3.89
>50~80	1.86		

求出平均公差等级系数后，查表 2-1 确定与之相应的公差等级，即可从附表 2 中查出相应的标准公差值。需要说明的是，应灵活运用等公差法和等精度法，对精度容易保证的尺寸可适当减小公差值，对某些难加工的尺寸可适当增大公差值。最后验算时，应满足式 (5-9)。即

$$\sum_{i=1}^{n} T_i \leqslant T_0 \tag{5-9}$$

在确定各组成环极限偏差时，一般可按“偏差入体”或“偏差对称”原则确定，即孔类尺寸的极限偏差按基本偏差“H”，轴类尺寸的极限偏差按基本偏差“h”，一般长度尺寸的极限偏差按基本偏差“JS”或“js”确定。为满足封闭环极限偏差的要求，应根据具体情况选取一组成环作为调整环，最后按式 (5-4) 和式 (5-5) 确定调整环的极限偏差。

例 5-1

图 5-8a 所示为齿轮机构，要求装配后齿轮与挡圈之间的轴向间隙为 0.10~0.35mm。已知：A_1 = 30mm，A_2 = 5mm，A_3 = 43mm，A_4 = $3_{-0.05}^{\ 0}$mm（标准件），A_5=5mm，试确定各组成环的公差与极限偏差。

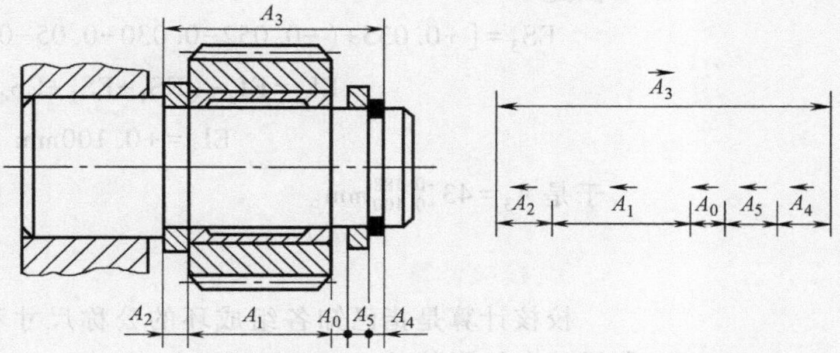

a) 齿轮机构　b) 尺寸链图

图 5-8 齿轮机构的尺寸链

例 5-1（续）

解：1）尺寸链图如图 5-8b 所示。

2）确定封闭环、组成环。依题意，A_0 为封闭环，组成环环数 $n=5$，A_3 为增环，A_1、A_2、A_4、A_5 均为减环。

由式（5-1）得封闭环的公称尺寸和公差为

$$A_0=A_3-(A_1+A_2+A_4+A_5)=[43-(30+5+3+5)]\text{mm}=0\text{mm}$$

$$T_0=(0.35-0.10)\text{mm}=0.25\text{mm}$$

于是 $A_0=0^{+0.35}_{+0.10}$mm。

3）确定各组成环的公差和极限偏差。按等精度法确定各组成环的公差。查表 5-1 得，$i_1=1.31\mu\text{m}$，$i_2=0.73\mu\text{m}$，$i_3=1.56\mu\text{m}$，$i_4=0.54\mu\text{m}$，$i_5=0.73\mu\text{m}$，由式（5-8）可得各组成环的平均公差等级系数为

$$a_{\text{avL}}=\frac{T_0}{\sum_{i=1}^{5} i_i}=\frac{0.25\times1000}{1.31+0.73+1.56+0.54+0.73}=51.3$$

查表 2-1，公差等级介于 IT9~IT10，根据零件的加工工艺性，取 A_1、A_2、A_3、A_5 的公差等级为 IT9；查附表 2，得各组成环的公差为

$$T_1=0.052\text{mm}\qquad T_2=T_5=0.030\text{mm}$$

$$T_3=0.062\text{mm}\qquad T_4=0.050\text{mm}\ \text{（标准件）}$$

验算 $T_1+T_2+T_3+T_4+T_5=0.224\text{mm}<T_0=0.25\text{mm}$

因此，可考虑放大较难加工的 A_3 的公差，即令

$$T_3=[0.062+(0.25-0.024)]\text{mm}=0.088\text{mm}$$

各环的上、下极限偏差按“偏差入体”原则确定，并取 A_3 为调整环，则

$$A_1=30^{\ 0}_{-0.052}\text{mm}\qquad A_2=A_5=5^{\ 0}_{-0.030}\text{mm}\qquad A_4=3^{\ 0}_{-0.05}\text{mm}$$

A_3 的极限偏差可按式（5-4）和式（5-5）计算，得

$$\text{ES}_0=\text{ES}_3-(\text{EI}_1+\text{EI}_2+\text{EI}_4+\text{EI}_5)$$

因此

$$\text{ES}_3=[+0.035+(-0.052-0.030-0.05-0.03)]\text{mm}=+0.188\text{mm}$$

$$\text{EI}_0=\text{EI}_3-(\text{ES}_1+\text{ES}_2+\text{ES}_4+\text{ES}_5)$$

$$\text{EI}_3=+0.100\text{mm}$$

于是 $A_3=43^{+0.188}_{+0.100}$mm。

3. 校核计算

校核计算是指已知各组成环的公称尺寸和极限偏差，求封闭环的公称尺寸和极限偏差。

例 5-2

图 5-9a 所示为对开齿轮箱的一部分。根据使用要求，间隙 A_0 应在 1～1.75mm 范围内。已知 $A_1=101^{+0.35}_{0}$ mm，$A_2=50^{+0.25}_{0}$ mm，$A_3=5^{0}_{-0.048}$ mm，$A_4=140^{0}_{-0.054}$ mm，$A_5=5^{0}_{-0.048}$ mm，问封闭环是否满足要求？

图 5-9
齿轮箱及其尺寸链

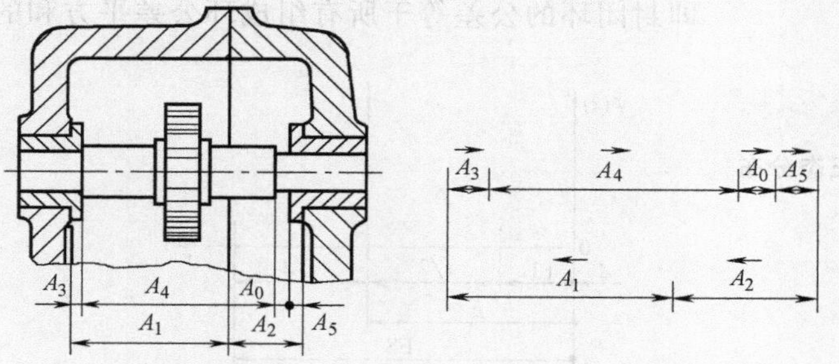

a) 齿轮机构　　b) 尺寸链图

解：尺寸链如图 5-9b 所示。在该尺寸链中，A_1、A_2 为增环，A_3、A_4、A_5 为减环。

由式（5-1）可得封闭环的公称尺寸为

$$A_0=A_1+A_2-(A_3+A_4+A_5)=[101+50-(5+140+5)]\text{mm}=1\text{mm}$$

由式（5-4）及式（5-5）得

$$ES_0=ES_1+ES_2-(EI_3+EI_4+EI_5)$$
$$=[+0.35+0.25-(-0.048-0.054-0.048)]\text{mm}=+0.75\text{mm}$$
$$EI_0=EI_1+EI_2-(ES_3+ES_4+ES_5)=0$$

所以封闭环为 $A_0=1^{+0.75}_{0}$ mm，其变动范围为 1～1.75mm，故可判定满足使用要求。

5.2.2　大数互换法

大数互换法也称概率法，它是根据各组成环实际尺寸分布特性，运用概率方法确定封闭环公差的，能够保证绝大多数产品在装配时，各组成环不需挑选或改变其大小和位置，装配后即能达到封闭环的精度要求。大数互换法是以一定置信概率为依据，假定各组成环的实际尺寸的获得彼此无关，即它们都为独立随机变量，各按一定规律分布，因此它们所形成的封闭环也是随机变量，按一定规律分布。

1. 大数互换法的计算方法

用大数互换法解算尺寸链，封闭环与组成环的公称尺寸关系仍按式（5-1）计算，而封闭环的公差应按组成环的分布来确定。

（1）封闭环的公差　由概率论知，各独立随机变量（尺寸链的各组成环）的标准偏差 σ_i 与这些随机变量之和（尺寸链的封闭环）的标准偏差 σ_0 之间的关系为

$$\sigma_0=\sqrt{\sum_{i=1}^{n}\sigma_i^2} \tag{5-10}$$

当各组成环尺寸均服从正态分布时，如图 5-10 所示，封闭环的尺寸也必然服从正态分布。若取置信概率为 99.73%，则各组成环公差，封闭环公差$T_0=6\sigma_0$，代入式（5-10）得

$$T_0=\sqrt{\sum_{i=1}^{n}T_i^2} \tag{5-11}$$

即封闭环的公差等于所有组成环公差平方和的平方根。

图 5-10

组成环服从正态分布

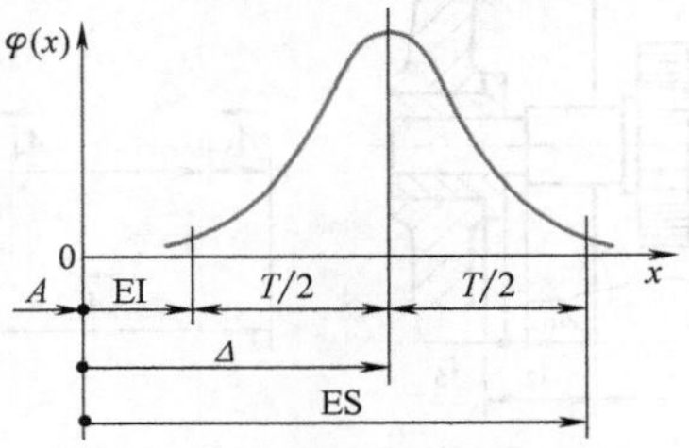

（2）**封闭环的中间偏差**　由图 5-9 可知，中间偏差为上、下极限偏差的均值，用 Δ 表示，即

$$\Delta=\frac{1}{2}(ES+EI) \tag{5-12}$$

封闭环的中间偏差 Δ_0 等于所有增环的中间偏差 Δ_z 之和减去所有减环的中间偏差 Δ_j 之和，即

$$\Delta_0=\sum_{z=1}^{m}\Delta_z-\sum_{j=m+1}^{n}\Delta_j \tag{5-13}$$

（3）**封闭环的极限偏差**　封闭环的极限偏差计算式为

$$\left.\begin{aligned}ES_0&=\Delta_0+\frac{1}{2}T_0\\EI_0&=\Delta_0-\frac{1}{2}T_0\end{aligned}\right\} \tag{5-14}$$

上述用中间偏差计算封闭环的极限偏差的方法，同样也适用于完全互换法。

2. 设计计算

用大数互换法进行设计计算时，仍采用等公差法或等精度法分配封闭环的公差。按等公差法分配时，根据式（5-11）可推出各组成环的平均公差 T_{avQ} 为

$$T_{avQ}=\frac{T_0}{\sqrt{n}} \tag{5-15}$$

按等精度法分配时，各组成环的平均公差等级系数 a_{avQ} 为

$$a_{avQ}=\frac{T_0}{\sqrt{\sum_{i=1}^{n}i_i^2}} \tag{5-16}$$

在此基础上适当调整各组成环的公差，最后验算时，应满足 $\sqrt{\sum_{i=1}^{n} T_i^2} \leqslant T_0$。

例 5-3

用大数互换法确定例 5-1 中各组成环的极限偏差。

解：按等精度法确定各组成环的公差。由式（5-16）可求得组成环的平均公差等级系数为

$$a_{\mathrm{avQ}} = \frac{T_0}{\sqrt{\sum_{i=1}^{n} i_i^2}} = \frac{0.25 \times 10^3}{\sqrt{1.31^2 + 0.73^2 + 1.56^2 + 0.54^2 + 0.73^2}} \approx 106.5$$

查表 2-1，公差等级为 IT11（$a=100$），由此得各组成环的公差为

$$T_1 = 0.130\text{mm} \qquad T_2 = T_5 = 0.075\text{mm}$$

$$T_3 = 0.160\text{mm} \qquad T_4 = 0.05\text{mm}\ （标准件）$$

验算

$$\sqrt{T_1^2+T_2^2+T_3^2+T_4^2+T_5^2} \approx 0.237 < T_0 = 0.25\text{mm}$$

因此放大 A_3 的公差，即

$$T_3 = \sqrt{T_0^2-(T_1^2+T_2^2+T_4^2+T_5^2)} \approx 0.17\text{mm}（只舍不进）$$

按"偏差入体"原则确定各环的极限偏差，并取 A_3 为调整环，得

$$A_1 = 30_{-0.130}^{\ 0}\text{mm} \qquad A_2 = A_5 = 5_{-0.075}^{\ 0}\text{mm} \qquad A_4 = 3_{-0.05}^{\ 0}\text{mm}$$

各环的中间偏差为

$$\Delta_0 = +0.225\text{mm} \qquad \Delta_1 = -0.065\text{mm}$$

$$\Delta_2 = \Delta_5 = -0.0375\text{mm} \qquad \Delta_4 = -0.025\text{mm}$$

由式（5-13）和式（5-14）得

$$\begin{aligned}\Delta_3 &= \Delta_0+(\Delta_1+\Delta_2+\Delta_4+\Delta_5)\\ &= [+0.225+(-0.065-0.0375-0.025-0.0375)]\text{mm}\\ &= +0.06\text{mm}\end{aligned}$$

$$\mathrm{ES}_3 = \Delta_3+\frac{1}{2}T_3 = \left(+0.06+\frac{1}{2}\times 0.17\right)\text{mm} = +0.145\text{mm}$$

$$\mathrm{EI}_3 = \Delta_3-\frac{1}{2}T_3 = \left(+0.06-\frac{1}{2}\times 0.17\right)\text{mm} = -0.025\text{mm}$$

于是得 TJ $A_3 = 3_{-0.025}^{+0.145}\text{mm}$。

比较例 5-3 与例 5-1 可知，按大数互换法确定的组成环公差较完全互换法有所放大，便于零件加工，装配后也仅有 0.27%的产品超差，这对环数多、装配精度要求高的尺寸链更具有实用意义。

3. 校核计算

校核计算用式（5-1）、式（5-11）、式（5-13）和式（5-14）进行。

5.2.3　解尺寸链的其他方法

在装配过程中，当某些零件的装配精度要求很高时，如果采用完全互换法或大数互换法计算出的各组成环公差都很小，那么按此公差制造，既困难又不经济，这时可采用分组法、修配法和调整法。

1. 分组法

分组法是将尺寸链中各组成环的公差放大到经济可行的程度，然后通过测量，按组成环实际尺寸的大小分成若干组，按大配大、小配小的原则将对应组的零件进行装配，此时，仅同组零件可以互换。

例 5-4

图 5-11a 所示为活塞与活塞销组件，按装配技术要求，活塞销孔直径 D 与活塞销直径 d 的公称尺寸为 ϕ28mm，在冷态装配时应有 -0.0025～-0.0075mm 的过盈量，试确定销孔和销的公差与极限偏差。

解： 1）封闭环公差，即

$$T_0=|-0.0075-(-0.0025)|\text{mm}=0.0050\text{mm}$$

2）组成环公差与极限偏差。若按完全互换法计算销孔与销的平均公差 $T_{avL}=T_0/2=0.0025\text{mm}$，显然，按此公差加工十分困难且很不经济。

按大数互换法计算销孔与销的平均公差 $T_{avQ}=T_0/\sqrt{2}\approx 0.0035\text{mm}$ 也很小，加工仍很困难。因此，可把销孔与销的公差放大到 0.01mm，如图 5-11b 所示。若按基轴制，销孔与销的尺寸分别为 $D=\phi 28^{-0.005}_{-0.015}\text{mm}$，$d=\phi 28^{\ 0}_{-0.01}\text{mm}$。

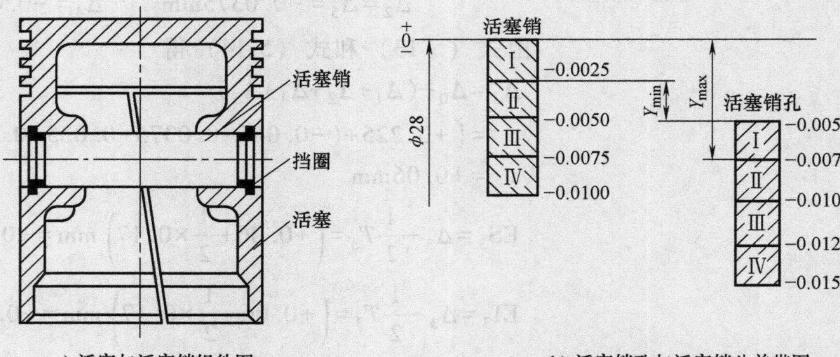

a) 活塞与活塞销组件图　　b) 活塞销孔与活塞销公差带图

图 5-11　活塞与活塞组件及其分组公差带图

这样，活塞销外圆可用无心磨床加工，活塞销孔可在金刚镗床上精细镗孔，然后用精密测量仪器对全部销孔和销进行测量，按表 5-2 中组别，将不同的实际尺寸分成 4 组，分别涂上不同的颜色加以区别，再进行对应组的装配，即可保证销孔与销配合的过盈量在要求的范围内。

例 5-4（续）

表 5-2
活塞销孔和活塞销的分组尺寸
（单位：mm）

组别	标志颜色	活塞直径 $d=\phi28_{-0.01}^{0}$	活塞销孔直径 $D=\phi28_{-0.015}^{-0.005}$	配合情况	
				最小过盈	最大过盈
Ⅰ	浅蓝	28.0000~27.9975	27.9950~27.9925	-0.0025	-0.0075
Ⅱ	红	27.9975~27.9950	27.9925~27.9900		
Ⅲ	白	27.9950~27.9925	27.9900~27.9875		
Ⅳ	黑	27.9925~27.9900	27.9875~27.9850		

分组法的优点是对组成环的加工精度要求不高，却能获得很高的装配精度。其缺点是增加了测量、分类、保管工作量，使生产组织复杂化；互换性受到限制，只能在同组内互换；可能存在一些失配件；分组数受配合件几何精度的限制，一般为 2~4 组。因此，分组法适用于大批量生产、配合精度要求高且组成环少的尺寸链。

2. 修配法

修配法是对尺寸链中各组成环规定经济可行的公差，并事先选定某一组成环作为修配环，装配时用修磨、刮研等方法修去该环的多余材料，以满足装配精度的要求。修配环的尺寸及公差需通过计算确定，既保证有足够的修配量，又不使修配量过大。

修配法可以降低对组成环的精度要求，能够获得较高的装配精度，但装配时增加了修配工作量，且对工人的技术水平要求高，因此，修配法适用于单件小批生产中装配精度要求高且组成环数目较多的场合。

3. 调整法

调整法是按经济加工精度规定各组成环的公差，并选定某一组成环作为补偿环，装配时通过调整补偿环的尺寸或位置，使之满足装配精度的要求。常见的调整法有以下两种：

（1）可动调整法　可动调整法是采用改变调整件（补偿环）的位置来保证装配精度的方法。如图 5-12 所示，机床横刀架是靠转动中间螺钉使楔块上下移动来调整丝杠和螺母的轴向间隙的。

图 5-12
可动调整法

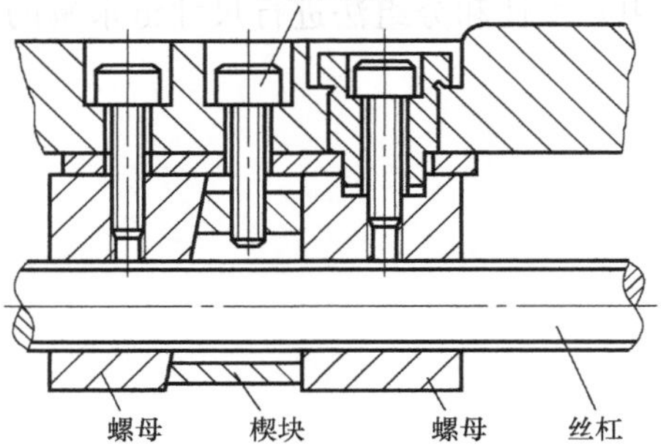

可动调整法不但装配方便，能获得较高的装配精度，而且也可通过调整件来补偿由于磨损、热变形所引起的误差，使产品恢复原有的精度，

故在实际生产中应用较广。

(2) 固定调整法　固定调整法是在尺寸链中，选定某一零件为调整件，根据各组成环所形成的累积误差的大小来更换不同尺寸的调整件，以保证装配精度的方法。图 5-13 所示为车床主轴局部装配简图。隔套、齿轮、垫圈及弹性挡圈装在主轴上后，齿轮轴向间隙 A_0 是根据装配的实际间隙，通过选择一合适的垫圈（该垫圈为调整件）尺寸 A_5 予以保证的。

调整法适用于装配精度高、组成环数目较多，尤其在使用过程中，组成环的尺寸因磨损等原因会产生较大变化的尺寸链。

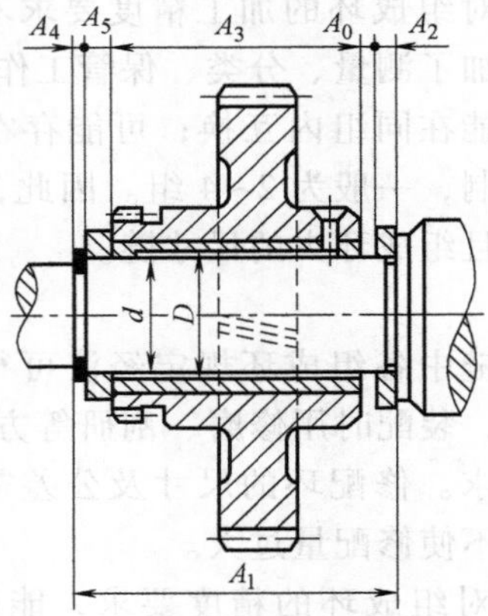

图 5-13 车床主轴局部装配简图

本章小结

1）尺寸链是在装配或加工过程中由相互联系的尺寸形成的封闭尺寸组，其中，在最终被间接保证精度的尺寸称为封闭环，其余尺寸称为组成环；组成环可根据其对封闭环的影响性质分为增环和减环。

2）利用尺寸链进行精度设计，主要解决设计计算和校核计算两类问题。

3）尺寸链的计算方法分为互换法、分组法、修配法和调整法。其中，互换法又分为完全互换法和大数互换法。

4）运用互换性和分组法进行尺寸链求解的基本方法和步骤。

第6章

滚动轴承结合的精度设计

本章提要

- 本章要求了解滚动轴承互换性的特点；掌握滚动轴承的公差等级及应用；理解滚动轴承内、外径公差带的特点；初步掌握滚动轴承与轴颈和外壳孔的配合及选用；能够进行滚动轴承相配件的几何精度设计和在图样上的正确标注。
- 本章重点为滚动轴承公差与配合特点以及滚动轴承相配件精度设计和图样标注，难点为滚动轴承的载荷分析及其与配合选择的关系。

导入案例

滚动轴承是应用广泛的重要机械基础件，被称为“工业的关节”，常用于支承转动的轴及轴上零件，并保持轴的正常工作位置和旋转精度。图 6-1 所示为某型号铣床主轴部件，该主轴电动机功率为 8kW，转速为 0~7000r/min。通常对主轴的要求有高旋转精度、高转速、宽转速范围、高刚度、高可靠性、低温升。设计时，根据机床性能，选用不同类型的轴承及其组配，该主轴结构选用了深沟球轴承与角接触球轴承。图 6-2 所示为双向推力角接触球轴承。

滚动轴承是机床、仪器和仪表中重要的支承旋转部件，应用广泛，一般成对使用。与滑动轴承相比，滚动轴承具有摩擦小、润滑简单、更换方便等特点。按承受载荷的方向，滚动轴承可分为主要承受径向载荷的向心轴承、主要承受轴向载荷的推力轴承和同时承受径向与轴向载荷的向心推力轴承；按滚动体的形状，滚动轴承可分为球轴承、圆柱滚子轴承、圆锥滚子轴承和滚针轴承。

滚动轴承结合的精度设计是指正确确定滚动轴承内圈与轴颈的配合、外圈与外壳孔的配合以及轴颈和外壳孔的尺寸公差带、几何公差和表面粗糙度参数值，以保证滚动轴承的工作性能和使用寿命。

为了正确进行滚动轴承的公差与配合设计，我国发布了 GB/T 307.1—2005《滚动轴承　向心轴承　公差》、GB/T 307.3—2005《滚动轴承　通用技术规则》和 GB/T 275—2015《滚动轴承　配合》等国家标准。

图 6-1

某型号铣床主轴部件

1—角接触球轴承
2、3—轴承隔套
4、9—圆螺母
5—主轴
6—主轴套筒
7—丝杠螺母
8—深沟球轴承
10—螺母支承
11—花键套
12—脉冲编码器
13、15—同步带带轮
14—同步带
16—伺服电动机
17—丝杠
18—快换夹头

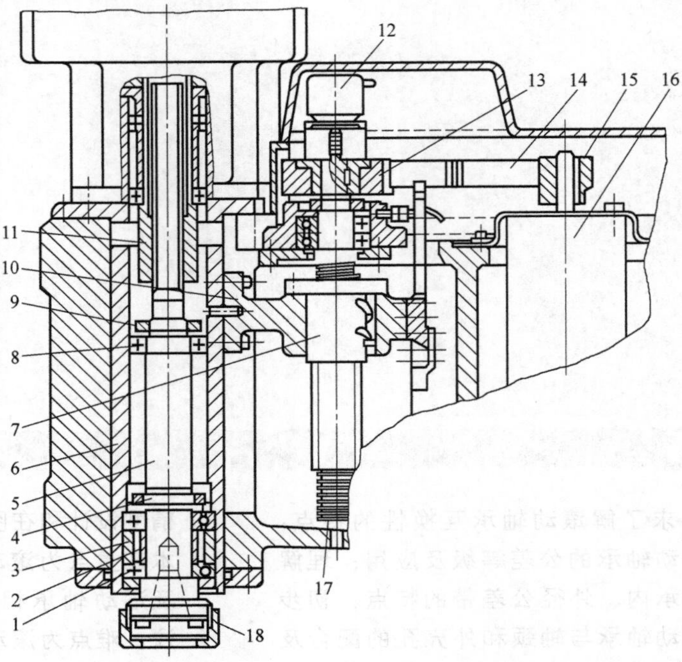

图 6-2

双向推力角接触球轴承

◎6.1　滚动轴承的互换性与使用要求

6.1.1　滚动轴承的互换性特点

如图 6-3 所示，滚动轴承一般由外圈、内圈、滚动体（钢球或滚子）和保持架组成。公称内径为 d 的轴承内圈与轴颈配合，公称外径为 D 的轴承外圈与外壳的孔配合。通常，内圈与轴颈一起旋转，外圈与外壳孔固定不动。但也有些机器的部分结构中要求外圈与外壳孔一起旋转，而内圈与轴颈固定不动。

为了便于在机器上安装轴承和更换新轴承，轴承内圈内孔和外圈外圆柱面应具有完全互换性。此外，从制造经济性出发，轴承内部各零部件的装配尺寸（如内圈外径、外圈内径和滚动体直径等）采用分组选择装配，为不完全互换。

图 6-3

滚动轴承的结构

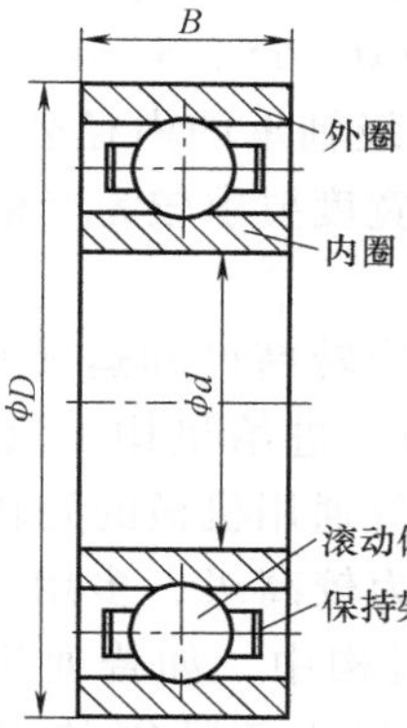

6.1.2　滚动轴承的使用要求

滚动轴承工作时应保证其工作性能，必须满足下列两项要求。

(1) 必要的旋转精度　轴承工作时，轴承的内、外圈和端面的跳动应控制在允许的范围内，以保证传动零件的回转精度。

(2) 合适的游隙　滚动体与内、外圈之间的游隙分为径向游隙 δ_1 和轴向游隙 δ_2（图 6-4）。轴承工作时这两种游隙的大小都应保持在合适的范围内，以保证轴承正常运转，使用寿命长。

图 6-4

滚动轴承的游隙

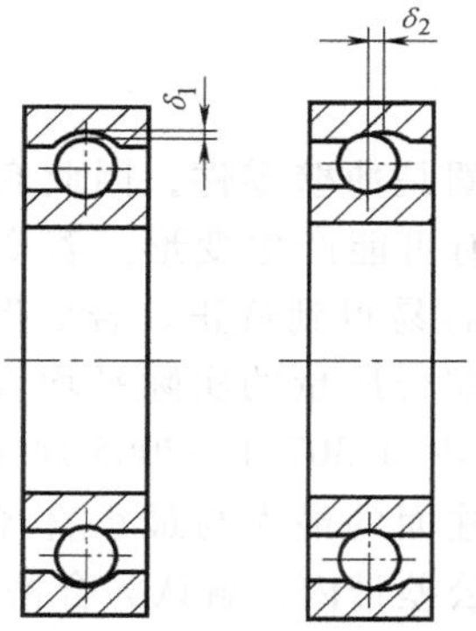

6.1.3　滚动轴承的公差等级及应用

1. 滚动轴承的公差等级

滚动轴承的公差等级由轴承的尺寸公差和旋转精度决定。前者是指轴承内径 d、外径 D、宽度 B 等的尺寸公差；后者是指轴承内、外圈做相对转动时跳动的程度，包括轴承内、外圈的径向圆跳动，轴承内、外圈端面相对滚道的跳动，内圈基准端面对内孔的跳动等。轴承的旋转精度直接决定设备的回转精度，其中轴承内圈的径向圆跳动尤为重要。

GB/T 307.3—2005 中，滚动轴承的公差等级按尺寸公差和旋转精度分级，依次由低到高：向心轴承（圆锥滚子轴承除外）分为0、6、5、4、2五级，圆锥滚子轴承分为0、6X、5、4、2五级，推力轴承分为0、6、5、4四级。6X级轴承与6级轴承的内径公差、外径公差和径向跳动公差均分别相同，仅前者装配宽度要求较为严格。

2. 各个公差等级的滚动轴承的应用

0级为普通级，广泛用于旋转精度和运转平稳性要求不高的一般旋转机构中，如普通机床的变速、进给机构，汽车和拖拉机的变速机构，普通减速器、水泵及农业机械等通用机械的旋转机构。

6（6X）级为中级，5级为较高级，多用于旋转精度和运转平稳性要求较高或转速较高的旋转机构中，如普通机床主轴轴系（前支承采用5级，后支承采用6级）和比较精密的仪器、仪表、机械的旋转机构。

4级为高级，多用于转速很高或旋转精度要求很高的机床和机器的旋转机构中，如高精度磨床、精密螺纹车床和齿轮磨床等的主轴轴系。

2级为精密级，多用于精密机械的旋转机构中，如精密坐标镗床、高精度齿轮磨床和数控机床等的主轴轴系及航空发动机涡轮轴。

6.2 滚动轴承与孔、轴配合的精度设计

6.2.1 滚动轴承内、外径的公差带及特点

由于滚动轴承的套圈是薄壁零件，因此套圈尺寸不但存在制造时的偏差，在制造完成后还有可能产生变形。若变形量不大，相配零件的形状又较准确，这种变形容易得到矫正。若变形量较大，则不易矫正。因此，除了控制直接影响配合质量的实际平均直径外，对这些平均直径的变动量也要加以限制。GB/T 307.1—2005规定，在轴承内、外圈任一横截面内测得内孔、外圆柱面的最大与最小直径的平均值对公称直径的实际偏差分别在内、外径公差带内，就认为合格。

因为滚动轴承是标准件，为了便于互换和大量生产，滚动轴承内圈与轴颈的配合采用基孔制，外圈与外壳孔的配合采用基轴制。

如图6-5所示，内圈基准孔公差带位于以公称内径 d 为零线的下方，且上极限偏差为零，具体值见GB/T 307.1—2005。表6-1和表6-2分别为0级向心轴承部分内径与外径的偏差值。因此，当轴承内圈与基本偏差代号为k、m、n等的轴颈配合时就形成了具有小过盈的配合，而不是过渡配合。采用这种小过盈的配合是为了防止内圈与轴颈的配合面相对滑动而使配合面产生磨损，影响轴承的工作性能；而过盈较大则会使薄壁的内圈产生较大变形，影响轴承内部的游隙。因此，轴颈公差带从GB/T 1800.1—2009中的轴常用公差带中选取，它们与轴承内圈基准孔公差带形成的配合，比GB/T 1801—2009中同名配合的配合性质稍紧。

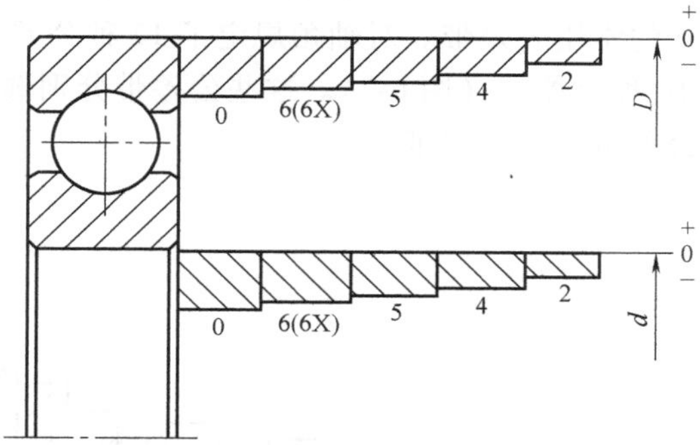

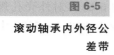

图 6-5
滚动轴承内外径公差带

表 6-1
0 级向心轴承内径的偏差

内径尺寸/mm		偏　差/μm	
超过	到	上极限偏差	下极限偏差
2.5	10	0	-8
10	18	0	-8
18	30	0	-10
30	50	0	-12
50	80	0	-15
80	120	0	-20

表 6-2
0 级向心轴承外径的偏差

外径尺寸/mm		偏　差/μm	
超过	到	上极限偏差	下极限偏差
6	18	0	-8
18	30	0	-9
30	50	0	-11
50	80	0	-13
80	120	0	-15
20	150	0	-18

轴承外圈安装在机器外壳孔中。机器工作时，温度升高会使轴热膨胀。若外圈不旋转，则应使外圈与外壳孔的配合稍微松一点，以便能够补偿轴热膨胀产生的微量伸长，允许轴连同轴承一起轴向移动；否则轴会弯曲，轴承内、外圈之间的滚动体就有可能卡死。轴承外圈外圆柱面公差带的基本偏差与一般基轴制配合的基准轴的公差带的基本偏差相同，但这两种公差带的公差数值不相同。因此，外壳孔公差带从 GB/T 1800.1—2009 中的孔常用公差带中选取，它们与轴承外圈外圆柱面公差带形成的配合，基本上保持 GB/T 1801—2009 中同名配合的配合性质。

6.2.2　与滚动轴承配合的轴颈和外壳孔的公差带

由于滚动轴承内圈内径和外圈外径的公差带在生产轴承时已经确定，因此在使用轴承时，它与轴颈和外壳孔的配合面间所要求的配合性质必须分别由轴颈和外壳孔的公差带确定。为了实现各种松紧程度的配合性质要求，GB/T 275—2015 规定了 0 级轴承与轴颈和外壳孔配合时轴颈和外壳孔的常用公差带。对轴颈规定了 17 种公差带（图 6-6），对外壳孔规定了 16 种公差带（图 6-7）。这些公差带分别选自 GB/T 1800.1—2009 中的轴公差带和孔公差带。

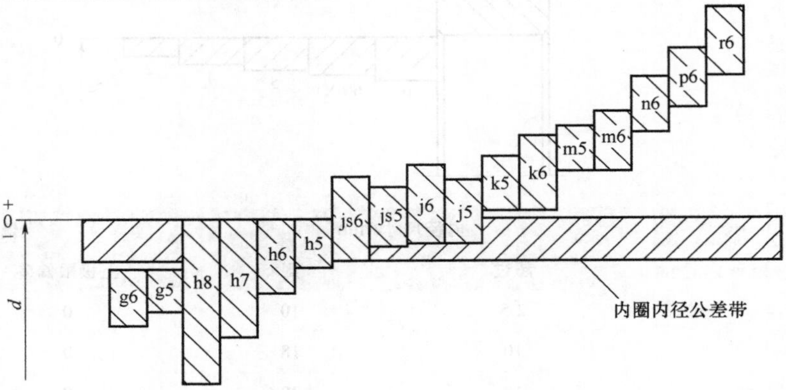

图 6-6

与滚动轴承配合的轴颈的常用公差带

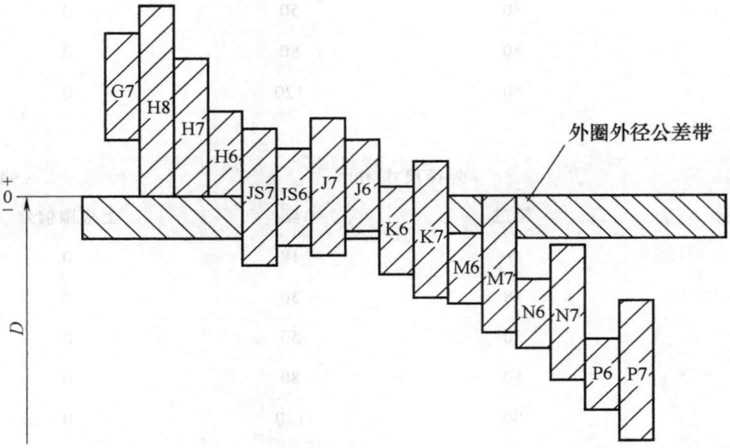

图 6-7

与滚动轴承配合的外壳孔的常用公差带

由图 6-6 所示的公差带可以看出，轴承内圈与轴颈的配合与 GB/T 1801—2009 中基孔制同名配合相比较，前者的配合性质偏紧。h5、h6、h7、h8 轴颈与轴承内圈的配合为过渡配合，k5、k6、m5、m6、n6 轴颈与轴承内圈的配合为过盈较小的过盈配合。

由图 6-7 所示的公差带可以看出，轴承外圈与外壳孔的配合与 GB/T 1801—2009 中基轴制同名配合相比较，两者的配合性质基本一致。

6.2.3　滚动轴承配合的精度设计

正确合理地进行滚动轴承配合的精度设计，对保证机器正常运转，提高轴承的使用寿命，充分发挥轴承的承载能力关系很大。滚动轴承与轴颈、外壳孔配合的精度设计，应以轴承的工作条件、结构类型和精度等级为依据，以确定轴颈和外壳孔的尺寸公差、几何公差及表面粗糙度数值。由于轴承的壁厚较薄，与轴和轴承座装配时，配合状态会对轴承的旋转精度、内部游隙或预载荷有显著影响，因此，不仅轴承要具有较高的尺寸精度，而且与之相配的轴径和轴承座孔也要有相应高的尺寸精度和表面质量。

1. 轴承配合精度设计所考虑的主要因素

(1) 载荷的类型 作用在轴承上的径向载荷，可以是定向载荷（如带轮的拉力或齿轮的作用力）或旋转载荷（如机件的转动离心力），或者是两者的合成载荷。其作用方向与轴承套圈（内圈或外圈）存在着以下三种关系。

1）定向载荷。当套圈相对于径向载荷的作用线不旋转，或者径向载荷的作用线相对于轴承套圈不旋转时，该径向载荷始终作用在套圈滚道的某一局部区域上，称为定向载荷。

如图 6-8a、b 所示，轴承承受一个方向和大小均不变的径向载荷 F_r，图 6-8a 中的不旋转外圈和图 6-8b 中的不旋转内圈都相对于径向载荷 F_r 方向固定，前者的运转状态称为固定的外圈载荷，后者的运转状态称为固定的内圈载荷。像减速器转轴两端的滚动轴承的外圈，汽车车轮轮毂中滚动轴承的内圈，都是定向载荷的实例。

图 6-8

轴承套圈承受的载荷类型

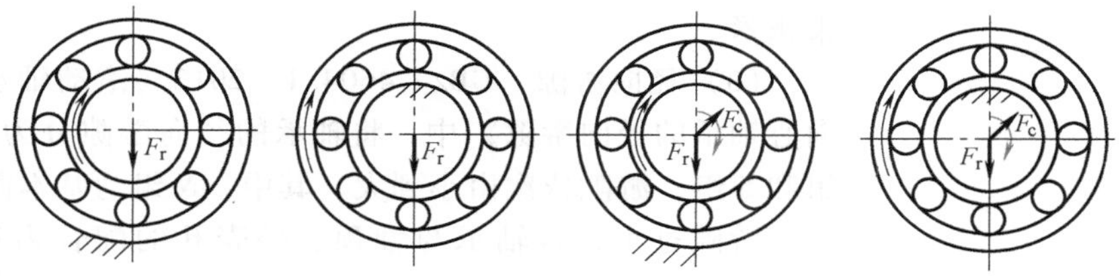

a) 内圈：旋转载荷 外圈：固定载荷　b) 内圈：固定载荷 外圈：旋转载荷　c) 内圈：旋转载荷 外圈：摆动载荷　d) 内圈：摆动载荷 外圈：旋转载荷

2）旋转载荷。当套圈相对于径向载荷的作用线旋转，或者径向载荷的作用线相对于轴承套圈旋转时，该径向载荷就依次作用在套圈整个滚道的各个部位上，这表示该套圈承受旋转载荷。

如图 6-8a、b 所示，轴承承受一个方向和大小均不变的径向载荷 F_r，图 6-8a 中的旋转内圈和图 6-8b 中的旋转外圈都相对于径向载荷 F_r 方向旋转，前者的运转状态称为旋转的内圈载荷，后者的运转状态称为旋转的外圈载荷。像减速器转轴两端的滚动轴承的内圈，汽车车轮轮毂中滚动轴承的外圈，都是旋转载荷的实例。

相对于载荷方向旋转的套圈与轴颈或外壳孔的配合应稍紧些，以避免它们产生相对滑动。相对于载荷方向固定的套圈与轴颈或外壳孔的配合应稍松些，以便在摩擦力矩的带动下，它们可以做非常缓慢的相对滑动。这样选择配合有利于提高轴承的使用寿命。

3）摆动载荷。当大小和方向按一定规律变化的径向载荷依次往复地作用在套圈滚道的一段区域上时，这表示该套圈相对于载荷方向摆动。如图 6-8c、d 所示，套圈承受一个大小和方向均固定的径向载荷 F_r 和一个旋转的径向载荷 F_c，两者合成的径向载荷称为摆动载荷。

当套圈受旋转载荷时，该套圈与轴颈或外壳孔的配合应较紧，一般选用具有小过盈的配合或过盈概率大的过渡配合。

当套圈受固定载荷时，该套圈与轴颈或外壳孔的配合应稍松些，一般选用具有平均间隙较小的过渡配合或具有极小间隙的间隙配合。

当套圈受摆动载荷时，该套圈与轴颈或外壳孔的配合的松紧程度，一般与套圈相对载荷方向旋转时选用的配合相同或稍松一些。

(2) 载荷的大小 轴承与轴颈、外壳孔配合的松紧程度跟载荷大小有关。对于向心轴承，GB/T 275—2015 按其径向当量动载荷 P_r 与径向额定动载荷 C_r 的比值将载荷状态分为轻载荷、正常载荷和重载荷，见表 6-3，其中，P_r 和 C_r 的数值分别由计算公式求出和轴承产品样本查出。

表 6-3
向心轴承载荷状态分类
(摘自 GB/T 275—2015)

载荷状态	轻 载 荷	正常载荷	重 载 荷
P_r/C_r	≤0.06	>0.06~0.12	>0.12

轴承在重载荷作用下，套圈容易产生变形，将会使该套圈与轴颈或外壳孔配合的实际过盈减小而引起松动，影响轴承的工作性能。因此，承受轻载荷、正常载荷、重载荷的轴承与轴颈或外壳孔的配合应依次越来越紧。

(3) 径向游隙 GB/T 4604.1—2012《滚动轴承 游隙 第 1 部分：向心轴承的径向游隙》中，将轴承的径向游隙分为 2 组、N 组、3 组、4 组和 5 组，游隙依次由小到大。其中，N 组为基本游隙组。

游隙过小，若轴承与轴颈、外壳孔的配合为过盈配合，则会使轴承中滚动体与套圈产生较大的接触应力，并增加轴承工作时的摩擦发热，降低轴承寿命；游隙过大，会使转轴产生较大的径向圆跳动和轴向圆跳动，使轴承工作时产生较大的振动和噪声。因此，游隙的大小应适度。

具有 N 组游隙的轴承，在常温状态的一般条件下工作时，它与轴颈、外壳孔配合的过盈应适中。游隙比 N 组游隙大的轴承，配合的过盈应增大。游隙比 N 组游隙小的轴承，配合的过盈应减小。

(4) 轴承的工作条件 轴承工作时，由于摩擦发热和其他热源的影响，套圈的温度会高于相配件的温度。内圈的热膨胀会引起它与轴颈的配合变松，而外圈的热膨胀则会引起它与外壳孔的配合变紧。因此，轴承工作温度高于100°C 时，应对所选择的配合做适当的修正。

当轴承的旋转速度较高，又在冲击振动载荷下工作时，轴承与轴颈、外壳孔的配合最好都选用具有小过盈的配合或较紧的配合。

剖分式外壳和整体外壳的轴承孔与轴承外圈的配合松紧程度应有所不同，前者的配合应稍松些，以避免箱盖和箱座装配时夹扁轴承外圈。

2. 轴颈和外壳孔的公差带的确定

所选择轴颈和外壳孔的标准公差等级应与轴承公差等级协调。与 0 级、6 级轴承配合的轴颈一般为 IT6，外壳孔一般为 IT7。对旋转精度和运转平稳性有较高要求时，轴颈应为 IT5，外壳孔应为 IT6。轴承游隙为

N 组游隙，轴为实心或厚壁空心钢制轴，外壳（箱体）为铸钢件或铸铁件，轴承的工作温度不超过 100℃时，确定轴颈和外壳孔的公差带可参照附表 15~附表 18，按照表中所列条件进行选择。

3. 轴颈和外壳孔的几何公差与表面粗糙度参数值的确定

轴颈和外壳孔的尺寸公差带确定以后，为了保证轴承的工作性能，还应对它们分别确定几何公差和表面粗糙度参数值，这可参照附表 19、附表 20 选取。

为了保证轴承与轴颈、外壳孔的配合性质，轴颈和外壳孔应分别采用包容要求和最大实体要求的零几何公差。对于轴颈，在采用包容要求的同时，为了保证同一根轴上两个轴颈的同轴度精度，还应规定这两个轴颈的轴线分别对它们的公共轴线的同轴度公差。

此外，如果轴颈或外壳孔存在较大的形状误差，则轴承与其安装后，套圈会产生变形，因此必须对轴颈和外壳孔规定严格的圆柱度公差。

轴的轴颈肩部和外壳上轴承孔的端面是安装滚动轴承的轴向定位面，若它们存在较大的垂直度误差，则滚动轴承安装后，轴承套圈会产生歪斜，因此应规定轴颈肩部和外壳孔端面对基准轴线的轴向圆跳动公差。

例 6-1

已知减速器的功率为 5kW，输出轴转速为 83r/min，其两端的轴承为 30211 圆锥滚子轴承（$d=55$mm，$D=100$mm）。从动齿轮齿数 $z=79$，法向模数 $m_n=3$mm，压力角 $\alpha=20°$，分度圆螺旋角 $\beta=8°6'34''$。试确定轴颈和外壳孔的尺寸公差带代号、几何公差和表面粗糙度参数值，并将其分别标注在装配图和零件图上，画出轴承与孔、轴配合的尺寸公差带。

解： 1）该减速器属于一般机械，轴的转速不高，所以选用 0 级普通轴承。

2）该轴承承受定向载荷的作用，内圈与轴一起旋转，外圈安装在剖分式外壳的孔中，不旋转。因此，内圈承受旋转载荷，它与轴颈的配合应较紧；外圈承受定向载荷，它与外壳孔的配合应较松。

3）按照该轴承的工作条件，根据相关文献的计算公式，并经计量单位换算，求得该轴承的径向当量动载荷 P_r 为 2401N，查得 30211 轴承的径向额定动载荷 C_r 为 86410N，所以 $P_r/C_r=0.028$，查表 6-3，该轴承载荷状态属于轻载荷。

4）按轴承工作条件，从附表 15 和附表 16 中分别选取轴颈公差带为 ϕ55k6（基孔制配合），外壳孔公差带为 ϕ100J7（基轴制配合）。轴颈采用包容要求。

5）查表 6-1、表 6-2，可得轴承内圈平均直径的上、下极限偏差为 0μm、−15μm；轴承外圈平均直径的上、下极限偏差为 0μm、

例 6-1（续）

$-15\mu m$。查附表 2 可得，$\phi100J7$ 的公差为 $35\mu m$，$\phi55k6$ 的公差为 $19\mu m$。查附表 3、附表 4 可得，$\phi100J7$ 的上极限偏差为 $+22\mu m$，$\phi55k6$ 的下极限偏差为 $+2\mu m$。计算得 $\phi100J7$ 的下极限偏差为 $-13\mu m$，$\phi55k6$的上极限偏差为 $+21\mu m$。滚动轴承与孔、轴配合的尺寸公差带如图 6-9 所示。

图 6-9

滚动轴承与孔、轴配合的尺寸公差带

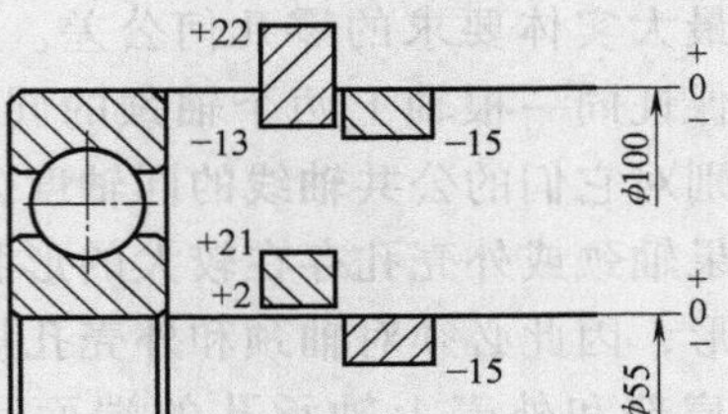

6）按附表 19 选取几何公差值：轴颈圆柱度公差为 0.005mm，轴肩轴向圆跳动公差为 0.015mm，外壳孔圆柱度公差为 0.01mm。

7）按附表 20 选取轴颈和外壳孔的表面粗糙度参数值：轴颈 $Ra \leqslant 0.8\mu m$，轴肩端面 $Ra \leqslant 3.2\mu m$，外壳孔 $Ra \leqslant 3.2\mu m$。

8）将上述各项精度要求标注在图样上，如图 6-10 所示。由于滚动轴承是外购的标准部件，因此，在装配图上只需注出轴颈和外壳孔的尺寸公差带代号。

图 6-10

滚动轴承精度设计示例

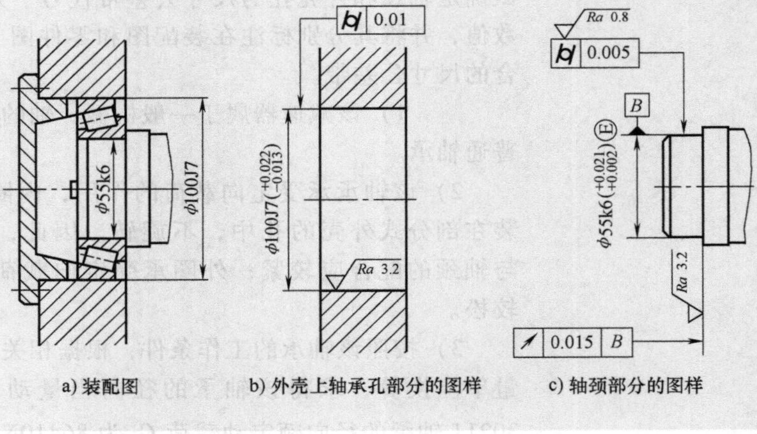

a) 装配图　b) 外壳上轴承孔部分的图样　c) 轴颈部分的图样

本章小结

1）滚动轴承的互换性与使用要求。滚动轴承的公差等级：2、4、5、6（6X）、0，其中 0 级（为普通级）精度最低，应用最广。

2）滚动轴承内径和外径的尺寸公差带特点：均在零线下方且上极限偏差均为零。

3）与滚动轴承相配合的轴颈和外壳孔的常用尺寸公差带从《极限与配合》标准中选取。

4）滚动轴承与轴颈和外壳孔的配合：轴承内圈与轴颈的配合采用基孔制；轴承外圈与外壳孔的配合采用基轴制。

5）滚动轴承配合的精度设计一般采用类比法。首要考虑滚动轴承的载荷类型及其与配合选择的关系。

6）与滚动轴承相配合的轴颈和外壳孔的尺寸公差、几何公差与表面粗糙度及其在图样上的标注。

第7章

螺纹联接的精度设计

本章提要

- 本章要求了解螺纹种类及其主要几何参数；理解普通螺纹几何参数误差对互换性的影响；理解作用中径的概念；掌握螺纹中径合格性的判断原则；掌握螺纹公差精度的内容、选用与图样标注；了解螺纹参数的测量方法。
- 本章重点为普通螺纹公差与配合的特点，难点为螺纹作用中径的概念。

导入案例

螺纹联接是机械工业中广泛应用的一种可拆联接。例如：紧固螺纹（图 7-1）主要用于联接和紧固各种机械零件；传动螺纹（图 7-2）主要用于传递动力和位移；常用的台虎钳（图 7-3）是用梯形螺纹将旋转运动转换成钳口的轴向移动，从而夹紧零件的。

图 7-1

螺栓、螺母

图 7-2

螺纹丝杠

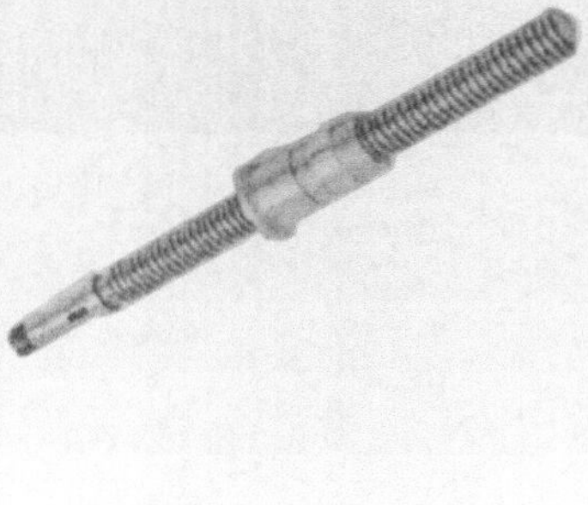

图 7-3

台虎钳用梯形螺纹传动

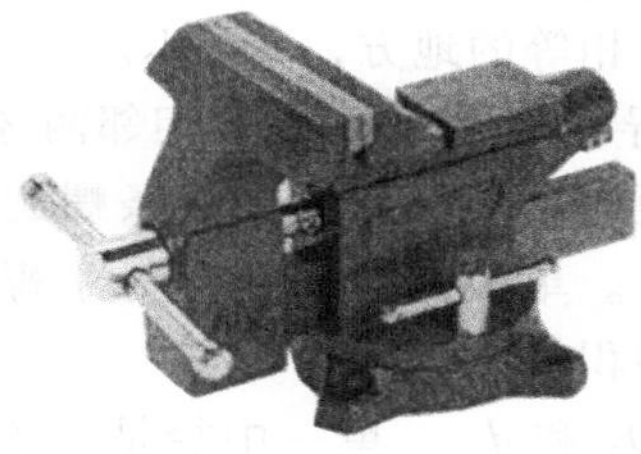

螺纹联接在机械制造中应用极其广泛。为了满足螺纹的使用要求，保证其互换性，我国发布了一系列标准，主要有 GB/T 14791—2013《螺纹术语》、GB/T 192—2003《普通螺纹　基本牙型》、GB/T 193—2003《普通螺纹　直径与螺距系列》、GB/T 197—2003《普通螺纹　公差》、GB/T 5796—2005《梯形螺纹》、JB/T 2886—2008《机床梯形丝杠、螺母技术条件》等。

7.1　概述

7.1.1　螺纹的种类及使用要求

螺纹通常按用途分为以下三类：

（1）紧固螺纹　紧固螺纹主要用于联接和紧固各种机械零件，包括普通螺纹、过渡配合螺纹和过盈配合螺纹等，其中普通螺纹的应用最为普遍。紧固螺纹的使用要求是保证旋合性和联接强度。

（2）传动螺纹　传动螺纹用于传递动力和位移，包括梯形螺纹和锯齿形螺纹等，如机床传动丝杠和测量仪器的测微螺杆上的螺纹。传动螺纹的使用要求是传递动力的可靠性和传递位移的准确性。

（3）管螺纹　管螺纹主要用于管道系统中的管件联接，包括 55°非密封管螺纹和 55°密封管螺纹，如水管和煤气管道中的管件联接。管螺纹的使用要求是联接强度和密封性。

本章主要阐述普通螺纹联接的精度设计。

7.1.2　普通螺纹主要几何参数

普通螺纹的基本牙型如图 7-4 中的粗实线所示，它是按规定的削平高度，将原始等边三角形的顶部和底部削去后所形成的内、外螺纹共有的理论牙型，是规定螺纹极限偏差的基础。

普通螺纹的主要几何参数如下：

（1）大径 D 和 d　大径是指与外螺纹牙顶或内螺纹牙底相切的假想圆柱的直径。大径是内、外螺纹的公称直径，$D=d$。

（2）小径 D_1 和 d_1　小径是指与外螺纹牙底或内螺纹牙顶相切的假想圆柱的直径，$D_1=d_1$。

外螺纹的大径和内螺纹的小径统称为顶径，外螺纹的小径和内螺纹的大径统称为底径。

(3) 中径 D_2 和 d_2　中径是一假想圆柱的直径，该圆柱母线通过牙型上沟槽和凸起宽度相等的地方，$D_2=d_2$。

(4) 螺距 P 与导程 P_h　螺距是指相邻两牙体上的对应牙侧与中径线相交两点间的轴向距离。导程是指同一条螺旋线上位置相同且相邻的两对应点间的轴向距离。单线螺纹的导程等于螺距，多线螺纹的导程等于螺距与螺旋线数的乘积。

(5) 单一中径 D_{2s} 和 d_{2s}　单一中径是一个假想圆柱的直径，该圆柱的母线通过实际螺纹上牙槽宽度等于半个基本螺距（$P/2$）的地方，如图 7-5 所示。

单一中径可以用三针法测得，以表示中径实际尺寸的数值。

图 7-4

普通螺纹的基本牙型

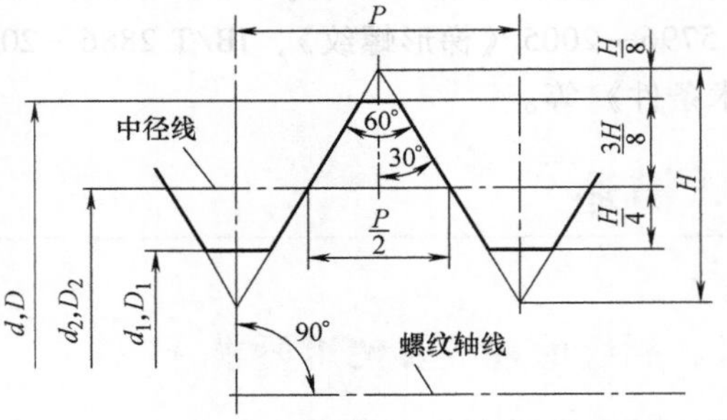

图 7-5

中径与单一中径

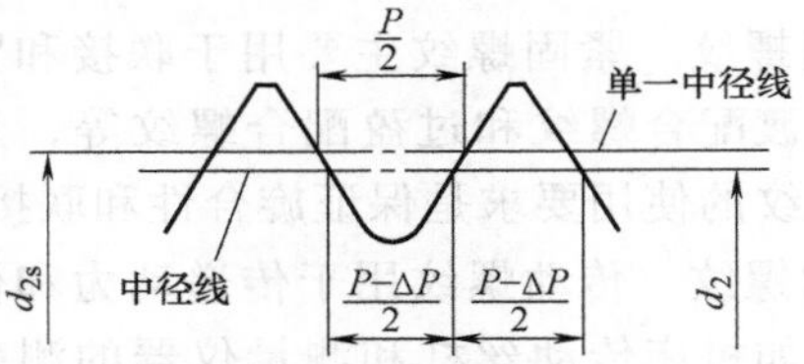

(6) 牙型角 α 和牙侧角 α_1、α_2　牙型角是指在螺纹牙型上，相邻的两牙侧间的夹角，如图 7-6a 所示。牙型角的一半称为牙型半角。普通螺纹牙型半角为 30°。

牙侧角是指在螺纹牙型上，牙侧与螺纹轴线的垂线间的夹角，如图 7-6b 所示。普通螺纹牙侧角的基本值为 30°。

图 7-6

牙型角、牙型半角和牙侧角

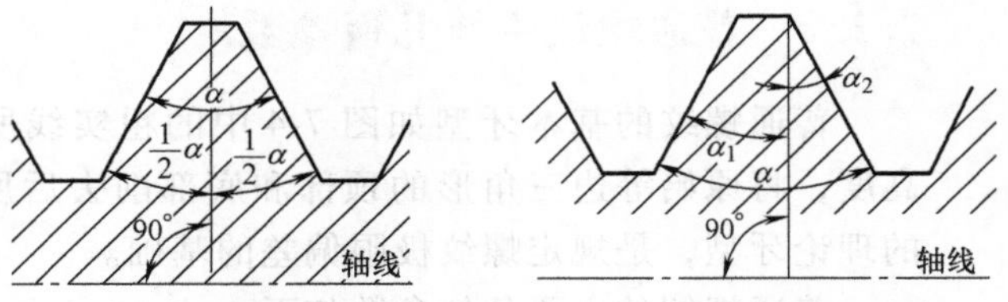

a) 牙型角与牙型半角　b) 牙侧角

(7) 螺纹接触高度　螺纹接触高度是指在两个相互配合螺纹的牙型上，它们的牙侧重合部分在垂直于螺纹轴线方向上的距离。普通螺纹的接触高度的基本值等于 $5H/8$，如图7-4所示。

(8) 螺纹旋合长度　螺纹旋合长度是指两个相互配合的螺纹沿螺纹轴线方向相互旋合部分的长度。

7.2　普通螺纹几何精度分析

螺纹的几何精度首先应满足互换性原则。要实现普通螺纹的互换性，必须满足其使用要求，即保证其旋合性和联接强度。前者是指相互联接的内、外螺纹能够自由旋入，并获得指定的配合性质；后者是指相互联接的内、外螺纹的牙侧能够均匀接触，具有足够的承载能力。影响螺纹联接互换性的几何参数误差有直径偏差、螺距误差和牙侧角偏差。

7.2.1　直径偏差的影响

螺纹直径（包括大径、小径和中径）的偏差是指螺纹加工后直径的实际尺寸与螺纹直径的基本尺寸之差。由于相互联接的内、外螺纹直径的基本尺寸相等，因此，如果外螺纹直径的偏差大于内螺纹对应直径的偏差，则不能保证它们的旋合性；倘若外螺纹直径的偏差比内螺纹对应直径的偏差小得多，那么，虽然它们能够旋入，但会使它们的接触高度减小，从而削弱它们的联接强度。由于螺纹的配合面是牙侧面，故中径偏差对螺纹互换性的影响比大径偏差、小径偏差的更大。

必须控制螺纹直径的实际尺寸，对直径规定适当的上、下极限偏差。

相互联接的内、外螺纹在顶径处和底径处应分别留有适当的间隙，以保证它们能够自由旋合。为了保证螺纹的联接强度，螺纹的牙底制成圆弧形状。

7.2.2　螺距误差的影响

螺距误差分为螺距偏差 ΔP 和累积螺距误差 ΔP_Σ。ΔP 是指螺距的实际值与其基本值之差。ΔP_Σ 是指在规定的螺纹长度内，任意两同名牙侧与中径线交点间的实际轴向距离与其基本值之差中的最大绝对值。ΔP_Σ 对螺纹互换性的影响比 ΔP 更大。

如图 7-7 所示，相互联接的内、外螺纹的螺距的基本值为 P，假设内螺纹为理想螺纹，其所有的几何参数皆无误差；而外螺纹仅存在螺距误差，它的 n 个螺距的实际轴向距离 $L_{外}$ 大于 nP（内螺纹的实际轴向距离 $L_{内}=nP$），因此其累积螺距误差为 $\Delta P_\Sigma=|L_{外}-nP|$。$\Delta P_\Sigma$ 使内、外螺纹牙侧产生干涉（图中阴影部分）而不能旋合。

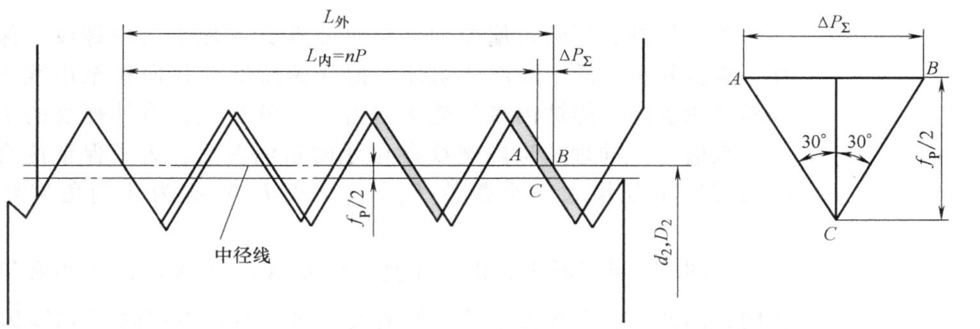

图 7-7　螺距累积误差对旋合性的影响

为了使上述具有 ΔP_{Σ} 的外螺纹能够旋入理想的内螺纹，保证旋合性，应将外螺纹的干涉部分切掉，使其牙侧上的 B 点移至与内螺纹牙侧上的 C 点接触（螺牙另一侧的间隙不变）。也就是说，将外螺纹的中径减小一个数值 f_P，使外螺纹轮廓刚好能被内螺纹轮廓包容。同理，如果内螺纹存在累积螺距误差，为了保证旋合性，则应将内螺纹的中径增大一个数值 F_P。f_P（或 F_P）称为螺距误差的中径当量。由图 7-7 中的 $\triangle ABC$ 可求出

$$f_P(\text{或 } F_P)=1.732\Delta P_{\Sigma} \tag{7-1}$$

应当指出，虽然增大内螺纹中径或（和）减小外螺纹中径可以消除 ΔP_{Σ} 对旋合性的不利影响，但 ΔP_{Σ} 会使内、外螺纹实际接触的螺牙减少，载荷集中在接触部位，造成接触压力增大，降低螺纹的联接强度。

7.2.3 牙侧角偏差的影响

牙侧角偏差是指牙侧角的实际值与其基本值之差，它包括螺纹牙侧的形状误差和牙侧相对于螺纹轴线的垂线的位置误差，对螺纹旋合性和联接强度均有影响。

牙侧角偏差对旋合性的影响如图 7-8 所示，相互联接的内、外螺纹的牙侧角基本值为 30°，假设内螺纹 1（粗实线）为理想螺纹，而外螺纹 2（细实线）仅存在牙侧角偏差（左牙侧角偏差 $\Delta\alpha_1<0$，右牙侧角偏差 $\Delta\alpha_2>0$），使内、外螺纹牙侧产生干涉（图中画斜线部分）而不能旋合。

图 7-8 牙侧角偏差对旋合性的影响

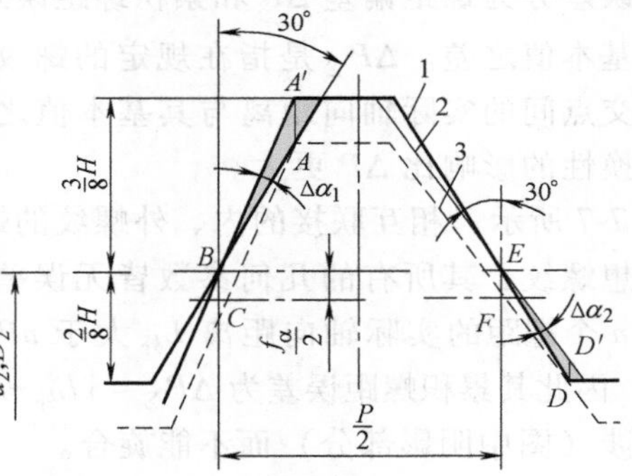

为了使具有牙侧角偏差的外螺纹能够旋入理想的内螺纹，保证旋合性，应将外螺纹的干涉部分切掉，把外螺纹螺牙径向移至虚线 3 处，使外螺纹轮廓刚好能被内螺纹轮廓包容。也就是说，将外螺纹的中径减小一个数值 f_α。同理，当内螺纹存在牙侧角偏差时，为了保证旋合性，应将内螺纹中径增大一个数值 F_α。f_α（或 F_α）称为牙侧角偏差的中径当量。

由图 7-8 可以看出，由于牙侧角偏差 $\Delta\alpha_1$ 和 $\Delta\alpha_2$ 的大小和符号各不相同，因此左、右牙侧干涉区的最大径向干涉量不相同（$\overline{AA'}>\overline{DD'}$），通常取它们的平均值作为 $f_\alpha/2$，即

$$\frac{f_\alpha}{2}=\frac{(\overline{AA'}+\overline{DD'})}{2}$$

$\triangle ABC$ 的边长 $\overline{BC}=\overline{AA'}$，$\triangle DEF$ 的边长 $\overline{EF}=\overline{DD'}$，在 $\triangle ABC$ 和 $\triangle DEF$ 中应用正弦定理，并注意当牙型半角为 30°时，$H=\sqrt{3}P/2$，经整理、换算后得

$$f_\alpha=0.073P(3\,|\Delta\alpha_1|+2\,|\Delta\alpha_2|)$$

式中，f_α 的单位为 μm；P 的单位为 mm；$\Delta\alpha_1$、$\Delta\alpha_2$ 的单位均为分（′）。

考虑左、右牙侧角偏差均有可能为正值或负值，并且考虑内螺纹 F_α 的计算，将上式写成通式为

$$f_\alpha=0.073P(K_1\,|\Delta\alpha_1|+K_2\,|\Delta\alpha_2|) \tag{7-2}$$

式中，K_1、K_2 的数值分别取决于 $\Delta\alpha_1$、$\Delta\alpha_2$ 的正、负号。

对于外螺纹，当 $\Delta\alpha_1$(或 $\Delta\alpha_2$）为正值时，在中径与小径之间的牙侧产生干涉，相应的系数 K_1(或 K_2）取 2；当 $\Delta\alpha_1$(或 $\Delta\alpha_2$）为负值时，在中径与大径之间的牙侧产生干涉，相应的系数 K_1(或 K_2）取 3。

对于内螺纹，当 $\Delta\alpha_1$(或 $\Delta\alpha_2$）为正值时，在中径与大径之间的牙侧产生干涉，相应的系数 K_1(或 K_2）取 3；当 $\Delta\alpha_1$(或 $\Delta\alpha_2$）为负值时，在中径与小径之间的牙侧产生干涉，相应的系数 K_1(或 K_2）取 2。

应当指出，虽然增大内螺纹中径或（和）减小外螺纹中径可以消除牙侧角偏差对旋合性的不利影响，但牙侧角偏差会使内、外螺纹牙侧接触面积减少，载荷相对集中到接触部位，造成接触压力增大，降低螺纹的联接强度。

7.2.4　普通螺纹实现互换性的条件

从以上的分析可知：影响螺纹旋合性的主要因素是中径偏差、螺距误差和牙侧角偏差。它们的综合结果可用作用中径表示。

当外螺纹存在累积螺距误差和牙侧角偏差时，需将它的中径减小 (f_P+f_α)，方能与理想的内螺纹旋合。若不减小它的中径，则它只能与一个中径较大的内螺纹相旋合。同理，存在累积螺距误差和牙侧角偏差的实际内螺纹，只能与一个中径较小的外螺纹旋合。

如图 7-9 所示，在规定的旋合长度内，恰好包容实际外螺纹的假想内螺纹的中径，称为该外螺纹的作用中径，用代号 d_{2m} 表示；恰好包容实际内螺纹的假想外螺纹的中径，称为内螺纹的作用中径，用代号 D_{2m} 表示。该假想螺纹具有理想的螺距、牙侧角和牙型高度，并且分别能够在牙顶处和牙底处留有间隙，以保证包容实际螺纹时两者的大径、小径处不发生干涉。

外螺纹和内螺纹的作用中径计算式为

$$d_{2m}=d_{2s}+(f_P+f_\alpha) \tag{7-3}$$

$$D_{2m}=D_{2s}-(F_P+F_\alpha) \tag{7-4}$$

国家标准规定螺纹中径合格性的判断遵守泰勒原则，即实际螺纹的作用中径不能超出最大实体牙型的中径，而实际螺纹上任何部位的单一中径不能超出最小实体牙型的中径。

根据中径合格性判断原则，合格的螺纹应满足

$$d_{2m} \leqslant d_{2max} \qquad d_{2s} \geqslant d_{2min} \qquad D_{2m} \geqslant D_{2min} \qquad D_{2s} \leqslant D_{2max}$$

图 7-9

螺纹作用中径

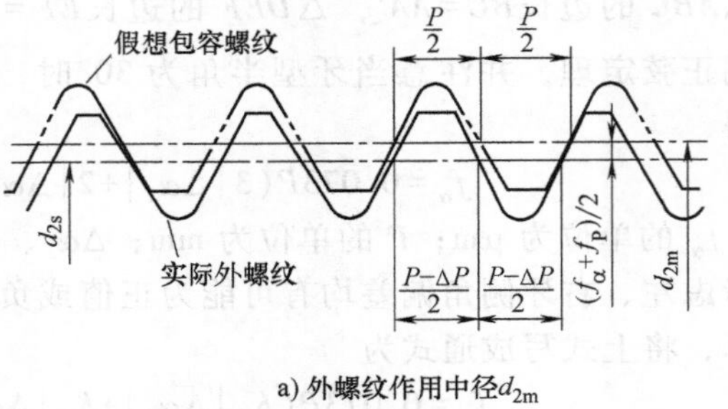

a) 外螺纹作用中径d_{2m}

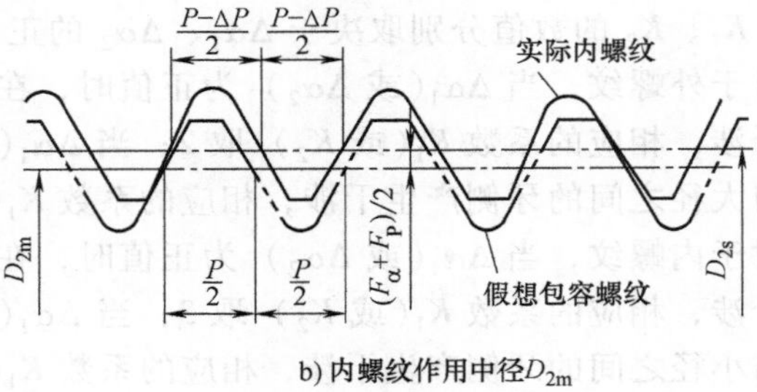

b) 内螺纹作用中径D_{2m}

◎7.3 普通螺纹联接的精度设计

GB/T 197—2003 对公称直径为 1~355mm、螺距基本值为 0.2~8mm 的普通螺纹规定了配合最小间隙为零以及具有保证间隙的螺纹公差带、旋合长度和公差精度。螺纹的公差带由公差带的位置和公差带的大小决定；螺纹的公差精度则由螺纹公差带和旋合长度决定，如图 7-10 所示。

图 7-10

普通螺纹公差带与公差精度的构成

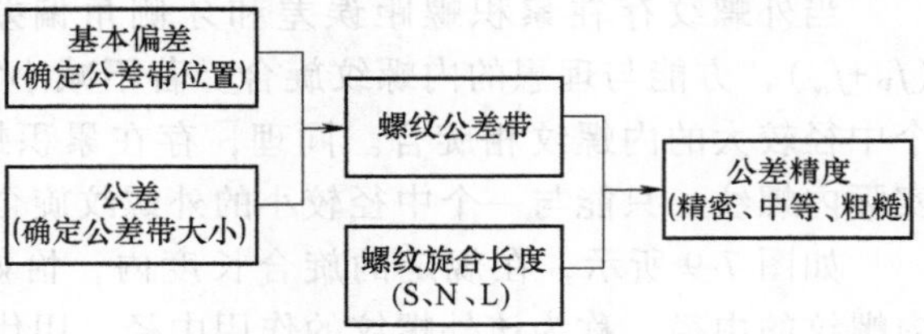

7.3.1 螺纹公差带

螺纹公差带是沿基本牙型的牙侧、牙顶和牙底分布的公差带，由基本偏差和公差两个要素构成，在垂直于螺纹轴线的方向计量其大径、中径、小径的极限偏差和公差值。

1. 螺纹的公差

螺纹公差用来确定公差带的大小，它表示螺纹直径的尺寸允许变动范围。GB/T 197—2003 对螺纹中径和顶径分别规定了若干公差等级，其代号用阿拉伯数字表示，具体规定如下。其中，3 级最高，数字越大，

表示公差等级越低。

螺纹直径	公差等级
内螺纹中径 D_2	4、5、6、7、8
内螺纹小径 D_1	4、5、6、7、8
外螺纹中径 d_2	3、4、5、6、7、8、9
外螺纹大径 d	4、6、8

内、外螺纹中径的公差值 T_{D2}、T_{d2} 见附表 22。内、外螺纹顶径的公差值 T_{D1}、T_d 见附表 23。

2. 螺纹的基本偏差

螺纹的基本偏差用来确定公差带相对于基本牙型的位置。GB/T 197—2003 对螺纹的中径和顶径规定了基本偏差，并且它们的数值相同。对内螺纹规定了代号为 G、H 的两种基本偏差（皆为下极限偏差 EI），如图 7-11 所示；对外螺纹规定了代号为 e、f、g、h 的四种基本偏差（皆为上极限偏差 es），如图 7-12 所示（图中 d_{3max} 为外螺纹实际小径的最大允许值）。内、外螺纹基本偏差的数值见附表 24。

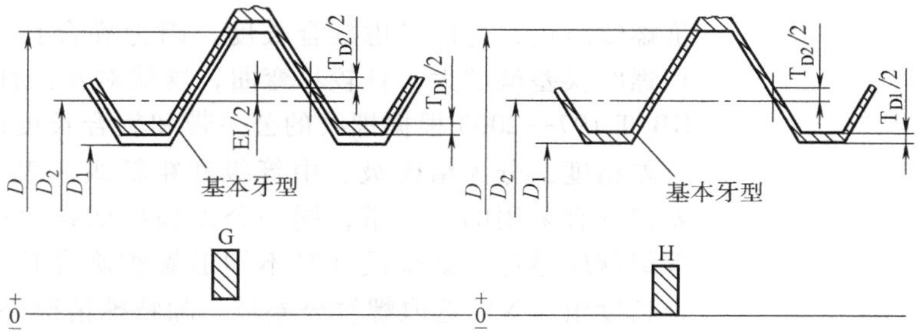

图 7-11 内螺纹公差带的位置

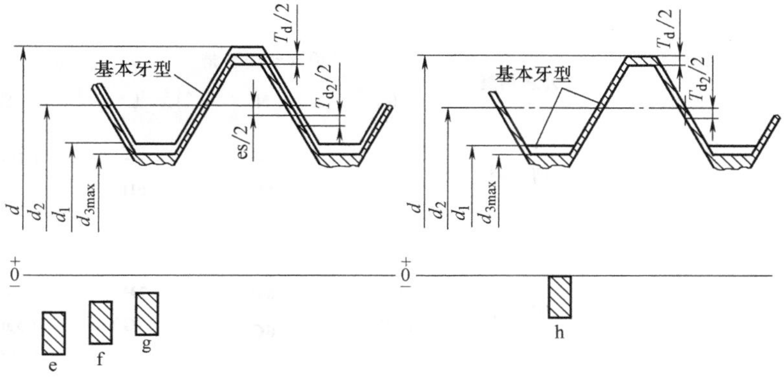

图 7-12 外螺纹公差带的位置

按泰勒原则使用螺纹量规检验被测螺纹合格与否时，螺纹中径公差是一项综合公差，螺纹最大和最小实体牙型的中径分别控制了作用中径和单一中径，而作用中径又是单一中径、螺距误差和牙侧角偏差的综合结果，因此中径公差就具有三个功能：控制中径本身的尺寸偏差，还控制螺距误差和牙侧角偏差。这就无须单独规定螺距公差和牙侧角公差。当螺纹的单一中径偏离最大实体牙型中径时，允许存在螺距误差和牙侧角偏差。

螺纹公差带代号由螺纹的中径和顶径（外螺纹大径和内螺纹小径）的公差等级数字和基本偏差代号组成，标注时中径公差带代号在前，顶径公差带代号在后。例如，5H6H 表示内螺纹中径公差带代号为 5H、顶径（小径）公差带代号为 6H。如果中径公差带代号和顶径公差带代号相同，则标注时只写一个，例如 6f 表示外螺纹中径与顶径（大径）公差带代号相同。

7.3.2 螺纹的旋合长度与精度等级

内、外螺纹的旋合长度是螺纹精度设计时应考虑的一个因素。根据螺纹的公称直径和螺距基本值，GB/T 197—2003 规定了三组旋合长度，即短旋合长度组（S）、中等旋合长度组（N）和长旋合长度组（L）。旋合长度组的数值见附表 25。

通常采用中等旋合长度组。为了加强联接强度，可选择长旋合长度组。对空间位置受到限制或受力不大的螺纹，可选择短旋合长度组。

螺纹的公差等级仅反映了中径和顶径尺寸精度的高低，若要综合评价螺纹质量，还应考虑旋合长度，因为旋合长度越长的螺纹，产生的累积螺距误差就越大，且较易弯曲，这就对互换性产生不利的影响。因此，GB/T 197—2003 根据螺纹的公差带和旋合长度两个因素，规定了螺纹的公差精度，分为精密级、中等级和粗糙级。表 7-1 为国标推荐的不同公差精度宜采用的公差带，同一公差精度的螺纹的旋合长度越长，则公差等级就应越低。如果设计时不知道螺纹旋合长度的实际值，可按中等旋合长度组（N）选取螺纹公差带。除特殊情况外，表 7-1 以外的其他公差带不宜选用。

表 7-1 普通螺纹的推荐公差带（摘自 GB/T 197—2003）

公差精度	内螺纹公差带			外螺纹公差带		
	S	N	L	S	N	L
精　密	— 4H	— 5H	— 6H	(3h4h) —	**4h** (4g)	(5h4h) (5g4g)
中　等	5H (5G)	**6H** **6G**	**7H** (7G)	— — (5g6g) (5h6h)	**6e** **6f** **6g** 6h	(7e6e) — (7g6g) (7h6h)
粗　糙	— —	7H (7G)	8H (8G)	— —	(8e) 8g	(9e8e) (9g8g)

注：1. 选用顺序依次为粗字体公差带、一般字体公差带、括号内的公差带。
2. 带方框的粗字体公差带用于大量生产的紧固件螺纹。
3. 推荐公差带仅适用于薄涂镀层的螺纹，例如电镀螺纹。所选择的涂镀前公差带应满足涂镀后螺纹实际轮廓上的任何点不超出按公差带位置 H 或 h 确定的最大实体牙型。

7.3.3　螺纹精度设计

1. 精度等级的选用

对于间隙较小、要求配合性质稳定、需保证一定的定心精度的螺纹，采用精密级；对于一般用途的螺纹，采用中等级；不重要的以及制造较困难的螺纹采用粗糙级，例如在深不通孔内加工螺纹。

2. 公差带的选用

可以选择表 7-1 所列内、外螺纹的公差带组合成各种螺纹配合。螺纹配合的选用主要根据使用要求，一般规定如下：

1）为了保证旋合后的螺纹副有足够的螺纹接触高度，以保证螺纹的联接强度，螺纹副宜优先选用 H/h 配合。对于公称直径不大于 1.4mm 的螺纹，应采用 5H/6h、4H/6h 或更精密的配合。

2）为了拆装方便及改善螺纹的疲劳强度，可选用小间隙配合 H/g 或 G/h。

3）需要涂镀保护层的螺纹，其间隙大小取决于镀层的厚度。镀层厚度为 5μm 左右，一般选用 6H/6g；镀层厚度为 10μm 左右，一般选用 6H/6e；若内外螺纹均涂镀，一般选用 6G/6e。

4）在高温下工作的螺纹，可根据装配和工作时的温差来选定适宜的间隙配合。

3. 螺纹的几何公差与螺纹牙侧表面粗糙度要求

对于普通螺纹，一般不规定几何公差，其几何误差一般不得超出螺纹轮廓公差带所限定的极限区域。仅对高精度螺纹规定了在旋合长度内的圆柱度、同轴度和垂直度等几何公差，其公差值一般不大于中径公差的 5%，并按包容要求控制。

螺纹牙侧的表面粗糙度主要根据用途和中径公差等级来确定，表 7-2 列出了牙侧表面粗糙度 *Ra* 的推荐上限值，供设计时参考。

表 7-2　牙侧表面粗糙度 *Ra* 的推荐上限值

工　件	螺纹中径公差等级		
	4,5	6,7	7~9
	Ra 不大于/μm		
螺栓、螺钉、螺母	1.6	3.2	3.2~6.3
轴及套上的螺纹	0.8~1.6	1.6	3.2

7.3.4　螺纹在图样上的标记

螺纹的完整标记依次由普通螺纹特征代号（M）、尺寸代号（公称直径×螺距，单位为 mm）、公差带代号及其他信息（旋合长度组代号、旋向代号）组成，并且尺寸代号、公差带代号、旋合长度组代号和旋向代号之间各用短横线“-”分开。

螺纹标记可以省略的标注：①粗牙普通螺纹的螺距基本值；②中等旋合长度代号；③右旋螺纹的旋向代号；④中等公差精度螺纹，公称直径≥1.6mm 的 6H、6g 的公差带代号和公称直径≤1.4mm 的 5H、6h 的公差带代号。

例 7-1

解释螺纹标记 M12×1-7h6h-L-LH 的含义。

解：M：螺纹特征代号：普通螺纹；

12×1：尺寸代号，公称直径 12mm，单线细牙螺纹，螺距 1mm；

7h6h：外螺纹公差带代号，中径公差带代号 7h，顶径公差带代号 6h；

L：旋合长度组代号，长旋合长度；

LH：旋向代号，左旋。

表示内、外螺纹配合时，内螺纹公差带代号在前，外螺纹公差带代号在后，中间用斜线分开。例如，M20×2-7H/7g6g-L。

多线螺纹的尺寸代号为“公称直径×Ph 导程 P 螺距”，例如，M16×Ph3P1.5 表示公称直径为 16mm、导程为 3mm、螺距为 1.5mm 的双线螺纹。

例 7-2

有一外螺纹，标记为 M24×2-6g，加工后测得：实际大径 d_a = 23.850mm，单一中径 d_{2s} = 22.524mm，累积螺距误差 ΔP_{Σ} = +0.040mm，牙型半角误差分别为 $\Delta\alpha_1=+20'$，$\Delta\alpha_2=-25'$。试判断顶径和中径是否合格，并查出所需旋合长度的范围。

解：1）确定中径、大径极限尺寸。由 M24×2 得，$d=24$mm，$P=2$mm，由附表 21 查得 $d_2=22.701$mm，由附表 22、附表 23 分别查得中径公差 $T_{d2}=170\mu m$，大径公差 $T_d=280\mu m$，由附表 24 查得中径、大径基本偏差（上极限偏差）es＝-38μm。则中径极限尺寸和大径极限尺寸为

$$d_{2max}=d_2+es=[22.701+(-0.038)]mm=22.663mm$$

$$d_{2min}=d_{2max}-T_{d2}=(22.663-0.17)mm=22.493mm$$

$$d_{max}=d+es=[24+(-0.038)]mm=23.962mm$$

$$d_{min}=d-T_d=(23.962-0.28)mm=23.682mm$$

2）判断大径合格性。因为 $d_{max}>d_a=23.850mm>d_{min}$，故大径合格。

3）计算螺距累积误差及牙侧角偏差中径当量和作用中径。

由式（7-1）得

$$f_P=1.732\Delta P_{\Sigma}=1.732\times 40\mu m=69.28\mu m$$

由式（7-2）得

$$f_\alpha=0.073P(K_1|\Delta\alpha_1|+K_2|\Delta\alpha_2|)=0.073\times 2\times(3\times 20+3\times 25)\mu m$$
$$=16.79\mu m$$

例 7-2（续）

因此，由式（7-3）得

$$d_{2m}=d_{2s}+(f_P+f_\alpha)=[22.524+(69.28+16.79)\times10^{-3}]\text{mm}$$
$$=22.61\text{mm}$$

4）判断中径合格性。

$d_{2m}=22.61\text{mm}<d_{2max}=22.663\text{mm}$，由此可见，能够保证旋合性。

$d_{2s}=22.524\text{mm}>d_{2min}=22.493\text{mm}$，能够保证联接强度，符合螺纹中径合格条件，故该螺纹中径合格。

5）根据螺纹基本尺寸，由附表 25，采用中等旋合长度，旋合长度的范围为 8.5～25mm。

7.4　梯形螺纹简介

梯形螺纹是应用最广泛的一种传动螺纹，用来传递运动和动力，能传递较精确的轴向位移，并且传动平稳可靠。GB/T 5796—2005《梯形螺纹》规定了梯形螺纹的基本牙型（牙型角为 30°）、公称直径及相应的基本值和公差带。

完整的梯形螺纹标记包括螺纹特征代号、尺寸代号、旋向代号、公差带代号和旋合长度代号，梯形螺纹特征代号为 Tr。公差带代号仅包含中径公差带代号。例如：

Tr40×7-7H：内梯形螺纹，公称直径为 40mm，中径公差带为 7H，右旋，中等旋合长度

Tr40×7-8e-L：外梯形螺纹，公称直径为 40mm，中径公差带为 8e，右旋，长旋合长度

Tr40×14(P7)LH-7e：双线外梯形螺纹，公称直径为 40mm，中径公差带为 7e，导程为 14mm，螺距为 7mm，左旋，中等旋合长度

内、外螺纹装配在一起时，公差带代号中内螺纹公差带在前、外螺纹公差带在后、中间用斜线分开。例如：Tr40×7-7H/7e。

机械产品中常用梯形螺纹将旋转运动转换为直线运动，如机床中传动丝杠螺母副经常采用梯形螺纹。JB/T 2886—2008《机床梯形丝杠、螺母　技术条件》做了相关规定。机床丝杠根据用途及使用要求分为七个等级，从高到低依次为 3 级、4 级、5 级、6 级、7 级、8 级、9 级。3 级和 4 级用于精度要求特别高的设备；5 级和 6 级用于螺纹磨床、坐标镗床、高精度丝杠车床等机床；7 级应用于精密螺纹车床、镗床等机床；8 级应用于普通螺纹车床与螺纹铣床；9 级应用于没有分度盘的进给机构。

本章小结

1）普通螺纹的主要术语和几何参数。

2）作用中径的概念及中径合格条件。作用中径的大小影响可旋合性，实际中径的大小影响联接可靠性。中径合格与否应遵循泰勒原则，将实际中径和作用中径均控制在中径公差带内。

3）普通螺纹的公差等级。螺纹公差标准中，规定了 d、d_2 和 D_1、D_2 的公差。

4）普通螺纹的基本偏差。对于外螺纹，基本偏差有 e、f、g、h 四种；对于内螺纹，基本偏差有 G、H 两种。

5）螺纹的公差等级和基本偏差组成了螺纹公差带。螺纹的旋合长度分为短、中、长三种，分别用代号 S、N 和 L 表示。

6）螺纹的精度等级。螺纹按公差等级和旋合长度规定了三种精度等级：精密、中等、粗糙。

7）普通螺纹和梯形螺纹在图样上的标注。

第8章

平键、矩形花键联接的精度设计

本章提要

◎ 本章要求了解普通平键联接和矩形花键联接的公差与配合的特点及其选用；掌握平键、矩形花键精度设计方法与图样标注；了解平键、矩形花键的检测方法。

◎ 本章重点为普通平键的公差带和矩形花键的定心方式及位置公差，难点为矩形花键几何误差对花键联接的影响。

导入案例

键联接和花键联接广泛用于轴与轴上传动件（如齿轮、带轮、联轴器等）之间的可拆联接，可传递转矩和运动，有时还用于轴上传动件的导向。由于结构形式和制造工艺的不同，花键联接与键联接相比，具有定心精度要求高、传递转矩大或经常滑移等特点，常用于变速器中变速齿轮花键孔与花键轴的联接等。图 8-1 所示为车床进给箱花键轴。

图 8-1

车床进给箱花键轴

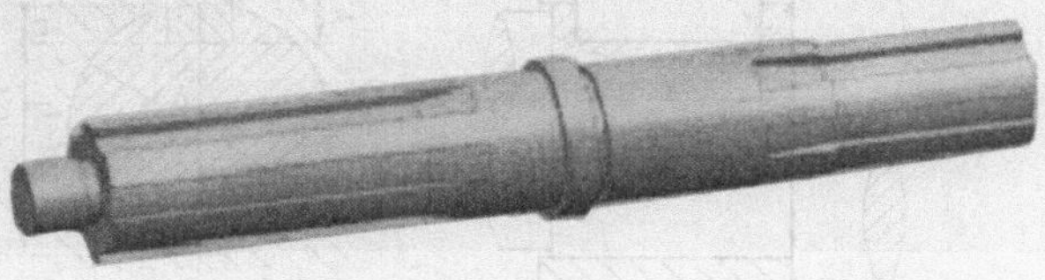

键联接通过键实现轴和轴上零件间的周向固定以传递运动和转矩。键又称单键，可分为平键、半圆键、切向键和楔形键等几种，其中平键又分为普通平键、导向平键和滑键三种。普通平键用于静联接，即轴与轮毂间无相对轴向移动的联接；导向平键和滑键用于动联接，其中导向平键联接的结构特点是键不动、轮毂轴向移动，而滑键联接则是键随轮毂一起移动，故滑移距离大时应采用滑键。平键联接制造简单，装拆方便，且对中性较好，可用于较高精度联接，因此应用颇广。

花键联接由内花键和外花键组成。花键分为渐开线花键、矩形花键和三角形花键。与平键联接相比较，花键联接的轴和轮毂上承受的荷载分布比较均匀，因而可以传递较大的转矩。矩形花键联接的特点是齿形规则、加工方便、可用磨削方法获得较高精度，故在机床和一般机械中应用较广。三角形花键联接的特点是齿细密、便于机构的调整与装配、对于轴和毂的强度削弱最小，因此多用于装卸工具或轻载和直径小的静联接，特别适用于轴与薄壁零件的联接。渐开线花键联接由于其具有强度高、承载能力强、精度高、齿面接触良好、能自动定心等优点，在汽车、拖拉机制造业中已被广泛采用。

为了满足键联接和花键联接的使用要求，并保证其互换性，我国发布了 GB/T 1095—2003《平键　键和键槽的剖面尺寸》、GB/T 1096—2003《普通型　平键》、GB/T 1144—2001《矩形花键　尺寸、公差和检测》等国家标准。

由于普通平键和矩形花键结构简单、应用广泛，故本章只讨论此两者联接的精度设计。

8.1 普通平键联接的精度设计

1. 普通平键联接的几何尺寸

普通平键联接由键、轴键槽和轮毂键槽（孔键槽）三部分组成，通过键的侧面和轴键槽及轮毂键槽的侧面相互接触来传递转矩，如图 8-2 所示。在普通平键联接中，键和轴键槽、轮毂键槽的宽度 b 是配合尺寸，应规定较严格的公差；而键的高度 h 和长度 L 以及轴键槽的深度 t_1、轮毂键槽的深度 t_2 皆是非配合尺寸，应给予较松的公差。键联接的性质即表现为键宽与键槽宽的配合，因为键由型钢制成，是标准件，所以平键联接采用基轴制配合。在设计平键联接时，当轴径 d 确定后，根据 d 就可确定平键的规格参数，见附表 26。

图 8-2

普通平键联接的几何尺寸

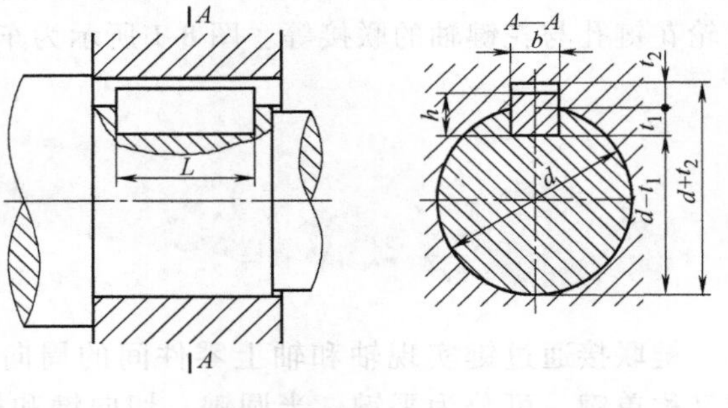

2. 普通平键联接的极限与配合

（1）普通平键和键槽配合尺寸的公差带与配合种类　国家标准 GB/T 1096—2003《普通型　平键》对键宽规定了一种公差带 h8，GB/T 1095—2003《平键　键和键槽的剖面尺寸》对轴和轮毂键槽的宽度各规定了三种公差带，公差带从 GB/T 1801—2009 中选取，这样，键宽度公差带分别与三种键槽宽度公差带构成三种不同性质的配合，如图 8-3 所示。根据不同的使用要求，键与槽宽可以采用不同的配合，分为松联接、正常联接和紧密联接三种配合，以满足各种用途的需要，各种配合的配合性质和应用场合见表 8-1。

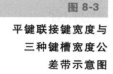

图 8-3

平键联接键宽度与三种键槽宽度公差带示意图

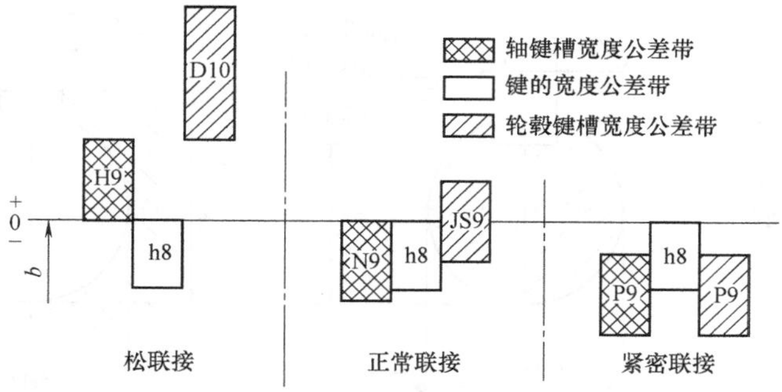

表 8-1

平键联接的配合及应用

配合种类	尺寸 b 的公差			配合性质及应用场合
	键	轴槽	毂槽	
松联接	h8	H9	D10	键在轴上及轮毂中均能滑动。主要用于导向平键，轮毂可在轴上作轴向移动，如车床变速器中的滑移齿轮
正常联接		N9	JS9	键在轴上及轮毂中均固定。主要用于单件和成批生产且载荷不大的场合，如一般机械制造中用于定位及传递转矩
紧密联接		P9	P9	键在轴上及轮毂中均固定，且较正常联接更紧。主要用于传递重载、冲击载荷及双向传递转矩的场合

（2）普通平键和键槽非配合尺寸的公差带　普通平键联接的非配合尺寸中，平键高度 h 公差带一般采用 h11；平键长度 L 的公差带采用 h14；轴键槽长度 L 的公差带采用 H14。轴键槽深度 t_1 和轮毂键槽深度 t_2 的极限偏差由国家标准 GB/T 1095—2003 专门规定，见附表 26。为了便于测量，在图样上对轴键槽深度和轮毂键槽深度分别标注“$d-t_1$”和“$d+t_2$”（此处 d 为孔、轴的公称尺寸）。

3. 普通平键联接的几何精度设计

键与键槽配合的松紧程度不仅取决于它们的配合尺寸公差带，还与它们配合表面的几何误差有关。几何误差不合理将使装配困难，影响联接的松紧程度，无法保证键和键槽的侧面具有足够的接触面积。为此，国家标准对键和键槽的几何公差做出以下规定。

1）分别规定轴键槽宽度的中心平面对轴的基准轴线和轮毂键槽宽度的中心平面对孔的基准轴线的对称度公差。根据不同的功能要求，该对称度公差与键槽宽度的尺寸公差及孔、轴尺寸公差的关系可以采用独立原则（图 8-4a）或最大实体要求（图 8-4b）。键槽对称度公差采用独立原则时，使用普通计量器具测量；键槽对称度公差采用最大实体要求时，应使用位置量规检验。对称度公差的公称尺寸为键宽 b。对称度公差等级按国家标准 GB/T 1184—1996《形状和位置公差　未注公差值》的确定，一般取 7~9 级。

2）当平键的键长 L 与键宽 b 之比大于或等于 8 时，应规定键宽 b 的两工作侧面在长度方向上的平行度要求，这时平行度公差也按 GB/T 1184—1996 的规定选取：当 $b \leqslant 6$mm 时，公差等级取 7 级；当 $8\text{mm} \leqslant b \leqslant$

36mm 时，公差等级取 6 级；当 $b \geqslant 40$mm 时，公差等级取 5 级。

图 8-4

轴键槽和轮毂键槽尺寸和几何公差以及表面粗糙度的标注示例

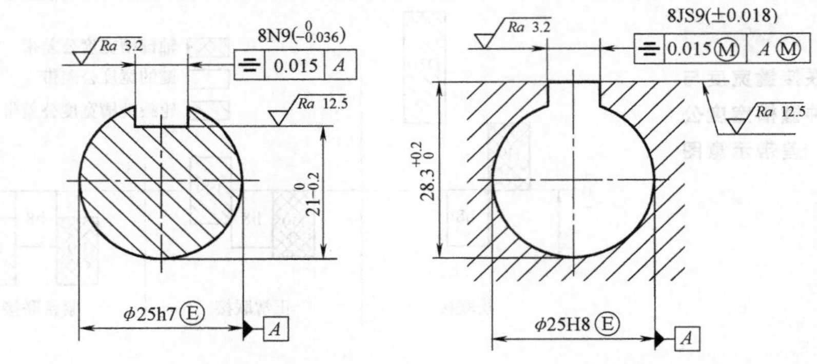

a) 轴键槽　　b) 轮毂键槽

4. 表面粗糙度要求

键和键槽的表面粗糙度参数 Ra 的上限值一般按如下范围选取：配合表面（即键槽的宽度 b 两侧面）取 1.6~3.2μm，非配合表面（即键槽底面）取 6.3~12.5μm。

5. 键槽几何精度在图样上的标注

轴键槽和轮毂键槽的剖面尺寸及其公差带、键槽的几何公差和表面粗糙度要求、所采用的公差原则在图样上的标注示例如图 8-4 所示。其中，图 8-4a 所示为轴键槽标注示例，对称度公差采用独立原则；图 8-4b 所示为轮毂键槽标注示例，对称度公差采用最大实体要求。

8.2 矩形花键联接的精度设计

1. 矩形花键联接的主要尺寸

GB/T 1144—2001《矩形花键尺寸、公差和检验》规定了矩形花键的主要尺寸有小径 d、大径 D、键宽和键槽宽 B，如图 8-5 所示。其中，图 8-5a 所示为内花键（花键孔）；图 8-5b 所示为外花键（花键轴）。键数 N 规定为偶数，有 6、8、10 三种，以便加工和检测。按承载能力，对公称尺寸规定了轻、中两个系列，同一小径的轻系列和中系列的键数相同，键宽（键槽宽）也相同，仅大径不相同。中系列的键高尺寸较大，承载能力强，轻系列的键高尺寸较小，承载能力相对低。矩形花键的尺寸系列见附表 27。

图 8-5

矩形花键联接的主要尺寸

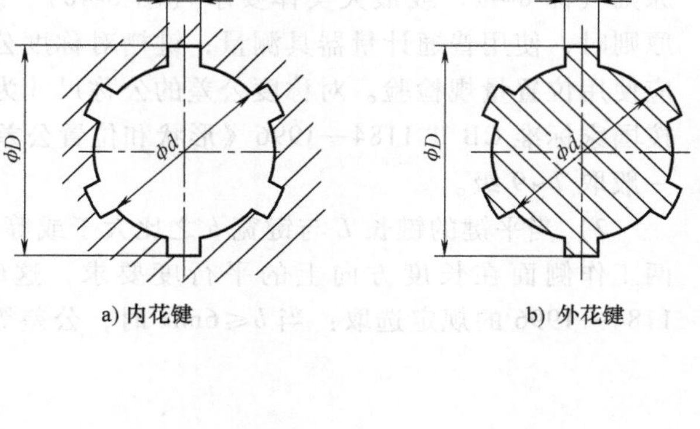

a) 内花键　　b) 外花键

2. 矩形花键联接的定心方式

花键联接的主要使用要求是保证内、外花键的同轴度，以及键侧面与键槽侧面接触均匀性，保证传递一定的转矩，为此，必须保证具有一定的配合性质。

矩形花键联接的结合面有三个，即大径、小径和键侧。要保证三个结合面同时达到高精度的配合很困难，也没必要。为了保证使用性能，改善加工工艺，选择其中一个结合面作为主要配合面，并对其规定较高的精度保证配合性质和定心精度，该结合面称为定心表面。

理论上矩形花键联接可以有三种定心方式：小径 d 定心、大径 D 定心和键侧（键槽侧）B 定心，如图 8-6 所示。国家标准 GB/T 1144—2001 规定的定心方式只有一种——小径定心。这是因为随着生产的发展和工艺水平的提高，对定心表面的硬度、耐磨性和几何精度的要求都在不断提高。例如，工作中相对滑动频繁的内、外花键，要求硬度为 56～60HRC。因此，在内、外花键制造过程中需要进行热处理（淬硬）来提高硬度和耐磨性。淬硬后应采用磨削来修正热处理变形，以保证定心表面的精度要求。采用小径定心，内花键小径表面可用内圆磨削加工保证，外花键小径表面可用成形砂轮磨削加工，均可达到较高的表面质量要求，且淬硬后的变形也可由磨削进行修正。所以，矩形花键联接采用小径定心可以获得更高的定心精度，并能保证和提高花键的表面质量。而非定心直径表面之间有相当大的间隙，以保证它们不接触。键和键槽两侧面的宽度应具有足够的精度，因为它们要传递转矩和导向。

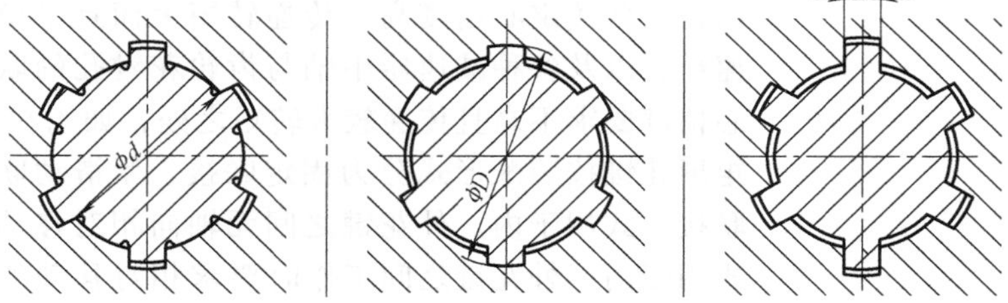

a) 小径定心　b) 大径定心　c) 键侧(键槽侧)定心

图 8-6 矩形花键联接的定心方式

3. 矩形花键联接的极限与配合

矩形花键联接的极限与配合分为两种情况：一种为一般用途矩形花键，另一种为精密传动用矩形花键。其内、外花键的尺寸公差带见表 8-2。

矩形花键联接采用基孔制配合，是为了减少加工和检验内花键用的花键拉刀和花键量规的规格和数量。一般传动用内花键拉削后再进行热处理，其键（槽）宽的变形不易修正，故公差选用 H11；对于精密传动用内花键，当联接需要控制键侧配合间隙时，槽宽公差带选用 H7；一般情况选用 H9。

内、外花键定心直径 d 的公差带一般取相同的公差等级，这主要是考虑到矩形花键采用小径定心，使加工难度由内花键转为外花键；在有些情况下，内花键允许与高一级的外花键配合，如公差带为 H6 或 H7 的内花键可以与高一级的外花键配合，因为矩形花键常用来作为齿轮的基准孔，在贯彻齿轮标准过程中，有可能出现外花键的定心直径公差等级高于内花键定心直径公差等级的情况。

表 8-2 内、外花键的尺寸公差带（摘自 GB/T 1144—2001）

内花键				外花键			装配形式
d	*D*	*B* 不热处理	*B* 要热处理	*d*	*D*	*B*	
一般用途							
H7Ⓔ	H10	H9	H11	f7Ⓔ	a11	d11	滑动
				g7Ⓔ		f9	紧滑动
				h7Ⓔ		h10	固定
精密传动用途							
H5Ⓔ	H10	H7、H9		f5Ⓔ	a11	d8	滑动
				g5Ⓔ		f7	紧滑动
				h5Ⓔ		h8	固定
H6Ⓔ				f6Ⓔ		d8	滑动
				g6Ⓔ		f7	紧滑动
				h6Ⓔ		h8	固定

注：1. 精密传动使用的内花键，当需要控制键侧配合间隙时，键槽宽 *B* 可选用 H7，一般情况下可选用 H9。

2. 小径 *d* 的公差带为 H6Ⓔ或 H7Ⓔ的内花键，允许与提高一级的外花键配合。

矩形花键联接的极限与配合选用主要是确定联接精度和装配形式。联接精度的选用主要是根据定心精度要求和传递转矩的大小。精密传动用花键联接定心精度高，传递转矩大而且平稳，多用于精密机床主轴变速箱，以及各种减速器中轴与齿轮花键孔的联接；一般用花键适用于定心精度要求不高且传递较大转矩之处，如用在汽车、拖拉机的变速器中。矩形花键按装配形式分为固定联接、紧滑动联接和滑动联接三种。固定联接方式用于内、外花键之间无轴向相对移动的情况，而后两种联接方式用于内、外花键之间工作时要求相对移动的情况。对于内、外花键之间要求有相对移动，而且移动距离长、移动频率高的情况，应选用配合间隙较大的滑动联接；对于内、外花键之间定心精度要求高，传递转矩大或经常有反向转动的情况，则选用配合间隙较小的紧滑动联接。由于几何误差的影响，矩形花键各联接面的配合均比预订的要紧。

4. 矩形花键联接的几何精度

在花键零件图上，对内、外花键除了标注尺寸公差带代号（或极限偏差）以外，还应标注几何公差和表面粗糙度的要求，标注示例如图 8-7 和图 8-8 所示。

内、外花键是具有复杂表面的联接件，且键长与键宽的比值较大，因此对内、外花键必须分别规定几何公差，以保证花键联接精度和强度的要求。为了保证配合性质，GB/T 1144—2001 规定内、外花键小径定心表面的形状公差与尺寸公差的关系采用包容要求Ⓔ。为了保证花键（或花键槽）在圆周上分布的均匀性，批量生产时，键宽的位置度公差（见表 8-3）

与小径定心表面的尺寸公差关系应符合最大实体要求，图样标注如图 8-7 所示；单件小批生产时，键宽的对称度公差（见表 8-4）与小径定心表面的尺寸公差关系则应遵守独立原则，图样标注如图 8-8 所示。另外，对于较长花键，可根据产品性能自行规定键侧对轴线的平行度公差。

图 8-7

矩形花键位置度公差标注示例

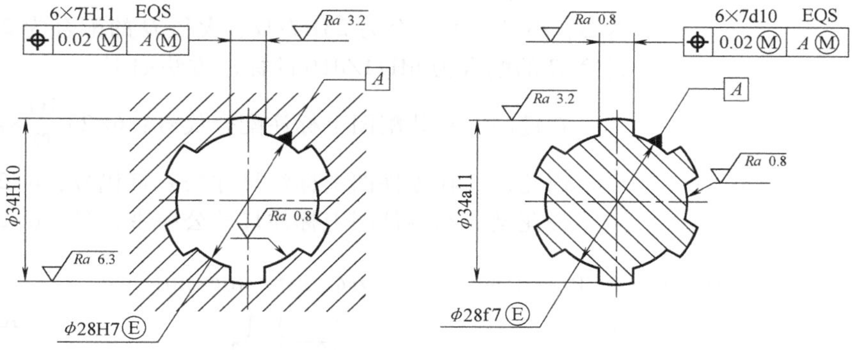

a) 内花键　　b) 外花键

图 8-8

矩形花键对称度公差标注示例

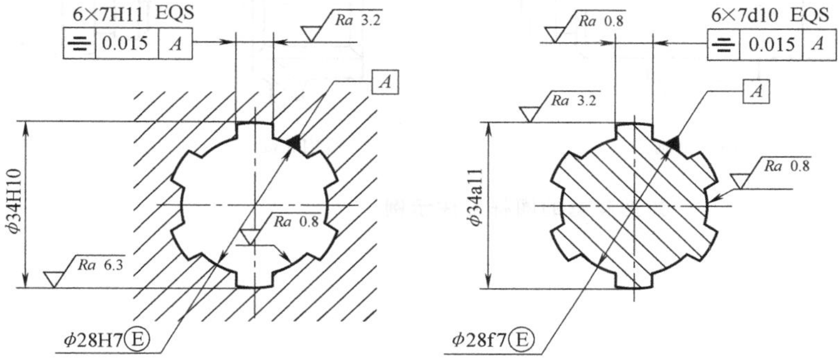

a) 内花键　　b) 外花键

表 8-3

矩形花键位置度公差

（单位：mm）

键槽宽或键宽 B		3	3.5~6	7~10	12~18
		位置度公差 t_1			
键槽宽		0.010	0.015	0.020	0.025
键宽	滑动、固定	0.010	0.015	0.020	0.025
	紧滑动	0.006	0.010	0.013	0.016

表 8-4

矩形花键对称度公差

（单位：mm）

键槽宽或键宽 B	3	3.5~6	7~10	12~18
	对称度公差 t_2			
一般用	0.010	0.012	0.015	0.018
精密传动用	0.006	0.008	0.009	0.011

5. 表面粗糙度

矩形花键的表面粗糙度参数一般要求标注 Ra 的上限值。内花键的小径表面的 Ra 值不大于 0.8μm，键侧面的 Ra 值不大于 3.2μm，大径表面的 Ra 值不大于 6.3μm。外花键的小径表面的 Ra 值不大于 0.8μm，键侧

面的 Ra 值不大于 0.8μm，大径表面的 Ra 值不大于 3.2μm。

6. 矩形花键在图样上的标注

矩形花键的规格按下列顺序表示：键数 N×小径 d×大径 D×键宽（键槽宽）B。按照此顺序在装配图上标注花键的配合代号（图 8-9a）和在零件图上标注花键的尺寸公差带代号（图 8-9b、c）。例如，花键键数 N 为 6、小径 d 的配合为 23H7/f7、大径 D 的配合为 26H10/a11、键槽宽与键宽 B 的配合为 6H11/d10 的标注方法如下：

花键副，在装配图上标注配合代号：$6\times23\dfrac{H7}{f7}\times26\dfrac{H10}{a11}\times6\dfrac{H11}{d10}$

内花键，在零件图上标注尺寸公差带代号：6×23H7×26H10×6H11

外花键，在零件图上标注尺寸公差带代号：6×23f7×26a11×6d10

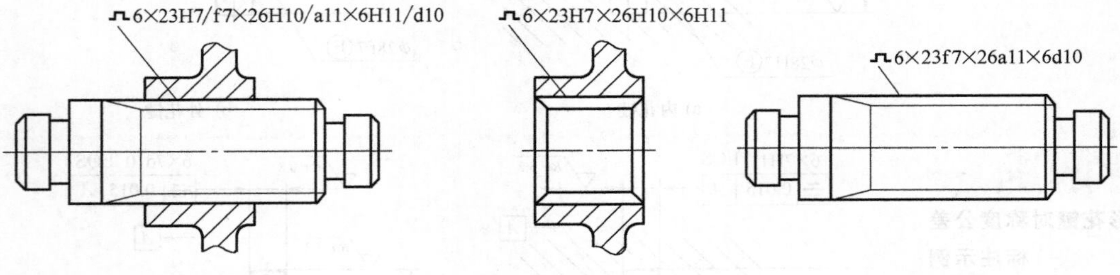

a) 花键副　　b) 内花键　　c) 外花键

图 8-9　矩形花键的图样标注示例

本章小结

1）平键联接采用基轴制配合。国家标准对键宽规定了一种公差带（h8），对轴和轮毂的键槽宽规定了三种公差带和三种联接类型：松联接、正常联接和紧联接。

2）矩形花键联接的定心方式采用小径定心。矩形花键配合采用基孔制。矩形花键的装配形式按使用要求分为一般使用与精密传动两种，按联接使用要求分为滑动、紧滑动和固定三种配合类型。

3）键槽的几何公差主要有键槽对轴线的对称度。矩形花键小径 d 表面的形状公差应遵守包容要求，矩形花键的位置度公差应遵守最大实体原则。

4）花键在图样上的标注。

第9章

渐开线圆柱齿轮传动的精度设计

本章提要

- 本章要求理解渐开线圆柱齿轮传动的使用要求以及影响使用要求的主要误差和来源；掌握评定圆柱齿轮精度的必检精度指标和齿轮副侧隙指标；初步掌握齿轮精度等级选择与齿轮精度设计的原则与方法；了解齿轮误差的检测方法。
- 本章重点为影响齿轮传动精度的误差分析及各项必检精度指标的目的和作用，难点为齿轮各项评定指标的相互关系与使用。

导入案例

齿轮传动可实现改变转速与转矩、改变运动方向和运动形式等功能。由于具有传动效率高、传动比准确、功率范围大等优点，因此，齿轮传动机构在工业产品中应用广泛。图 9-1 所示为卧式车床进给箱，用以改变机床切削时的进给量或改变表面形成运动中刀具与工件的相对运动关系。

图 9-1

卧式车床进给箱

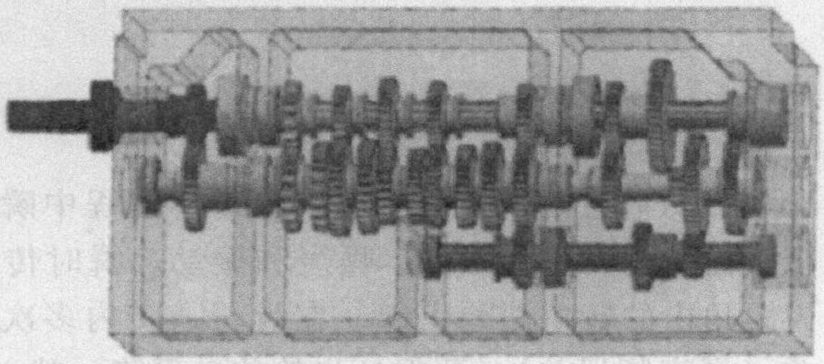

在各种机器和仪器、仪表的传动装置中，齿轮传动应用最为广泛，其主要功能是用来传递运动和动力。齿轮的精度影响其传动质量并直接影响机器的工作质量、工作性能和使用寿命。我国齿轮标准经历了自 20 世纪 50 年代采用的苏联标准，60~70 年代的部颁行业标准，80 年代等效采用 ISO 标准的国家标准，到现在等同采用 ISO 标准的国家标准的历程。其中有两项渐开线圆柱齿轮精度标准：GB/T 10095.1—2008《圆柱齿轮精度制　第 1 部分：轮齿同侧齿面偏差的定义与允许值》与 GB/T

10095.2—2008《圆柱齿轮　精度制　第2部分：径向综合偏差与径向跳动的定义和允许值》；有四项与之相应的圆柱齿轮精度检验实施规范的指导性技术文件：GB/Z 18620.1—2008《圆柱齿轮　检验实施规范　第1部分：轮齿同侧齿面的检验》、GB/Z 18620.2—2008《圆柱齿轮　检验实施规范　第2部分：径向综合偏差、径向跳动、齿厚和侧隙的检验》、GB/Z 18620.3—2008《圆柱齿轮　检验实施规范　第3部分：齿轮坯、轴中心距和轴线平行度的检验》及GB/Z 18620.4—2008《圆柱齿轮　检验实施规范　第4部分：表面结构和轮齿接触斑点的检验》，作为齿轮精度设计与检验的基本依据。本章主要结合我国现行齿轮标准，从齿轮传动的使用要求出发，通过分析齿轮的加工误差、安装误差和评定指标，阐明渐开线圆柱齿轮传动精度设计的内容和方法。

9.1 齿轮传动的使用要求

齿轮传动的使用要求可归纳为以下四个方面。

1. 传递运动准确性

传递运动准确性，就是要求齿轮在一转范围内传动比变化尽量小，从而保证从动齿轮与主动齿轮相对运动协调一致。齿轮传动比在理论上为常数，而实际上，由于齿轮的制造误差影响，使其一转范围内传动比发生变化。齿轮传动速比的变化也可用其转角误差来表示，转角误差$\Delta\varphi$是转角φ的函数，它以齿轮一转为周期，也称之为大周期误差（属低频误差），如图9-2所示。要保证齿轮传动准确，就必须限制一转内转角误差的总幅度值$\Delta\varphi_{2\pi}$。

图 9-2

齿轮转角误差曲线

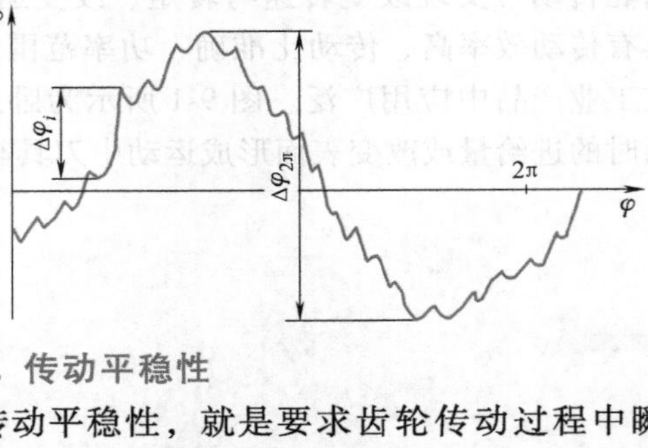

2. 传动平稳性

传动平稳性，就是要求齿轮传动过程中瞬时传动比变化尽量小，以减小齿轮传动中的冲击、噪声和振动。瞬时传动比的变化，由齿轮每个齿距角内的转角误差引起，在齿轮一转内多次出现，也称之为小周期误差（属高频误差）。要保证齿轮传动平稳，就必须限制齿轮一个齿距角内转角误差的最大幅值$\Delta\varphi_i$，如图9-2所示。

3. 载荷分布均匀性

载荷分布均匀性，就是要求齿轮在啮合时，工作齿面接触良好，载荷分布均匀，避免载荷集中于局部齿面而引起应力集中，造成局部齿面磨损或断裂，从而保证齿轮传动具有较大的承载能力和较长的使用寿命。

4. 合适的齿侧间隙

齿侧间隙就是要求齿轮副工作齿面啮合时，非工作齿面间具有间隙。合适的齿侧间隙用来贮存润滑油，补偿齿轮传动的制造与安装误差及热变形与弹性变形，防止齿轮在工作中发生齿面烧蚀或卡死，使齿轮副正常工作。

上述四项使用要求中，前三项是对齿轮的精度要求。不同用途的齿轮及齿轮副，对每项使用要求的侧重点是不同的。例如，钟表控制系统或随动系统中的计数齿轮、分度齿轮的侧重点是传递运动的准确性，以保证主、从动齿轮的运动协调一致；机床和汽车变速器中变速齿轮传动的侧重点是传动平稳性，以降低振动和噪声；重型机械（如轧钢机）、卷扬机上传递动力的低速重载齿轮传动的侧重点是载荷分布均匀性，以保证承载能力；汽轮机中高速重载齿轮传动，由于传递功率大，圆周速度高，对前三项精度都有较高的要求；卷扬机中用齿轮传动，露天工作，对前两项精度要求都较低。因此，对不同用途的齿轮，按使用要求不同应赋予不同的精度等级。

侧隙与前三项要求有所不同，是独立于精度的另一类问题。齿轮副侧隙大小主要取决于齿轮副的工作条件。对重载、高速齿轮传动，由于受力、受热变形很大，侧隙也应大些，而经常正反转的齿轮，为减小回程误差，应适当减小侧隙。

齿轮传动涉及齿轮、轴、轴承和箱体等零部件，这些零部件的制造和安装误差都将影响齿轮传动的四项使用要求，其中最主要的是齿轮的加工误差和齿轮副的安装误差。

渐开线齿轮的加工方法很多，较多采用的是展成法，如滚齿、插齿、剃齿、磨齿等。其中，以滚齿较为典型。如图 9-3 所示，滚齿是滚刀与齿轮坯强迫啮合的过程。滚刀纵切面为标准齿条，滚刀转动一周，该齿条移动一个齿距。齿轮坯安装在工作台心轴上，通过分齿传动链，使得滚刀转过一周时，工作台刚好转过一个齿距角，在齿轮坯上切出一部分渐开线齿廓。滚刀和工作台连续回转，切出全部齿轮齿廓；滚刀架自上而下移动，切出全齿宽，滚刀切入齿轮坯深浅取决于齿轮齿厚大小。

图 9-3

滚齿加工示意图

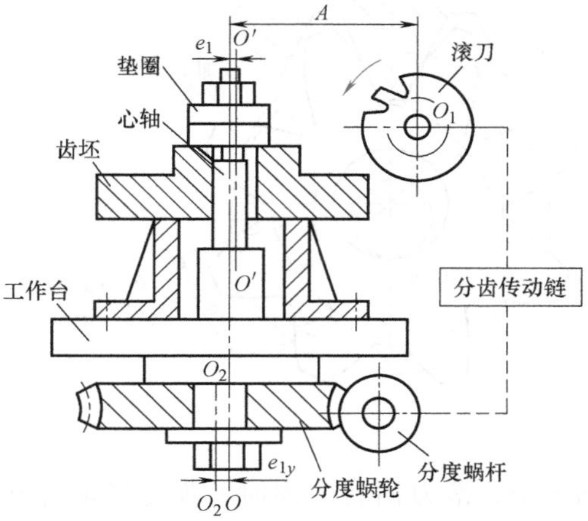

实际工作中，由于组成工艺系统的机床、刀具和齿轮坯的误差及其安装调整误差等原因，加工误差是必然存在的。齿轮加工误差按其方向特征，可分为切向误差、径向误差、周向误差和轴向误差；按其周期和

频率，可分为以一转为周期的低频误差（大周期误差）和以一齿为周期的高频误差（小周期误差）。

◎9.2　传递运动准确性的精度分析及评定指标

9.2.1　影响传递运动准确性的主要误差

影响传递运动准确性的误差，是指以齿轮一转为周期的低频误差，即齿轮在一转范围内转角误差的总幅度值。主要误差由切齿过程中的几何偏心和运动偏心产生。

1. 几何偏心

几何偏心是指齿轮基圆中心与齿轮坯几何中心的偏心。它是由齿轮坯在机床上安装偏心产生的。如图 9-3、图 9-4 所示，当被切齿轮坯在机床上安装有偏心 e_1 时，即齿轮坯几何中心与工作台回转中心不重合而存在偏心 e_1，齿轮坯回转过程中，其几何中心 $O'—O'$ 相对于滚刀轴线 $O_1—O_1$ 的径向位置是变动的，在一转中最大变动量为 $2e_1$，切出各齿廓产生如图 9-4 所示的高瘦矮肥情形。若不考虑其他因素，切出齿轮的基圆中心与机床工作台回转中心 O 一致，轮齿在以 O 为圆心的圆周上分布均匀，齿距相等，即 $p_{ti}=p_{tk}$。齿轮工作时，是以其齿轮坯几何中心 O' 为基准的，此时，齿轮基圆与齿轮坯几何中心 O' 产生偏心，轮齿在以 O' 为圆心的圆周上分布不均匀，任意两齿距不等，即 $p'_{ti}\neq p'_{tk}$，齿距由最小变到最大，又由最大变到最小，呈正弦规律变化，由此产生转角误差，影响齿轮的传动准确性。几何偏心的实质是使齿廓位置相对于齿轮基准中心在径向发生偏移，故将由此产生的转角误差称为径向误差。

图 9-4

齿轮的几何偏心

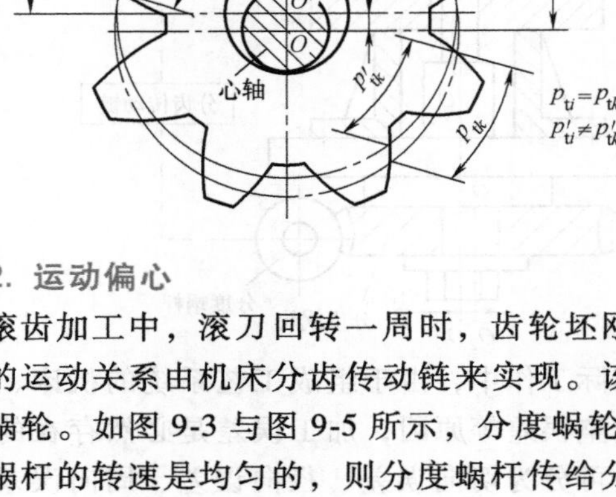

2. 运动偏心

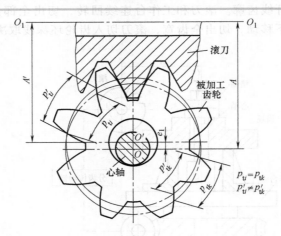

滚齿加工中，滚刀回转一周时，齿轮坯刚好转动一个齿距角。这一严格的运动关系由机床分齿传动链来实现。该传动链末端是一对分度蜗杆和蜗轮。如图 9-3 与图 9-5 所示，分度蜗轮的制造和安装误差 e_{1y}，若分度蜗杆的转速是均匀的，则分度蜗杆传给分度蜗轮的圆周线速度是恒定的，由于 e_{1y} 的存在，回转半径发生变化，导致分度蜗轮的转速发生变化，将使机床工作台回转不均匀，在 $\omega+\Delta\omega$ 到 $\omega-\Delta\omega$ 之间按正弦规律以一转为周期变化。这种转角误差将复映给齿轮，使齿轮产生运动偏心，如图 9-6 所示。其分析如下：

图 9-5
运动偏心

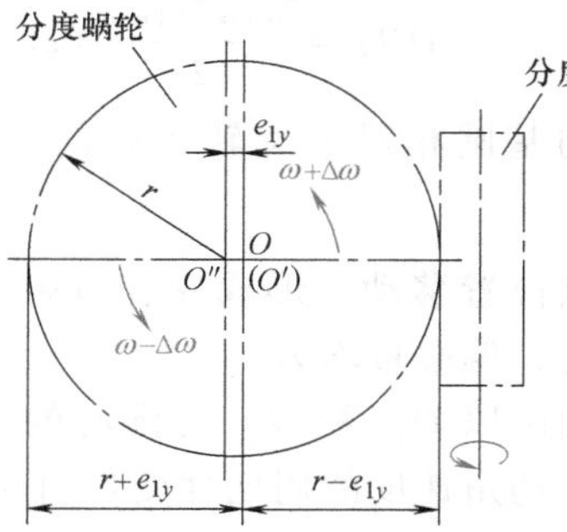

图 9-6
齿轮运动偏心的形成

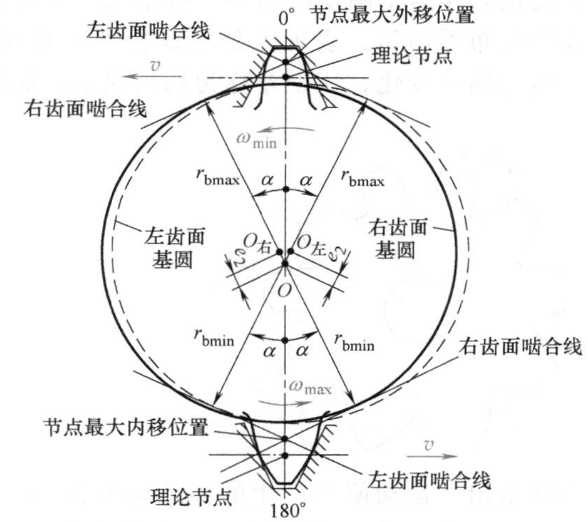

滚刀匀速回转，其切削刃移动的线速度 v 为常数。滚刀与齿轮坯在啮合节点的线速度应相等。当齿轮坯回转角速度 ω 变化时，节圆半径 r 将随之变化，也即啮合节点位置发生变化。当齿轮坯回转速度加快时，瞬时节圆半径 r_i 减小，节点内移；当齿轮坯角速度减小时，瞬时节圆半径 r_i 增大，节点外移，在一周内呈正弦规律变化。节点变动引起啮合线上下移动，而齿轮基圆是与啮合线相切的，因此，节点位置变化将引起基圆半径变化。

由于左、右齿面是同时切出的，左、右齿面啮合线是各自齿面的法线，且通过节点，各自的基圆半径将与啮合线相垂直。因此，当瞬时节圆半径达到最大值时，左、右齿面的瞬时基圆半径达到最大值，即

$$r_{bmax}=\frac{v\cos\alpha}{\omega-\Delta\omega} \tag{9-1}$$

其方位分别在瞬时节圆半径的右侧和左侧，且与之相距 α 角。

当齿轮坯转过 180°角，瞬时节圆半径为最小值时，左、右齿面的瞬时基圆半径也同时为最小值，即

$$r_{bmin}=\frac{v\cos\alpha}{\omega+\Delta\omega} \tag{9-2}$$

其方位分别位于瞬时节圆半径的右侧和左侧，与之相距 α 角。

若以右齿面的瞬时基圆半径作矢径，则矢径端点的轨迹为一个圆，即右齿面基圆。它相对于旋转中心 O 向左倾斜，圆心偏至 $O_{右}$ 点，偏心量 $\overline{OO}_{右}$ 应为

$$\overline{OO}_{右}=\frac{r_{bmax}-r_{bmin}}{2}=e_2 \tag{9-3}$$

同理，左齿面的基圆相对于旋转中心向右倾斜，圆心偏至 $O_{左}$ 点，偏心量 $\overline{OO}_{左}=e_2$。

由此可见，节点位置移动，形成左、右齿面基圆不重叠，其圆心在 O 点两侧，倾斜 α 角，偏心量均为 e_2。

左、右齿面分别由以 $O_{左}$ 和 $O_{右}$ 为圆心的两个基圆形成。这种偏心是由于齿轮坯回转运动角速度的周期性变化引起的，故称为运动偏心。

运动偏心作为基圆偏心的另一种形式，使得齿廓沿切向位移或变形，造成齿距分布不均匀，表现为公法线长度不相同，从而引起齿轮转角误差以一转为周期变化，该误差称为切向误差，如图 9-7 所示。

图 9-7

具有运动偏心的齿轮齿廓分布

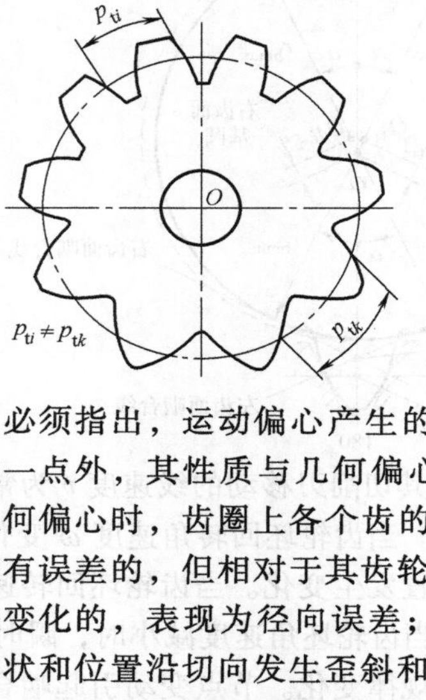

必须指出，运动偏心产生的齿轮切向误差，除了也以齿轮一转为周期这一点外，其性质与几何偏心产生的齿轮径向误差的性质是不同的：有几何偏心时，齿圈上各个齿的形状和位置相对切齿时加工中心 O 来说是没有误差的，但相对于其齿轮几何中心 O' 来说就有误差了，各齿的齿高是变化的，表现为径向误差；而有运动偏心时，虽然齿高不变，但齿的形状和位置沿切向发生歪斜和偏移，表现为切向误差。

实际上，几何偏心与运动偏心常常同时存在，且两者造成的转角误差都是以齿轮一转为周期的，总的基圆偏心应取两者的矢量和，故偏心可能抵消，也可能叠加，其综合结果表现为转角误差，影响齿轮传动的准确性。

9.2.2 传递运动准确性的评定指标

为揭示几何偏心和运动偏心，评定齿轮的传递运动准确性，可采用下列评定指标。

1. 齿距累积总偏差 ΔF_p 和齿距累积偏差 ΔF_{pk}

齿距累积总偏差 ΔF_p 是指在齿轮的端截面上，在接近齿高中部的一个与齿轮基准轴线同心的圆上，任意两个同侧齿面间的实际弧长与理论弧长之差的最大绝对值，如图 9-8 所示。图 9-8a 中，虚线为齿面理论位

置，粗实线为齿面实际位置，齿面 3 与齿面 7 之间实际弧长与理论弧长的差值最大，该值即为 ΔF_p。图 9-8b 所示是齿距累积总偏差曲线，ΔF_p 实质上反映了同一圆周内齿距偏差的最大累积值。

图 9-8

齿距累积总偏差

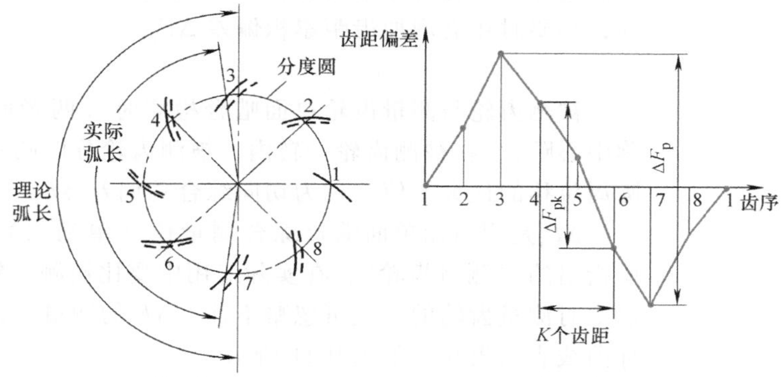

a) 截面偏差图　　b) 偏差曲线图

对于齿数较多、精度要求较高的齿轮、非整圆齿轮或高速齿轮，要求评定一段齿的范围内（k 个齿距范围内）齿距累积偏差不超过一定范围。因此，齿距累积偏差 ΔF_{pk} 是指在齿轮的端截面上，在接近齿高中部的一个与齿轮基准轴线同心的圆上，任意 k 个同侧齿面间的实际弧长与理论弧长的代数差，如图 9-9 所示。ΔF_{pk} 值一般限定在不大于 1/8 圆周上评定，因此，k 为从 2 到 $z/8$ 的整数（z 为齿轮齿数）。

图 9-9

单个齿距偏差与齿距累积偏差

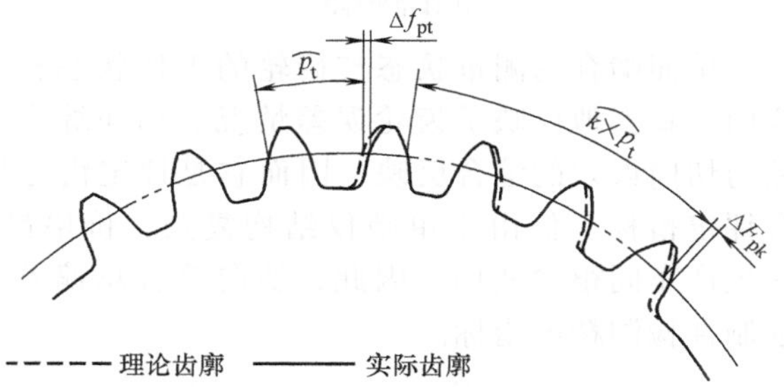

ΔF_p 和 ΔF_{pk} 都定义在接近齿高中部的一个与齿轮基准轴线同心的圆上（分度圆附近），是从实际测量角度考虑的，测量时以被测齿轮轴线或齿顶圆为测量基准，用万能测齿仪或齿距仪等进行测量。如图 9-10 所示，采用相对测量法，以被测齿轮上任意一个齿距为基准，将仪器调零，依次测出其余齿距对基准齿距的偏差，按圆周封闭原理进行数据处理后，可得 ΔF_p 和 ΔF_{pk}；也可以采用绝对测量法进行测量。

图 9-10

相对法测量齿距偏差

1、4—定位支脚

2—固定测头

3—微动测头

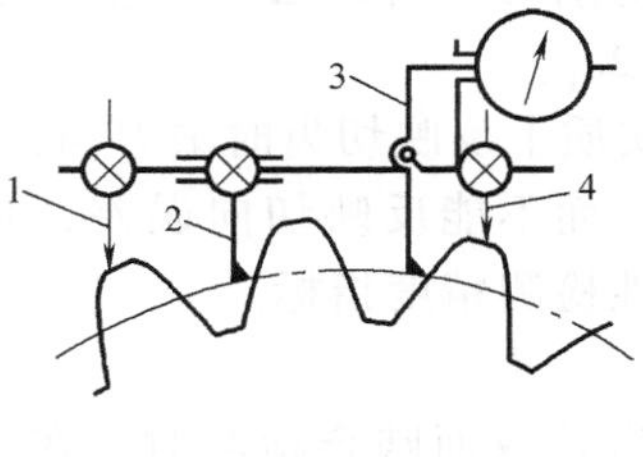

ΔF_p 反映了一转内任意个齿距的最大变化，它直接反映齿轮的转角误差。轮齿在圆周上分布不均匀，各齿距弧长不相等，是径向误差与切向误差的综合结果。因而，ΔF_p 可以较全面地反映齿轮传递运动的准确性，是评定齿轮传递运动准确性的精度时所需采用的强制性检测精度指标，必要时还需增加齿距累积偏差 ΔF_{pk}。

2. 切向综合总偏差 $\Delta F_i'$

被测齿轮与测量齿轮单面啮合检测时（两者回转轴线间的距离为公称中心距），在被测齿轮一转内，被测齿轮分度圆上实际圆周位移与理论圆周位移的最大差值，称为切向综合总偏差 $\Delta F_i'$。

$\Delta F_i'$是用齿轮单面啮合综合测量仪（单啮仪）进行测量的。定义中所指出的“测量齿轮”，在实际应用中要比被测齿轮的精度高，高出四级以上时测量齿轮的误差可忽略不计。$\Delta F_i'$的测量结果可用直角坐标或极坐标曲线表示出来，如图 9-11 所示。

图 9-11

切向综合总偏差曲线

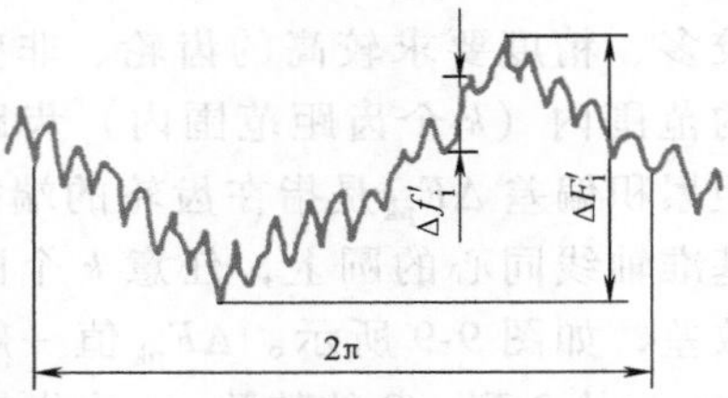

a) 直角坐标图

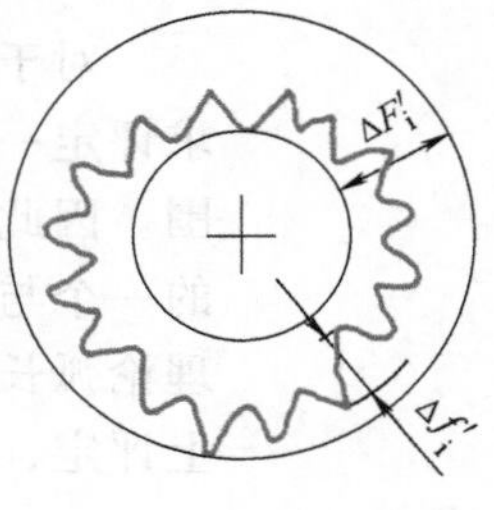

b) 极坐标图

单面啮合的测量状态与齿轮的工作状态相近，所测得的误差曲线较全面、真实地反映了齿轮误差情况。切向综合总偏差 $\Delta F_i'$是齿轮径向误差与切向误差的综合反映，因而它是评定齿轮传递运动准确性的理想综合评定指标。但由于单啮仪结构复杂，价格昂贵，一般应用于计量室，在生产车间很少使用。因此，切向综合总偏差 $\Delta F_i'$为国家标准规定的非强制性检测精度指标。

3. 径向跳动 ΔF_r

在齿轮一转范围内，将测头相继置于被测齿轮每个齿槽内，于接近齿高中部的位置与左、右齿面接触时，测头相对于齿轮基准轴线的最大和最小径向距离之差称为径向跳动（也称齿圈径向跳动）ΔF_r，如图 9-12a 所示。

齿轮径向跳动用径向跳动仪来测量，采用球形、圆锥形或砧形测头，测头的尺寸和精度应与被测齿轮的模数大小及精度等级相适应。经逐齿测量，指示表最大与最小示值之差即为径向跳动 ΔF_r，如图 9-12b 所示。由于测头相当于滚刀切削刃，所以 ΔF_r 主要反映了几何偏心，若忽略其他误差的影响，$\Delta F_r = 2e_1$。

由此可见，ΔF_r 实质上反映切齿时滚刀与齿轮几何中心的位置变动，因而只反映径向误差，而不能反映切向误差，是一个单项指标，也是国家标准规定的非强制性检测精度指标。

4. 径向综合总偏差 $\Delta F_i''$

被测齿轮与测量齿轮双面啮合检测时，在被测齿轮一转内，双面啮合中心距的最大变动量，称为径向综合总偏差 $\Delta F''_i$。

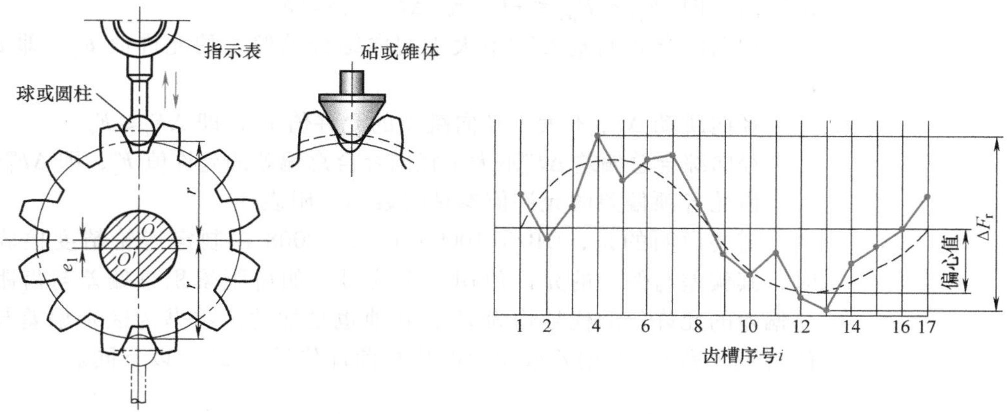

a) 径向跳动测量　　b) 误差曲线(以16个齿为例)

图 9-12　**齿轮径向跳动**

$\Delta F_i''$是用齿轮双面啮合综合测量仪（双面啮合仪）测量的。图 9-13a 所示为双面啮合仪原理图。弹簧 4 保证被测齿轮 1 与测量齿轮 2 作双面啮合。所谓双面啮合，就是齿轮传动时左右齿面都始终接触啮合，即无侧隙啮合。被测齿轮的轴线在测量过程中是固定的，测量齿轮的轴线可在箭头方向移动。双啮中心距 a''的变动由指示表 3 读出或由记录器记录，如图 9-13b 所示。

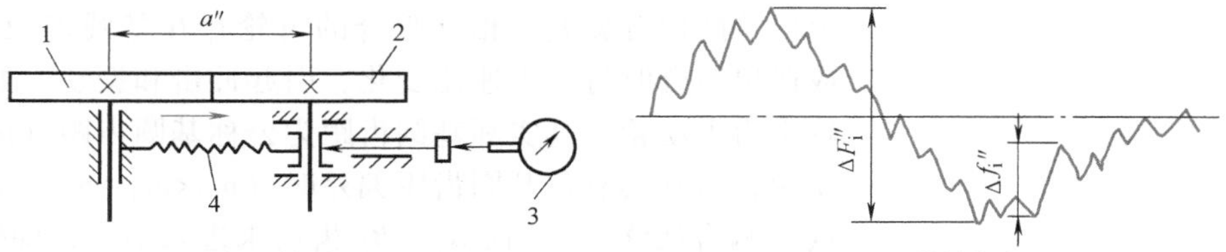

a) 测量原理图　　b) 偏差曲线

图 9-13　**径向综合总偏差**

1—被测齿轮　2—测量齿轮　3—指示表　4—弹簧

测量齿轮的轮齿相当于测量齿轮径向跳动 ΔF_r 的测头，实质上，测量径向综合总偏差 $\Delta F_i''$相当于齿轮径向跳动的连续测量，但其值要比 ΔF_r 的值大一些，因为它不仅反映齿槽中部的径向误差，而且也受齿面啮合部分基圆齿距偏差和齿廓偏差引起的影响，所以将其称之为径向综合总偏差。同测量齿轮径向跳动一样，它不能反映切向误差，即不能全面评定齿轮传递运动的准确性，可用来替代 ΔF_r，也是国家标准规定的非强制性检测精度指标。由于测量速度高，仪器结构简单，因此在大批量生产中应用较广。

9.2.3　评定传递运动准确性的合格条件

上述各项偏差项目都影响齿轮传递运动的准确性，应给定相应精度等级的允许值予以控制，其合格条件分别如下：

齿距累积总偏差 ΔF_p 不大于齿距累积总偏差的允许值 F_p，即 $\Delta F_p \leqslant$

F_p；一个齿轮上所有的齿距累积偏差 ΔF_{pk} 都在齿距累积偏差允许值 $\pm F_{pk}$ 范围内，即 $-F_{pk} \leqslant F_{pk} \leqslant +F_{pk}$ 或 $|\Delta F_{pkmax}| \leqslant F_{pk}$。

切向综合总偏差 $\Delta F_i'$ 不大于切向综合总偏差的允许值 F_i'，即 $\Delta F_i' \leqslant F_i'$。

径向跳动 ΔF_r 不大于径向跳动的允许值 F_r，即 $\Delta F_r \leqslant F_r$。

径向综合总偏差 $\Delta F_i''$ 不大于径向综合总偏差的允许值 F_i''，即 $\Delta F_i'' \leqslant F_i''$。

齿轮各项偏差的允许值参见附表28～附表34。

需要说明的是，GB/T 10095.1，2—2008 在制定齿轮精度检验指标时，其偏差与偏差的允许值用一个代号，如齿距累积总偏差与齿距累积总偏差的允许值的代号均为 F_p，其他也是如此。本书为区别偏差与允许值（或公差），在偏差或误差的代号前加代号“Δ”，以下同。

9.3　传动平稳性的精度分析及评定指标

9.3.1　影响传动平稳性的主要误差

影响传动平稳性的误差是短周期高频误差，主要表现为以下两个方面。

1. 基圆齿距偏差

根据齿轮啮合原理，两个齿轮正确啮合的条件之一是基圆齿距相等。齿轮的基圆齿距偏差是指实际基圆齿距与理论基圆齿距的代数差，用 Δf_{pb} 表示，主要由滚刀的基节偏差和齿形角误差产生，实质上是齿轮齿廓形状的位置偏差。相互啮合的齿轮存在基圆齿距偏差时，轮齿在进入或退出啮合时将产生速比变化，引起冲击和振动。如图9-14a所示，若齿轮1为主动轮，其实际基圆齿距为公称基圆齿距（$p_{b1}=p_b$），齿轮2为从动轮，当其具有负基圆齿距偏差时（$p_{b2}<p_{b1}=p_b$），A_1、A_2 齿已到啮合终点（啮合线终点），而 B_1、B_2 齿尚未进入啮合，即使 A_1 齿以齿顶边推动 A_2 齿回转，啮合点已离开啮合线，使齿轮2突然降速，直至 B_1 齿撞击 B_2 齿，使齿轮2突然增速到正常，主、从动齿轮在这个齿面进入渐开线啮合状态。

图 9-14
有基节偏差时齿轮的啮合

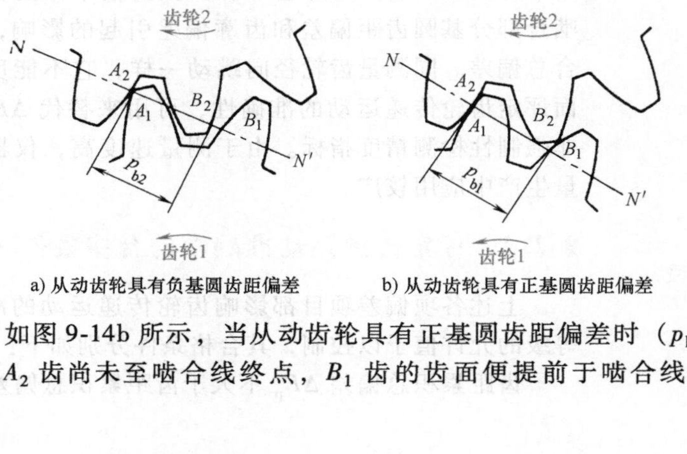

a) 从动齿轮具有负基圆齿距偏差　　b) 从动齿轮具有正基圆齿距偏差

如图9-14b所示，当从动齿轮具有正基圆齿距偏差时（$p_{b2}>p_{b1}=p_b$），A_1、A_2 齿尚未至啮合线终点，B_1 齿的齿面便提前于啮合线之外就撞上

B_2 齿的齿顶边，使从动轮 2 受到撞击后转速突然加快，迫使 A_1、A_2 两齿提前脱离啮合。这时，B_2 齿顶边在 B_1 齿面滑行并降速，直至进入啮合线后，齿轮 2 才恢复到正常转速。

上述两种情况，会因齿轮各轮齿间存在基圆齿距偏差周而复始地出现，由此产生了两齿轮轮齿啮合时的撞击、振动和噪声，影响传动平稳性。

2. 齿廓的形状误差

由齿轮啮合的基本定律可知，只有理论渐开线、摆线或共轭齿形才能使齿轮啮合传动中啮合点公法线始终通过一点 P（节点），传动比保持不变。对渐开线齿轮来说，由于加工误差的影响，难以保证齿形为理论渐开线，总存在一定误差。齿廓的形状误差导致齿轮工作时，啮合点偏离啮合线，瞬时啮合节点发生变化如图 9-15 所示，啮合点 a' 偏离啮合线 I–I，致使瞬时传动比变化，造成一对轮齿在传动过程中的振动和噪声，影响齿轮传动平稳性。

滚刀的制造、安装误差，机床传动链的高频误差，都将导致产生齿廓的形状误差。

图 9-15
齿廓形状误差引起的啮合线变动

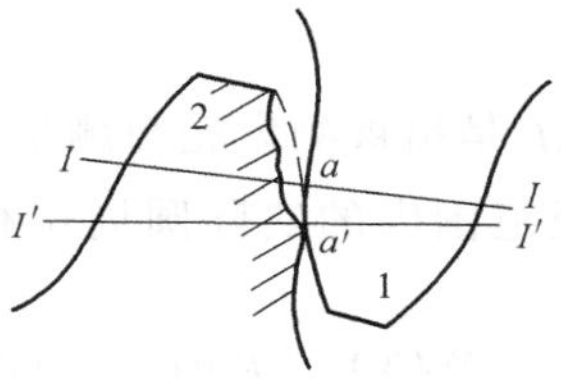

9.3.2 传动平稳性的评定指标

从影响齿轮传动平稳性的因素出发，考虑不同的工艺特点和现代测量水平的提高，评定传动平稳性采用下列指标。

1. 齿廓总偏差 ΔF_α

齿廓总偏差 ΔF_α 是指在齿轮的端截面上，包容实际齿廓工作部分且距离为最小的两条设计齿廓之间的法向距离，如图 9-16a 所示。

图 9-16
齿廓总偏差与测量记录图

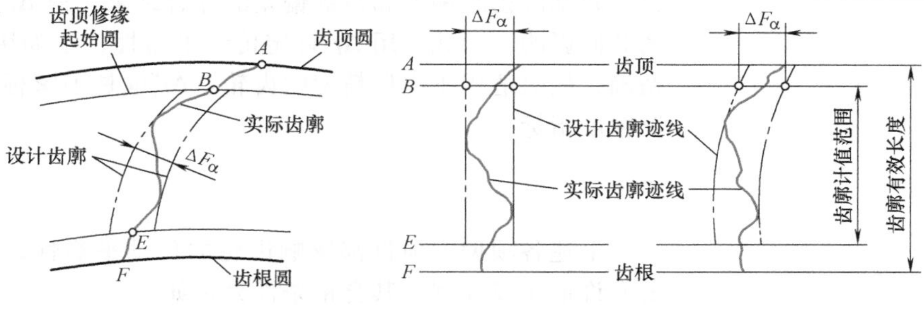

a) 齿廓总偏差　b) 测量齿廓偏差记录图

通常，齿廓工作部分为理论渐开线。在近代齿轮设计中，考虑制造误差和轮齿受载后的弹性变形等因素，为降低噪声和减小动载荷影响，可以采用以理论渐开线齿形为基础的修形齿廓，如凸形齿廓等，如图

9-16b 所示。所谓设计齿廓也包括这样的修形齿廓。

由于中凹齿廓对传动平稳性影响很坏，因此，应严格限制中凹齿形，设计齿形只允许齿顶和齿根处的齿廓偏差偏向齿体内。

齿廓总偏差 ΔF_{α} 直接反映了齿轮工作齿面的瞬时接触情况，影响齿轮的传动平稳性，是评定齿轮传动平稳性的精度时所需采用的强制性检测精度指标。

齿廓总偏差在齿轮的端截面内测量，通常用渐开线检查仪测量，测量原理有展成法、坐标法等。

2. 单个齿距偏差 Δf_{pt}

单个齿距偏差 Δf_{pt} 是指在齿轮端平面上，在接近齿高中部的一个与齿轮基准轴线同心的圆上，实际齿距与理论齿距的最大代数差，如图 9-9 所示。

单个齿距 p_t 与基圆齿距 p_b 具有 $p_b = p_t\cos\alpha$ 的函数关系，因此单个齿距偏差 Δf_{pt} 也可以很好地揭示齿轮传动平稳性的状况，且 Δf_{pt} 和齿距累积总偏差 ΔF_p 及齿距累积偏差 ΔF_{pk} 是用同一测量仪同时测量出来的，所以，Δf_{pt} 也是评定齿轮传动平稳性的精度时所需采用的强制性检测精度指标。

3. 一齿切向综合偏差 $\Delta f'_i$

一齿切向综合偏差 $\Delta f'_i$ 是指被测齿轮与测量齿轮单面啮合时，在被测齿轮一转中对应一个齿距范围内的实际圆周位移与理论圆周位移的最大差值，如图 9-11 所示。

用单啮仪测量切向综合总偏差 $\Delta F'_i$ 时，可同时测得 $\Delta f'_i$，它反映基圆齿距偏差、齿廓偏差等短周期偏差的综合结果，也即齿轮转过一齿时的速比变化，是评定齿轮传动平稳性的理想综合项目。但同检测 $\Delta F'_i$ 存在的问题一样，$\Delta f'_i$ 为国家标准规定的非强制性检测精度指标。

4. 一齿径向综合偏差 $\Delta f''_i$

一齿径向综合偏差 $\Delta f''_i$ 是指被测齿轮与测量齿轮双面啮合时，在被测齿轮一转中对应一个齿距角范围内，双啮中心距的最大变动量（图 9-13b）。用双啮仪测量径向综合总偏差 $\Delta F''_i$ 时，可以同时测量出 $\Delta f''_i$。它也反映基圆齿距偏差和齿廓偏差的综合结果，但 $\Delta f''_i$ 受左、右两齿面偏差的共同影响，因此，用 $\Delta f''_i$ 评定传动平稳性，不如用 $\Delta f'_i$ 评定传动平稳性精确，故只适用于中低精度的齿轮。$\Delta f''_i$ 也是国家标准规定的非强制性检测精度指标。

9.3.3　评定传动平稳性的合格条件

上述各项偏差项目都影响齿轮的传动平稳性，应给定相应精度等级的允许值予以控制，其合格条件分别如下：

齿廓总偏差 ΔF_{α} 不大于齿廓总偏差的允许值 F_{α}，即 $\Delta F_{\alpha} \leqslant F_{\alpha}$。

所有的单个齿距偏差 Δf_{pt} 都在单个齿距偏差允许值 $\pm f_{pt}$ 的范围内，即 $-f_{pt} \leqslant \Delta f_{pt} \leqslant +f_{pt}$ 或 $|\Delta f_{ptmax}| \leqslant f_{pt}$。

一齿切向综合偏差 $\Delta f'_i$ 不大于一齿切向综合偏差的允许值 f'_i，即

$\Delta f_i' \leqslant f_i'$。

一齿径向综合偏差 $\Delta f_i''$不大于一齿径向综合偏差的允许值 f_i''，即 $\Delta f_i'' \leqslant f_i''$。

9.4 载荷分布均匀性的精度分析及评定指标

9.4.1 影响载荷分布均匀性的主要误差及合格条件

齿轮载荷分布是否均匀，与齿面啮合的接触状态有关。按啮合原理，一对齿轮在啮合过程中，由齿根到齿顶（或由齿顶到齿根）在全齿宽上依次接触，若不考虑齿面受力后的弹性变形，每一瞬间两齿面应为直线接触（对直齿轮，接触线平行于轴线；对斜齿轮，接触线在基圆柱切平面上，并与基圆柱母线成交角 β_b，β_b 称为基圆螺旋角）。在齿轮的齿宽方向，影响载荷分布均匀性的主要是螺旋线偏差，即实际螺旋线对理论螺旋线的偏离量；在齿高方向，影响载荷分布均匀性的主要是齿廓偏差。

滚齿过程中，刀架导轨相对于工作台回转轴线的平行度误差，齿轮坯端面的跳动，心轴的歪斜造成齿廓在齿宽方向的几何误差，差动链的调整误差影响螺旋角，都会引起螺旋线偏差。因此，影响载荷分布均匀性的主要误差是螺旋线偏差。

9.4.2 载荷分布均匀性的评定指标及合格条件

评定齿轮的载荷分布均匀性的指标，在齿轮的齿宽方向用螺旋线总偏差 ΔF_β，是评定齿轮载荷分布均匀性的精度时所需采用的强制性检测精度指标；在齿高方向用齿廓总偏差 ΔF_α，前面已述。

螺旋线总偏差 ΔF_β 是指在分度圆柱面上，齿宽有效部分的范围内(齿端倒角部分除外)，包容实际螺旋线且距离为最小的两条设计螺旋线之间的端面距离，如图 9-17 所示。所谓螺旋线，就是齿面与分度圆柱面的交线。通常，直齿轮的螺旋线为直线，斜齿轮齿面与分度圆柱面的交线为螺旋线。在近代齿轮设计中，对于高速重载齿轮，为了补偿齿轮的制造误差和安装误差以及齿轮在受载下的变形量，提高轮齿的承载能力，与齿轮齿廓中将理论渐开线修正一样，齿面与分度圆柱面的交线也可予以修正。常用的方法是将轮齿制成鼓形齿（图9-17b）。

图 9-17

螺旋线总偏差与设计螺旋线

1—实际螺旋线

2—设计螺旋线

Δ_1—修形量

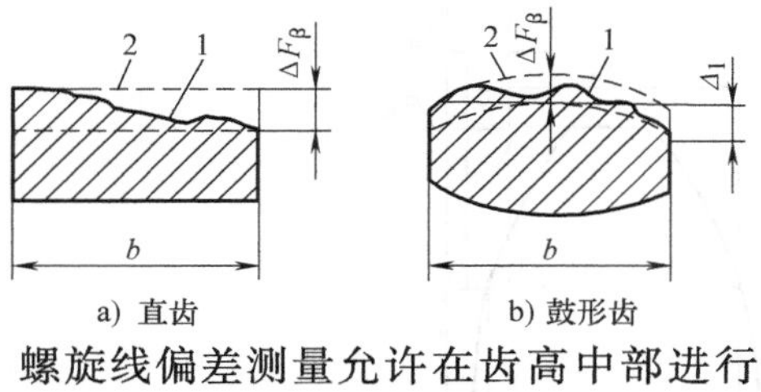

螺旋线偏差测量允许在齿高中部进行，常用齿向检查仪或导程仪测量。测量直齿轮的 ΔF_β 较为简单，凡是具有体现基准轴轴线的顶针架及指示表相对于基准轴线可做精确的轴向移动装置都可用来测量 ΔF_β。斜

齿轮的 ΔF_{β} 常用螺旋线检查仪或导程仪测量，测头相对于测量齿轮的运动轨迹为理论螺旋线，它与实际齿面螺旋线进行比较而测出螺旋线的方向误差，也可以用坐标法在三坐标测量机上测量。

ΔF_{β} 影响齿轮的载荷分布均匀性，应给定相应精度等级的允许值予以控制，其合格条件如下：

螺旋线总偏差 ΔF_{β} 不大于螺旋线总偏差的允许值 F_{β}，即 $\Delta F_{\beta} \leqslant F_{\beta}$。

◎9.5　齿侧间隙的精度分析及评定指标

9.5.1　影响齿侧间隙的误差

齿轮副侧隙是指一对齿轮啮合时，非工作齿面间的间隙。适当的齿侧间隙是齿轮副正常工作的必要条件。形成齿轮副侧隙有两条有效的途径：赋予中心距正偏差，使中心距加大；赋予齿厚负偏差，使齿厚减薄。

考虑齿轮齿高方向的接触及箱体加工的特点，一般采用保持中心距不变（基中心距制）而减薄齿厚的方法获得侧隙。齿厚减薄量是通过调整刀具与齿轮坯的径向位置而获得的，其误差将影响侧隙的大小。因此，评定齿轮副侧隙应对齿厚减薄量予以控制。此外，径向误差、切向误差将引起齿厚不均匀，使齿轮工作时侧隙不均匀。

9.5.2　侧隙的评定指标

为控制齿厚减薄量，以获得必要的侧隙，可采用下列评定指标。

1. 齿厚偏差 ΔE_{sn}

齿厚偏差 ΔE_{sn} 是指在分度圆柱面上，实际齿厚与公称齿厚（齿厚理论值）之差，如图9-18所示。对于斜齿轮，指法向齿厚。

按照定义，齿厚是分度圆上的弧长，但弧长不便于测量，因此实际应用中以弦长来体现。测齿厚时，用齿厚游标卡尺，以齿顶圆作为测量基准来测量分度圆弦齿厚，如图 9-19 所示。

对于直齿圆柱齿轮，分度圆上公称弦齿厚 s_{nc} 和公称弦齿高 h_c 的计算式分别为

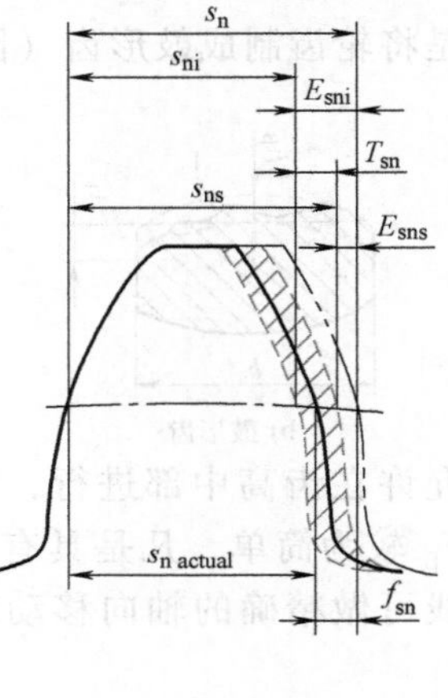

图 9-18

齿厚偏差

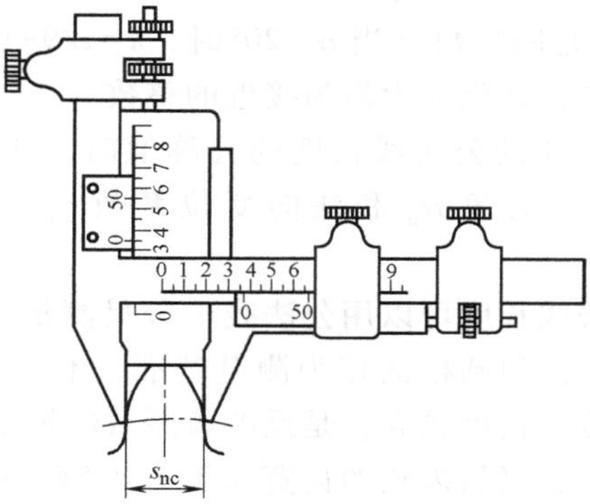

图 9-19
分度圆弦齿厚的测量

$$s_{nc}=mz\sin\left(\frac{\pi}{2z}+\frac{2x}{z}\tan\alpha\right) \tag{9-4}$$

$$h_c=r_a-\frac{mz}{2}\cos\left(\frac{\pi}{2z}+\frac{2x}{z}\tan\alpha\right) \tag{9-5}$$

式中，m 是齿轮模数（mm）；z 是齿数；α 是压力角；r_a 是齿顶圆半径（mm）；x 是变位系数。

由于测量齿厚时以顶圆为基准，顶圆的直径误差和跳动都会给测量结果带来较大的影响。故它只适用于精度较低和模数较大齿轮的测量。齿轮齿厚变动时，公法线长度也相应地变动，因此，可以用测量公法线长度来代替测量齿厚。

2. 公法线长度偏差 ΔE_w

公法线长度是指齿轮上 k 个轮齿的两端异向齿廓间基圆切线上的一段长度，即基圆上的一段弧长。公法线长度偏差 ΔE_w 是指实际公法线长度 W_k 与公称公法线长度的代数差，如图 9-20a 所示。

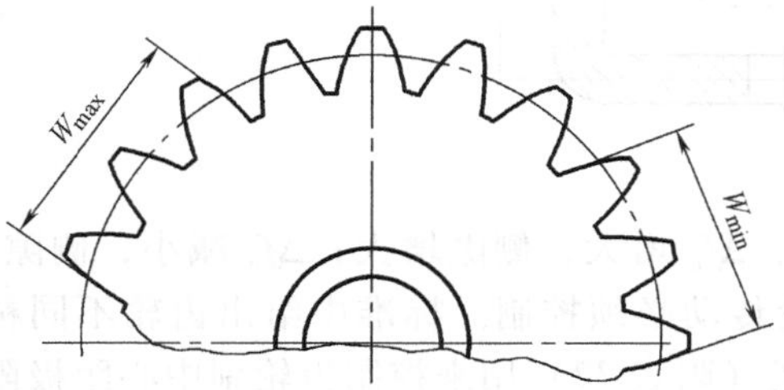

a) 公法线长度

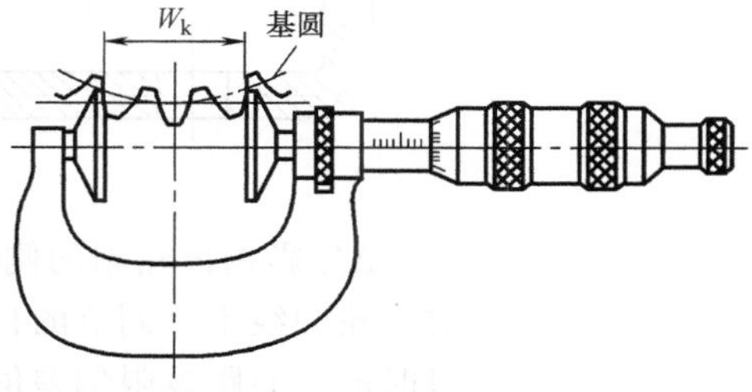

b) 公法线长度测量

图 9-20　公法线长度偏差与测量

公法线长度偏差 ΔE_w 之所以能代替齿厚偏差 ΔE_{sn} 来反映齿厚减薄量，主要在于公法线长度内包含有齿厚的影响。

当跨齿数为 k 时，公法线长度等于（$k-1$）个基节加一个基圆齿厚。由于运动偏心会引起公法线长度变动，且服从正弦规律，为排除运动偏心对侧隙评定的影响，取平均值作为公法线的实际长度。直齿轮公法线长度的公称值 W 的计算式为

$$W=m\cos\alpha[\pi(k-0.5)+z\text{inv}\,\alpha]+2xm\sin\alpha \tag{9-6}$$

式中，m 是模数（mm）；x 是变位系数；invα 是渐开线函数，inv20° = 0.014904；k 是跨齿数（当 $\alpha=20°$ 时，$k=z/9+0.5$），计算出的 k 值通常不是整数，应将其化整为最为接近的整数。

计算斜齿轮的公法线长度的公称值时，式（9-6）中应采用法向模数 m_n、法向压力角 α_n 和法向变位系数 x_n，invα 中应采用端面压力角 α_t。

实际公法线长度可以用公法线千分尺测量（图 9-20b），由于测量公法线长度不以齿顶圆柱面作为测量基准，不受顶圆尺寸误差及径向跳动的影响，故测量精度较高，是反映齿厚减薄量比较理想的方法。

应当指出，当斜齿轮的齿宽大于 $1.015W_n\sin\beta_b$ 时，才能采用公法线长度偏差作为侧隙指标。

9.6 齿轮副安装时的精度指标

齿轮是成对使用的，齿轮副轴线的中心距和平行度受齿轮副的制造和安装误差的综合影响，进而影响齿轮的使用要求。

1. 齿轮副中心距极限偏差 Δf_a

齿轮副中心距极限偏差 Δf_a 是指在箱体两侧轴承跨距 L 的范围内，齿轮副的两条轴线之间的实际距离（实际中心距）与公称中心距 a 之差，如图 9-21 所示。

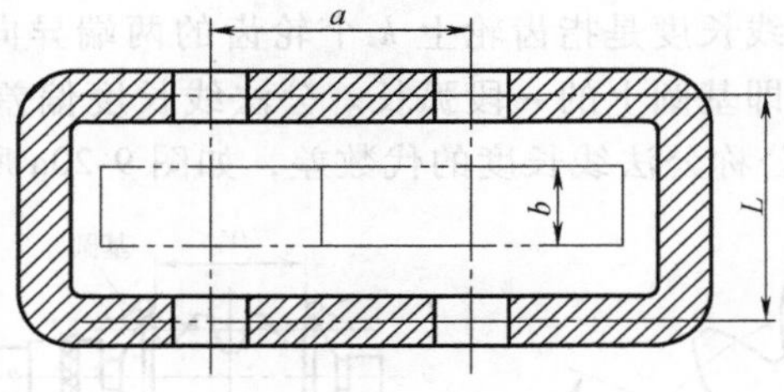

图 9-21 齿轮副中心距

Δf_a 影响齿轮副的侧隙，Δf_a 增大，侧隙增大；Δf_a 减小，侧隙减小。对齿轮轴线不可调节的齿轮传动必须控制。标准中给出齿轮不同精度等级时的中心距极限偏差值 $\pm f_a$（附表 32）用来控制齿轮副中心距极限偏差 Δf_a，其合格条件为 $-f_a\leq\Delta f_a\leq+f_a$。

2. 齿轮副轴线平行度公差

齿轮副轴线平行度误差在两个互相垂直的方向上计值。测量时应根据两根齿轮轴上的两对轴承的跨距 L，选取跨距较大的那条轴线作为基准轴线；如果两对轴承的跨距相同，则可任取其中一条作为基准轴线。在此基础上确定相互垂直的轴线平面Ⅰ和垂直平面Ⅱ，如图9-22所示。

轴线平面是指由选定的基准轴线与另一条被测轴线与其一个轴承中间平面的交点所构成的平面；垂直平面是指通过上述交点，垂直于轴线平面且平行于基准轴线的平面。

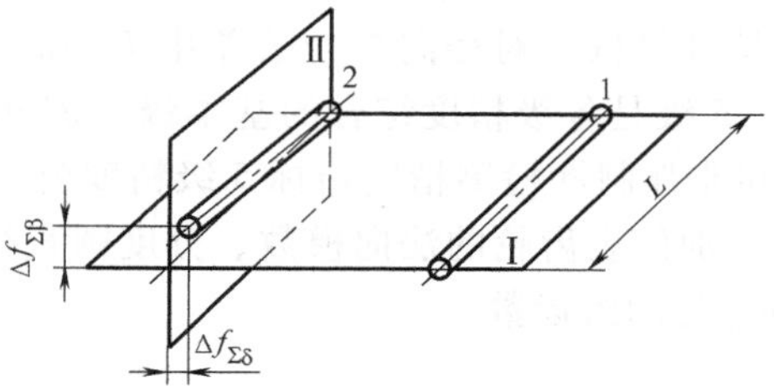

图 9-22 齿轮副轴线平行度误差

轴线平面上的平行度误差 $\Delta f_{\Sigma\delta}$是指被测实际轴线在轴线平面上的投影对基准轴线的平行度误差；垂直平面上的平行度误差 $\Delta f_{\Sigma\beta}$是指被测实际轴线在垂直平面上的投影对基准轴线的平行度误差。

$\Delta f_{\Sigma\delta}$和 $\Delta f_{\Sigma\beta}$都将直接影响装配后齿轮副的接触精度，同时，还会影响传动侧隙的大小。$\Delta f_{\Sigma\delta}$主要表现为齿高方向的影响，$\Delta f_{\Sigma\beta}$主要表现为齿长方向的影响。故对轴线平行度误差必须予以控制，尤其对影响较大的 $\Delta f_{\Sigma\beta}$的控制更为严格。

$\Delta f_{\Sigma\delta}$的公差 $f_{\Sigma\delta}$和 $\Delta f_{\Sigma\beta}$的公差 $f_{\Sigma\beta}$推荐根据轮齿载荷分布均匀性的精度等级分别按下式确定，即

$$f_{\Sigma\delta}=(L/b)F_{\beta} \tag{9-7}$$

$$f_{\Sigma\beta}=0.5f_{\Sigma\delta}=0.5(L/b)F_{\beta} \tag{9-8}$$

式中，L、b 和 F_{β} 分别是轴承跨距、齿轮齿宽和螺旋线总偏差允许值。

齿轮副轴线平行度误差的合格条件为

$$\Delta f_{\Sigma\delta}\leqslant f_{\Sigma\delta}\text{且 }\Delta f_{\Sigma\beta}\leqslant f_{\Sigma\beta}$$

3. 箱体精度

由于齿轮副的中心距极限偏差和齿轮副轴线的平行度公差的定义均是以箱体轴承孔的中心为基准的，因此，箱体上孔心距的极限偏差 $f_a{}'$和轴线的平行度公差 $f_{\Sigma\delta}{}'$、$f_{\Sigma\beta}{}'$可参照齿轮副中心距极限偏差 f_a 和齿轮副轴线的平行度公差 $f_{\Sigma\delta}$、$f_{\Sigma\beta}$选取或略小一些。

9.7 渐开线圆柱齿轮精度设计

GB/T 10095.1，2—2008 规定了单个渐开线圆柱齿轮的精度制，适用于齿轮基本齿廓符合 GB/T 1356—2001《通用机械和重型机械用圆柱齿轮　标准基本齿条齿廓》规定的外齿轮、内齿轮、直齿轮、斜齿轮（人字齿轮）。

齿轮的精度设计，就是根据齿轮传动的使用要求，确定齿轮的精度等级；确定齿轮的强制性检测精度指标的偏差允许值；确定齿轮的侧隙指标及其极限偏差；确定齿轮坯的几何量精度；根据需要确定齿轮副中心距的极限偏差和轴线的平行度公差。

9.7.1 齿轮的精度等级与公差值

GB/T 10095.1，2—2008 对强制性检测和非强制性检测精度指标的公差（径向综合公差除外）规定了 0~12 级共 13 个精度等级，分别用数

字 0，1，2，…，12 表示，其中，0 级精度最高，以后各级精度依次降低，12 级精度最低。对径向综合公差中 F_i''和 f_i''只规定了4~12级共 9 个精度等级。5 级是各级精度综合的基本级，表 9-1 和表 9-2 分别列出了强制性检测和非强制性检测精度指标 5 级精度公差的计算公式。表中，m_n、d、b 和 k 分别代表齿轮的法向模数、分度圆直径、齿宽（单位均为 mm）和测量 ΔF_{pk}时的跨齿数。

表 9-1 齿轮强制性检测精度指标 5 级精度的公差计算公式

公差项目的名称和符号	计算公式
齿距累积总偏差允许值 F_p/μm	$F_p=0.3m_n+1.25\sqrt{d}+7$
齿距累积偏差允许值$\pm F_{pk}$/μm	$F_{pt}=f_{pt}+1.6\sqrt{(k-1)m_n}$
单个齿距偏差允许值$\pm f_{pt}$/μm	$f_{pt}=0.3(m_n+0.4\sqrt{d})+4$
齿廓总偏差允许值 F_α/μm	$F_\alpha=3.2\sqrt{m_n}+0.22\sqrt{d}+0.7$
螺旋线总偏差允许值 F_β/μm	$F_\beta=0.1\sqrt{d}+0.63\sqrt{b}+4.2$

表 9-2 齿轮非强制性检测精度指标 5 级精度的公差计算公式

公差项目的名称和符号	计算公式
一齿切向综合偏差允许值f_i'/μm	$f_i'=K(4.3+f_{pt}+F_\alpha)=K(9+0.3m_n+3.2\sqrt{m_n}+0.34\sqrt{d})$ 当总重合度 $\varepsilon_\gamma<4$ 时，$K=0.2(\varepsilon_\gamma+4)/\varepsilon_\gamma$；当 $\varepsilon_\gamma\geqslant4$ 时，$K=0.4$
切向综合总偏差允许值 F_i'/μm	$F'_i=F_p+f_i'$
齿轮径向跳动允许值 F_r/μm	$F_r=0.8F_p=0.24m_n+0.1\sqrt{d}+5.6$
经向综合总偏差允许值 F_i''/μm	$F_i''=3.2m_n+0.01\sqrt{d}+6.4$
一齿径向综合偏差允许值f_i''/μm	$f_i''=2.96m_n+0.01\sqrt{d}+0.8$

其他各精度等级的公差或极限偏差的数值均由基本级（5 级）按公比$\sqrt{2}$的几何级数向两端延伸，其计算公式为

$$T_Q=T_5\times2^{0.5(Q-5)} \tag{9-9}$$

式中，T_Q 是 Q 级精度的公差计算值；T_5 是 5 级精度的公差计算值；Q 是表示 Q 级精度的阿拉伯数字。

公差计算值中小数点后的数值应按如下原则进行圆整：若计算值大于 10μm，圆整到最接近的整数；若计算值小于 10μm，圆整最接近的尾数为 0.5μm 的小数或整数；若计算值小于 5μm，圆整最接近的尾数为 0.1μm 的倍数的小数或整数。

此外，齿轮国家标准也对齿轮参数值进行了分段，参见附表 28 的第一栏和第二栏，在表 9-1 所列的计算公式中的 m_n、d、b 值也应按分段界限值的几何平均值代入公式，并将计算值加以圆整。表 9-2 中，在 F_r、F_i''和 f_i''的计算公式中则使用 m_n 和 d 的实际值代入，并将计算值加以圆整。

GB/T 10095.1，2—2008 按上述规律给出了齿轮公差数值表，见附表 28~附表 31。

9.7.2　齿轮精度等级的选择

在国家标准规定的 13 个精度等级中，0~2 级精度齿轮的精度要求非常高，属有待发展的精度等级，3~5 级为高精度等级，6~9 级为中等精度等级，10~12 级为低精度等级。

同一齿轮的传递运动准确性、传动平稳性及载荷分布均匀性的精度等级应分别确定，一般情况下，可取相同的精度等级，有时根据使用要求的侧重点不同或工艺条件的限制，为提高经济效益，也可以选用不同的精度等级。

应根据齿轮的用途、使用要求、工作条件、传递功率、圆周速度以及振动、噪声、耐磨性、寿命等技术要求确定精度等级的高低，同时，考虑切齿工艺及经济性。合理地确定齿轮精度等级，不仅影响齿轮传动的质量，而且影响齿轮的制造成本。

精度等级的确定，可采用计算法或类比法。

1. 计算法

对于精密齿轮传动，可根据整个传动链的运动误差，计算所允许的转角误差，确定齿轮传递运动准确性的精度等级；对于高速动力齿轮，按其工作时最高转速计算圆周速度，根据动力学计算振动和噪声指标，确定齿轮传动平稳性的精度等级，同时还要考虑传递运动准确性的影响；对于重载齿轮，可以根据强度计算及寿命计算来确定载荷分布均匀性的精度等级。由于计算方法比较复杂，有时与实际情况相差较大，因此，其应用并不广泛。

2. 类比法

按照已有的经验资料与技术要求，参照同类产品的精度进行设计，是目前被广泛采用的方法。表 9-3、表 9-4 列出了某些齿轮传动的经验数据，供设计时参考。

表 9-3　某些机器中的齿轮传动所应用的精度等级

应用范围	精度等级	应用范围	精度等级
单啮仪、双啮仪(测量齿轮)	2~5	载货汽车	6~9
涡轮机减速器	3~5	通用减速器	6~8
金属切削机床	3~8	轧钢机	5~10
航空发动机	4~7	矿用绞车	6~10
内燃机车、电气机车	5~8	起重机	6~9
轿车	5~8	拖拉机	6~10

表 9-4　齿轮某些精度等级的适用范围

精度等级	4	5	6	7	8	9
应用范围	极精密分度机构的齿轮，非常高速并要求平稳、无噪声的齿轮，高速涡轮机齿轮	精密分度机构的齿轮，高速并要求平稳、无噪声的齿轮，高速涡轮机的齿轮	高速、平稳、无噪声、高效率的齿轮，航空、汽车、机床中的重要齿轮，分度机构齿轮，读数机构齿轮	高速、动力小而需反转的齿轮，机床中的进给齿轮，航空齿轮，读数机构齿轮，具有一定速度的减速器齿轮	一般机器中的普通齿轮，汽车、拖拉机、减速器中的一般齿轮，航空器中的不重要齿轮，农机中的重要齿轮	精度要求低的齿轮

表 9-4 （续）

精度等级		4	5	6	7	8	9
齿轮圆周速度/(m/s)	直齿	<35	<20	<15	<10	<6	<2
	斜齿	<70	<40	<30	<15	<10	<4

9.7.3 齿轮精度等级的标注

当齿轮传递运动准确性、传动平稳性及载荷分布均匀性的各项精度指标选取不同精度等级时，图样上可按其顺序分别标注其精度等级及括号的对应偏差允许值的符号和标准号，或分别标注它们的精度等级和标准号。例如，齿距累积总偏差允许值 F_p 和单个齿距偏差允许值 f_{pt}、齿廓总偏差允许值 F_α 均为 8 级，而螺旋线总偏差允许值 F_β 为 7 级时，图样上可标注为

$$8(F_p、f_{pt}、F_\alpha)、7(F_\beta)\ \text{GB/T 10095.1—2008}$$

或标注为

8-8-7　GB/T 10095. 1—2008

当齿轮传递运动准确性、传动平稳性及载荷分布均匀性的各项精度指标选取相同精度等级时，图样上只标注该精度等级和标准号。例如，各精度指标的公差或偏差允许值均为 7 级时，可标注为

7　GB/T 10095. 1—2008

9.7.4 齿轮副侧隙指标的确定

相互啮合的齿轮其非工作齿面间的侧隙是齿轮副安装后自然形成的。齿轮工作时所需的侧隙大小按以下方式确定。

1. 齿厚极限偏差的确定

为保证齿轮传动具有合适的侧隙，必须对齿厚偏差 ΔE_{sn} 给予控制，给定齿厚极限偏差，如图 9-18 所示。允许齿厚最小减薄量，即齿厚上极限偏差 E_{sns}，形成最小极限侧隙；允许齿厚最大减薄量，即齿厚下极限偏差 E_{sni}，形成最大极限侧隙。图样上标注公称弦齿厚 s_{nc} 及其上、下极限偏差 $s_{nc}{}^{E_{sns}}_{E_{sni}}$ 和公称弦齿高 h_c。齿厚偏差 ΔE_{sn} 的合格条件为 $E_{sni} \leqslant \Delta E_{sn} \leqslant E_{sns}$。

齿厚上极限偏差可以根据齿轮的工作条件，确定齿轮副所需的最小侧隙通过计算或类比法来确定。齿厚下极限偏差则按齿轮精度等级和加工齿轮时的径向进刀公差和几何偏心确定。齿轮精度等级和齿厚极限偏差确定后，齿轮副的最大侧隙自然形成，一般不需验算。

（1）计算法确定齿轮副所需的最小侧隙　如图 9-23 所示，齿轮副侧隙可分为法向侧隙 j_n 和圆周侧隙 j_t。法向侧隙是指装配好的齿轮副其工作齿面接触时，非工作表面间的最小距离，在齿面法向平面 N-N 内计量，可用塞尺检测；圆周侧隙是指装配好的齿轮副中的一个齿轮固定时，另一个齿轮的圆周晃动量，可用指示表测量。

最小侧隙取决于齿轮传动时齿轮与箱体的温度、润滑方式及齿轮圆周速度等条件，与齿轮的精度等级无关。

图 9-23
齿轮副侧隙

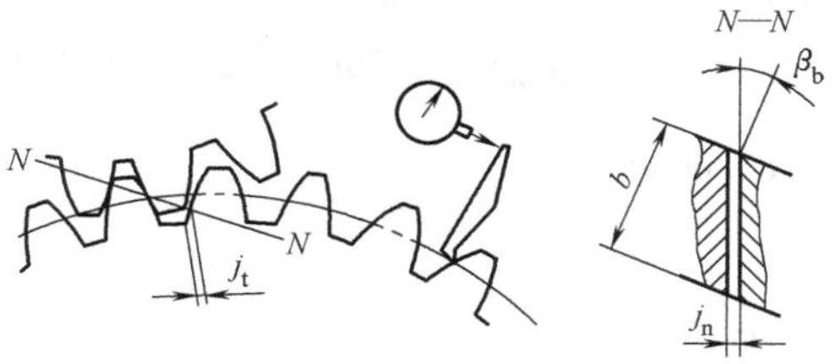

确定齿轮最小法向侧隙由补偿热变形所需侧隙和正常润滑所需侧隙两部分构成。

1）补偿热变形所需的最小法向侧隙 j_{bn1}，其计算公式为

$$j_{bn1}=a(\alpha_1\Delta t_1-\alpha_2\Delta t_2)\times 2\sin\alpha_n \tag{9-10}$$

式中，a 是齿轮副的公称中心距；α_1、α_2 是齿轮和箱体的线胀系数（$℃^{-1}$）；Δt_1，Δt_2 是齿轮和箱体温度对 20℃ 的偏差，即 $\Delta t_1=t_1-20°$，$\Delta t_2=t_2-20°$；α_n 是齿轮标准压力角。

2）保证正常润滑条件所需的最小法向侧隙 j_{bn2}，可参考表 9-5 选用。

表 9-5
保证正常润滑条件所需的最小法向侧隙 j_{bn2}（推荐值）

润滑方式	齿轮的圆周速度 v/(m/s)			
	≤10	>10~25	>25~60	>60
喷油润滑	$0.01m_n$	$0.02m_n$	$0.03m_n$	$(0.03\sim0.05)m_n$
油池润滑	$(0.005\sim0.01)m_n$			

由此计算齿轮副的最小法向侧隙为

$$j_{bnmin}=j_{bn1}+j_{bn2} \tag{9-11}$$

（2）计算法向侧隙减少量 J_{bn}　齿厚上极限偏差 E_{sns} 既要保证齿轮副所需的最小法向侧隙 j_{bnmin}，又要补偿齿轮和箱体的制造误差和安装误差所引起的齿轮副法向侧隙减少量 J_{bn}。对于制造误差，主要考虑一对啮合齿轮的基圆齿距偏差 Δf_{pb1}、Δf_{pb2} 和螺旋线总偏差 $\Delta F_{\beta1}$、$\Delta F_{\beta2}$ 两项的影响，两者计值方向均为法向侧隙方向，计值时取其偏差允许值，即用大、小齿轮的 f_{pb1}、f_{pb2} 代替 Δf_{pb1}、Δf_{pb2}，用大、小齿轮的 $F_{\beta1}$、$F_{\beta2}$ 代替 $\Delta F_{\beta1}$、$\Delta F_{\beta2}$，考虑基圆齿距偏差允许值与分度圆齿距偏差允许值的关系有 $f_{pb1}=f_{pt1}\cos\alpha_n$，$f_{pb2}=f_{pt2}\cos\alpha_n$；对于安装误差，主要考虑箱体上两对轴承孔的公共轴线在轴线平面上的平行度误差 $\Delta f_{\Sigma\delta}$ 和在垂直平面上的平行度误差 $\Delta f_{\Sigma\beta}$，这两者的计值方向都不在法向侧隙方向，应分别乘以 $\sin\alpha_n$ 和 $\cos\alpha_n$ 换算到法向侧隙方向上计值，如图 9-24 所示。由于这些误差都是独立的随机误差，故将它们合成应取各项平方和，其计算公式为

$$J_{bn}=\sqrt{(f_{pt1}^2+f_{pt2}^2)\cos^2\alpha_n+F_{\beta1}^2+F_{\beta2}^2+(f_{\Sigma\delta}\sin\alpha_n)^2+(f_{\Sigma\beta}\cos\alpha_n)^2} \tag{9-12}$$

因同一齿轮副的大、小齿轮精度等级通常相同，其 f_{pt1} 与 f_{pt2} 的差值以及 $F_{\beta1}$、$F_{\beta2}$ 的差值相差很小，为了计算简便，可取其中一个数值，即取数值相对较大的大齿轮单个齿距偏差允许值 f_{pt} 和螺旋线总偏差允许值 F_β 代入式（9-12）；此外，考虑式（9-7）与式（9-8）的关系，将 $f_{\Sigma\delta}=$

$(L/b)F_\beta$ 和 $f_{\Sigma\beta}=0.5(L/b)F_\beta$ 代入式（9-12），并取 $\alpha_n=20°$，则有

$$J_{bn}=\sqrt{1.76f_{pt}^2+[2+0.34(L/b)]F_\beta^2} \tag{9-13}$$

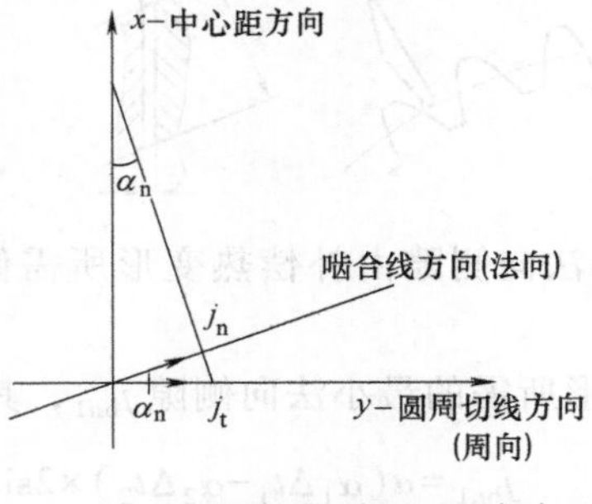

图 9-24

侧隙与其他误差的关系

（3）齿厚上极限偏差的确定　考虑中心距偏差为负值（$-f_a$）时，将使法向侧隙减小 $2f_a\sin\alpha_n$，另外，齿厚极限偏差的计值方向为周向，换算到法向要乘以 $\cos\alpha_n$，因此，最小法向侧隙 j_{bnmin} 与齿轮副中两个齿轮的齿厚上极限偏差（E_{sns1}、E_{sns2}）、中心距下极限偏差（$-f_a$）及 J_{bn} 的关系为

$$j_{bnmin}=(|E_{sns1}|+|E_{sns2}|)\cos\alpha_n-f_a\times2\sin\alpha_n-J_{bn} \tag{9-14}$$

通常，为方便设计和计算，可将两个齿轮齿厚上极限偏差取相同值，于是单个齿轮齿厚上极限偏差为

$$|E_{sns}|=\frac{j_{bnmin}+J_{bn}}{2\cos\alpha_n}+f_a\tan\alpha_n \tag{9-15}$$

（4）齿厚下极限偏差及齿厚公差的确定　齿厚下极限偏差 E_{sni} 由齿厚上极限偏差 E_{sns} 与齿厚公差 T_{sn} 确定，即

$$E_{sni}=E_{sns}-T_{sn}$$

切齿时，影响齿厚的因素有两项：其一是切齿时径向进刀的调整误差 Δb_r，另一项是齿轮径向跳动 ΔF_r（由于几何偏心的影响致使所切轮齿的齿厚不同）。因此，齿厚公差 T_{sn} 可以用切齿时径向进刀公差 b_r 和径向跳动允许值 F_r 来确定。考虑两者是独立的随机变量，且计值方向在轮齿径向，换算到齿厚方向时，要乘以 $2\tan\alpha_n$，因此，齿厚公差 T_{sn} 按下式计算，即

$$T_{sn}=\sqrt{b_r^2+F_r^2}\times2\tan\alpha_n \tag{9-16}$$

式中，b_r 是切齿时径向进刀公差，可按表 9-6 选取；F_r 是径向跳动允许值，按齿轮传动准确性的精度等级、分度圆直径和法向模数确定（可从附表 30 选取）。

表 9-6

切齿时径向进刀公差 b_r

齿轮传动准确性的精度等级	4	5	6	7	8	9
b_r	1.26IT7	IT8	1.26IT8	IT9	1.26IT9	IT10

注：标准公差值 IT 按齿轮分度圆直径从附表 2 查取。

由此可见，齿厚公差与齿厚上极限偏差无关，取决于齿轮加工技术水平，反映切齿时的难易程度。

（5）类比法　用类比法确定齿厚上、下极限偏差时，应根据齿轮工

作条件和使用要求，参考同类产品齿厚极限偏差进行选择。同时，考虑对仪表及控制系统中经常正、反转且速度不高的齿轮，应适当减小侧隙，以减小回程误差；对通用机械中一般传动用齿轮，应选中等大小的侧隙；对高速、高温条件下工作的齿轮，应选用较大的侧隙。

2. 公法线长度极限偏差的确定

由于测量公法线长度比测量齿厚方便，且测量精度相对较高，因此，设计时常常用给定公法线长度极限偏差的方法来评定齿轮侧隙。公法线长度的上、下极限偏差（E_{ws}、E_{wi}）可由齿厚上、下极限偏差（E_{sns}、E_{sni}）换算得到。但由于齿轮存在几何偏心，对齿轮分度圆齿厚有影响，而测量公法线长度是沿齿圈（实质是在基圆切线上）进行的，与齿轮轴线无关，反映不出几何偏心的影响。为此，换算时应该从齿厚上、下极限偏差中扣除几何偏心的影响。

考虑齿轮径向跳动 ΔF_r 服从瑞利（Rayleigh）分布规律，假定 ΔF_r 的分布范围等于径向跳动允许值 F_r，则切齿后一批齿轮中的 93% 的齿轮的 ΔF_r 不超过 $0.72F_r$，如图 9-25 所示。换算时扣除 $0.72F_r$ 的影响，并在公法线方向上计值，其外齿轮的换算公式为（图9-26）

$$\left.\begin{aligned}&\text{公法线长度上极限偏差}\quad E_{ws}=E_{sns}\cos\alpha-0.72F_r\sin\alpha\\&\text{公法线长度下极限偏差}\quad E_{wi}=E_{sni}\cos\alpha+0.72F_r\sin\alpha\end{aligned}\right\}\tag{9-17}$$

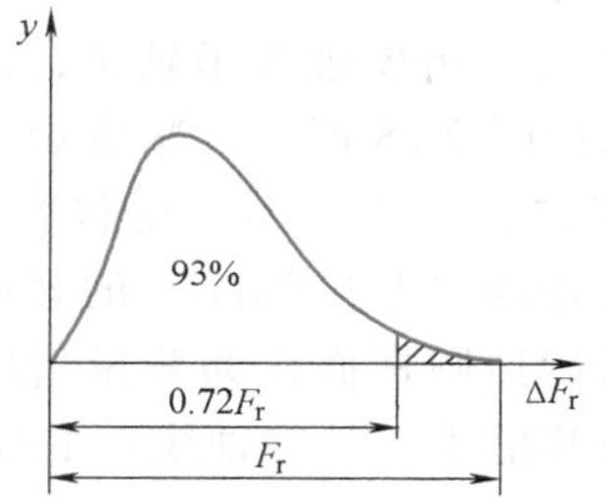

图 9-25
齿轮径向跳动 ΔF_r 的分布图

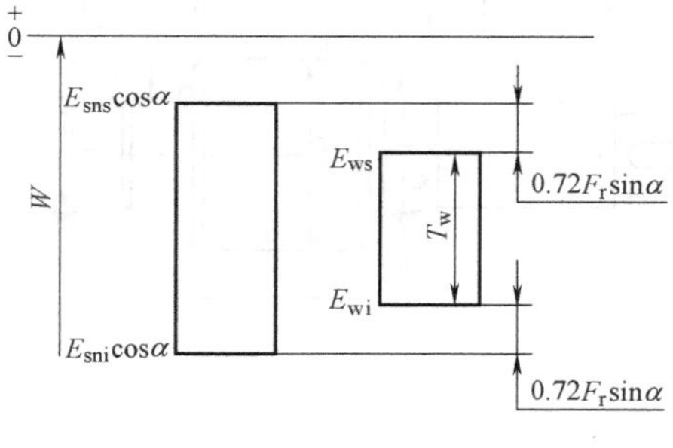

图 9-26
公法线长度上、下极限偏差的换算

9.7.5　齿轮坯的精度设计

齿轮坯的制造精度对齿轮的加工精度和安装精度的影响很大。用控制齿轮坯的精度来保证和提高齿轮加工精度是一项有效而且非常必要的技术措施。所以，在对齿轮进行精度设计时，必须对齿轮坯精度进行设计。

齿轮坯精度是指确定齿轮在设计、制造、检测和装配时的基准面的尺寸精度、几何精度及表面粗糙度参数。

1. 齿轮坯精度设计要求

齿轮通常以盘形齿轮和齿轮轴的两种结构形式体现。

（1）盘形齿轮的基准面　齿轮安装在轴上的基准孔、切齿时的定位端面和齿顶圆柱面，即是盘形齿轮的基准面。其精度要求如图 9-27 所示。精度设计时主要考虑：基准孔直径的尺寸公差并采用包容要求，不采用包容要求时需给定形状公差；定位端面对基准孔轴线的轴向圆跳动公差；齿顶圆柱面的直径尺寸公差；有时还要规定齿顶圆柱面对基准孔轴线的径向圆跳动公差。

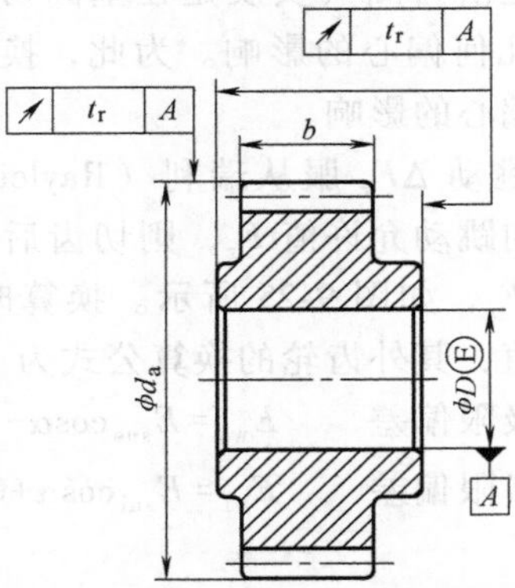

图 9-27

盘形齿轮的齿轮坯公差

（2）齿轮轴的基准面　齿轮轴支承轴颈，齿顶圆柱面，即是齿轮轴的基准面。其精度要求如图 9-28 所示。精度设计时主要考虑：两个轴颈的直径尺寸公差并采用包容要求，不采用包容要求时需给定形状公差；两个轴颈对它们的公共轴线（基准轴线）的径向圆跳动公差；齿顶圆柱面的直径尺寸公差；以齿顶圆柱面作为测量齿厚的基准时，需规定齿顶圆柱面对两个轴颈的公共轴线（基准轴线）的径向圆跳动公差。

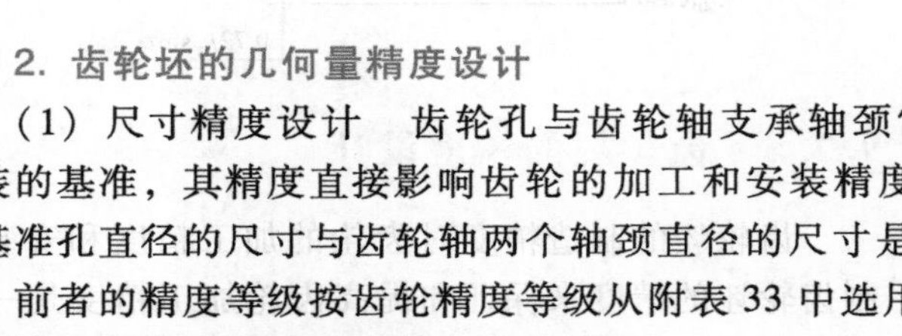

图 9-28

齿轮轴的齿轮坯公差

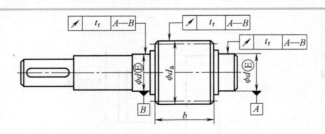

2. 齿轮坯的几何量精度设计

（1）尺寸精度设计　齿轮孔与齿轮轴支承轴颈常常是加工、测量、安装的基准，其精度直接影响齿轮的加工和安装精度。因此，盘形齿轮的基准孔直径的尺寸与齿轮轴两个轴颈直径的尺寸是尺寸精度设计的重点，前者的精度等级按齿轮精度等级从附表 33 中选用，后者的精度等级通常按选定的滚动轴承的精度等级确定。

两种结构的齿轮齿顶圆柱面的直径尺寸公差按齿轮精度等级从附表 33 中选用，齿顶圆柱面不作为测量齿厚的基准时，其尺寸公差按 IT11 给定，但不大于 $0.1m_n$（m_n 为法向模数）。

（2）几何精度设计　盘形齿轮的基准孔直径的尺寸与齿轮轴两个轴颈直径的尺寸按包容要求验收，若不采用包容要求时需给定圆柱度或圆度公差值。

盘形齿轮的端面在加工时常作为定位基准，如前述，它与轴线不垂直就会产生螺旋线偏差，在装配时，也会使齿轮安装歪斜，影响载荷分布的均匀性，故对作为基准的端面提出要求。定位端面对基准孔轴线的轴向圆跳动公差 t_t 由该端面的直径 D_d、齿宽 b 和齿轮螺旋线总偏差允许值 F_β 按下式确定，即

$$t_t = 0.2(D_d/b)F_\beta \tag{9-18}$$

对于盘形齿轮，加工该齿轮时，若用齿顶圆柱面进行齿轮坯基准孔轴线与切齿机床工作台回转轴线找正或两类结构的齿轮齿顶圆柱面作为测量齿厚的基准时，需规定齿顶圆柱面对基准孔轴线（盘形齿轮）或两个轴颈的公共轴线（齿轮轴）的径向圆跳动公差 t_r，其数值按齿轮齿距累积总偏差 F_p 确定，即

$$t_r = 0.3F_p \tag{9-19}$$

齿顶圆柱面不作为测量齿厚基准或安装找正基准时在图样上可不标注径向圆跳动公差。

（3）表面粗糙度要求　齿轮齿面、盘形齿轮的基准孔、齿轮轴的轴颈、基准端面、径向找正用的圆柱面和作为测量齿厚基准的齿顶圆柱面的表面粗糙度参数值，可按附表 34 确定。

例 9-1

某卧式车床主轴箱内传动轴上的一对直齿圆柱齿轮，已知齿轮 1 主动，转速 $n_1 = 1650\text{r/min}$，齿轮 2 为从动轮；模数 $m = 2.75\text{mm}$，齿数 $z_1 = 26$、$z_2 = 56$，压力角 $\alpha = 20°$，齿宽 $b_1 = 28\text{mm}$，$b_2 = 24\text{mm}$，齿轮材料为 45 钢，线胀系数 $\alpha_1 = 11.5\times10^{-6}℃^{-1}$，箱体材料为铸铁，线胀系数 $\alpha_2 = 10.5\times10^{-6}℃^{-1}$，齿轮的润滑方式为压力喷油式润滑，齿轮工作温度 $t_1 = 60℃$，箱体工作温度 $t_2 = 40℃$，箱体上轴承跨距 $L = 180\text{mm}$，齿轮 1 的基准孔直径为 30mm。试确定齿轮 1 的精度等级、侧隙大小、齿轮坯精度、齿轮副中心距的极限偏差和轴线的平行度公差，并画出齿轮 1 的零件工作图。

解：1. 确定齿轮的精度等级

该对齿轮为机床主轴箱内高速齿轮，平稳性精度要求较高，可按圆周速度来选取，即

小齿轮 1 的分度圆直径　$d_1 = z_1 m = 26\times2.75\text{mm} = 71.5\text{mm}$

大齿轮 2 的分度圆直径　$d_2 = z_2 m = 56\times2.75\text{mm} = 154\text{mm}$

齿轮副公称中心距　$a = (d_1+d_2)/2 = (71.5+154)\text{mm}/2$

$= 112.75\text{mm}$

例 9-1（续）

齿轮圆周速度 $v=\pi d_1 n_1=(3.14\times71.5\times1650/1000)\text{m/min}$

$$=370.44\text{m/min}=6.2\text{m/s}$$

参考表 9-3 和表 9-4，确定传动平稳性精度为 7 级。对车床传动齿轮，由于传递运动准确性要求不高，可选 8 级；但齿轮应有较好的载荷分布均匀性，应选 7 级。为此，将该齿轮精度等级在图样上的标注为

8-7-7 GB/T 10095.1—2008

2. 确定齿轮的强制性检测精度指标的偏差允许值

由确定的齿轮精度等级查附表 28 选取齿轮 1、2 的四项强制性检测精度指标的偏差允许值：齿距累积总偏差允许值 $F_{p1}=53\mu m$、$F_{p2}=70\mu m$，单个齿距偏差允许值 $\pm f_{pt1}=\pm12\mu m$、$\pm f_{pt2}=\pm13\mu m$，齿廓总偏差允许值 $F_{\alpha1}=16\mu m$、$F_{\alpha2}=18\mu m$，螺旋线总偏差允许值 $F_{\beta1}=17\mu m$、$F_{\beta2}=18\mu m$。

该对齿轮为普通齿轮，不必规定 k 个齿距累积偏差允许值。

3. 确定齿轮的侧隙指标及其极限偏差

（1）确定齿厚的上、下极限偏差

1）确定最小法向侧隙。补偿热变形所需的最小法向侧隙 j_{bn1}，按式（9-10）计算，得

$$\begin{aligned}j_{bn1}&=a(\alpha_1\Delta t_1-\alpha_2\Delta t_2)\times2\sin\alpha_n\\&=112.75\times[11.5\times10^{-6}(60-20)-10.5\times10^{-6}(40-20)]\times2\sin20^\circ\text{mm}\\&=0.019\text{mm}\end{aligned}$$

压力润滑所需侧隙 j_{bn2}，由表 9-5 可知，当 $v<10\text{m/s}$，取 $j_{bn2}=0.01m=0.01\times2.75\text{mm}=0.0275\text{mm}$，圆整为 0.028mm。

由式（9-11），最小法向侧隙为

$$j_{bnmin}=j_{bn1}+j_{bn2}=(0.019+0.028)\text{mm}=0.047\text{mm}=47\mu m$$

2）计算补偿齿轮和箱体的制造与安装误差对侧隙的减小值 J_{bn}。由式（9-13），选取两个齿轮中较大的偏差允许值 $f_{pt}=13\mu m$，$F_\beta=18\mu m$ 代入，有

$$\begin{aligned}J_{bn}&=\sqrt{1.76f_{pt}^2+[2+0.34(L/b)]F_\beta^2}\\&=\sqrt{1.76\times13^2+[2+0.34(180/28)]\times18^2}\ \mu m\\&=40.66\mu m\end{aligned}$$

3）确定齿厚上极限偏差 E_{sns}。取两个齿轮齿厚上极限偏差允许值 E_{sns} 相同，查附表 32 取齿轮副中心距极限偏差 $f_a=27\mu m$，则单个齿轮齿厚上极限偏差按式（9-15）计算为

例 9-1（续）

$$|E_{sns}|=\frac{j_{bnmin}+J_{bn}}{2\cos\alpha_n}+f_a\tan\alpha_n=\left(\frac{47+40.66}{2\cos20°}+27\tan20°\right)\mu m=57\mu m$$

4）确定齿厚公差 T_{sn} 及齿厚下极限偏差 E_{sni}。查附表 30 确定齿轮径向跳动允许值 $F_r=43\mu m$，查表 9-6 确定切齿时径向进刀公差 b_r 为

$$b_r=1.26IT9=1.26\times74\mu m=93.24\mu m$$

齿厚公差 T_{sn} 按式（9-16）确定，有

$$T_{sn}=\sqrt{b_r^2+F_r^2}\times2\tan\alpha_n=\sqrt{93.24^2+43^2}\times2\tan20°\mu m=75\mu m$$

齿厚下极限偏差 E_{sni} 由齿厚上极限偏差 E_{sns} 与齿厚公差 T_{sn} 确定，即

$$E_{sni}=E_{sns}-T_{sn}=(-57-75)\mu m=-132\mu m$$

5）确定齿厚极限偏差在图样上的标注。由式（9-4）和式（9-5）确定齿轮 1 分度圆上公称弦齿厚 s_{nc} 和公称弦齿高 h_c 为

$$s_{nc}=mz\sin\left(\frac{\pi}{2z}+\frac{2x}{z}\tan\alpha\right)=2.75\times26\sin\left(\frac{180°}{2\times26}+0\right)mm$$
$$=4.32mm$$

$$h_c=r_a-\frac{mz}{2}\cos\left(\frac{\pi}{2z}+\frac{2x}{z}\tan\alpha\right)$$
$$=\left[(0.5\times71.5)+2.75-\frac{2.75\times26}{2}\cos\left(\frac{180°}{2\times26}+0\right)\right]mm$$
$$=3.01mm$$

需要说明的是，若用公法线长度极限偏差控制齿轮副侧隙，则公称弦齿厚及其上、下极限偏差和公称弦齿高不在图样上标注。

（2）确定公称公法线长度及其极限偏差　由于测量公法线长度较为方便，且测量精度相对较高，本例中的标准直齿轮采用公法线长度偏差作为侧隙指标。由式（9-6）确定公称公法线长度，取跨齿数 $k=z/9+0.5\approx3$，则有

$$W=m\cos\alpha[\pi(k-0.5)+z\,\mathrm{inv}\alpha]+2xm\sin\alpha$$
$$=2.75\cos20°[3.14\times(3-0.5)+26\times0.0149]mm$$
$$\approx21.297mm$$

由式（9-17）得

例 9-1（续）

公法线长度上极限偏差

$$E_{ws}=E_{sns}\cos\alpha-0.72F_r\sin\alpha=(-57\cos20°-0.72\times43\sin20°)\mu m$$
$$=-64\mu m$$

公法线长度下极限偏差

$$E_{wi}=E_{sni}\cos\alpha+0.72F_r\sin\alpha=(-132\cos20°+0.72\times43\sin20°)\mu m$$
$$=-113\mu m$$

故图样上标注为 $W^{E_{ws}}_{E_{wi}}=21.297^{-0.064}_{-0.113}$

4. 确定齿轮坯的几何量精度

齿轮 1 为盘形齿轮，查附表 33 确定齿轮 1 基准孔直径尺寸精度为 IT7，查附表 2 得 IT7 = 21μm，尺寸公差带代号为 H7，采用包容要求，则有 $\phi30^{+0.021}_{0}$Ⓔ。

齿轮轴向圆跳动公差 t_t 按式（9-18）确定，其中基准端面的直径为 50mm，则有

$$t_t=0.2(D_d/b)F_\beta=0.2\times(50\div28)\times17\mu m\approx6\mu m=0.006mm$$

齿顶圆柱面不作为测量齿厚的基准和切齿时的找正基准，不必给出齿顶圆柱面对基准孔轴线的径向圆跳动要求。齿顶圆柱面直径尺寸按 IT11 处理，查附表 2 得 IT11 = 190μm（该数值小于 0.1m），尺寸公差带代号为 h11，则有 $\phi77^{0}_{-0.190}$。

齿轮基准孔键槽的尺寸及相关几何量精度按第 8 章有关要求处理。

由于该齿轮表面淬火后需要磨削，按附表 34 确定：齿轮廓面表面粗糙度轮廓幅度参数 Ra 的上限值为 1.25μm；基准孔表面粗糙度参数 Ra 的上限值为 1.6μm；基准端面表面粗糙度参数 Ra 的上限值为 1.6μm；齿顶圆表面粗糙度参数 Ra 的上限值为 3.2μm；其余表面粗糙度参数 Ra 的上限值为 6.3μm。

5. 确定齿轮副中心距的极限偏差和轴线的平行度公差

按附表 32 查得齿轮副中心距的极限偏差 $\pm f_a=\pm27\mu m$，确定为（112.75±0.027）mm。

箱体上两对轴承的跨距相同，均为 L=180mm，因此可以选择齿轮副两轴线中任意一条轴线作为基准轴线，轴线平面上的平行度公差 $f_{\Sigma\delta}$ 和垂直平面上的平行度公差 $f_{\Sigma\beta}$ 可分别按式（9-7）和式（9-8）确定，即

$$f_{\Sigma\delta}=(L/b)F_\beta=(180\div28)\times17\mu m=109\mu m=0.109mm$$

$$f_{\Sigma\beta}=0.5f_{\Sigma\delta}=0.5\times109\mu m=55\mu m=0.055mm$$

6. 齿轮的零件工作图

按上述设计内容绘制齿轮 1 的零件工作图如图 9-29 所示，有关技术参数见表 9-7。

例 9-1（续）

图 9-29

齿轮的零件工作图

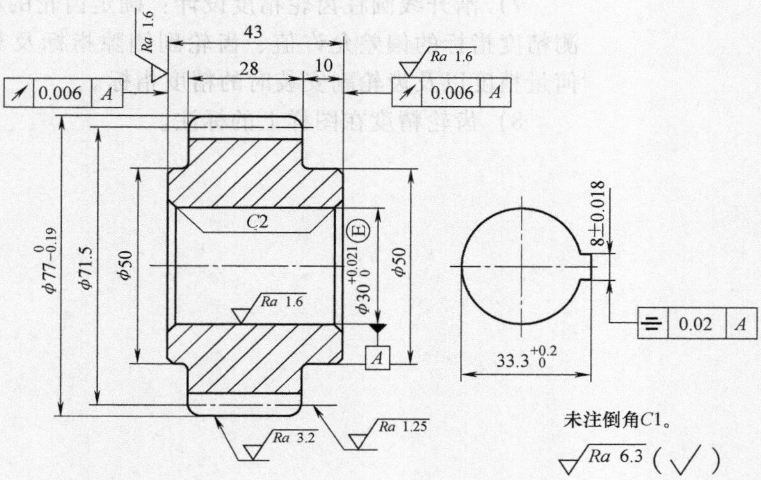

表 9-7

齿轮 1 的技术参数

（单位：mm）

模　　数		m	2.75
齿　　数		z_1	26
标准压力角		α	20°
变位系数		x	0
精度等级		8-7-7　GB/T 10095.1—2008	
齿距累积总偏差允许值		F_p	0.053
单个齿距极限偏差		$\pm f_{pt}$	±0.012
齿廓总偏差允许值		F_α	0.016
螺旋线总偏差允许值		F_β	0.017
公法线长度	跨齿数	k	3
	公称值及极限偏差	$W^{E_{ws}}_{E_{wi}}$	$21.297^{-0.064}_{-0.113}$
配偶齿轮的齿数		z_2	56
中心距及其极限偏差		$a \pm f_a$	112.75±0.027

本章小结

1）齿轮传动的使用要求及适用场合。

2）传递运动准确性的主要误差、评定指标和合格条件。

3）传动平稳性的主要误差、评定指标和合格条件。

4）载荷分布均匀性的主要误差、评定指标和合格条件。

5）齿侧间隙的精度分析及评定指标。

6）齿轮副安装时的精度指标：齿轮副中心距的极限偏差和轴线的平行度公差等。

7）渐开线圆柱齿轮精度设计：确定齿轮的精度等级、齿轮强制性检测精度指标的偏差允许值、齿轮副侧隙指标及其极限偏差、齿轮坯的几何量精度以及齿轮副安装时的精度指标。

8）齿轮精度在图样上的标注。

第10章

测量技术基础

本章提要

◎ 本章要求掌握几何量测量的基本概念；了解长度计量单位和量值传递系统；掌握量块的基本知识；了解计量器具与测量方法的分类和计量器具的性能指标；掌握测量误差的基本概念、随机误差的分布规律和测量数据处理的基本方法。

◎ 本章重点为测量过程四要素和测量误差的概念，难点为测量结果的数据处理。

10.1 概述

机械制造的过程可以分解为零件加工过程和产品装配过程，无论哪个过程，都离不开测量技术。在零件的加工过程中，为了使零件满足尺寸公差、几何公差及表面质量等设计要求，必然要对其进行检验或测量，从而判断出该零件是否合格，并做出相应的处理。在产品的装配过程中，采用完全互换性进行装配，为了满足使用功能和保证装配精度，也需要对产品进行检验或测量。若采用不完全互换性进行装配，使用修配装配法时，需要通过检验或测量，确定修配量；使用分组装配法时，需要通过检验或测量，确定组别。可见，测量技术在机械制造中具有重要作用，其主要研究内容就是对零件的几何量进行检验和测量。

10.1.1 测量的定义

根据国家计量技术规范 JJF 1001—2011《通用计量术语及定义》中的定义，测量是通过实验获得并可合理赋予某量一个或多个量值的过程。具体地讲，测量是以确定量值为目的的一组操作。量值是用数和参照对象一起表示量的大小，根据参照对象的类型，量值可表示为一个数和一个测量单位的乘积。从而，几何量测量是为确定被测几何量的量值而进行的实验过程，其实质是将被测几何量与作为计量单位的标准量进行比较，并得到量值的过程。若 x 为被测几何量的量值，E 为计量单位，则

被测几何量的量值与计量单位的比值，即测量数值为

$$q=\frac{x}{E} \tag{10-1}$$

简单计算，可得

$$x=qE \tag{10-2}$$

由此可见，被测几何量的量值都应包括测量数值和计量单位两部分。例如，用分度值为0.02mm的游标卡尺测量某轴的直径d，就是通过游标卡尺实现被测几何量d与计量单位mm进行比较，若得到的比值也就是测量数值为10.04，则该轴径的量值为$d=10.04$mm。

10.1.2 测量过程四要素

由上述例子不难看出，测量过程中，轴直径d是被测对象，毫米（mm）是计量单位，通过游标卡尺实现被测几何量d与计量单位mm的比较是测量方法，游标卡尺分度值0.02mm是测量精度。因此，一个测量过程包括被测对象、计量单位、测量方法和测量精度四个要素。

1. 被测对象

根据测量的定义，在测量中被确定的量值就是被测对象，也可称为被测量。一般情况下，被测对象都是通过具备该量值的载体体现的。例如在上述的轴径测量过程中，轴的直径是被测对象，该直径是通过轴体现的，而轴是其直径的载体，也就是要测量轴的直径就必须有轴的存在。

在本课程中研究的被测对象是几何量，具体地说是零件的几何量，包括长度、角度、表面粗糙度、几何误差以及螺纹和齿轮的几何参数等。零件是这些几何量的载体，这些几何量要在零件上体现，对这些几何量的测量都要在给定的零件上进行。

2. 计量单位

计量单位是根据约定定义和采用的标量，任何其他同类量可与其比较使两个量之比用一个数表示，可理解为定量表示同种量的大小而约定地定义和采用的特定量。国际单位制是我国法定计量单位的基础，一切属于国际单位制的单位都是我国的法定计量单位。国际单位制规定了长度、质量、时间、电流、热力学温度、物质的量和发光强度这7个量的基本单位，其中，长度的基本单位为米（m）。

在几何量中，常用的长度单位是其基本单位的倍数单位，包括毫米（mm）和微米（μm），在高精度或超高精度测量中，还会用到纳米（nm）为单位，长度单位的换算关系为$1\text{m}=1\times10^3\text{mm}=1\times10^6\mu\text{m}=1\times10^9\text{nm}$；角度单位可以是国际单位制中的弧度（rad）、微弧度（μrad），换算关系为$1\text{rad}=1\times10^6\mu\text{rad}$；也可以是度（°）、分（′）、秒（″），是可与国际单位制单位并用的我国法定计量单位，换算关系为$1°=60'$，$1'=60''$，度（°）与弧度（rad）的换算关系为$1°=0.0174533\text{rad}$。

3. 测量方法

测量方法是对测量过程中使用的操作所给出的逻辑性安排的一般性描述，可理解为测量人员、测量原理、计量器具和测量条件的综合，即测量人员在一定的测量条件下按照测量原理使用计量器具可以完成相应的测量过程。根据法律规定，使用中的计量器具应同时具有生产厂家出具的产品合格证书和计量检验部门出具的计量检定证书。测量人员，通常情况是具备一定技术技能的工程人员，在一些特殊场合，应取得执业资格证书后才能从事相关测量工作。

4. 测量精度

测量精度也称为测量准确度，是测量结果与真值之间的一致程度，其中真值是与给定的特定量的定义一致的值。在技术上，测量过程很难得到与真值一致的测量结果，故此测量结果与真值之间不一致的程度，可称为测量误差。测量精度与测量误差是紧密相关的，测量精度高则测量误差小，反之，测量精度低则测量误差大。在实际测量中，测量精度不是越高越好，而是能满足设计或使用要求即可，这样便于实现测量和控制测量成本。此外，不仅在测量过程中必须注意测量精度，而且在对测量结果进行计算中也应注意测量精度。

应该注意的是，在同一测量过程中，这四个要素应该是确定不变的，如果测量过程四要素有变化，就不应视为同一测量过程。

10.2　长度和角度计量单位与量值传递

10.2.1　长度单位

1. 基本定义

在实际生产和科学实验中，测量都需要标准量，而标准量所体现的量值需要由基准提供。因此，为了保证测量的准确性，就必须建立起统一、可靠的计量单位基准。在我国法定计量单位制中，长度的基本单位是米（m）。在 1983 年第十七届国际计量大会上通过的米的定义：“1m 是光在真空中于 1/299792458s 的时间间隔内所经过的距离”。

国际计量委员会（CIPM）推荐将若干频率稳定的激光辐射波长作为复现米定义的标准谱线，其中碘稳定的 633nm 激光波长标准是目前世界上实用性强、影响面和应用面广的长度基准。目前我国现行有效的 633nm 国家长度基准装置保存在中国计量科学研究院（NIM）。与其他长度基准相比，以稳频激光的波长作为长度基准具有极好的稳定性和复现性，因此，测量精度高，可以保证计量单位稳定、可靠和统一。

2. 量值传递系统

虽然稳频激光的波长作为长度基准精度很高，但很难直接应用于实际生产和科学实验。因此，为了保证长度量值的准确、统一，就必须把复现的长度基准量值逐级传递到适合应用的计算器具和工件上去，即建立长度量值传递系统，如图 10-1 所示。

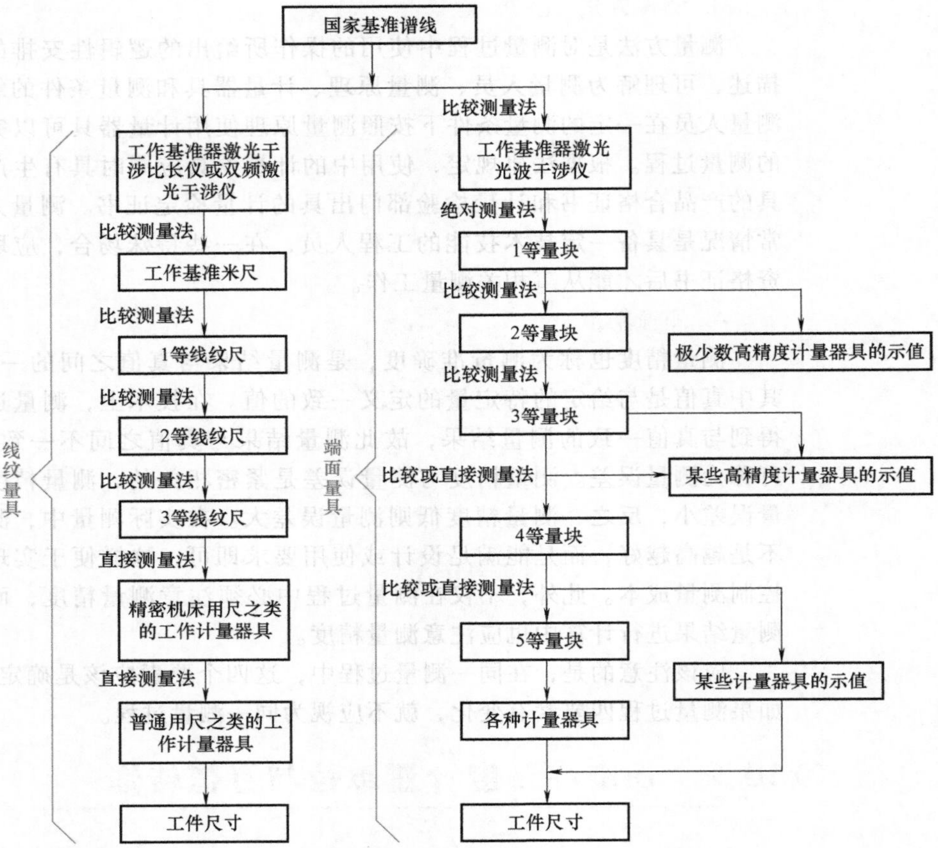

图 10-1 长度量值传递系统

我国的长度计量的量值传递系统由国家基准、副基准、工作基准和计量标准等组成。国家基准是指复现“米”定义的整套装备。副基准是通过与国家基准比对来确定精确度的整套装备。工作基准是通过与国家基准或副基准比对，并经国家鉴定实际用于检定计量标准的整套装备。计量标准是国家根据测量精确度要求和经济原则，规定不同精度等级，作为传递量值用的长度测量工具和标准器。

我国法定的长度标准器有线纹尺和量块，故此长度量值从国家基准谱线开始，分两个平行的系统向下传递，一个是线纹长度量值检定系统（如线纹尺），另一个是端面长度量值检定系统（如量块）。

在机械行业中使用的长度测量工具，应该按照国家规定的检定系统检定，才能使在不同地点、不同时间、用不同方法加工出的零件具有互换性，并保证其尺寸精度。

线纹长度量值检定系统以线纹尺作为标准器。利用线纹长度国家基准中的激光干涉比长仪，检定工作基准米尺；然后利用具有相应精确度的比长仪，逐“等”传递，检定 1、2、3 等线纹尺；最后按测量精确度的要求，用各等线纹尺检定工作线纹尺和工作用的，具有相应精确度的长度计量器具。

端面长度量值检定系统以量块作为标准器。利用端面长度国家基准中的激光量块干涉仪或柯氏干涉仪，检定 1 等量块；然后以 1 等量块检定 2 等量块，以 2 等量块检定 3 等量块，以此类推检定各等量块；最后按照测量精确度的要求，用各等量块检定工作用的，具有相应精确度的长度计量器具。

10.2.2　角度单位

角度单位也是机械制造中重要的几何量之一，但角度基准与长度基准有本质的区别，角度的基准是客观存在的，不需要特殊建立，因为任意一个圆周所对应的圆心角都是定值（2π rad 或 360°），即任一圆周都可以作为角度的自然基准。角度的计量单位一般是弧度，指从一个圆周上截取的弧长与该圆周半径相等时所对应的中心角，称为 1 弧度（rad）。

在实际应用中，为了检定和测量需要，仍然要建立角度量值基准，以及角度量值传递系统，如图 10-2 所示。目前常用的角度量值基准是多面棱体，工作面数量有 4、6、8、12、24、36、72 等。图 10-3 所示为正八面棱体，其相邻两工作面法线间的夹角均为 45°，从而可作为角度基准，测量任意的 $n\times45°$ 角度（n 为正整数）。

图 10-2
角度量值传递系统

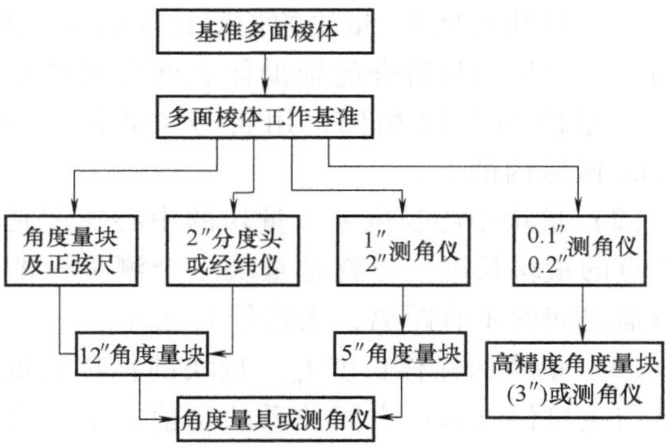

图 10-3
正八面棱体

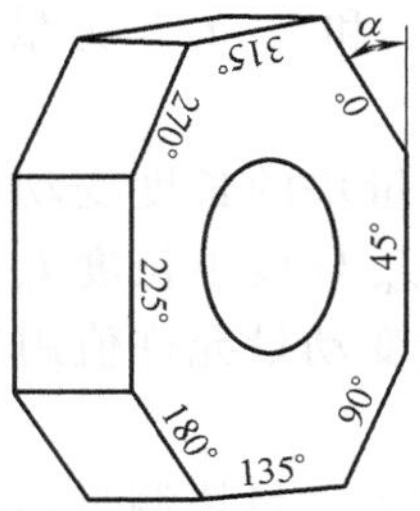

10.2.3　量块

量块是用耐磨材料制造，横截面为矩形并具有一对相互平行测量面的实物量具。量块的测量面可以和另一量块的测量面相研合而组合使用，也可以和具有类似表面质量的辅助体表面相研合，用于量块长度的测量。量块的材料除耐磨性好以外，还要线胀系数小、性能稳定、不易变形。

1. 有关术语

如图 10-4a 所示，件 1 为量块，件 2 为与量块相研合的辅助体（平晶、平台等），图 10-4b 所标各种符号为与量块有关的长度和偏差。

图 10-4

量块及其相关长度和偏差术语

1—量块　2—辅助体

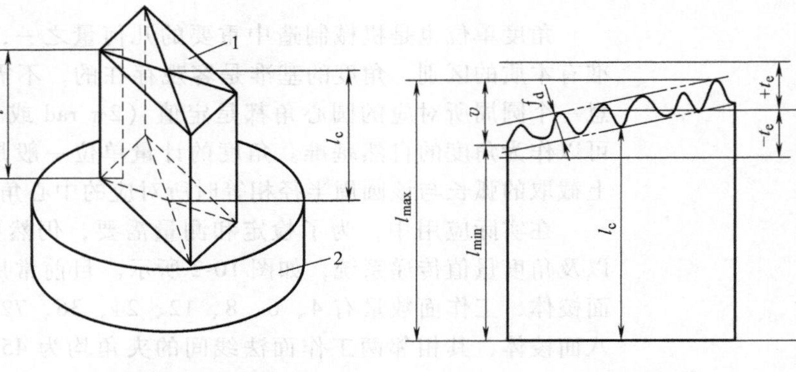

a) 量块及相研合的辅助体　　b) 量块的长度和偏差

有关量块长度和偏差的术语如下：

（1）量块长度 l　量块的长度是量块一个测量面上的任意点到与其相对的另一测量面相研合的辅助体表面之间的垂直距离，辅助体的材料和表面质量应与量块相同，用符号 l 表示。但不包括距测量面边缘为 0.8mm 区域内的点。

（2）量块中心长度 l_c　量块的中心长度是对应于量块未研合测量面中心点的量块长度，也就是量块一个测量面的中心点到与其相对的另一测量面之间的垂直距离，用符号 l_c 表示。

（3）量块的标称长度 l_n　量块的标称长度是标记在量块上，用以表明其与主单位（m）之间关系的量值，也称为量块长度的示值，用符号 l_n 表示。

（4）量块长度偏差 e　长度偏差是任意点的量块长度与标称长度的代数差，即 $e=l-l_n$。若“$+t_e$”和“$-t_e$”为量块长度的极限偏差，则量块合格条件为 $-t_e \leqslant e \leqslant +t_e$。

（5）量块长度变动量 v　量块的长度变动量是指量块测量面上任意点的量块长度中的最大长度 l_{max} 与最小长度 l_{min} 的差值，用符号 v 表示，即 $v=l_{max}-l_{min}$。若量块的长度变动量允许值用符号 t_v 表示，则量块合格条件为 $v \leqslant t_v$。

（6）量块测量面的平面度 f_d　量块测量面的平面度是包容测量面且距离为最小的两个相互平行平面之间的距离，用符号 f_d 表示。若量块测量面的平面度公差（误差允许值）用符号 t_d 表示，则量块合格条件为 $f_d \leqslant t_d$。

（7）研合性　量块的一个测量面与另一量块测量面或与另一经精加工的类似量块测量面的表面，通过分子力的作用而相互黏合的性能。

2. 量块的精度

为满足不同应用场合的需要，国家标准对量块的精度按级和等进行了规定。

（1）量块的分级　根据 JJG 146—2011《量块检定规程》的规定，量块的制造精度由高到低依次分为 5 级，即 K、0、1、2、3 级，其中 K 级的精度最高，3 级的精度最低。量块分“级”的主要依据是量块长度极限偏差 $\pm t_e$、量块长度变动量的允许值 t_v 和量块测量面的平面度公差 t_d。

（2）量块的分等　根据 JJG 146—2011《量块检定规程》的规定，量块的检定精度由高到低依次分为 5 等，即 1、2、3、4、5 等，其中 1 等的精度最高，5 等的精度最低。量块分“等”的主要依据是量块测量的不确定度、量块长度变动量的允许值 t_v 和量块测量面的平面度公差 t_d。

测量中，量块可以按“级”或按“等”使用。量块按“级”使用时，是以量块的标称长度 l_n 作为工作尺寸的，该尺寸未考虑量块的制造误差。量块按“等”使用时，是以经检定得出量块中心长度 l_c 的实测值作为工作尺寸的，该尺寸排除了量块制造误差的影响，仅包含检定时较小的测量误差。因此，量块按“等”使用的测量精度比量块按“级”使用的测量精度高。

3. 量块的组合使用

利用量块的研合性，在一定范围内，可将不同尺寸的量块进行组合而形成所需的工作尺寸。按 GB/T 6093—2001《几何量技术规范（GPS）长度标准　量块》的规定，我国生产的成套量块有 91 块、83 块、46 块、38 块等多种规格。表 10-1 列出了国产 83 块一套量块的尺寸构成系列。

表 10-1　国产 83 块一套量块的尺寸构成系列

尺寸范围/mm	间　隔/mm	小　计/块
1.01~1.49	0.01	49
1.5~1.9	0.1	5
2.0~9.5	0.5	16
10~100	10	10
1	—	1
0.5	—	1
1.005	—	1

量块组合时，为了减少累积误差，应力求块数少，一般不超过 4 块。组成量块组时，可从消去所需工作尺寸的最小尾数开始，逐一选取。例如，为了得到工作尺寸为 24.685mm 的量块组，从 83 块一套的量块中分别选取 1.005mm、1.18m、2.5mm、20mm 的量块，选取过程如下：

1）先选 1.005mm 的量块，剩余尺寸为（24.685－1.005）mm＝23.68mm。

2）再选 1.18mm 的量块，剩余尺寸为（23.68－1.18）mm＝22.5mm。

3）接着选 2.5mm 的量块，剩余尺寸为（22.5－2.5）mm＝20mm。

4）最后选 20mm 的量块。

◎10.3　计量器具与测量方法

10.3.1　计量器具的分类

计量器具是单独地或连同辅助设备一起用以进行测量的器具，也就是测量仪器和测量工具的总称。根据计量器具的测量原理、结构特点及用途，计量器具可分为标准量具、通用量仪量具和专用量仪量具。

（1）标准量具　标准量具是指测量时体现标准量值的计量器具，通常用来校对和调整其他计量器具，或作为标准量值与被测几何量进行比较测量。它又可分为定值标准量具，如量块、直角尺等；变值标准量具，如线纹尺等。

（2）通用量仪量具　通用量仪量具是指在一定范围内，能够对某个或多个几何量进行测量，并得出具体量值的计量器具。

（3）专用量仪量具　专用量仪量具是指专门用来测量某种特定参数的计量器具。如圆度仪、渐开线检查仪、丝杠检查仪、极限量规等。其中极限量规是一种没有刻度的专用检验工具，用来检验零件尺寸、形状或相对位置等，但只能判断零件是否合格，不能得出具体几何量量值。

根据原始信号转换原理，计量器具可分为机械式计量器具、光学式计量器具、气动式计量器具、电动式计量器具、光电式计量器具等。

（1）机械式计量器具　机械式计量器具是指用机械传动方式实现信息转换的计量器具，如游标卡尺、千分尺、百分表、齿轮杠杆比较仪、扭簧比较仪等。

（2）光学式计量器具　光学式计量器具是指用光学方法实现信息转换的计量器具，如光学比较仪、工具显微镜、干涉仪等。

（3）气动式计量器具　气动式计量器具是指通过气动系统流量或压力的变化来实现原始信息转换的计量器具，如薄膜式气动量仪、波纹管式气动量仪等。

（4）电动式计量器具　电动式计量器具是指将原始信息转换成电路参数的计量器具，如电感测微仪、电动轮廓仪等。

（5）光电式计量器具　光电式计量器具是指利用光学方法放大或瞄准，并通过光电元件转换为电信号进行检测，以实现几何量测量的计量器具，如光电显微镜、光栅测长仪、激光干涉仪等。

10.3.2　计量器具的技术性能指标

计量器具的技术性能指标是选择和使用计量器具的重要依据。

（1）刻度间距　指计量器具的刻度尺或刻度盘上两相邻刻度线中心之间的距离。为便于观察，刻线间距不宜过小，一般可取 1~2.5mm。

（2）分度值　指刻度尺或刻度盘上相邻刻线间距所代表的量值。在几何量测量中，常用的分度值有 0.1mm、0.01mm、0.005mm、0.002mm、0.001mm 等。对于数显式量仪的分度值称为分辨力。一般来说，计量器具的分度值越小，其测量精度越高。图 10-5 所示机械式比较仪的分度值为 0.002mm。

（3）分辨力　是指计量器具所能显示的最末一位数所代表的量值。一些量仪的示值采用非标尺或非分度盘显示，如数显式量仪，不能使用分度值这一概念，而将其称为分辨力。例如国产 JC19 型数显式万能工具显微镜的分辨力为 0.5μm。

（4）标称范围和量程　标称范围是指在允许误差范围内，计量器具所能测得的被测几何量的上限值至下限值的范围。标称范围上限值与下限值之差称为量程。图 10-5 所示机械式比较仪的标称范围为 0~180mm，量程为 180mm。

图 10-5

机械式比较仪

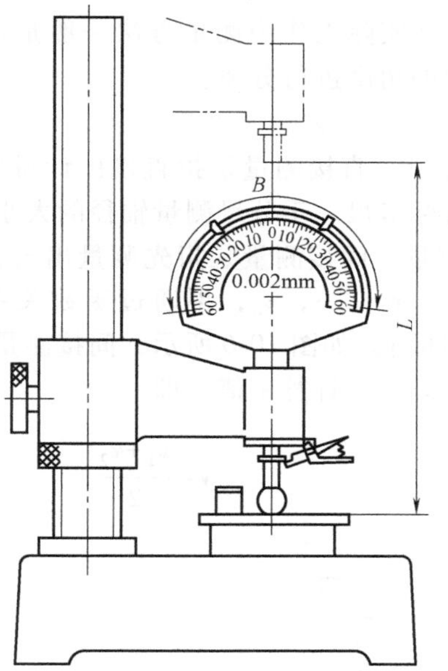

（5）示值范围　指计量器具所能显示或指示的起始值至终止值的范围。图 10-5 所示机械式比较仪的示值范围为±60μm。

（6）灵敏度　指计量器具对被测几何量变化的反应能力。若被测几何量变化为 Δx，计量器具的示值变化 ΔL，则灵敏度 S 为

$$S=\Delta L/\Delta x \tag{10-3}$$

由此可见，灵敏度等于被测几何量的单位变化量引起的计量器具的示值变化。

对于普通长度计量器具，灵敏度也称为放大比。对于等分刻度的量仪，放大比 K 等于刻线间距 a 与分度值 i 之比，即

$$K=a/i \tag{10-4}$$

一般来说，分度值越小，则计量器具的灵敏度就越高。

（7）灵敏限　指能引起计量器具示值可觉察变化的被测几何量的最小变化值。灵敏限越小，计量器具对被测几何量的微小变化越敏感。

（8）示值误差　指计量器具的示值与被测几何量真值之差。它是表征计量器具精度的指标。示值误差越小，计量器具的精度就越高。

（9）重复精度　指在测量条件不变的情况下，对同一被测几何量进行连续多次测量时，其测量结果间的最大变化范围。

（10）回程误差　在相同测量条件下，计量器具对同一被测几何量进行正、反两个方向测量时，测量示值的变化范围。

（11）修正值　为消除或减少系统误差，用代数法加到测量结果上的数值。修正值等于已定系统误差的负值。

（12）不确定度　指由于计量器具误差的影响而对测量结果不能肯定的程度。不确定度用误差界限表示。

10.3.3　测量方法的分类及特点

广义的测量方法是指测量时所采用的测量原理、计量器具和测量条件的综合。但是在实际工作中测量方法一般是指获得测量结果的具体方式，它可从不同的角度进行分类。

1. 按实测量与被测量之间的关系分类

（1）直接测量　直接测量是指直接由计量器具读出被测几何量的量值。例如，用游标卡尺、千分尺测量轴径的大小。

（2）间接测量　间接测量是指先测量出与被测量 y 有一定函数关系的其他量 x_1，x_2，x_3，…，x_n，再通过函数关系 $y=f(x_1, x_2, x_3, \cdots, x_n)$ 计算出被测量 y。如图 10-6 所示，间接测量轴心距 y，可先测量两轴的内外边距 x_1、x_2，再计算 y 值，即

$$y=\frac{x_1+x_2}{2} \tag{10-5}$$

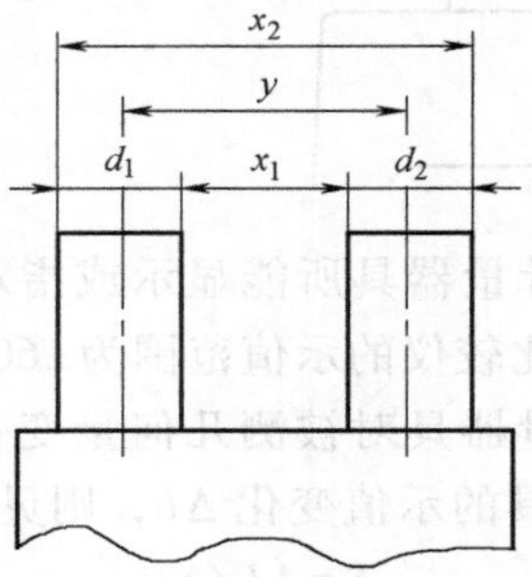

图 10-6
间接测量轴心距

直接测量过程简单，其测量精度只与这一测量过程有关，而间接测量的不确定度不仅取决于实测几何量的测量精度，还与所依据的计算公式和计算的精度有关。因此，间接测量常用于受条件所限无法进行直接测量的场合。

2. 按示值与被测量之间的关系分类

（1）绝对测量　绝对测量是指计量器具显示球指示的示值即是被测几何量的量值。例如，用游标卡尺、千分尺测量轴径的大小。

（2）相对测量　相对测量（比较测量）是指计量器具显示或指示出被测几何量相对于已知标准量的偏差，被测几何量的量值为已知标准量与该偏差值的代数和。如图 10-5 所示，用机械式比较仪测量轴径，测量

时先用量块调整示值零位，该比较仪指示出的示值为被测轴径相对于量块尺寸的偏差。

一般来说，相对测量的测量精度比绝对测量的测量精度高。

3. 按计量器具测头是否接触被测对象分类

（1）接触测量　接触测量是指测量时计量器具的测头与被测表面接触，并有机械作用的测量力。例如，用机械式比较仪测量轴径。

（2）非接触测量　非接触测量是指测量时计量器具的测头不与被测表面接触。例如，用光切显微镜测量表面粗糙度，用气动量仪测量孔径。

在接触测量中，测头与被测表面的接触会引起弹性形变，产生测量误差，而非接触测量则无此影响，故适宜于软质表面或薄壁易变形工件的测量。

4. 按工件上的被测对象多少分类

（1）单项测量　单项测量是指分别对工件上的各被测几何量进行独立测量。例如，用工具显微镜测量螺纹的螺距、牙侧角、中径和顶径等。

（2）综合测量　综合测量是指同时测量工件上几个相关几何量的综合效应或综合指标，以判断综合结果是否合格。例如，用螺纹通规检验螺纹单一中径、螺距和牙侧角实际值的综合结果是否合格。

就工件整体来说，单项测量的效率比综合测量的低，但单项测量便于进行工艺分析。综合测量适用于只要求判断合格与否，而不需要得到具体误差值的场合。

此外，还有动态测量和主动测量。动态测量是指在测量过程中，被测表面与测头处于相对运动状态。例如，用电动轮廓仪测量表面粗糙度。动态测量效率高，并能测出工件上几何参数连续变化时的情况。主动测量是指在加工工件的同时对被测几何量进行测量。其测量结果可直接用以控制加工过程，及时防止废品的产生。主动测量常用于生产线上，因此也称为在线测量。它使检测与加工过程紧密结合，充分发挥检测的作用，是检测技术发展的方向。

5. 按测量最终目的分类

（1）求真测量　求真测量是指期望通过测量得到某一被测对象的真值。通常是进行多次测量，然后利用统计学原理计算出测量结果。测量结果虽然带有测量误差，但在一定程度上可以代表真值。

（2）评价测量　评价测量是指通过测量某些具有同一理论真值的被测对象，来评价相关系统的性能指标。通常是对一定数目的被测对象逐一进行一次测量，然后利用统计学原理计算出所需数据，再由这些数据来评价与被测对象相关的系统性能指标。例如，通过测量工件尺寸误差，来评价加工工艺系统的工序能力。

10.4　测量误差

测量过程中，由于计量器具本身的制造误差以及测量原理和测量条件的限制，任何一次测量的结果会与真值出现或大或小的偏差，很难得到真值，往往只是在一定程度上接近真值，因此，测量结果与被测对象真值在数值上的偏离或偏离程度称为测量误差。测量误差可用绝对误差或相对误差来表示。

10.4.1 测量误差及其表示方法

1. 绝对误差 Δ

绝对误差是被测几何量的测量结果 x 与其真值 x_0 之差，即

$$\Delta = x - x_0 \tag{10-6}$$

由此可见，绝对误差 Δ 可能是正值，也可能是负值。由式（10-6）可得真值为

$$x_0 = x - \Delta \tag{10-7}$$

由式（10-7），可以通过被测几何量的测量结果和绝对误差来估算其真值所在的范围。测量误差的绝对值越小，测量结果就越接近于真值，则测量精度也就越高；反之，测量精度就越低。绝对误差可在评定或比较大小相同的被测几何量中反映测量精度。

2. 相对误差 ε

相对误差是绝对误差的绝对值与真值之比。由于真值很难得到，因此在实际应用中，常用测量结果近似代替真值进行估算，即

$$\varepsilon = \frac{|\Delta|}{x_0} \times 100\% \approx \frac{|\Delta|}{x} \times 100\% \tag{10-8}$$

对于大小不相同的被测几何量，则需要用相对误差来评定或比较它们的测量精度。例如，某两轴径的量值分别为 20.05mm 和 40.15mm，它们的绝对误差分别为+0.0025mm 和-0.0035mm，由式（10-8）可估算出它们的相对误差分别为 $\varepsilon_1 = \frac{0.0025}{20.05} \times 100\% \approx 0.012\%$，$\varepsilon_2 = \frac{0.0035}{40.15} \times 100\% \approx 0.0087\%$，可见 $\varepsilon_1 > \varepsilon_2$，因此后者的测量精度较前者高。

10.4.2 测量误差的来源

测量误差的来源通常可归纳为以下几方面。

（1）计量器具的误差　计量器具的误差是指计量器具本身所固有的误差，包括计量器具的设计、制造和使用过程的各项误差，这些误差综合表现在示值误差和重复精度上。设计计量器具时，为了简化结构而采用近似设计，或者设计的计量器具不符合阿贝原则等，都会产生测量误差。

阿贝原则是指测量长度时，应将基准线安放在被测长度的延长线上，或顺次排成一条直线。如图 10-7 所示，用千分尺测量轴径，千分尺的标准线与工件被测直径在同一直线上，即符合阿贝原则。如果测微螺杆轴线与被测直径间存在一夹角 φ，由此产生的测量误差 δ 为

$$\delta = x' - x = x'(1-\cos\varphi) \approx x'\varphi^2/2 \tag{10-9}$$

式中，x 是应测量的长度；x'是实际测得的长度。

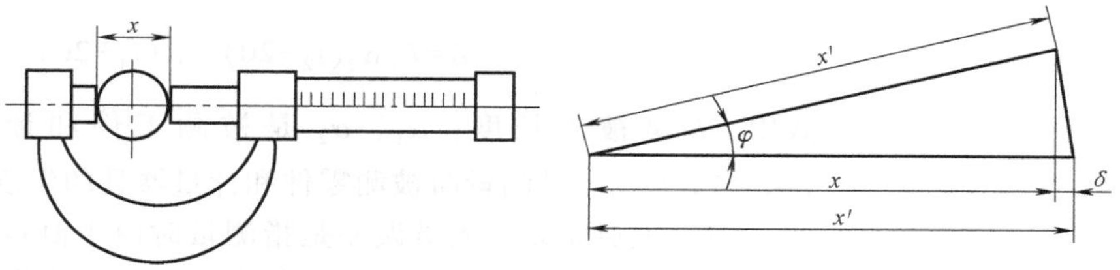

图 10-7
用千分尺测量轴径

假设，$x'=40\text{mm}$，$\varphi=1'\approx0.0003\text{rad}$，则

$$\delta=(40\times0.0003^2/2)\text{mm}=1.8\times10^{-6}\text{mm}=1.8\times10^{-3}\mu\text{m}$$

由此可见，符合阿贝原则的计量器具本身引起的测量误差很小，可以忽略不计。

再例如，游标卡尺的结构不符合阿贝原则，如图 10-8 所示，被测线与基准线平行相距 s 放置，在测量过程中，卡尺活动爪倾斜一个角度 φ，此时产生的测量误差 δ 为

$$\delta=x-x'=s\tan\varphi\approx s\varphi \tag{10-10}$$

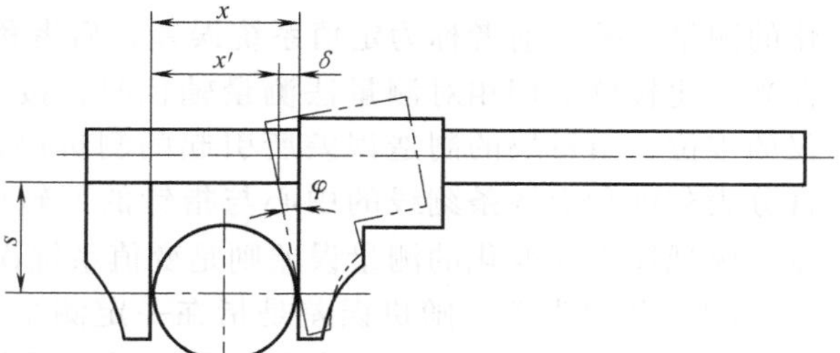

图 10-8
用游标卡尺测量轴径

假设，$x'=40\text{mm}$，$s=25\text{mm}$，$\varphi=1'\approx0.0003\text{rad}$，则

$$\delta=s\varphi=25\times0.0003\text{mm}=0.0075\text{mm}=7.5\mu\text{m}$$

由此可见，不符合阿贝原则的计量器具本身引起的测量误差较大。

计量器具零件的制造和装配误差也会产生测量误差。例如，千分尺的测微螺杆的螺距误差，指示表刻度盘与指针的回转轴的安装偏心等都会产生测量误差。

相对测量时使用的标准量具（如量块）的制造误差也会产生测量误差。

(2) 测量原理误差 测量原理误差是指测量时，由于选用的测量原理不完善而引起的误差，包括计算公式、测量操作、工件安装、定位等精度不高引起的误差。例如，用钢卷尺测量大轴的圆周长 C，再通过计算求出大轴的直径 $d=C/\pi$，由于 π 取近似值，所以计算结果中会带有测量原理误差。

(3) 环境误差 环境误差是指实际测量时的环境条件与标准的测量环境条件有偏差而引起的测量误差。测量条件包括温度、湿度、气压、振动、灰尘等，其中温度的影响最为显著。

图样上标注的各种尺寸、公差和极限偏差都是以标准温度 20℃ 为依据的。在测量时，如果实际温度偏离标准温度，而被测零件和计量器具材料的线胀系数又不同，那么，由于物体热胀冷缩，温度变化将引起测

量误差。此时测量误差 δ 的计算公式为

$$\delta=L[\alpha_2(t_2-20)-\alpha_1(t_1-20)] \tag{10-11}$$

式中，L 是被测长度；α_1、α_2 是被测工件和计量器具的线胀系数（$℃^{-1}$）；t_1、t_2 是测量时被测零件和计量器具的温度（℃）。

（4）人员误差　人员误差是指测量时由于测量人员自身因素所引起的测量误差，包括测量人员的技术熟练程度、分辨能力、连续工作的疲劳程度等。例如，测量人员使用计量器具不熟练、量值估读不同等都会产生测量误差。

值得注意的是，测量误差与测量错误是不同的概念。

10.4.3　测量误差的分类

测量误差按其性质可分为系统误差、随机误差和粗大误差三大类。

（1）系统误差　系统误差是指在一定的测量条件下，对同一被测几何量进行连续多次测量时，误差的大小和符号保持不变或按一定规律变化的测量误差。前者称为定值系统误差，后者称为变值系统误差。例如，在光学比较仪上用相对测量法测量轴径时，按量块的标称尺寸调整比较仪的零位，由量块的制造误差所引起的测量误差就是定值系统误差。而百分表刻度盘上各条刻线的中心与指针的回转中心之间的偏心所引起的按正弦规律周期变化的测量误差则是变值系统误差。

（2）随机误差　随机误差是指在一定测量条件下，连续多次测量同一被测几何量时，误差的大小和符号以不可预定的方式变化的测量误差。随机误差主要是由测量过程中一些无法预料的偶然因素或不稳定因素引起的。例如，测量过程中温度的波动、测量力的变动、突然的振动、计量器具中机构的间隙等引起的测量误差都是随机误差。就单次测量而言，随机误差的大小和符号无法预料，但就连续多次测量来说，随机误差的总体服从一定的统计规律。

（3）粗大误差　粗大误差是指超出规定条件下预计的测量误差，也称过失误差。粗大误差是由某些不正常原因造成的。例如，测量人员粗心大意造成读数错误或记录错误，测量时被测零件或计量器具受到突然振动等。粗大误差会对测量结果产生严重的歪曲，因此，在处理测量数据时，应根据判断粗大误差的准则，将粗大误差剔除掉。

应当注意的是，在不同的测量过程中，同一误差来源可能属于不同的误差分类。例如，量块都存在着或大或小的制造误差，在量块的制造过程中，量块是被测对象，对于一批合格的量块，制造误差是随机变化的，属于量块制造过程的随机误差；在量块的使用过程中，量块是计量器具，对于被测工件而言，量块制造误差是确定的，属于工件测量过程的系统误差。

10.4.4　测量精度

测量精度是指被测几何量的测得值与其真值相接近的程度。与测量

精度相对的概念是测量误差。测量误差越大，测量精度越低；反之，测量精度就越高。为了反映不同性质的测量误差对测量结果的不同影响，测量精度可分为以下几类：

（1）正确度　在一定测量条件下，对被测几何量进行连续多次测量，各测得值的平均值与一个参考量值间的一致程度。它表示测量结果受系统误差影响的程度。

（2）精密度　在一定测量条件下进行连续多次测量，各测得值之间相互接近的程度。它表示测量结果受随机误差影响的程度。

（3）准确度（也称精确度）　在一定测量条件下进行连续多次测量，测得值与其真值相接近的程度。它表示测量结果受系统误差和随机误差综合影响的程度。

现以射击打靶为例进行说明。如图 10-9 所示，图中小圆圈表示靶心，黑点表示弹孔。图 10-9a 表示随机误差大而系统误差小，即打靶的正确度高而精密度低；图 10-9b 表示随机误差小而系统误差大，即打靶的精密度高而正确度低；图 10-9c 表示系统误差和随机误差均小，即打靶的准确度高；图 10-9d 表示系统误差和随机误差均大，即打靶的准确度低。

由此可知，在实际测量中，正确度高，精密度却不一定高；精密度高，正确度却不一定高；但准确度高，则正确度和精密度就一定高。

图 10-9

正确度、精密度和准确度

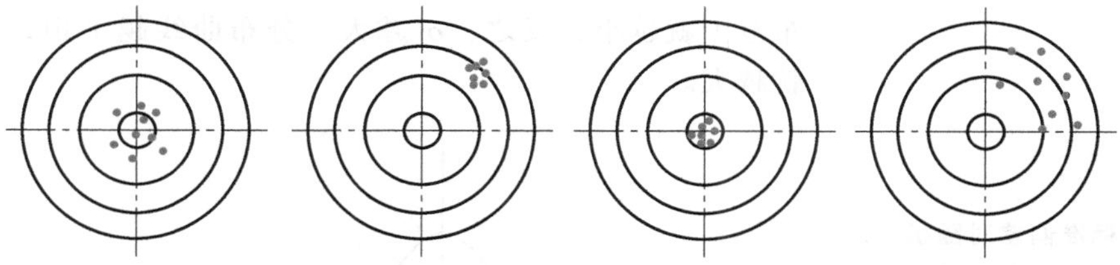

a) 正确度高　b) 精密度高　c) 准确度高　d) 准确度低

◎ 10.5　测量误差与测量数据的处理

10.5.1　测量列中随机误差的处理

1. 随机误差的特点及分布规律

大量实验表明，测量时的随机误差通常服从正态分布规律，其正态分布曲线如图 10-10 所示。正态分布的随机误差具有下列四个基本特性：

（1）单峰性　绝对值越小的随机误差出现的概率越大，反之则越小。

（2）对称性　绝对值相等的正、负随机误差出现的概率相等。

（3）有界性　在一定测量条件下，随机误差的绝对值不会超过一定的界限。

（4）抵偿性　随着测量次数增加，随机误差算术平均值趋近于零。

图 10-10

正态分布曲线

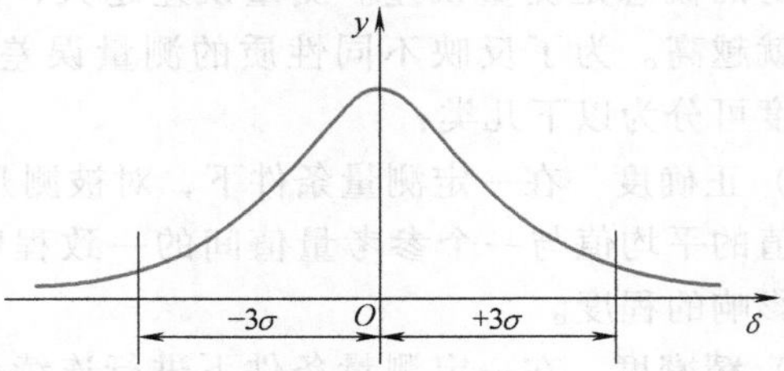

2. 随机误差的评定指标

评定随机误差分布特性时，以正态分布曲线的标准偏差作为评定指标。根据概率论，正态分布曲线的数学表达式为

$$y=\frac{1}{\sqrt{2\pi}\,\sigma}\exp\left(-\frac{\delta^2}{2\sigma^2}\right) \tag{10-12}$$

式中，y 是概率密度；σ 是标准偏差；δ 是随机误差，它是指在没有系统误差的条件下，测得值与真值之差。

由式（10-12）可见，概率密度 y 与随机误差 δ 及标准偏差 σ 有关。当 $\delta=0$ 时，概率密度最大，$y_{\max}=\frac{1}{\sqrt{2\pi}\,\sigma}$，概率密度最大值因标准偏差大小不同而相异。图 10-11 所示的三条正态曲线 1、2、3 中，$\sigma_1<\sigma_2<\sigma_3$，$y_{1\max}>y_{2\max}>y_{3\max}$。由此可见，$\sigma$ 越小，分布曲线越陡峭，随机误差的分布范围就越小；反之，σ 越大，分布曲线越平坦，随机误差的分布范围就越大。

图 10-11

标准偏差对随机误差分布特性的影响

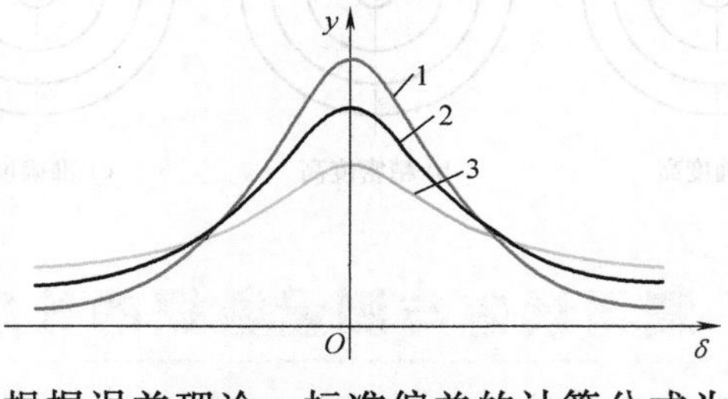

根据误差理论，标准偏差的计算公式为

$$\sigma=\sqrt{\frac{\delta_1^2+\delta_2^2+\cdots+\delta_n^2}{N}}=\sqrt{\frac{1}{N}\sum_{i=1}^{N}\delta_i^2} \tag{10-13}$$

式中，δ_i（$i=1$，2，…，N）是测量列中各测得值相应的随机误差；N 是测量次数。

标准偏差 σ 是反映测量列中数据分散程度的一项指标，它是测量列中任一测量值的标准偏差。由于随机误差具有有界性，其大小不会超过一定的范围，因此随机误差的极限值就是测量极限误差。

3. 随机误差的置信概率与极限值

由概率论可知，随机误差正态分布曲线与横坐标轴所包围的面积等于所有随机误差出现的概率总和。如果随机误差落在区间（$-\infty$，$+\infty$）

内，则其概率为

$$P=\int_{-\infty}^{+\infty} y\mathrm{d}\delta=\int_{-\infty}^{+\infty}\frac{1}{\sqrt{2\pi}\,\sigma}\exp\left(-\frac{\delta^2}{2\sigma^2}\right)\mathrm{d}\delta=1 \tag{10-14}$$

如果随机误差落在区间（$-\delta$，$+\delta$）内，则其概率为

$$P=\int_{-\delta}^{+\delta} y\mathrm{d}\delta=\int_{-\delta}^{+\delta}\frac{1}{\sqrt{2\pi}\,\sigma}\exp\left(-\frac{\delta^2}{2\sigma^2}\right)\mathrm{d}\delta \tag{10-15}$$

设 $t=\dfrac{\delta}{\sigma}$，$\mathrm{d}t=\dfrac{\mathrm{d}\delta}{\sigma}$，则式（10-15）转化为

$$P=\frac{1}{\sqrt{2\pi}}\int_{-t}^{+t}\exp\left(-\frac{t^2}{2}\right)\mathrm{d}t=\frac{2}{\sqrt{2\pi}}\int_{0}^{+t}\exp\left(-\frac{t^2}{2}\right)\mathrm{d}t \tag{10-16}$$

再设 $P=2\Phi(t)$，则有

$$\Phi(t)=\frac{1}{\sqrt{2\pi}}\int_{0}^{+t}\exp\left(-\frac{t^2}{2}\right)\mathrm{d}t \tag{10-17}$$

函数 $\Phi(t)$ 称为拉普拉斯函数。按 t 查拉普拉斯函数表，可求出随机误差在［$-t\sigma$，$+t\sigma$］范围内出现的概率，称为置信概率。例如：

当 $t=1$ 时，即 $\delta=\pm\sigma$ 时，置信概率 $P=2\Phi(t)=68.27\%$；

当 $t=2$ 时，即 $\delta=\pm2\sigma$ 时，置信概率 $P=2\Phi(t)=95.44\%$；

当 $t=3$ 时，即 $\delta=\pm3\sigma$ 时，置信概率 $P=2\Phi(t)=99.73\%$。

由此可见，随机误差超出 $\pm3\sigma$ 范围的概率仅为 0.27%，这样，绝对值大于 3σ 的随机误差出现的可能性几乎等于零。因此，可以将随机误差的极限值，即测量极限误差取为 $\pm3\sigma$，并记作

$$\Delta_{\lim}=\pm3\sigma \tag{10-18}$$

［-3σ，$+3\sigma$］可认为是随机误差的实际分布范围。

4. 随机误差的处理

在一定的测量条件下，对同一被测几何量连续进行多次测量，获得一测量列。如果测量列中不存在系统误差和粗大误差，则随机误差的分布中心是真值。但被测几何量的真值未知，因此无法按式（10-13）求出标准偏差 σ。但根据误差理论，在测量次数有限时，可用测量列中各测得值的算术平均值代替真值，来计算标准偏差和确定测量结果。具体处理步骤如下：

（1）计算测量列的算术平均值　若进行 N 次测量，得到测得值为 x_1，x_2，…，x_N，可组成一测量列，则算术平均值为

$$\bar{x}=\frac{1}{N}\sum_{i=1}^{N}x_i \tag{10-19}$$

（2）计算残差　用算术平均值代替真值，则各测得值与算术平均值之差称为残余误差，简称残差，用 ν_i 表示，即

$$v_i=x_0-\bar{x} \tag{10-20}$$

残差具有下述两个特性：

1）残差的代数和等于零，即 $\sum\limits_{i=1}^{N}v_i=0$。这一特性可用来检验数据处

理中求得的算术平均值和残差是否准确。

2）残差的平方和为最小，即 $\sum_{i=1}^{N} v_i^2$ 为最小。由此可以说明，用算术平均值作为测量结果是最可靠且最合理的。

（3）计算测量列中单次测得值的标准偏差与单次测量结果的表达

测得值的算术平均值虽然表示测量结果，但不能表示各测得值的精密度，故需要确定标准偏差。对有限次数的测量，通常按下面的贝塞尔（Bessel）公式计算单次测得值的标准偏差，即

$$\sigma = \sqrt{\frac{1}{N-1}\sum_{i=1}^{N} v_i^2} \tag{10-21}$$

由式（10-21）计算出 σ 值后，若只考虑随机误差的影响，则单次测得值的测量结果可表示为

$$x_0 = x_i \pm 3\sigma \tag{10-22}$$

这意味着用单次测得值作为测量结果与被测量真值（或算术平均值）之差不超出其极限误差 $\Delta_{\lim} = \pm 3\sigma$ 的范围，此时置信概率为 99.73%。

（4）计算测量列算术平均值的标准偏差与测量列测量结果的表达

若一定条件下，对同一被测几何量进行多组测量（每组测量 N 次），则对应每组测量都有一个算术平均值，因而得到一列算术平均值。这些算术平均值各不相同，分布在真值附近，其分布范围比单次测得值的分布范围小得多，如图 10-12 所示。也就是说，算术平均值的精密度比单次测得值的精密度要高。多组测量的算术平均值的分布特性，同样可用标准偏差作为评定指标。

图 10-12

σ_x 与 σ 的关系

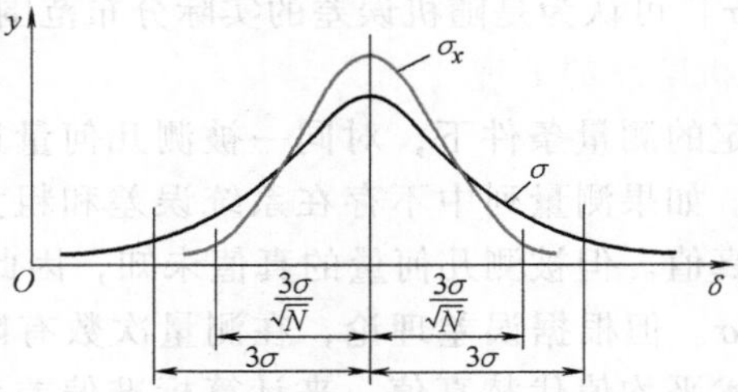

根据误差理论，测量列算术平均值的标准偏差与该测量列单次测得值的标准偏差之间存在的关系为

$$\sigma_{\bar{x}} = \frac{\sigma}{\sqrt{N}} = \sqrt{\frac{1}{N(N-1)}\sum_{i=1}^{N} v_i^2} \tag{10-23}$$

由式（10-23）可知，测量次数 N 越多，则 $\sigma_{\bar{x}}$ 越小，测量的精密度就越高，但测量次数也不宜过多，一般取 $N=10\sim15$ 次为宜。

测量列算术平均值的测量极限误差为

$$\Delta_{\lim(\bar{x})} = \pm 3\sigma_{\bar{x}} \tag{10-24}$$

多次（组）测量所得算术平均值的测量结果可表示为

$$x_0 = \bar{x} \pm 3\sigma_{\bar{x}} \tag{10-25}$$

这意味着用测量列各测得值的算术平均值作为测量结果与被测量真

值之差不会超出其极限误差$\pm3\sigma_{\bar{x}}$的范围，此时置信概率为 99.73%。

10.5.2　测量列中系统误差的处理

对系统误差，应寻找和分析其产生的原因及变化规律，以便从测量数据中发现并予以消除，从而提高测量准确度。

（1）定值系统误差的处理　定值系统误差的大小和符号均保持不变，因此它不改变测量误差分布曲线的形状，而只改变测量误差分布中心的位置。从测量列的原始数据本身看不出定值系统误差是否存在，要揭露定值系统误差，可以采用实验对比法，即改变测量条件（通常采用高精度测量），对已测量的同一被测几何量进行另一组次数相同的测量，比较前后两列测得值，若两者没有差异，则表示不存在定值系统误差；若两者有差异，则表示存在定值系统误差。

例如，用比较仪测量轴径时，按“级”使用量块会使测量结果产生定值系统误差，只有用等级更高的量块进行测量对比，才能发现前者的定值系统误差。此时，取该系统误差的相反数作为修正值，加到测量列的算术平均值上，即可消除系统误差。对于某些定值系统误差，也可用“抵消法”来消除。例如，在工具显微镜上测量螺距时，由于安装误差，使左、右牙侧的螺距产生大小相等、符号相反的定值系统误差，因此可分别测出左、右牙侧的螺距，取两者的平均值作为测量结果。

（2）变值系统误差的处理　变值系统误差的大小和符号按一定规律变化，它不仅改变测量误差分布曲线的形状，而且改变测量误差分布中心的位置。可用残差观察法来发现变值系统误差，即将各测得值的残差按测量顺序排列，观察其分布规律。若各残差大体上正、负相间，又无显著变化（图 10-13a），则不存在变值系统误差；若各残差按近似的线性规律递增或递减（图 10-13b），则可判定存在线性系统误差；若各残差的大小和符号有规律地周期变化（图 10-13c），则存在周期性系统误差。

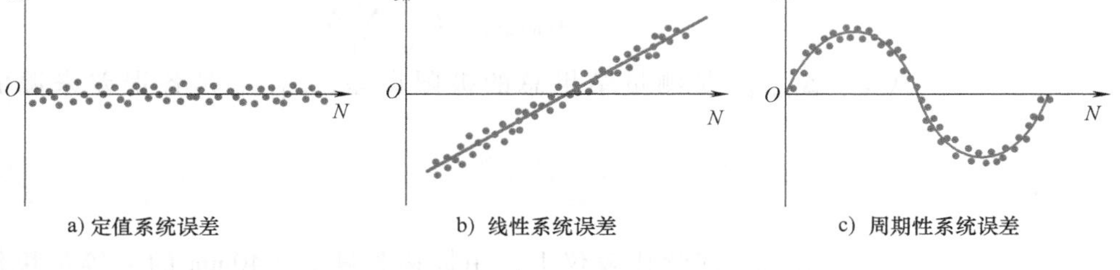

图 10-13　变值系统误差的发现

消除变值系统误差的方法很多。例如，周期性系统误差可采用半周期法来消除，即取各处每隔半个周期的两个测量数据的平均值作为一个测得值。

根据是否被掌握的程度，系统误差也可分为已定系统误差和未定系统误差：前者是指数值大小和变化规律已被掌握的系统误差；而后者是指数值大小和变化规律未被掌握的系统误差。对于已定系统误差，可按上述方法加以处理；而对于未定系统误差，则可以按处理随机误差的方法进行处理。

从理论上讲，系统误差有一定规律，是可以消除的。但实际上，由于系统误差存在的复杂性，因此只能减小到一定程度。一般说来，系统误差若能减小到使其影响相当于随机误差的程度，则可认为已被消除。

10.5.3　测量列中粗大误差的处理

粗大误差的数值相当大，在测量中应尽可能避免。如果粗大误差已产生，则应根据判断粗大误差的准则予以剔除，通常用拉依达（Райта）准则来判断。

拉依达准则又称 3σ 准则。该准则认为，当测量列服从正态分布时，残差落在 $\pm3\sigma$ 外的概率仅为 0.27%，因此，当测量列中出现绝对值大于 3σ 的残差时，即

$$|v_i|>3\sigma \tag{10-26}$$

则认为该残差对应的测得值含有粗大误差，应予以剔除。

10.5.4　直接测量列的数据处理

直接测量列的测得值中，可能含有系统误差、随机误差和粗大误差，为了得到可靠的测量结果，应对这些数据加以处理。

1）对已定的系统误差，按代数和法合成，即

$$\Delta_{总} = \sum_{i=1}^{n} \Delta_i \tag{10-27}$$

式中，$\Delta_{总}$是测量结果总的系统误差；Δ_i是各误差来源的系统误差。

2）对于符合正态分布、彼此独立的随机误差和未定系统误差，按方和根法合成，即

$$\Delta_{\lim(总)} = \pm\sqrt{\sum_{i=1}^{n} \Delta_{\lim(i)}^2} \tag{10-28}$$

式中，$\Delta_{\lim(总)}$是测量结果总的极限误差；$\Delta_{\lim(i)}$是各误差来源的极限误差。

例 10-1

在立式光学比较仪上，用标称长度 $l_n=40$mm 的 4 等量块作基准，测量标称尺寸为 40mm 的轴径，测量时室内温度为（22±1）℃，测量前量块和工件都经等温处理。若所用的光较仪有 +0.1μm 的零位误差，所用量块中心长度的实际偏差为 −0.3μm，检定 4 等量块的极限误差为 ±0.3μm，重复测量 15 次，测量顺序和相应的测得值见表 10-2，试求测量结果，并判断是否存在粗大误差（已知：$\alpha_{工件}=11.5\times10^{-6}℃^{-1}$，$\alpha_{量块}=10\times10^{-6}℃^{-1}$）。

例 10-1（续）

表 10-2
初始数据处理计算表

序　号	$x_i/\mu m$	$v_i=x_i-\bar{x}/\mu m$	$v_i^2/\mu m^2$
1	3.3	-0.2	0.04
2	3.5	0	0
3	3.4	-0.1	0.01
4	4.2	0.7	0.49
5	3.5	0	0
6	3.3	-0.2	0.04
7	3.4	-0.1	0.01
8	3.6	0.1	0.01
9	3.3	-0.2	0.04
10	3.7	0.2	0.04
11	3.5	0	0
12	3.3	-0.2	0.04
13	3.4	-0.1	0.01
14	3.5	0	0
15	3.6	0.1	0.01
	$\bar{x}=3.5$	$\sum_{i=1}^{N} v_i=0$	$\sum_{i=1}^{N} v_i^2=0.74$

解： 经分析可知，测量列中已定系统误差如下：

量块中心长度的实际偏差：$\Delta_1=-0.3\mu m$。

光学比较仪的零位误差：$\Delta_2=+0.1\mu m$。

环境误差：由于测量前经等温处理，故 $t_{工件}=t_{量块}=t_{环境}=(22\pm1)$℃，从而由式（10-11）得

$$\begin{aligned}\Delta_3&=x[(\alpha_{工件}-\alpha_{量块})(t_{环境}-20℃)]\\&=40\times(11.5-10)\times10^{-6}\times2\mu m\\&=+0.12\mu m\end{aligned}$$

未定系统误差如下：

检定 4 等量块的极限误差：$\Delta_{\lim(1)}=\pm0.3\mu m$。

测量列的算术平均值为

$$\bar{x}=\frac{1}{N}\sum_{i=1}^{N}x_i=\frac{1}{15}\sum_{i=1}^{15}x_i=3.5\mu m$$

各测得值的残差列于表 10-2 的第 3 列内。

单次测得值的标准偏差为

$$\sigma=\sqrt{\frac{1}{N-1}\sum_{i=1}^{N}v_i^2}=\sqrt{\frac{1}{15-1}}\times0.74\mu m=\sqrt{\frac{0.74}{14}}\mu m\approx0.2299\mu m$$

例 10-1（续）

$3\sigma \approx 0.6897\mu m$，由表 10-2 的第 3 列可知，第 4 次测量的残差绝对值为 0.7，大于 3σ，即 $|v_i|>3\sigma$，所以，由拉依达准则可判定第 4 次测量存在粗大误差，应剔除。其余 14 次测量的残差绝对值都小于 3σ，不存在粗大误差。取 $N=14$，建立新的数据处理表（见表 10-3），重新计算平均值、残差（见表 10-3）及单次测得值的标准偏差，得

$$\bar{x} = \frac{1}{N}\sum_{i=1}^{N} x_i = \frac{1}{14}\sum_{i=1}^{14} x_i = 3.45\mu m$$

$$\sigma = \sqrt{\frac{1}{N-1}\sum_{i=1}^{N} v_i^2} = \sqrt{\frac{1}{14-1} \times 0.215\,\mu m} = \sqrt{\frac{0.215}{13}}\,\mu m \approx 0.1286\mu m$$

表 10-3

数据处理计算表

序　号	$x_i/\mu m$	$v_i = x_i - \bar{x}/\mu m$	$v_i^2/\mu m^2$
1	3.3	−0.15	0.0225
2	3.5	0.05	0.0025
3	3.4	−0.05	0.0025
4	3.5	0.05	0.0025
5	3.3	−0.15	0.0225
6	3.4	−0.05	0.0025
7	3.6	0.15	0.0225
8	3.3	−0.15	0.0225
9	3.7	0.25	0.0625
10	3.5	0.05	0.0025
11	3.3	−0.15	0.0225
12	3.4	−0.05	0.0025
13	3.5	0.05	0.0025
14	3.6	0.15	0.0225
	$\bar{x}=3.45$	$\sum_{i=1}^{N} v_i = 0$	$\sum_{i=1}^{N} v_i^2 = 0.215$

测量列算术平均值的标准偏差为

$$\sigma_{\bar{x}} = \frac{\sigma}{\sqrt{N}} = \sqrt{\frac{1}{N(N-1)}\sum_{i=1}^{N} v_i^2} = \sqrt{\frac{0.215}{14(14-1)}}\,\mu m \approx 0.0344\mu m$$

测量列算术平均值的极限误差为

$$\Delta_{\lim(\bar{x})} = \pm 3\sigma_{\bar{x}} = \pm 3\sqrt{\frac{0.215}{14(14-1)}} \approx \pm 0.1031\mu m$$

将以上各项误差分别合成，得

$$\Delta_{总} = \sum_{i=1}^{3} \Delta_i = (-0.3 + 0.1 + 0.12)\,\mu m = -0.08\mu m$$

例 10-1（续）

$$\Delta_{\lim(\text{总})} = \pm\sqrt{\sum_{i=1}^{2}\Delta_{\lim(i)}^2} = \pm\sqrt{\Delta_{\lim(1)}^2 + \Delta_{\lim(\bar{x})}^2}$$

$$= \pm\sqrt{0.3^2 + \frac{9\times 0.215}{14\times 13}}\mu m \approx \pm 0.3172\mu m$$

测量结果为

$$d = (l_n + \bar{x} - \Delta_{\text{总}}) \pm \Delta_{\lim(\text{总})}$$

$$= [40+0.00345-(-0.00008)]mm \pm 0.0003172mm$$

$$= (40.00337 \pm 0.0003172)mm$$

然而原始测量值读数只能精确到 0.1μm，为避免误解，应将测量结果也精确到 0.1μm，所以测量结果应为

$$d = (40.0034 \pm 0.0003)mm$$

此时置信概率为 99.73%。

经过上面的数据处理，不仅给出了被测工件的实际尺寸 40.0034mm，而且还给出了该测量结果的精度，也就是给出了该测量方法的极限误差值 $\Delta_{Lim(\text{总})} = \pm 0.0003mm$。

值得注意的是，计算过程中需要用到上步计算结果时，应代入其精确值，而不能代入约数值，以避免多次四舍五入引起计算误差。

10.5.5 间接测量列的数据处理

间接测量时，被测几何量是与之有一定关系的各个实测几何量的函数。因此，间接测量中，被测几何量的测量误差也是各个实测几何量的测量误差的函数，它属于函数误差。

1. 函数误差的基本计算公式

设间接测量中被测几何量 y 与各实测几何量 x（$i=1, 2, \cdots, n$）之间的函数关系为

$$y = f(x_i) \tag{10-29}$$

该函数的增量可用函数的全微分来表示，即

$$dy = \frac{\partial f}{\partial x_1}dx_1 + \frac{\partial f}{\partial x_2}dx_2 + \cdots + \frac{\partial f}{\partial x_n}dx_n = \sum_{i=1}^{n}\frac{\partial f}{\partial x_i}dx_i \tag{10-30}$$

式中，dy 是被测几何量的测量误差；dx_i 是各实测几何量的测量误差；$\frac{\partial f}{\partial x_i}$是各实测几何量的测量误差的传递系数。

2. 函数已定系统误差的计算

若各实测几何量 x_i 的测得值中存在已定系统误差 Δx_i，以 Δx_i 代替式（10-30）中的 dx_i，则可按式（10-31）求得函数已定系统误差 Δy，即

$$\Delta y = \frac{\partial f}{\partial x_1}\Delta x_1 + \frac{\partial f}{\partial x_2}\Delta x_2 + \cdots + \frac{\partial f}{\partial x_n}\Delta x_n = \sum_{i=1}^{n}\frac{\partial f}{\partial x_i}\Delta x_i \tag{10-31}$$

3. 函数随机误差的计算

若各实测几何量 x_i 的随机误差均服从正态分布，且彼此独立，则可按式（10-32）求得函数的测量极限误差 $\Delta_{\lim(y)}$，即

$$\Delta_{\lim(y)} = \pm\sqrt{\left(\frac{\partial f}{\partial x_1}\right)^2 \Delta x_{\lim(1)}^2 + \left(\frac{\partial f}{\partial x_2}\right)^2 \Delta x_{\lim(2)}^2 + \cdots + \left(\frac{\partial f}{\partial x_n}\right)^2 \Delta x_{\lim(n)}^2}$$

$$= \pm\sqrt{\sum_{i=1}^{n}\left(\frac{\partial f}{\partial x_i}\right)^2 \Delta x_{\lim(i)}^2} \tag{10-32}$$

式中，$\Delta x_{\lim(i)}$ 是各实测几何量的测量极限误差。

例 10-2

如图 10-6 所示，间接测量轴心距 y，可有下列三种测量方案：

1）测量两个轴径 d_1、d_2 和内侧轴边距 x_1，然后计算出轴心距 $y=x_1+(d_1+d_2)/2$。

2）测量两个轴径 d_1、d_2 和外侧轴边距 x_2，然后计算出轴心距 $y=x_2-(d_1+d_2)/2$。

3）测量内、外侧轴边距 x_1、x_2，然后计算出轴心距 $y=(x_1+x_2)/2$。

设已测得 $d_1=19.98\text{mm}$，$d_2=20.02\text{mm}$，$x_1=60.02\text{mm}$，$x_2=99.96\text{mm}$；它们的系统误差分别为 $\Delta d_1=-0.003\text{mm}$，$\Delta d_2=+0.002\text{mm}$，$\Delta x_1=+0.01\text{mm}$，$\Delta x_2=-0.013\text{mm}$；它们的测量极限误差分别为 $\Delta_{\lim(d_1)}=\Delta_{\lim(d_2)}=\pm0.0055$，$\Delta_{\lim(x_1)}=\pm0.018\text{mm}$，$\Delta_{\lim(x_2)}=\pm0.012\text{mm}$，试确定这三种测量方案的测量结果，并分析哪种方案最佳。

解： 按测量方案 1）确定的测量结果。

1）根据函数关系计算轴心距 y，得

$$y=x_1+(d_1+d_2)/2=[60.02+(19.98+20.02)/2]\text{mm}=80.02\text{mm}$$

2）计算系统误差 Δy。首先对函数进行全微分，得

$$\Delta y=\Delta x_1+\frac{1}{2}\Delta d_1+\frac{1}{2}\Delta d_2=\left[+0.01+\frac{1}{2}(-0.003+0.002)\right]\text{mm}=+0.0095\text{mm}$$

3）计算轴心距的测量极限误差 $\Delta_{\lim(y)}$，得

$$\Delta_{\lim(y)}=\pm\sqrt{\Delta_{\lim(x_1)}^2+\left(\frac{1}{2}\right)^2\Delta_{\lim(d_1)}^2+\left(\frac{1}{2}\right)^2\Delta_{\lim(d_2)}^2}$$

$$=\pm\sqrt{0.018^2+\left(\frac{1}{2}\right)^2(0.0055)^2+\left(\frac{1}{2}\right)^2(0.0055)^2}\text{ mm}$$

$$=\pm0.0184\text{mm}$$

4）确定测量结果 y_1，即

$$y_1=(y-\Delta y)\pm\Delta_{\lim(y)}=[(80.02-0.0095)\pm0.0184]\text{mm}=(80.01\pm0.02)\text{mm}$$

置信概率为 99.73%。

例 10-2（续）

同理，按上述方法分别确定测量方案 2)、3）的测量结果为

$$y_2=(79.9725\pm0.0126)\,mm=(79.97\pm0.01)\,mm$$

$$y_3=(79.9915\pm0.0108)\,mm=(79.99\pm0.01)\,mm$$

此时置信概率为 99.73%。

从以上三种测量方案的测量结果可知，测量方案 3）的测量极限误差最小，测量方案 1）的最大，这表明测量方案 3）的测量精度最高，测量方案 1）的测量精度最低。再者，测量方案 1）要测三个参数，其中内尺寸 x_1 的测量精度较难保证。因此，合理选择测量方案是控制测量精度的重要手段之一。

本章小结

1）测量过程四要素：被测对象、计量单位、测量方法和测量精度。

2）量块的精度：按制造精度由高到低分为 K、0、1、2、3 级；按检定精度由高到低分为 1、2、3、4、5 等。

3）计量器具的主要性能指标和常用测量方法的特点。

4）测量误差按其性质可分为系统误差、随机误差和粗大误差。测量误差越大，测量精度越低。测量精度可分为正确度、精密度和准确度。

5）测量数据的处理，包括测量列中随机误差、系统误差和粗大误差的处理，以及直接测量列和间接测量列的数据处理。

第11章

孔、轴尺寸的检测

本章提要

- 本章要求掌握孔、轴尺寸检测的基本原则，孔、轴尺寸检测的验收极限，以及光滑极限量规的设计方法；能够根据不同精度要求合理地选择计量器具；能够运用最基本的检测原则和检测方法对各种典型参数和零件进行测量。
- 本章重点为检测的基本原则，孔、轴检测的验收极限，以及光滑极限量规的设计方法。

11.1 孔、轴尺寸的检测方式

为了保证孔、轴的互换性，除了在设计时按其使用要求规定相应的几何参数公差外，还必须对加工的孔、轴进行检测。只有当孔、轴的真实尺寸位于规定的上、下极限尺寸范围内，孔、轴的尺寸才是合格的。为此，在互换性生产中，对孔、轴的尺寸精度采取两种不同的检测方式。

一种是利用通用计量器具检测，通过测量得到被测孔、轴的实际尺寸，根据该尺寸是否超出其极限尺寸来判定孔、轴合格与否。例如，在加工中使用游标卡尺、千分尺及车间使用的比较仪等通用计量器具进行检测，就属于这一方式。

另一种是利用量规检测。量规是一种没有刻度而用以检验孔、轴实际尺寸和几何误差综合结果的专用计量器具，用它检验的结果可以判断实际孔、轴合格与否，但不能获得孔、轴实际尺寸和几何误差的具体数值。

对于采用包容要求的孔、轴，它们的实际尺寸和形状误差的综合结果应该使用光滑极限量规检验。最大实体要求应用于被测要素和（或）基准要素时，它们的实际尺寸和形状误差的综合结果应该使用功能量规来检验。

光滑极限量规是一种没有刻度的专用计量器具，分为通规和止规，分别按工件的两个极限尺寸制造，成对使用。如图 11-1 所示，通规代号为 T，止规代号为 Z。通规用来模拟最大实体边界，检验孔、轴的实体是否超越该理想边界，止规用来检验孔、轴的实际尺寸是否超越最小实体尺寸。

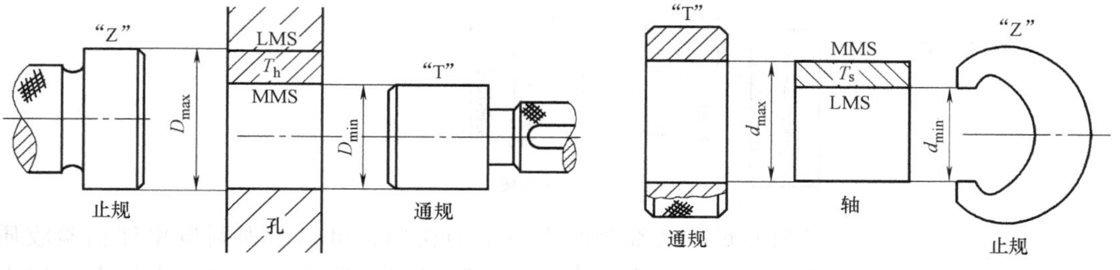

图 11-1　孔用量规和轴用量规

光滑极限量规与被测工件进行比较，用来定性判定该孔或轴的尺寸是否合格。检验孔用的量规称为塞规，检验轴用的量规称为环规或卡规。检验零件时，如果通规能通过被检测零件，止规不能通过被检测零件，即可确定被检验件是合格品；反之，若通规不能通过被检测零件，或者止规能通过被检测零件，即可确定该零件的尺寸不合格。

功能量规是最大实体要求应用于被测要素和（或）基准要素时，用来确定它们的实际轮廓是否超出实际边界（最大实体实效边界或最大实体边界）的全形通规，具有整体型、组合型、插入型和活动型四种型式。

用通用计量器具可以测出孔、轴的实际尺寸，便于了解产品质量情况，并能对生产过程进行分析和控制，多用于单件、小批量生产中的检测；用量规检测只能判断孔、轴的实际尺寸是否在规定的极限尺寸范围内，以确定该孔或轴的尺寸是否合格，而不能测量出其实际尺寸的具体数值。这种方法简便、迅速、可靠，一般用于大批量生产中的质量控制。

11.2　孔、轴尺寸的验收极限

11.2.1　测量的误收和误废

在验收工件时，为确保产品质量及互换性，国家标准采用的检验原则：所有验收方法应只接受（收）位于规定极限尺寸之内的工件。

当使用计量器具检测孔、轴尺寸时，由于计量器具与测量系统本身都不可避免地存在测量误差，测得的实际尺寸基本是按正态分布的，即测得的实际尺寸=真实尺寸±测量误差。

如图 11-2 所示，当工件真实尺寸落在工件公差带外且接近极限尺寸时，其测得值可能落在公差带之内，本来不合格的工件被判为合格品而接收，称为误收；当工件真实尺寸位于公差带之内且接近极限尺寸时，其测得值可能超越公差带，本应合格的工件被判为废品，称为误废。用极限量规检验孔、轴，由于量规制造不可能绝对准确，极限量规的实际尺寸可能偏离工件的极限尺寸，这也会造成工件的误收或误废。误收会影响产品的质量，误废则造成不必要的经济损失。

图 11-2

误收与误废

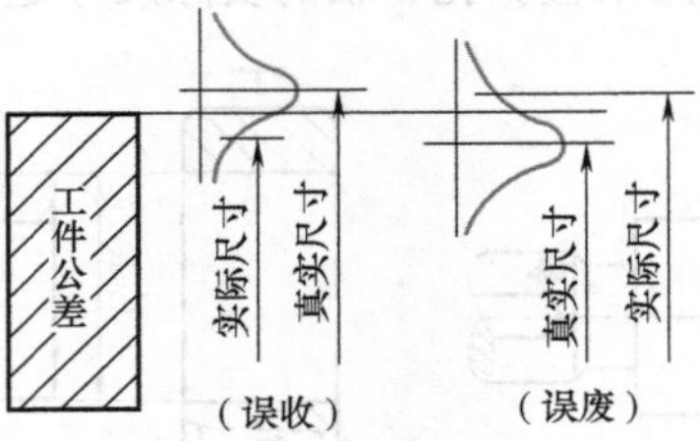

任何测量方法都会产生一定的误判，可以由误判概率评估验收质量的高低。误判概率为误收概率（以下简称误收率）和误废概率（以下简称误废率）的统称。误判概率主要取决于工艺过程能力指数 C_p（工件公差与实际尺寸分散范围的比值：$C_p=\frac{IT}{6\sigma}$）和工件尺寸在公差带内的分布形式，其次取决于测量误差比（测量误差对工件公差之比）和验收极限。当 C_p 增大时，误判概率将减小；反之，C_p 减小时，误判概率将增大。当测量误差比增大时，误判概率将增大；反之，测量误差比减小时，误判概率将减小。改变验收极限，即检验零件时允许尺寸变化的界限，则可以改变误收率和误废率。将验收极限向公差带内移动，则误收率减少，误废率增加；反之，将验收极限向公差带外移动，则误收率增加，误废率减小。

在验收工件过程中，为保证验收工件的质量，满足互换性原则的要求，应针对不同情况，合理地确定孔、轴的验收极限。

11.2.2　验收极限的确定

如前所述，验收极限是判断所检验工件尺寸合格与否的尺寸界限，即在检验零件时允许尺寸变动的两个界限，是保证产品质量并提高经济效益的一项措施。

根据国家标准 GB/T 3177—2009《产品几何技术规范（GPS）光滑工件尺寸的检验》规定，验收极限可以按照下列两种方式之一确定。

1. 内缩方式

内缩方式的验收极限是从规定的最大实体尺寸和最小实体尺寸分别向工件公差带内移动一个安全裕度 A 来确定，如图 11-3a 所示。

孔的尺寸验收极限：

上验收极限 K_s = 最小实体尺寸(LMS) − 安全裕度(A)

下验收极限 K_i = 最大实体尺寸(MMS) + 安全裕度(A)

轴的尺寸验收极限：

上验收极限 K_s = 最大实体尺寸(LMS) − 安全裕度(A)

下验收极限 K_i = 最小实体尺寸(MMS) + 安全裕度(A)

规定安全裕度，是保证产品质量的技术措施，也是确定验收极限的依据。安全裕度的大小，从技术和经济两方面来考虑，按工件公差（T）的 1/10 来确定，见附表 40。

2. 不内缩方式

验收极限等于规定的最大实体尺寸（MMS）和最小实体尺寸（LMS），相当于安全裕度 A 等于“零”，如图 11-3b 所示。

孔的尺寸验收极限：

上验收极限 K_s = 最小实体尺寸(LMS)

下验收极限 K_i = 最大实体尺寸(MMS)

轴的尺寸验收极限：

上验收极限 K_s = 最大实体尺寸(MMS)

下验收极限 K_i = 最小实体尺寸(LMS)

通常，把验收极限确定的允许尺寸变化范围称为生产公差。在给定尺寸公差不变时，验收极限的确定直接关系产品质量和加工经济性，如验收极限内移较大，易于保证配合质量，也可选用精度较低的计量器具，但使得生产公差变小，加工成本增高。

图 11-3

验收极限的确定

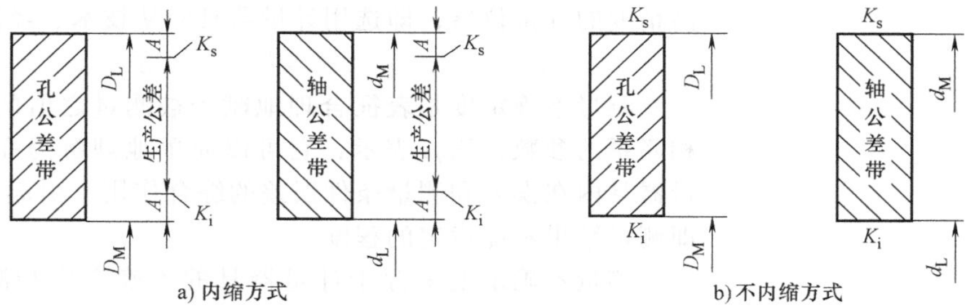

a) 内缩方式　b) 不内缩方式

11.2.3 验收极限方式的选择

验收极限方式的选择，要结合尺寸功能要求及其重要程度、尺寸公差等级、测量不确定度和工艺过程能力指数等因素综合考虑。

（1）选用内缩方式　对要求遵守包容要求或公差等级较高的尺寸，一般要选用内缩方式。因为采用包容要求的尺寸检测时应符合泰勒原则，而使用通用计量器具检测，往往采用两点法测量，只测量工件的尺寸而不测量工件上可能存在的形状误差，内缩的验收极限不但要补偿测量误差带来的误收，而且要补偿由于形状误差而引起的误收。对公差等级较高的尺寸，由于计量器具精度的限制，其测量不确定度占工件公差的比值往往较大，考虑车间实际情况，工件形状误差通常由加工精度控制，工件合格与否，只按一次测量来判断，而对于温度、压陷效应等，以及计量器具和标准器具的系统误差一般不做修正。因此，此时也要采取内缩方式，以补偿测量误差的影响，防止产生误收。

（2）选用单边内缩方式　在工艺条件较好、工艺过程能力指数 $C_p \geq 1$ 的条件下，可以用不内缩的验收极限。因为在这种情况下，实际尺寸全部落在公差带内，质量已得到保证，没必要内缩。但对遵守包容要求的尺寸，考虑形状误差的影响，在其最大实体尺寸一边的验收极限采用单边内缩的方式确定。对偏态分布的尺寸，其实际尺寸分布偏向一边，如采用试切法加工的零件，其实际尺寸多偏向其最大实体尺寸。在这种情况下，其验收极限可以仅对尺寸偏向的一边采用内缩方式确定，而对另一边采用不内缩方式。

(3) 采用不内缩方式　对非配合和一般公差的低精度尺寸，可以用不内缩方式确定验收极限。

总之，验收极限的确定必须从技术要求和加工经济性两方面综合考虑，合理地分配测量过程和加工过程占用零件公差的比例，达到技术经济指标最佳的目的。

◎11.3　计量器具的选择

测量工件尺寸所用的通用计量器具种类较多，精度也不同，需要进行正确选择。采用计量器具的首要因素是保证所需的测量精度，以保证被检验工件的质量。同时，也要考虑检验的经济性，不应无原则地选用高精度的计量仪器，即选用计量器具应从技术、经济两方面考虑。

1. 测量不确定度和计量器具不确定度

测量不确定度是表征合理地赋予被测量之值的分散性，与测量结果相联系的参数，用μ表示，它可以简单地理解为在测量过程中，由于计量器具内在误差和测量条件误差的综合作用，引起测量结果的分散程度，即测量结果不能肯定的程度。

测量不确定度来源于计量器具的不确定度和测量条件的不确定度。计量器具的不确定度是用以表征计量器具内在误差引起测量结果分散程度的一个误差限（其中包含着调整标准器具的不确定度在内），用u_1表示。测量条件不确定度是用以表征测量过程中由温度、压陷效应等因素引起测量结果分散程度的一个误差限，用u_2表示。

u_1、u_2是独立的随机变量，两者对测量结果影响程度不同，u_1的影响比较大，一般是u_2的2倍，即可取$u_1=2u_2$，也即$u_2=u_1/2$。

u_1和u_2的综合结果u也是随机变量，按独立随机变量的合成规则，有

$$u=\sqrt{u_1^2+u_2^2}=\sqrt{u_1^2+\left(\frac{1}{2}u_1\right)^2} \tag{11-1}$$

由式（11-1）可得$u_1=0.9u$，$u_2=0.45u$。

由此可见，计量器具不确定度是测量不确定度u的主要成分，也是选择计量器具的依据。常用计量器具（如游标卡尺、千分尺、比较仪和指示表）的不确定度见附表41~附表43。表中的数值供选择计量器具时参考。

2. 计量器具的选择原则

按测量精度要求选择计量器具。传统做法是按计量器具的极限误差占被测工件公差的一定比例来选择，一般取计量器具极限误差占工件公差的1/10~1/3。被测工件精度较高时取1/3，较低时取1/10，一般情况下可取1/5。这时，工件精度越高，对计量器具的精度要求越高，而高精

度的计量器具制造困难，成本也高，故计量器具极限误差占工件公差的比例相应增大也是合理的。所谓计量器具的极限误差，是指使用该计量器具时可能出现的测量误差的最大极限值，即测量的不确定度。

为了保证产品的互换性，提高产品的检测质量，GB/T 3177—2009 规定了计量器具选用原则，即根据工件公差大小，按照计量器具不确定度的允许值选择计量器具。

计量器具不确定度允许值 u_1 按测量能力，即测量不确定度 u 占工件公差 IT 的比值大小，由高至低，分档给出，见附表 40。Ⅰ、Ⅱ、Ⅲ档的 u/IT 值依次为 1/10、1/6、1/4。公差等级越低，达到较高的测量能力越容易，因此，对 IT6 ~ IT11 分为Ⅰ、Ⅱ、Ⅲ档，而对 IT12 ~ IT18 仅规定Ⅰ、Ⅱ两档数值。由于计量器具不确定度 u_1 约为测量不确定度 u 的 0.9 倍，因此，u_1 三档数值分别为，Ⅰ档 $u_1=0.09\text{IT}$，Ⅱ档 $u_1=0.15\text{IT}$，Ⅲ档 $u_1=0.225\text{IT}$。三档比值为 1 : 1.67 : 2.5。分档给出 u_1 是为了满足各类尺寸检测时对计量器具的选择。

3. 计量器具不确定度允许值 u_1 的选定

计量器具不确定度允许值 u_1 的选定，一般应按Ⅰ、Ⅱ、Ⅲ档的顺序，优先选用Ⅰ档，其次为Ⅱ档、Ⅲ档。这是因为，检测能力越高，即测量不确定度占工件公差比值越小，其验收产生的误判概率就越小，验收质量就越高。但对一些高精度的尺寸，高检测能力的验收难以达到，或者即便可以达到，在经济上也得不偿失。因此，要权衡因误收对产品质量的影响和误废而产生的经济损失之间的关系，使验收具有合理的误判概率。

由于误判概率的大小不仅与检测能力有关，而且与工艺能力指数、尺寸分布状态和验收极限等诸多因素有关，因而计量器具不确定度允许值 u_1 档位的合理选择，应考虑诸因素的影响。采用比较法测量，可提高计量器具的使用精度。实践表明，当使用形状与工件形状相同的标准器具比较测量时，千分尺的不确定度减小到原来的 40%；当使用形状与工件形状不相同的标准器具比较测量时，千分尺的不确定度减小到原来的 60%。

例 11-1

试确定轴类工件 $\phi40\text{f8}\left(^{-0.025}_{-0.064}\right)$ Ⓔ 的验收极限，并选择计量器具。

解： 1）确定验收极限。由于被检工件要求遵守包容要求且公差等级较高，因此应采用内缩的验收极限。

$\text{IT8}=es-ei=[(-0.025)-(-0.064)]\text{mm}=0.039\text{mm}$，查附表 40 得 $A=0.0039\text{mm}$，所以验收极限为

上验收极限 = 最大实体尺寸 $-A=(40-0.025-0.0039)\text{mm}=39.9711\text{mm}$

下验收极限 = 最小实体尺寸 $+A=(40-0.064+0.0039)\text{mm}=39.9399\text{mm}$

图 11-4 所示为 $\phi40\text{f8}$Ⓔ的验收极限图。

例 11-1（续）

图 11-4
工件验收极限图

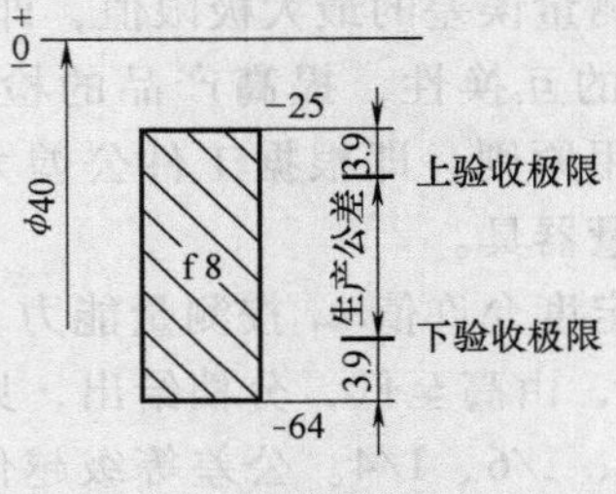

2）选择计量器具。查附表 40，选取Ⅰ档，计量器具不确定度允许值 $u_1=0.0035$mm；由附表 42 查得，分度值为 0.002mm 比较仪的不确定度为 0.0018mm，小于允许值 $u_1=0.0035$mm，能满足使用要求。

若没有比较仪，可使用分度值为 0.01mm 的外径千分尺进行比较测量。由附表 41 可知，千分尺的不确定度 $u_1=0.004$mm，而使用形状与工件形状不同的标准器具（量块）进行比较测量时，则千分尺的不确定度可减小到 0.004mm×60% = 0.0024mm，小于允许值 0.0035mm。因此，用千分尺测量能满足使用要求（验收极限仍按图 11-4）。

11.4　光滑极限量规设计

对于采用包容要求的孔、轴，它们的实际尺寸和形状误差的综合结果应该使用光滑极限量规（简称量规）检验。量规是一种无刻度的定值专用量具。

1. 量规的分类

量规按用途可以分为三类：

（1）工作量规　在零件制造过程中，操作者对零件进行检验时所使用的量规。操作者应使用新的或磨损较少的量规。

（2）验收量规　检验部门在验收产品时所使用的量规。一般不另行制造，而采用与操作者所用相同类型且已磨损较多但未超过磨损极限的通规。由操作者自检合格的零件，检验人员验收时也一定合格。

（3）校对量规　检验轴用量规（环规或卡规）在制造时是否符合制造公差和在使用中是否已达到磨损极限时所使用的量规。孔用量规属于轴类零件，用通用量仪测量很方便，故不采用校对量规。

2. 光滑极限量规的设计原理

设计光滑极限量规时，应遵守泰勒原则（极限尺寸判断原则）的规定。泰勒原则是指孔或轴的实际尺寸与形状误差的综合结果所形成的体外作用尺寸（D_{fe}或 d_{fe}）不允许超出最大实体尺寸（D_M 或 d_M），在孔或轴任何位置上的实际尺寸（D_a 或 d_a）不允许超出最小实体尺寸（D_L 或 d_L），见式（3-11）和式（3-12）。

包容要求是从设计的角度出发，反映对孔、轴的设计要求。而泰勒原则是从验收的角度出发，反映对孔、轴的验收要求。从保证孔与轴的配合性质来看，两者是一致的。

如图 11-5 所示，满足泰勒原则要求的光滑极限量规通规工作部分应具有最大实体边界的形状，因而应与被测孔或被测轴成面接触（全形通规，图 11-5c、e），且其定形尺寸等于被测孔或被测轴的最大实体尺寸。止规工作部分与被测孔或被测轴的接触应为两个点的接触（两点式止规，图 11-5b 所示为点接触，图 11-5d 所示为线接触），且这两点之间的距离即为止规定形尺寸，它等于被测孔或被测轴的最小实体尺寸。

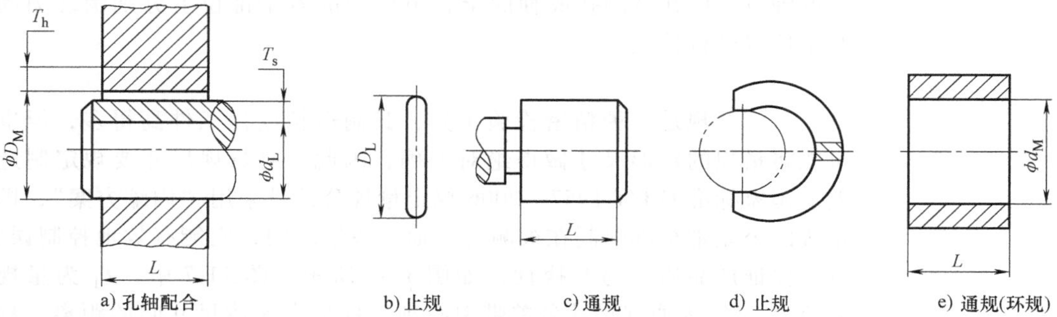

图 11-5　光滑极限量规

用光滑极限量规检验孔或轴时，如果通规能够在被测孔、轴的全长范围内自由通过，且止规不能通过，则表示被测孔或轴合格。如果通规不能通过，或者止规能够通过，则表示被测孔或轴不合格。如图 11-6 所示，孔的实际轮廓超出了尺寸公差带，用量规检验应判断该孔不合格。该孔用全形通规检验，不能通过（图 11-6a）；用两点式止规检验，虽然沿 x 方向不能通过，但沿 y 方向却能通过（图 11-6c）；因此就能正确地判定该孔不合格。反之，该孔若用两点式通规检验（图 11-6b），则可能沿 y 方向通过；若用全形止规检验，则不能通过（图 11-6d）。这样，由于使用工作部分形状不正确的量规进行检验，就会误判该孔合格。

图 11-6　**量规工作部分的形状对检验结果的影响**

1—实际孔

2—孔公差带

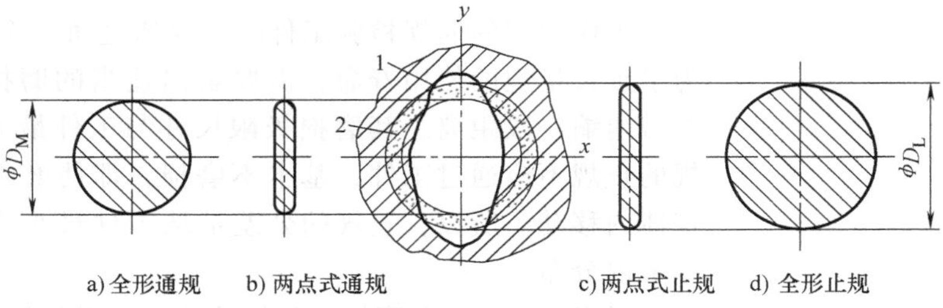

在被测孔或轴的形状误差不致影响孔、轴配合性质的情况下，为了克服量规加工困难或使用符合泰勒原则的量规时的不方便，允许使用偏

离泰勒原则的量规。例如，量规制造厂供应的统一规格的量规工作部分的长度不一定等于或近似于被测孔或轴的配合长度，但实际检验中却不得不使用这样的量规。大尺寸的孔或轴通常分别使用非全形通规（工作部分为非全形圆柱面的塞规、两平行平面的卡规）进行检验，以代替笨重的全形通规。例如，由于曲轴“弓”字形特殊结构的限制，它的轴颈不能使用环规检验，而只能用卡规检验。为了延长止规的使用寿命，止规不采用两点接触的形状，而制成非全形圆柱面。检验小孔时，为了增加止规的刚度和便于制造，可以采用全形止规，检验薄壁零件时，为了防止两点式止规容易造成该零件变形，也可以采用全形量规。

使用偏离泰勒原则的量规检验孔或轴的过程中，必须做到操作正确，尽量避免由于检验操作不当而造成的误判。例如，使用非全形通规检验孔或轴时，应在被测孔或轴的全长范围内的若干部位上分别围绕圆周的几个位置进行检验。

3. 量规的公差带

尽管量规是一种精密检验工具，其制造精度比工件高得多，但也不可能将量规的定形尺寸做得绝对准确，因此，对量规尺寸要规定制造公差。国家标准 GB/T 1957—2006 规定量规公差带采用“内缩方案”，即将量规的公差带全部限制在被测孔、轴公差带之内，它能有效地控制误收，从而保证产品质量与互换性，如图 11-7 所示。图 11-7 中，T_1 为量规尺寸公差，Z_1 为通规尺寸公差带中心到工件最大实体尺寸间的距离，称为位置要素。

图 11-7

量规公差带图

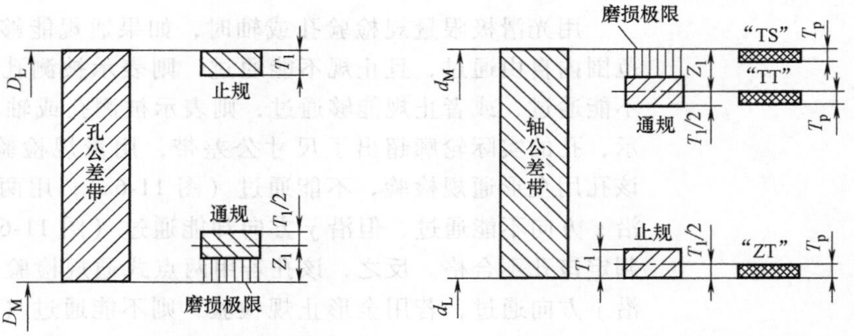

a) 孔用量规公差带　　b) 轴用量规公差带

工作量规的通规检验工件时，要通过每一个被检合格件，磨损较多，为了延长量规的使用寿命，需要留出适当的磨损储量，因此，将通规公差带内缩一段距离。其磨损极限尺寸与工件最大实体尺寸重合。工作量规的止规不应通过工件，基本不磨损，即使磨损，其尺寸仍向工件公差带体内移动。所以，止规的公差带从工件最小实体尺寸起，向工件的公差带内分布。

量规尺寸公差和磨损储备量的总和与零件尺寸公差的比例直接关系被检验零件的产品质量和经济效益，一般为 1/10～1/3，随着公差等级的降低，比值逐渐减少。GB/T 1957—2006 对公称尺寸至 500mm，公差等级为

IT6~IT16 的孔、轴规定了量规尺寸公差，它们的 T_1 和 Z_1 值见附表 44。

工作量规的形状和位置误差应控制在其尺寸公差带内，即应遵守包容要求Ⓔ，并提出进一步要求，即几何公差等于工作量规公差的 50%，考虑制造和测量困难，当量规尺寸公差小于或等于 0.002mm 时，其几何公差可取为 0.001mm。

根据工件尺寸公差等级的高低和公称尺寸的大小，工作量规测量面的表面粗糙度参数 Ra 的上限值通常在 0.05~0.80μm，具体见附表 45。

对验收量规，一般不另行制造，检验人员应使用与操作者相同类型且已磨损较多但未超过磨损极限的通规，即通规定形尺寸应接近零件的最大实体尺寸，止规定形尺寸接近零件最小实体尺寸。

校对量规分下面三种（图 11-7b）：

1）“校通—通”塞规（代号 TT）。检验轴用通规（环规）的校对量规，其公差带从通规下极限偏差起始向轴用通规的公差带内分布，以防止轴用通规制造得过小。检验时应通过轴用量规的通规；否则，轴用量规的通规不合格。

2）“校止—通”塞规（代号 ZT） 检验轴用止规（环规）的校对量规，其公差带从止规下极限偏差起始向轴用止规的公差带内分布，以防止轴用止规制造得过小。检验时应通过轴用量规的止规；否则，轴用量规的止规不合格。

3）“校通—损”塞规（代号 TS） 检验轴用通规（环规）是否达到磨损极限的量规，其公差带从通规的磨损极限（被测轴的最大实体尺寸）向轴公差带内分布。塞规不应进入完全磨损的校对工作环规孔内。

轴用量规的两种校对量规尺寸公差 T_p 均取为被校对量规尺寸公差 T_1 的一半，即 $T_p = T_1/2$。

校对量规的几何误差应控制在其尺寸公差带内，遵守包容要求Ⓔ，其测量面的表面粗糙度参数 Ra 值应比工作量规小 50%。

4. 量规的尺寸计算

光滑极限量规工作尺寸的计算步骤如下：

1）从 GB/T 1800.1—2009 中查出孔、轴的上、下极限偏差，并计算其最大、最小实体尺寸，作为量规的公称尺寸（定形尺寸）。

2）从附表 44 查出量规的尺寸公差 T_1 和通规的公差带中心到工件最大实体尺寸间的距离 Z_1。

3）按工作量规尺寸公差 T_1，确定工作量规的形状公差和校对量规的制造公差。

4）画出量规公差带图，计算量规的极限偏差、极限尺寸及工作尺寸。

量规的工作尺寸就是图样上标注的尺寸，有两种标注方式：

1）按设计尺寸标注。以工件的公称尺寸作为量规的公称尺寸，再标注量规上、下极限偏差。

2）按工艺尺寸标注。塞规以上极限尺寸为公称尺寸标注负偏差（上极限尺寸$_{-T}^{\ 0}$），卡规以下极限尺寸为公称尺寸标注正偏差（下极限尺寸$^{+T}_{\ 0}$)。

5. 量规的结构设计与技术要求

（1）量规型式的选择　零件遵循包容要求时，按泰勒原则，光滑极限量规的通规用来模拟最大实体边界，理论上测量面应具有与孔或轴相应的完整表面（称为全形量规），且其长度等于配合长度。止规用于控制实际尺寸，其测量部位应是点状的（称为不全形量规）。在实际应用中，由于量规制造和使用方面的原因，完全贯彻泰勒原则会有困难，甚至不能实现，因此允许使用偏离泰勒原则的量规。

通规的长度允许小于配合长度；其形状允许采用不全形，即用非全形通规或球端杆规代替全形塞规，用卡规代替环规；止规也允许用小平面或小球面代替点状或采用全形等。

量规的结构型式很多，合理地选择和使用量规，对正确判断检验结果影响很大。图11-8列出了常用量规的结构型式及其应用的尺寸范围，供选择量规结构型式时参考。具体应用时，还可查阅 GB/T 10920—2008《螺纹量规和光滑极限量规　型式与尺寸》。

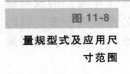

图 11-8

量规型式及应用尺寸范围

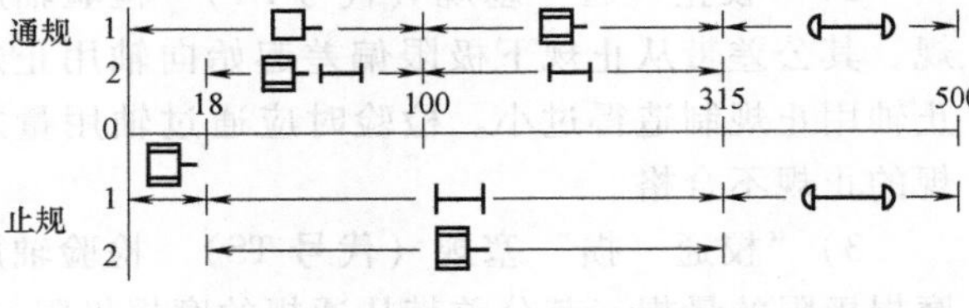

a) 孔用量规

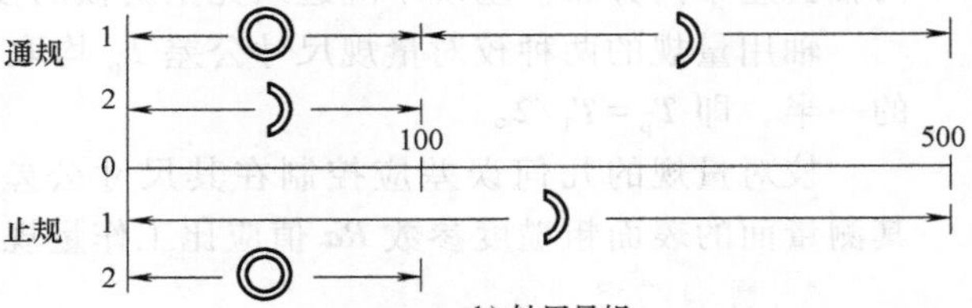

b) 轴用量规

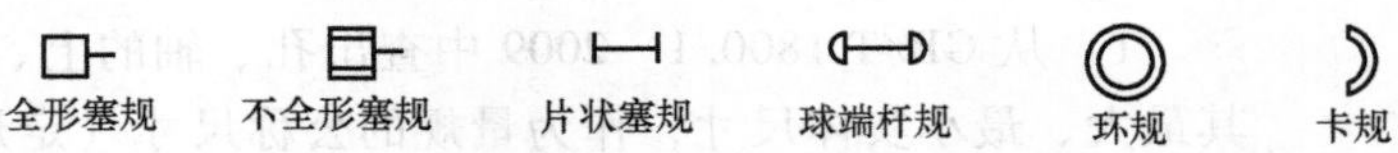

全形塞规，具有外圆柱形的测量面；不全形塞规，具有部分外圆柱形的测量面。该塞规是从圆柱体上切掉两个轴向部分而形成的，主要是为了减小质量；片状塞规，具有较少部分外圆柱形的测量面，为防止其使用时变形，做成具有一定厚的板形；球端杆规，具有球形的测量面，这种量规有固定式和调整式两种形式；环规，具有内圆柱的测量面，为防止其使用时变形，应具有一定的厚度；卡规，具有两个平行的测量面（也可改用一个平面与一个球面或柱面），分为固定式和调整式两种形式。

（2）量规的技术要求　量规工作面的硬度对量规的使用寿命有直接影响，通常为58～65HRC，并应经过稳定性处理，如回火、时效等，以消除材料中的内应力。为此，量规工作面的材料可用合金工具钢、碳素工具钢、渗碳钢及硬质合金等尺寸稳定且耐磨的材料制造，也可用普通低碳钢表面镀铬或渗氮处理，其厚度应大于磨损量。

量规工作面的表面粗糙度 Ra 值应不大于附表 45 中规定的数值，且不应有锈迹、墨斑、划痕、毛刺等明显影响外观和使用质量的缺陷；非工作面不应有锈蚀或裂纹，装配连接应牢固、可靠，并避免产生应力而影响量规的尺寸和形状。

例 11-2

设计检验 ϕ30H8Ⓔ孔用工作量规和 ϕ30f7Ⓔ轴用工作量规及校对量规。

解： 1）由附表 2、附表 5 查得 ϕ30H8 孔的极限偏差为

$$ES=33\mu m \qquad EI=0\mu m$$

因此，$D_M=\phi 30mm$、$D_L=\phi 30.033mm$。

由附表 44 查出量规的尺寸公差为

$$T_1=3.4\mu m \qquad Z_1=5\mu m$$

2）由附表 2、附表 3 查得 ϕ30f7 轴的极限偏差为

$$es=-20\mu m \qquad ei=-41\mu m$$

因此，$d_M=29.980mm$、$d_L=29.959mm$。

由附表 44 查出量规的尺寸公差为

$$T_1=2.4\mu m \qquad Z_1=3.4\mu m$$

则校对量规的尺寸公差为

$$T_p=T_1/2=1.2\mu m$$

3）画出零件和量规公差带图，如图 11-9 所示。计算各种量规的极限偏差和工作尺寸列于表 11-1。

4）按图 11-8 选择量规型式。选定孔用工作量规为全形塞规，轴用工作量规为卡规，校对量规为全形塞规。工作量规的图样标注如图 11-10 所示。

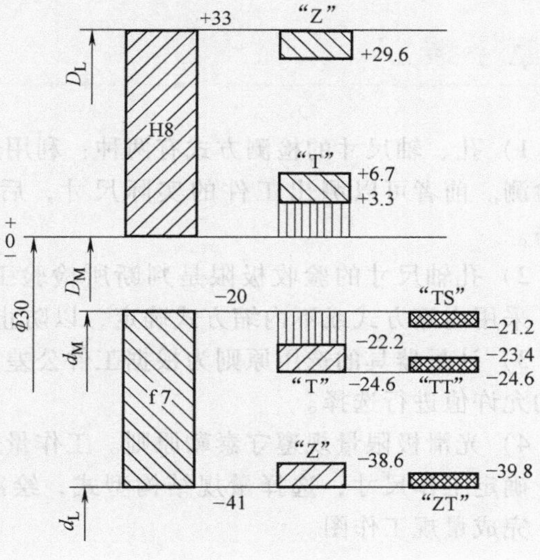

图 11-9 量规公差带图

例 11-2（续）

图 11-10

工作量规的图样标注

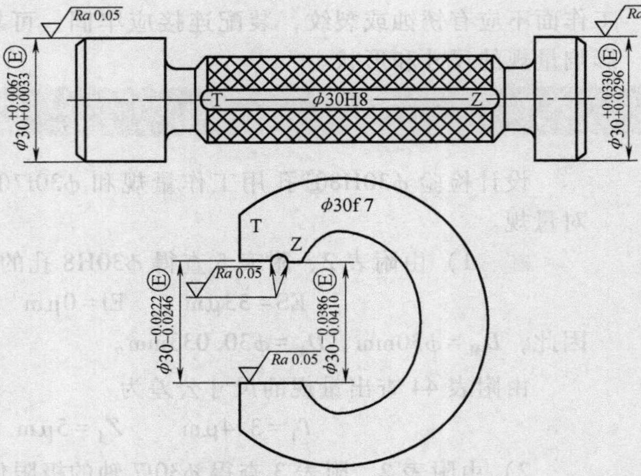

表 11-1

量规工作尺寸计算

（单位：mm）

		量规上极限偏差	量规下极限偏差	量规尺寸标注方法	
孔 $\phi30^{+0.033}_{0}$	T	+0.0067	+0.0033	$30^{+0.0067}_{+0.0033}$	$30.0067^{0}_{-0.0034}$
	Z	+0.033	+0.0296	$30^{+0.0330}_{+0.0296}$	$30.033^{0}_{-0.0034}$
轴 $\phi30^{-0.020}_{-0.041}$	T	-0.0222	-0.0246	$30^{-0.0222}_{-0.0246}$	$29.9754^{+0.0024}_{0}$
	Z	-0.0386	-0.041	$30^{-0.0386}_{-0.0410}$	$29.959^{+0.0024}_{0}$
	TT	-0.0234	-0.0246	$30^{-0.0230}_{-0.0236}$	$29.9766^{0}_{-0.00120}$
	TS	-0.020	-0.0212	$30^{-0.0200}_{-0.0212}$	$29.980^{0}_{-0.00120}$
	ZT	-0.0398	-0.041	$30^{-0.0398}_{-0.0410}$	$29.9602^{0}_{-0.00120}$

本章小结

1）孔、轴尺寸的检测方式有两种：利用通用计量器具检测和利用量规检测。前者可以测出工件的实际尺寸，后者只能判断实际工件是否合格。

2）孔轴尺寸的验收极限是判断所检验工件尺寸合格与否的尺寸界限，采用内缩方式或不内缩方式确定，以防止误收和误废。

3）计量器具的选用原则为根据工件公差大小，按照计量器具不确定度的允许值进行选择。

4）光滑极限量规遵守泰勒原则。工作量规的设计内容包括画公差带图，确定工作尺寸；选择量规结构型式，绘制量规结构图；确定技术要求，完成量规工作图。

第12章

检测综述

机械零件的几何精度，与设计要求、机床精度及加工工艺等因素有关。为了判断机械零件的几何精度是否达到图样上给定的设计要求，必须对零件几何量进行检测。本章着重介绍常用的几何量测量的基本原理及测量方法。

12.1 长度尺寸检测

长度尺寸检测是最基本的，其中孔轴类尺寸颇多。对于生产批量较大的孔、轴类零件，大多采用综合测量的方法，利用光滑极限量规进行检验，判断零件是否合格。对于单件、小批量生产的零件，常采用通用量具进行测量。

1. 孔径检测

对于孔的直径检测，根据获取结果方式的不同，可分为间接测量法、直接测量法、综合测量法等。其中，直接测量法利用两点或三点定位，直接测量出孔径，是最常用的孔径测量方法。测量时根据被测孔径的精度等级尺寸和数量大小，选择测量工具。

（1）机械测量　以机械传动的方式实现被测量的测量。根据被测器件的精度等级要求、数最的多少和尺寸的大小等需求来选取合适的测量仪器，可以使用通用测量工具或专用的测量工具，比如游标卡尺、内径千分尺、内径百分表和千分表、内径测微仪、卧式测长仪等。

（2）电动量仪　电动量仪是指把被测量（角位移或直线位移）的变化转换为电信号，经过电路放大、运算处理后，通过显示或者控制执行机构进行动作，完成测量的目的。它一般是由传感器、测量电器和显示执行机构三部分组成的。

（3）光学量仪　光学量仪采用光学法进行孔径的非接触测量，一般以线纹尺、光栅、激光干涉仪作为长度基准。光学法又包括光学投影放大法、光学扫描法、光散射法及光衍射法等。

(4) 气动量仪 用气动法测量孔径时，主要是气动塞规法，其基本原理是将气动塞规测量头插入被测孔内，当气流通过气动塞规的喷嘴流经塞规和被测小孔之间的间隙时，因孔径的变化，会引起气体压力或流量的变化，通过测量压力和流量值的变化即可测出被测孔径的大小。这种方法测量精度可达 1μm 甚至更高。

2. 轴径检测

对于常用尺寸，轴径的测量比孔径的测量相对容易，根据是否与标准量相比较分为相对测量和绝对测量两种方法。

(1) 相对测量 测量高精度的轴径常用机械式比较仪、光学比较仪、电动比较仪和气动比较仪等与量块进行比较测量。测量时，先用量块调好仪器的“零位”，然后将被测零件放在仪器上进行比较，仪器指示的差值加上量块尺寸即为被测轴径。

(2) 绝对测量 轴径测量在精度要求不高时，最常用、最简单的方法是使用游标卡尺、千分尺、杠杆千分尺等对轴径进行直接测量；测量精度较高而尺寸较大的轴径可用立式测长仪、万能测长仪或测长机等进行测量。

随着科学技术的发展，出现了很多高精度绝对测量方法，如激光扫描法、衍射法、线阵 CCD 照射法、面阵 CCD 成像图像法等。

3. 几种常用的长度尺寸测量仪器

(1) 游标计量器具 该类计量器具是利用游标原理进行测微和示值的测微量器。其常用类型如下：

1) 游标卡尺：主要用于测量内、外直径及长度，有的也可以测量深度，如图 12-1 所示。

2) 游标深度卡尺：主要用于测量孔和沟槽的深度。

3) 游标高度卡尺：主要用于测量工件的高度和进行精密划线。

游标计量器具的分度值分为 0.02mm、0.05mm、0.10mm 三类。其示值装置除游标线纹显示外，还有百分表显示以及采用容栅为传感器，并以液晶显示的电子数显式。

图 12-1

游标卡尺

1—内量爪 2—尺框 3—紧固螺钉 4—游标 5—尺身 6—深度尺 7—外量爪

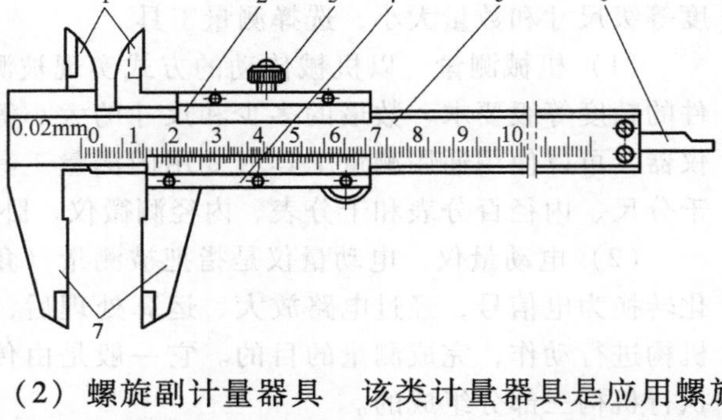

(2) 螺旋副计量器具 该类计量器具是应用螺旋副传动原理，将回转运动变为直线运动的一种测微量器。其常用的有测量外尺寸的千分尺（图 12-2），测量内尺寸的千分尺和深度千分尺。

千分尺的分度值常用的为 0.01mm，带指示表的千分尺分度值可达

0.001mm。使用千分尺应注意校对零位，不同结构的千分尺用不同的方法调零，也可用加修正值的方法消除零位不准带来的系统误差。

图 12-2

外径千分尺

1—尺架　2—固定测砧　3—测微螺杆　4—固定套筒　5—微分筒　6—螺母　7—测力装置　8—锁紧手柄　9—隔热板

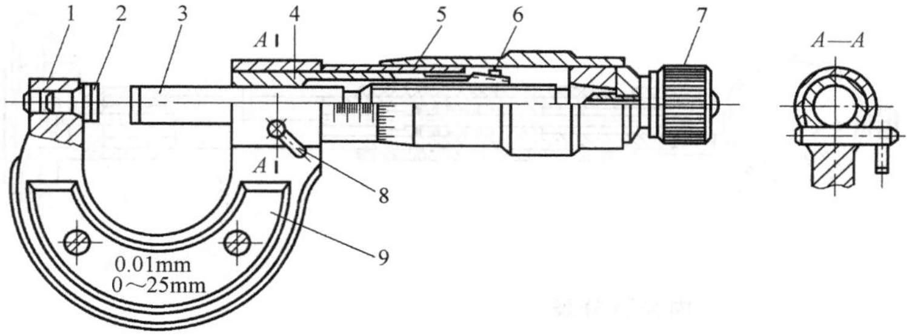

（3）机械式测微仪　该类仪器的基本原理是将测量杆的微小直线位移通过其相应的放大机构放大后转变为指针的角位移，并由指针在刻度盘上指示出相应的测量值。按其放大机构传动形式不同，通常分为钟表式、杠杆式、杠杆齿轮式及扭簧式测微仪。

该类仪器主要用于测量工件的尺寸和几何误差，在其示值范围内可以用作直接测量。大部分机械式测微仪用作比较测量，也可作为各种检验夹具和专用量仪的示值与瞄准定位装置。

百分表和千分表是应用最广泛的机械式测微仪。图 12-3 所示为采用纯齿轮传动放大机构的百分表，表的指针能回转数圈，并有圈数指针，表示该表的测量范围。在外形和结构上与钟表相似，故称为钟表式百分表。百分表的分度值为 0.01mm，其测杆的工作行程分为 0~3mm、0~5mm、0~10mm。千分表的分度值为 0.001mm，其测量范围为 0~1mm。

图 12-3

百分表

1—表体　2—圈数指针　3—刻度盘　4、13—指针　5—装卡套　6—测杆　7—测量头　8—齿条　9—轴齿轮　10、14—片齿轮　11—太阳轮　12—测力弹簧　15—游丝

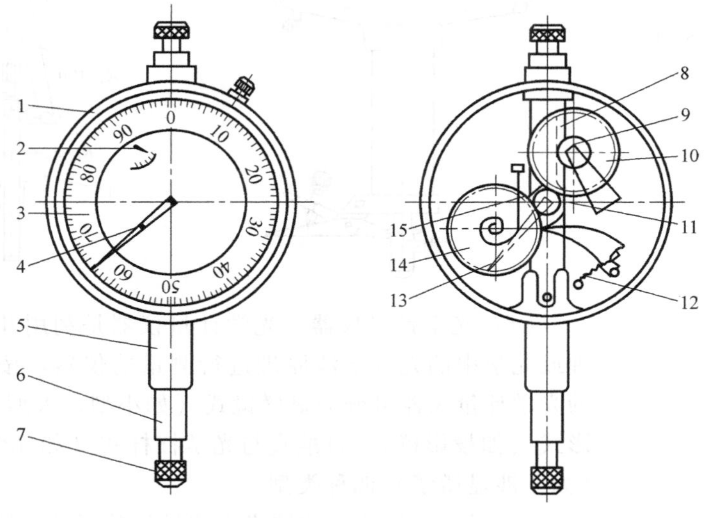

a) 外形图　　b) 结构图

图 12-4 所示为内径百分表。这是以百分表为示值机构，与杠杆系统或楔形传动系统组合而成。因可换测头 3 可进行更换，故其测量范围较

大。测量时采用相对测量法，先与标准环规校对零位，然后插入被测孔后进行测量，特别适用于对较深孔的测量。

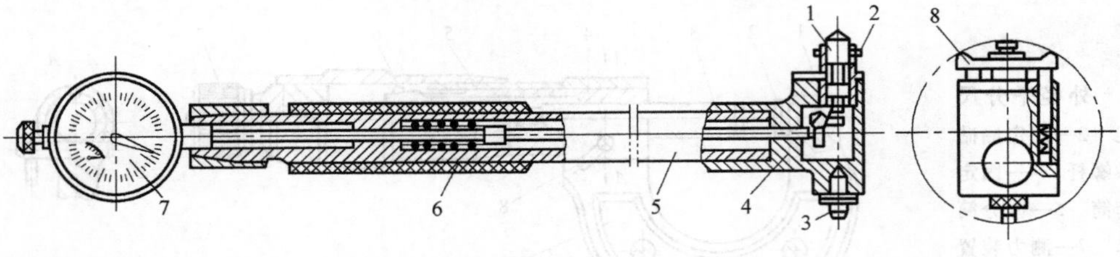

图 12-4 内径百分表

1—活动测头　2—等臂杠杆　3—可换测头　4—定位护桥　5—直管　6—手柄　7—百分表　8—定位装置

图 12-5 所示为杠杆齿轮式测微仪，也称奥氏测微仪，这是一级杠杆和齿轮传动的测微仪外形和传动原理图。该仪器的传动放大比 $k=100$。故分度值为 0.001mm。这种仪器比较灵敏，示值稳定，误差较小。分为大型（夹持套筒直径为 $\phi28$mm）和小型（夹持套筒直径为 $\phi8$mm）两种。按传动放大机构组成不同，有四种型式：一级杠杆和齿轮传动型，二级杠杆和齿轮传动型，一级杠杆和二级齿轮传动型，二级杠杆和二级齿轮传动型。测量时常采用相对测量法。

图 12-5 杠杆齿轮式测微仪

1—测杆　2—杠杆　3—扇形齿轮　4—轴齿轮　5—刻度盘　6—指针

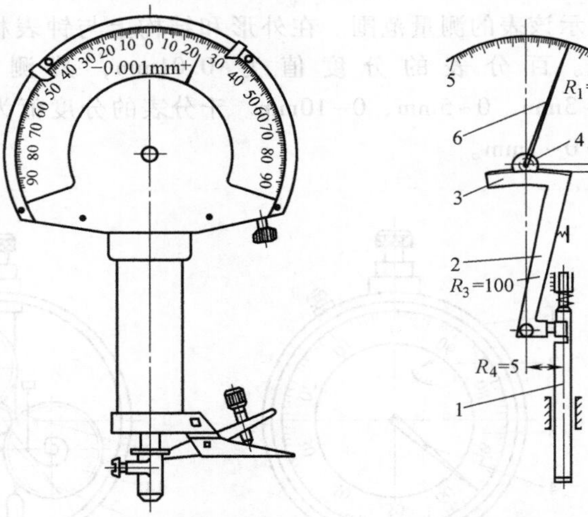

（4）光学计量仪器　光学计量仪器是利用几何光学中的光学成像原理或光学中的光波干涉原理进行测量的仪器。按测试原理，测量几何量的光学计量仪器可分为显微镜式（如小型、大型、万能工具显微镜）、投影式（如投影仪）、自准直与光学杠杆式（如光学比较仪）、光波干涉式（如干涉显微镜）四种类型。

1）光学比较仪。按照光学比较仪放置的位置不同，分为立式与卧式光学比较仪两种。光学比较仪是计量室、检定站和工具车间常用的一种测量器具，可以用来检定量块或相应的光滑圆柱塞规，对于圆柱形、球形等工件的直径或板形工件的厚度均能测量。

投影立式光学比较仪的测量原理如图 12-6 所示，由白炽灯泡 5 发出的光线经过聚光镜 4 和滤色片 6，再通过隔热玻璃 7 照明分划板 8 的刻线面，最后通过反射棱镜 9 后射向准直物镜 12。由于分划板 8 的刻线面置于准直物镜 12 的焦平面上，所以成像光束通过准直物镜 12 后成为一束平行光入射于平面反光镜 13 上，再经准直物镜 12 被反射棱镜 9 反射成像在投影物镜 2 的物平面上，然后通过投影物镜 2，直角棱镜 3 和反光镜 1 成像在投影屏 10 上，通过示值放大镜 11 观察投影屏 10 上的刻线像。由于测帽 15 接触工件后，其测量杆 14 使平面反光镜 1 倾斜了一个角度 ϕ，在投影屏上就可以看到刻线的像也随着移动了一定的距离，其关系计算原理如图 12-7 所示。

图 12-6

投影立式光学比较仪的测量原理图

1—反光镜　2—投影物镜　3—直角棱镜　4—聚光镜　5—白炽灯泡　6—滤色片　7—隔热玻璃　8—分划板　9—反射棱镜　10—投影屏　11—示值放大镜　12—准直物镜　13—平面反光镜　14—测量杆　15—测帽

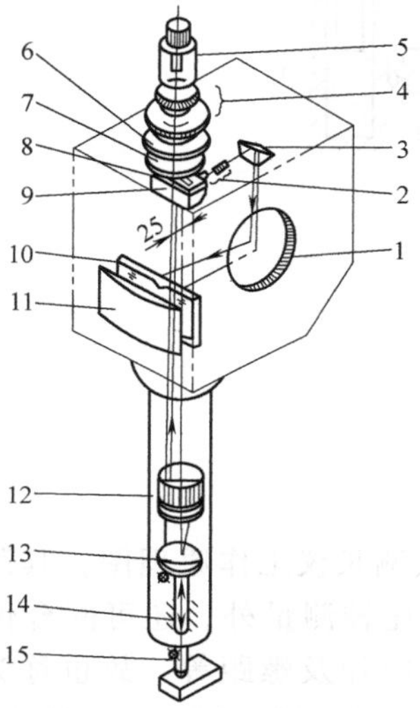

图 12-7

光学杠杆传动比示意图

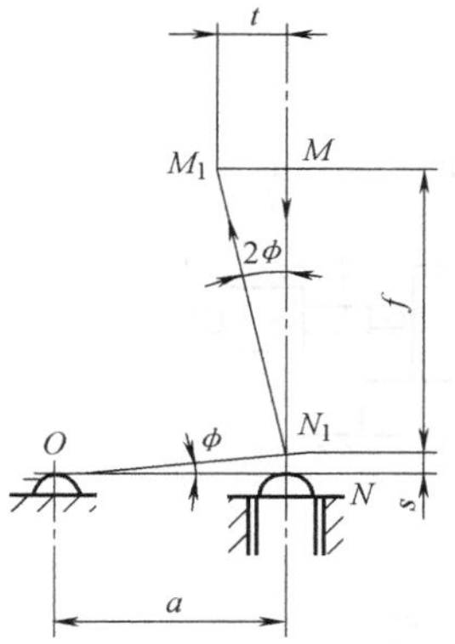

2）测长仪。测长仪是一种光学机械式长度计量仪器，按其测量线的方向，分为立式测长仪和卧式测长仪两种。测长仪以直接测量和比较测量的方法测量量具和精密机械零件的尺寸。

测长仪的最大优点是仪器设计符合阿贝原则，测量精度高。但因受阿贝原则限制，仪器结构较大。

图12-8所示为立式测长仪的结构示意图，主要用于测量外尺寸，操作方便。测量力由重力产生，且配重平衡锤12置于阻尼液压缸13中，使测量轴4升降平稳，在全部测量范围内测力恒定，因此测量准确度较高。

图 12-8

立式测长仪的结构示意图

1—工作台 2—被测件 3—测量头 4—测量轴 5—玻璃刻度尺 6—示值显微镜 7—配重 8—钢带 9—滑轮 10—光源聚光镜 11—灯泡 12—配重平衡锤 13—阻尼液压缸

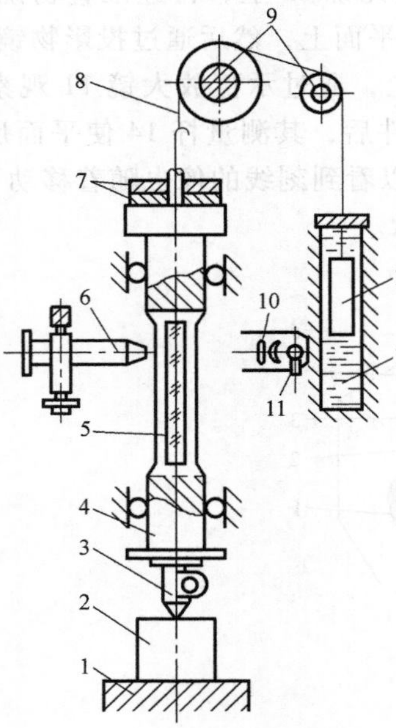

图12-9所示为卧式测长仪工作原理图，其测量轴线成水平方向。它除了对尺寸进行直接或比较测量外，还可配合仪器的内测附件，测量内尺寸，螺纹的内、外、中径及螺距等，故也称为万能测长仪。工作台7具有五个自由度，便于测量时精细调整，也称为万能工作台。

图 12-9

卧式测长仪工作原理图

1—滚珠轴承 2—示值显微镜 3—测帽 4—被测件 5—尾管 6—尾座 7—工作台 8—测量轴 9—玻璃刻度尺

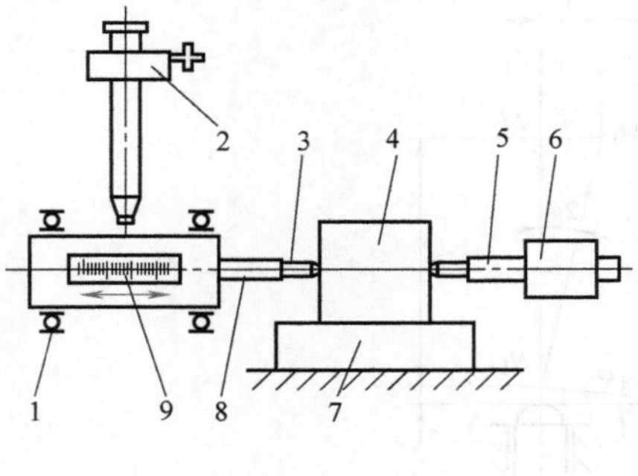

12.2 几何误差检测

12.2.1 几何误差检测原则

几何误差检测就是将实际被测要素与其理想要素相比较，以确定它们之间的差别（实际被测要素对其理想要素的变动量），据此来评定几何误差的大小。评定几何误差时，测量截面的选择、测量点的数量及布置方法，应根据被测要素的结构特征、功能要求和加工工艺等因素决定。

几何误差涉及面很广泛，又有多种多样形式的要求，根据被测零件的结构特点、精度要求及检测设备等因素的不同，几何误差检测有多种不同方法。国家标准中规定了五种检测原则，生产中可根据零件的具体要求和设备条件，按检测原则规定制订出具体检测方案。

（1）与拟合要素比较原则　将被测要素与其拟合要素相比较，量值由直接法或间接法获得。拟合要素用模拟法获得。按与拟合要素比较原则进行检测，可得到与误差定义一致的几何误差值，是几何误差检测的基本原则，在生产中应用最为广泛。其应用示例见例 12-1。

（2）测量坐标值原则　将被测要素置于某坐标系中，如直角坐标系、极坐标系或圆柱坐标系等，对被测要素进行布点采样，获取该被测要素上各采样点的坐标值，经过数据处理获得几何误差值。随着近代检测设备日趋完善，出现了多种高精度坐标测量装置（如三坐标测量仪等），为采用测量坐标值原则检测几何误差的应用创造了条件，无论是平面要素还是空间要素，都可以精确地测得其几何误差。

（3）测量特征参数原则　测量被测要素上能直接反映几何误差的具有代表性的参数（即特征参数）来表示几何误差值。用测量特征参数原则检测几何误差，所需检测设备简单，易于操作，从而提高了测量效率，可获得较好的经济效果。虽其误差评定不够严密，但由于在生产中简便易行，且能满足生产要求，故在实际生产中应用广泛。

例如，对于回转体，其直径就是圆度误差的特征参数。在圆度误差测量时，可以用千分尺或游标卡尺测量回转体任一截面的直径，那么，两次测量直径之差的一半就是该截面内的圆度误差。为了使测量结果更合理，可以在同一截面内或者对不同截面进行多次测量，最后取得最大直径与最小直径差值的一半作为圆度误差。

（4）测量跳动原则　被测要素在绕基准轴线回转过程中，沿给定方向测量其对某参考点或线的变动量。测量跳动原则是根据跳动误差的定义提出的，主要用于圆跳动和全跳动误差检测（图 3-25）。根据该原则所实施的检测方法很简单，便于生产中应用。在满足功能要求的前提下，该原则还可用于同轴度误差检测。

（5）控制实效边界原则　检验被测要素是否超过实效边界，以判断合格与否。控制实效边界原则仅适用于有相关要求的零件，检验结果也只能判别被测零件合格与否，而测不出误差的具体数值。在成批或大量生产中常采用综合量规检测零件的几何误差，能够满足产品功能要求，保证产品质量，且可以提高检测效率。

图 12-10 所示为应用控制实效边界原则检测两孔的同轴度误差示例。用具有实效尺寸的综合量规插入两孔内，根据量规是否能通过被测零件来判断其同轴度误差是否在给定的公差范围内，以判定其是否合格。

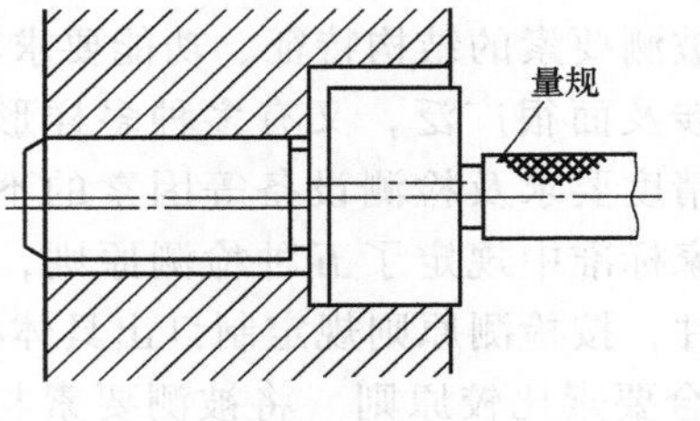

图 12-10 控制实效边界原则示例

12.2.2 直线度误差测量

直线度误差测量主要用于测量圆柱体和圆锥体的素线直线度误差、机床和其他机器的导轨面以及工作直线导向面的直线度误差等。直线度误差测量是长度计量技术的重要内容之一。常用的测量方法有直尺法、光学准直法、重力法和直线法等。

（1）直尺法　常用直尺、平尺等以光隙法和指示表法等进行测量，也可使用直线度测量仪。直线度测量仪是一种利用直尺以指示表法测量直线度误差的长度测量工具。

（2）光学准直法　亦称光线基准法，以发出的一束光线来作为测量基准，利用光学准直望远系统测量直线度误差（见例 12-1）。应用光学准直法测量直线度误差的量仪称为准直望远镜。这种准直望远镜也可用于测量大型机器（如汽轮机）上的各支承孔的同轴度误差。

（3）重力法　利用液体自动保持水平或重物自动保持铅直的重力现象测量直线度误差。常用的量仪是水平仪，也有利用液体的水平面作为测量面与被测面比较来测量直线度误差的。

（4）直线法　利用钢丝和激光束等测量直线度误差。利用激光束测量直线度误差的测量工具称为激光准直仪。

此外，还可以利用平晶、激光干涉仪及其直线度测量附件测量直线度误差，测量精度可达 0.4μm/1000mm。现在很多机床厂都用激光干涉仪来测直线度、平面度和垂直度等。

例 12-1

设被测导轨的长度为 1000mm，自准直仪的分度值为 0.005mm/m，桥板长度为 200mm，将平面反射镜通过桥板置于被测表面上，如图 12-11 所示，并按桥板长度将被测直线分成几段，依次测得数据见表 12-1，试评定该导轨的直线度误差值。

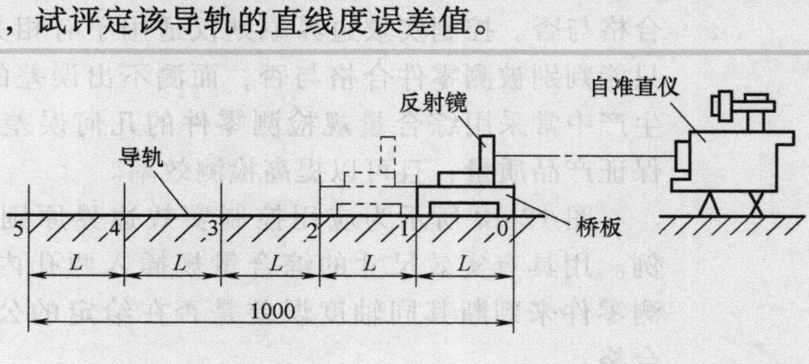

图 12-11 用自准直仪测量直线度误差

例 12-1（续）

表 12-1 导轨直线度误差测量的数据处理

序号 n	0	1	2	3	4	5
桥板位置	/	0~1	1~2	2~3	3~4	4~5
示值 A_n（格）	/	1000	1020	990	1030	985
相对值 a_n（格）	/	0	+20	−10	+30	−15
累积值（格）	0	0	+20	+10	+40	+25

解：1）计算各段相对于基准光线（为 1000 格）的高度差 $a_n = A_n - 1000$。

2）求累积值。将各点的值累加，以求出各点相对于 0 点的高度。

3）作轮廓线。将各点累积值描绘在坐标上，并用折线连接，此折线称为直线度误差曲线，如图 12-12 所示。

图 12-12 图解直线度误差值

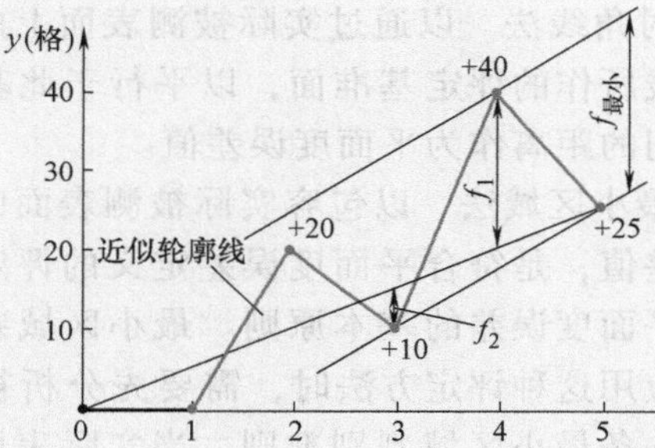

4）评定直线度误差。在测量中，自准仪的分度值 i 要按线量取值，其值大小与反射镜桥板 L（mm）有关，计算式为 $i = 0.005L$（μm），则此次测量中，$i = 0.005 \times 200\mu m = 1\mu m$。

因此，按最小条件评定的直线度误差值为 $f_{最小} = 23 \times 1\mu m = 23\mu m$。

按两端点连线评定的直线度误差值为 $f_{连线} = f_1 + f_2 = (20+6) \times 1\mu m = 26\mu m$。

12.2.3 平面度误差测量

1. 平面度误差的测量方法

平面度误差是指被测实际表面相对其理想表面的变动量，理想平面的位置应符合最小条件。平面度误差测量的常用方法有如下几种：

（1）平晶干涉法 用光学平晶的工作面体现理想平面，直接以干涉条纹的弯曲程度确定被测表面的平面度误差值。该方法主要用于测量小平面，如量规的工作面和千分尺测头测量面的平面度误差。

（2）打表测量法 打表测量法是将被测零件和测微计放在标准平板上，以标准平板作为测量基准面，用测微计沿实际表面逐点或沿几条直线方向进行测量。

(3) 光束平面法　光束平面法是采用准值望远镜和瞄准靶镜进行测量，选择实际表面上相距最远的三个点形成的光束平面作为平面度误差的测量基准面。

此外还有液体平面法、激光平面度测量仪以及利用数据采集仪连接百分表测量平面度误差的方法等。

任一平面可以看作由许多直线组成，因此可以用几条有代表性的直线的直线度误差来综合反映该平面的平面度误差。通常，按一定的方向测量实际表面的几条有代表性的直线，并以这些直线的直线度误差和它们的相互关系来评定该表面的平面度误差。因此，测量直线度误差所用的量仪如指示表、水平仪和自准直仪等，也适用于测量平面度误差。其中，指示表一般用于测量小型平面，水平仪和自准直仪用于测量大、中型平面。

2. 平面度误差的评定方法

(1) 三点法　以通过实际被测表面上相距最远的三点所组成的平面作为评定基准面，以平行于此基准面且具有最小距离的两包容平面间的距离作为平面度误差值。

(2) 对角线法　以通过实际被测表面上的一条对角线，且平行于另一条对角线所作的评定基准面，以平行于此基准面且具有最小距离的两包容平面间的距离作为平面度误差值。

(3) 最小区域法　以包容实际被测表面的最小包容区域的宽度作为平面度误差值，是符合平面度误差定义的评定方法，所以说最小条件是评定平板平面度误差的基本原则。最小区域判别准则有三角形准则和交叉准则。应用这种评定方法时，需要先分析被测实际表面的形貌，以决定采用哪一条最小区域判别准则。当实际表面为凸形或凹形时，可考虑选用三角形准则；当实际表面为鞍形时，应选用交叉准则。

(4) 最小二乘法　以实际被测表面的最小二乘平面作为评定基准面，以平行于最小二乘平面且具有最小距离的两包容平面间的距离作为平面度误差值。最小二乘平面是使实际被测表面上各点与该平面的距离的平方和为最小的平面，此方法计算较为复杂，一般均需计算机处理。

测量平面度误差时，所测直线和测点的数目根据被测平面的大小来决定，布点通常采用图 12-13 所示的方法，测量按图中箭头所示的方向依次进行。最外的测点应距工作面边缘5～10mm。

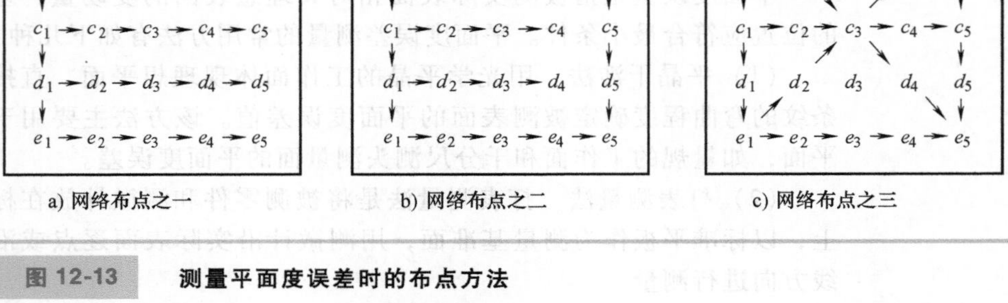

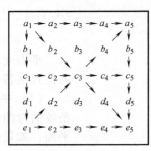

a) 网络布点之一　　b) 网络布点之二　　c) 网络布点之三

图 12-13　测量平面度误差时的布点方法

在评定平面度误差时，需要将被测提取表面上各测量点对测量基准平面的坐标值转换为对理想平面的坐标值，即需要进行坐标变换。

坐标变换可以认为是经过两次旋转完成的。第一次是使各测量点绕通过起始点 a_1 且平行于 x 轴的旋转轴旋转；第二次是使各测量点绕通过点 a_1 且平行于 y 轴的旋转轴旋转。设旋转后任一测点 P_{ij} 坐标的增量为 Δ_{ij}，则有

$$\Delta_{ij}=iq+jp \tag{12-1}$$

式中，i 是行序号（$i=0,\ 1,\ 2,\ \cdots,\ m$）；j 是列序号（$i=0,\ 1,\ 2,\ \cdots,\ n$）；p、q 是待定常数。

式（12-1）展开后如图 12-14 所示。根据某种评定方法的要求确定拟合平面，即可求出相应的 p、q 值，从而获得坐标变换，求出平面度误差值。

图 12-14

被测平面上各测量点的旋转量

0	p	$2p$	$\cdots$	np
q	$q+p$	$q+2p$	$\cdots$	$q+np$
$2q$	$2q+p$	$2q+2p$	$\cdots$	$2q+np$
$\cdots$	$\cdots$	$\cdots$	$\cdots$	$\cdots$
mq	$mq+p$	$mq+2p$	$\cdots$	$mq+np$

例 12-2

用水平仪测量某平板的平面度误差，按图 12-15a 所示的网格布点方式测得九个点共八个示值，试评定该平面的平面度误差值。

解： 按测量方向将各示值数值顺序累计，并取起始点 a_1 的坐标值为零，可得图 12-15b 所示各测量点的坐标值。

图 12-15

用水平仪测量平面度误差

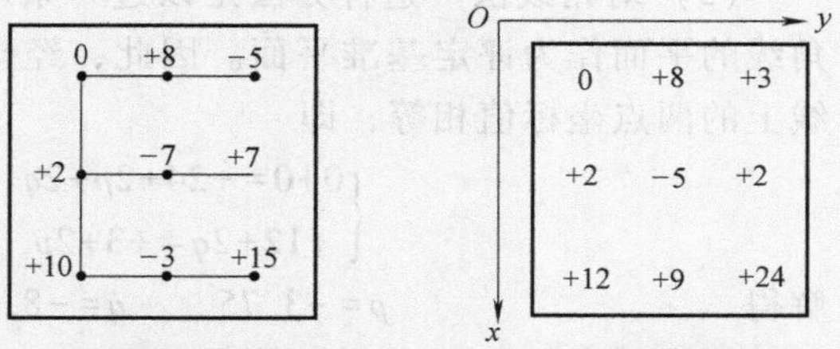

a) 测量数据与测量顺序　　b) 测量点的坐标值

（1）最小区域法　分析图 12-15b 中各测量点的坐标值，可知实际表面近似为凹形，故应选用三角形准则确定拟合平面的位置。试选 a_1、c_0、c_2 为最高点，则经过变换后此三点的坐标值应相等，所以可得下列方程组

$$\begin{cases}+8+p=+12+2q\\+12+2q=+24+2p+2q\end{cases}$$

解得　　$p=-6\qquad q=-5$

例 12-2（续）

各点的坐标增量如图 12-16a 所示，再将图12-15b与图 12-16a 对应点的数值相加，即得经坐标变换后各点的坐标值，如图 12-16b 所示。各点的坐标值已符合三角形准则，平面度误差值为

$$f_1=[+2-(-16)]\mu m=18\mu m$$

经坐标变换后，若各点的坐标值不符合判别准则，则需要重新选点，再次进行坐标变换，直至符合准则为止。

图 12-16 最小区域法求解平面度

0	−6	−12
−5	−11	−17
−10	−16	−22

a) 坐标变换前

0	(+2)	−9
−3	[−16]	−15
(+2)	−7	(+2)

b) 坐标变换后

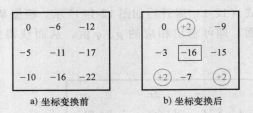

（2）三点法　若选定通过较远的三点 a_2、b_0、c_2 平面作为评定基准平面，则经坐标变换后此三点的坐标值应相等，故有方程组

$$\begin{cases}+3+2p=+2+q\\+2+q=+24+2p+2q\end{cases}$$

解得　$p=-5.75$　$q=-10.5$

各点的坐标增量如图 12-17a 所示，将图 12-15b 与图 12-17a 对应点的数值相加，即得经坐标变换后各点的坐标值，如图 12-17b 所示，则平面度误差值为

$$f_2=[+2.25-(-21.25)]\mu m=23.5\mu m$$

（3）对角线法　这种方法是以过一条对角线且平行于另一条对角线的平面作为评定基准平面。因此，经坐标变换后应使每一对角线上的两点坐标值相等，即

$$\begin{cases}0+0=+24+2p+2q\\+12+2q=+3+2p\end{cases}$$

解得　$p=-3.75$　$q=-8.25$

图 12-17 三点法求解平面度

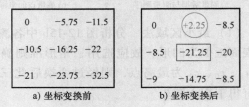

0	−5.75	−11.5
−10.5	−16.25	−22
−21	−23.75	−32.5

a) 坐标变换前

0	(+2.25)	−8.5
−8.5	[−21.25]	−20
−9	−14.75	−8.5

b) 坐标变换后

各点的坐标增量如图 12-18a 所示，再将图 12-15b 与图 12-18a 对应点的数值相加，即得经坐标变换后各点的坐标值，如图 12-18b 所示，则平面度误差值为

$$f_3=[+4.25-(-17)]\mu m=21.25\mu m$$

例 12-2（续）

图 12-18

对角线法求解平面度

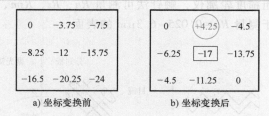

0	−3.75	−7.5
−8.25	−12	−15.75
−16.5	−20.25	−24

a) 坐标变换前

0	+4.25	−4.5
−6.25	−17	−13.75
−4.5	−11.25	0

b) 坐标变换后

从以上三种方法得出的平面度误差值结果可以看出，最小区域法的评定结果数值最小且唯一，符合平面度误差的定义；三点法人为影响因素大，评定结果随着选点不同而改变，所以评定结果不唯一；对角线法所选的点是确定的，因此评定结果具有唯一性。三点法和对角线法的评定结果一般均大于最小区域法的评定结果。

◉ 12.3　表面粗糙度检测

表面粗糙度轮廓的检测方法主要有比较法、光切法、触针法、干涉法等。

1. 比较法

比较法是将被测零件表面与表面粗糙度样块直接进行比较，以确定实际被测表面的表面粗糙度合格与否的方法。比较法测量简便，适用于车间现场测量，常用于中等或较粗糙表面的测量。比较时可以采用的方法：Ra>1.6μm 时用目测；Ra 在 0.4~1.6μm 时用放大镜，Ra<0.4μm 时用比较显微镜。比较时要求表面粗糙度比较样块的加工方法、加工纹理、加工方向及材料与被测零件表面尽量一致。

2. 光切法

光切法是利用光切原理测量表面粗糙度的方法。采用光切原理制成的量仪称为光切显微镜，可用来测量切削加工方法所获得的平面和外圆柱面。光切显微镜测量原理如图 12-19 所示，光线通过狭缝后形成的光带投射到被测表面上，以它与被测表面的交线所形成的轮廓曲线来测量表面粗糙度。由光源射出的光经聚光镜、狭缝、物镜后，以 45°的倾斜角将狭缝投射到被测表面，形成被测表面的截面轮廓图形，然后通过物镜将此图形放大后投射到分划板上，利用测微目镜和读数鼓轮读值。光切法通常用于测量 Rz 值，其测量范围为 0.8~80μm。

3. 触针法

触针法又称针描法，是一种接触测量表面粗糙度的方法，利用金刚石触针在被测零件表面上移动，该表面轮廓的微观不平痕迹使触针在垂直于被测轮廓的方向产生上下位移，把这种位移量通过机械和电子装置加以放大，并经过处理，由量仪指示出表面粗糙度参数值，或者由量仪将放大的被测表面轮廓图形记录下来。一般将仅能显示表面粗糙度数值的测量工具称为表面粗糙度测量仪，同时能记录表面轮廓曲线的称为表面粗糙度轮廓仪，触针法可测量 *Ra*、*Rz*、*Rsm*、*Rmr*(*c*) 等多个参数，适用于测量 $Ra = 0.025 \sim 6.3\mu m$ 的表面。

图 12-19

光切显微镜测量原理图

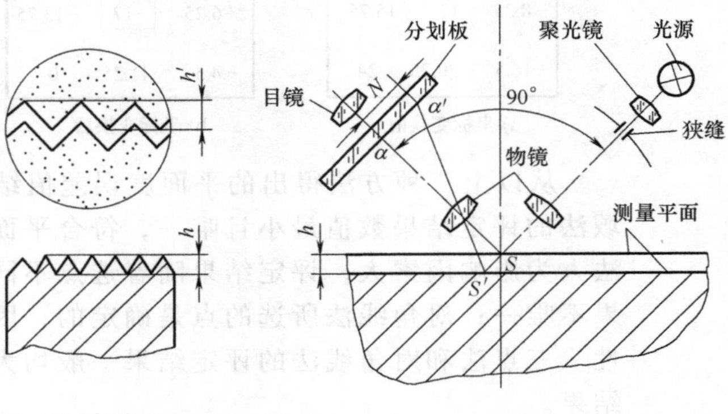

4. 干涉法

干涉法是利用光波干涉原理（见平晶、激光测长技术）将被测表面的形状误差以干涉条纹图形显示出来，并利用放大倍数高（可达 500 倍）的显微镜将这些干涉条纹的微观部分放大后进行测量，以得出被测表面粗糙度。应用此方法的表面粗糙度测量工具称为干涉显微镜。该仪器适宜测量 *Rz* 值，其测量范围为 $0.025 \sim 0.8\mu m$。

5. 光学探针法

随着现代技术的发展，激光技术在表面粗糙度测量中得到迅速应用，如光学探针法，即采用透镜聚焦的微小光点取代金刚石针尖，表面轮廓高度的变化通过检测聚焦光点的误差来实现。光学探针法的思想来源于机械触针，但它属于非接触式测量，不仅克服了机械触针的缺陷，而且具有许多优良的性能。根据传统的表面微观形貌评定理论，光学探针法完全可代替机械触针。

随着表面三维形貌评定理论的发展，光学探针法也在不断地发展，出现了可一次测量多个点的多探针并行测量技术。

12.4 螺纹误差检测

螺纹的检测分为综合检验（合格性）和单项测量（确定某参数）。

12.4.1 螺纹的综合检验

综合检验是指同时测量螺纹的几个参数，只能判断被检验螺纹合格与否，不能测出螺纹参数的具体数值。常用的计量器具是螺纹量规和光滑极限量规。

光滑极限量规是用来检验螺纹顶径（即外螺纹大径、内螺纹小径）是否在规定的尺寸范围内。通规能够通过，止规不能够通过，说明被检测螺纹的顶径合格。

螺纹量规又分为塞规和环规，塞规和环规又各分为通规和止规。螺纹通规用来检验螺纹的作用中径和底径，具有完整的最大实体牙型，螺扣可达 6~9 扣。螺纹止规用来检验单一中径，为了避免牙侧角和螺距偏差对检验结果的影响，采用截短的不完整牙型，且只有 2~3 扣。检验时，通规能够顺利通过被检验螺纹，说明作用中径和底径合格；止规从两端旋合时，均不超过两个螺距，说明单一中径合格。

12.4.2　螺纹的单项测量

单项测量是对螺纹的各个参数，如牙侧角、螺距、中径等分别进行测量。这种测量方法主要用于测量精密螺纹，如螺纹量规、螺纹刀具、测微螺杆以及精密丝杠等；对于精度较高的螺纹工件，有时为了分析在加工过程中工艺因素对各参数的影响，也需进行单项测量。

外螺纹常用测量方法有影像法、干涉法、圆球接触法、轴切法和三针法等；常用的计量器具有工具显微镜、螺纹千分尺、螺距规等。

工具显微镜是一种多用途的测量仪器，它配有多种附件，可用接触测量、非接触测量、比较测量等方法按直角坐标和极坐标对螺纹、齿轮、锥体、凸轮、样板及刀具的形状和复杂参数进行测量。工具显微镜分为小型、大型和万能型三种类型，它们的测量原理是相同的，只是精度、附件和测量范围各不相同。

图 12-20 所示为工具显微镜光学系统。由光源 1 发出的光经过光栏 2 和滤光片 3 变为单色光，经棱镜 4 转向后，由聚光镜 5 变为平行光，把工作台 6 上的被测零件 12 照亮，由物镜组 7 和正像棱镜 8 将被测工件的轮廓投影到分划板 9 上，从观察目镜 10 中可以看到零件的影像。借助于工作台纵、横向的移动和分划板的转动，利用分划板上的米字线瞄准，就可以达到测量长度和角度的目的。

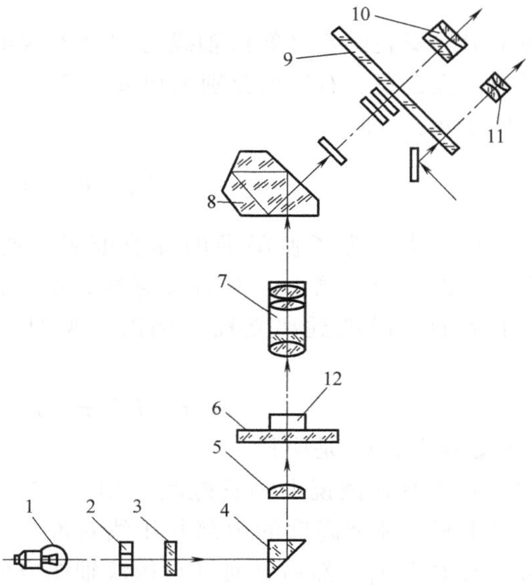

图 12-20

工具显微镜光学系统

1—光源　2—光栏　3—滤光片　4—棱镜　5—聚光镜　6—工作台　7—物镜组　8—正像棱镜　9—分划板　10—观察目镜　11—测角目镜　12—被测零件

瞄准的方法有两种：压线法和对线法。压线法用于长度测量，测量时，米字线的中间虚线 $A-A$ 要与被测长度的一条重合，如图12-21a所示。对线法用于测量角度，测量时，米字线的中间虚线 $A-A$ 应与被测角边保留一条宽度均匀的窄缝，如图 12-21b 所示，由测角目镜观察。

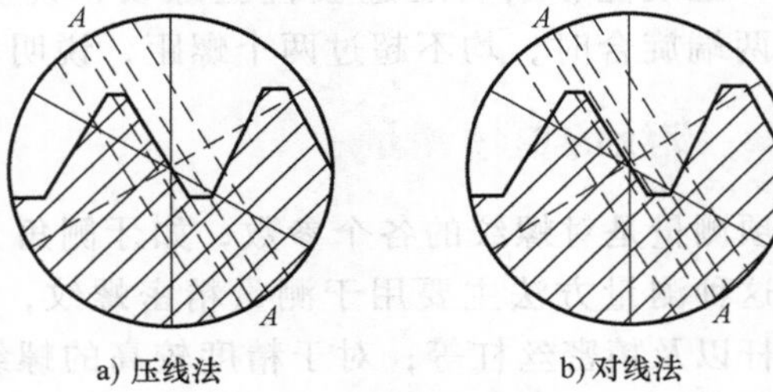

a) 压线法　　b) 对线法

图 12-21 瞄准方法

(1) 在工具显微镜上测量螺纹中径　如图 12-22 所示，用目镜内米字线与被测螺纹轮廓的一边压线对准，在横向示值机构上读出数值 A_1；然后横向（沿中径方向）移动工作台，使被测螺纹的另一侧在目镜视场中出现，再次利用压线法并读出第二个数值 A_2。A_1、A_2 两数之差即为被测螺纹的实际中径 d_{2a}。

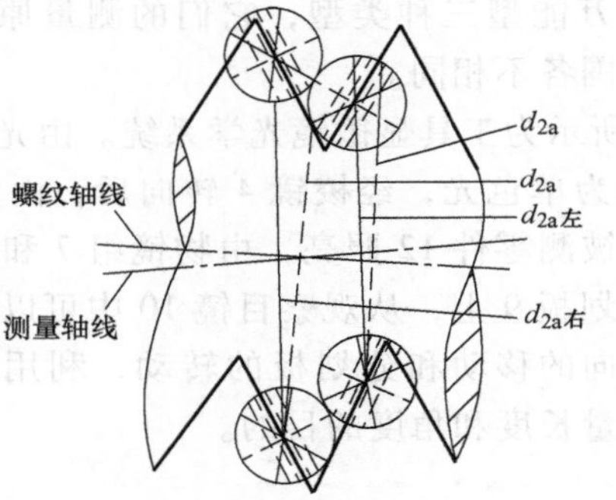

图 12-22 压线法测量螺纹中径

为了消除安装误差（螺纹轴线与测量轴线的不重合）对螺纹测量结合的影响，应在左、右侧面分别测出 $d_{2a左}$ 和 $d_{2a右}$，取其平均值作为中径的实际尺寸 d_{2a}，即

$$d_{2a}=\frac{1}{2}(d_{2a左}+d_{2a右})$$

测量过程中，为了使瞄准的部位准确，通常将立柱向右或向左倾斜一个螺纹升角 φ。例如，对右旋螺纹，瞄准靠近立柱一侧的牙型时，立柱向右倾斜；瞄准远离立柱一侧的牙型时，立柱向左倾斜。计算公式为

$$\varphi=\arctan[P/(\pi d_2)]$$

式中，P 是螺距；d_2 是中径。

(2) 在工具显微镜上测量螺距　如图 12-23 所示，让目镜中的米字线中心位于螺纹牙型高度的中部并压线对准牙型的一侧边，记下纵向示值机构上的示值 A_1；然后纵向（沿螺纹轴线方向）移动工作台（一个螺距或 n 个螺距），用压线法瞄准牙型轮廓的同向侧边，读出第二个示值

A_2，这两个示值之差即为单个或 n 个螺距的实际尺寸。同理，应在左、右侧面分别测量，取其平均值，即

$$P=\frac{1}{2}(P_{左}+P_{右}) \quad 或 \quad nP=\frac{1}{2}(P_{左}+P_{右})$$

图 12-23

压线法测量螺距

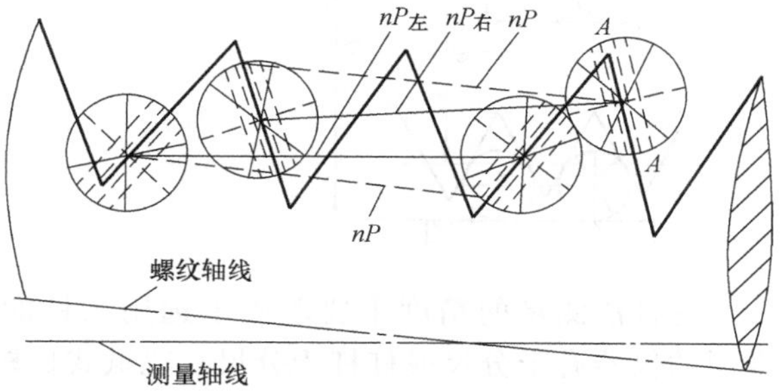

(3) 在工具显微镜上测量牙侧角　牙侧角是指在螺纹牙型上牙侧与螺纹轴线的垂直线间的夹角。测量牙侧角时，可先将测角目镜中的示值调至 0°0′（此时表示米字线的中间虚线 $A-A$ 与工作台的纵向导轨，即测量轴线垂直）；然后移动工作台，并使米字线中心位于牙高中部的轮廓附近，转动米字线分划板旋钮，用对线法瞄准牙型轮廓的一个侧边，如图 12-24 所示，测角目镜中的示值即为该侧边牙侧角的实际值。

为了消除安装误差对测量结果的影响，应在螺纹上方牙厚和下方牙槽的左、右侧面分别测出 $\alpha_1/2$、$\alpha_2/2$、$\alpha_3/2$、$\alpha_4/2$，则牙侧角偏差为

$$\Delta\frac{\alpha}{2}=\frac{1}{2}\left|\frac{\alpha_1}{2}+\frac{\alpha_2}{2}+\frac{\alpha_3}{2}+\frac{\alpha_4}{2}-2\alpha\right|$$

图 12-24

对线法测量牙侧角

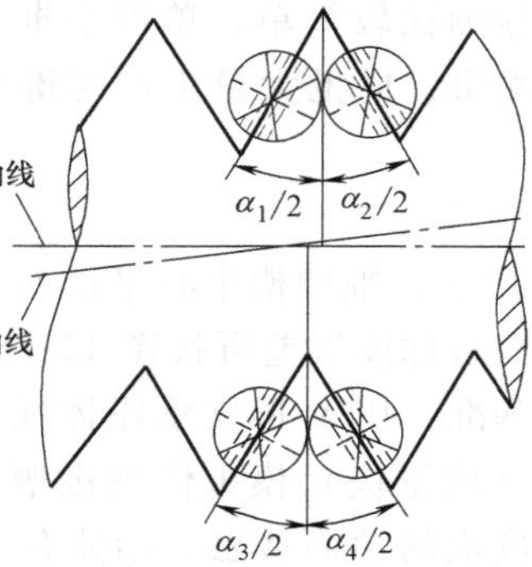

(4) 用三针法测量外螺纹单一中径　如图 12-25 所示，将直径相同的三根量针（简称三针）放在被测螺纹两边的沟槽内，其中两根放在同侧相邻的沟槽内（对单头螺纹），另一根放在对面与相邻沟槽对应的中间沟槽内，用计量器具测出三针的外廓尺寸 M，然后计算出被测螺纹的单一中径。测量时，应使量针在中径线上与牙面接触，因此，最佳量针直径 d_0 的计算公式为

$$d_0=0.5P/\cos\frac{\alpha}{2}$$

由图 12-25 可求得单一中径 d_{2s} 的计算公式为

$$d_{2s}=M-3d_0+0.866P$$

图 12-25
三针法测量外螺纹的单一中径

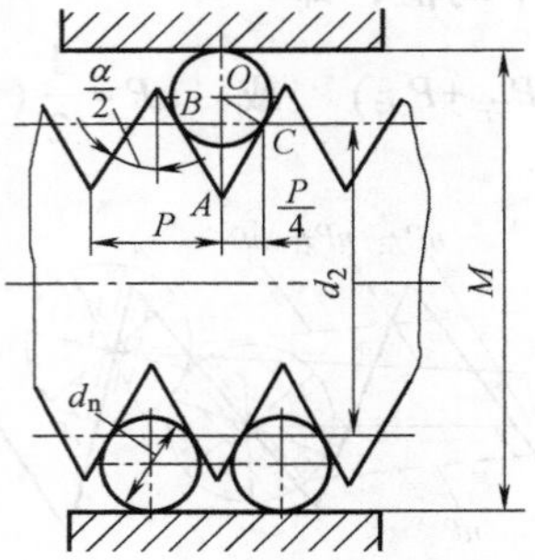

三针法测量的精度主要取决于选用三针的尺寸和所用仪器的精度，常用的仪器有千分尺或杠杆千分尺、机械式比较仪和光学比较仪。

（5）内螺纹单项测量 常用的内螺纹测量方法有两球法、印模法。两球法用于测量内螺纹中径，常用的仪器有卧式光学比较仪、卧式测长仪；另外，在万能显微镜和三坐标测量机上，利用丁字双球附件，也可以测量内螺纹中径。印模法是将印模材料浇注于内螺纹中，取得样品，对样品进行测量。印模法用于测量螺距和牙型角。

12.5 键误差检测

12.5.1 普通平键键槽的检测

1. 键槽尺寸的检测

键槽尺寸的检测比较简单，单件小批生产时可用千分尺、游标尺等普通计量器具来测量，成批大量生产时键槽宽度可以用量块或光滑极限量规来检验。

2. 轴键槽对称度误差的测量

如图 12-26a 所示，轴键槽中心平面对基准轴线的对称度公差采用独立原则。这时键槽对称度误差可按图 12-26b 所示的方法来测量。该方法以平板作为测量基准，用 V 形支承座体现被测轴的基准轴线，它平行于平板。用定位块（或量块）模拟体现键槽中心平面。将置于平板上的指示器的测头与定位块的顶面接触，沿定位块的一个横截面移动，并稍微转动被测轴来调整定位块的位置，使指示器沿定位块这个横截面移动时示值始终不变为止，从而确定定位块的这个横截面的素线平行于平板。

3. 用量规检验键槽对称度误差

（1）轴键槽对称度误差的检验 如图 12-27a 所示，当轴键槽对称度公差与键槽宽度公差的关系采用最大实体要求，与轴径尺寸公差的关系采用独立原则时，该键槽的对称度误差可用图 12-27b 所示的量规来检验。它是按依次检验方式设计的功能量规，检验实际被测键槽的轮廓是否超出其最大实体实效边界。该量规以其 V 形表面作为定位表面来体现基准轴线，用检验键两侧面模拟体现被测键槽的最大实体实效边界。若量规的 V 形定位表面与轴表面接触且检验键能够自由进入实际被测键槽，则表示对称度误差合格。键槽实际尺寸用两点法测量。

图 12-26

轴键槽对称度误差测量

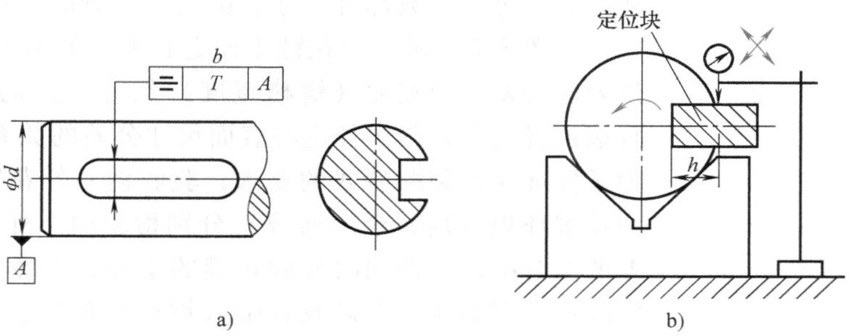

图 12-27

轴键槽对称度误差测量

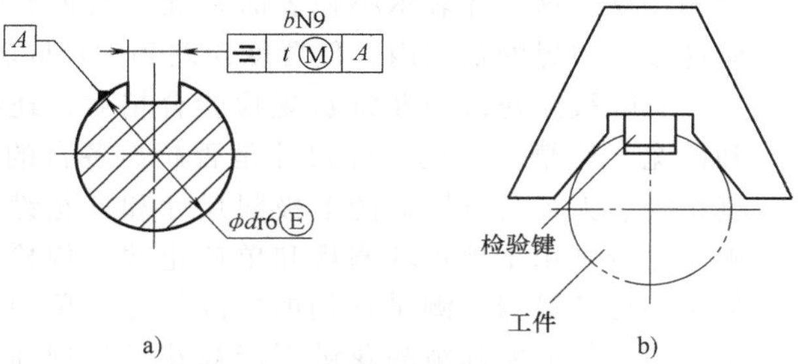

（2）轮毂键槽对称度误差的检验　如图 12-28a 所示，轮毂键槽对称度公差与键槽宽度的尺寸公差及基准孔孔径的尺寸公差的关系皆采用最大实体要求，该键槽的对称度误差可用图 12-28b 所示的量规来检验。它是按共同检验方式设计的功能量规。它的定位圆柱面既能模拟体现基准孔，又能够检验实际基准孔的轮廓是否超出其最大实体边界；它的检验键模拟体现被测键槽两侧面的最大实体实效边界，检验实际被测键槽的轮廓是否超出该边界。如果它的定位圆柱面和检验键能够同时自由通过轮毂的实际基准孔和实际被测键槽，则表示键槽对称度误差合格。基准孔和键槽宽度的实际尺寸用两点法测量。

图 12-28

轮毂键槽对称度误差测量

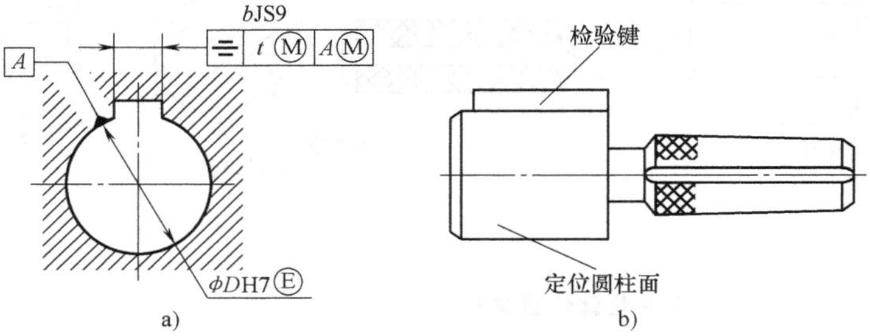

12.5.2　矩形花键的检测

花键的检测分为单项测量（确定某参数值）和综合检验（合格性）。对于单件小批生产，采用单项测量，花键的尺寸和位置误差使用千分尺、游标卡尺、指示表等常用计量器具分别测量；对于成批大量生产，采用综合检验，内、外花键的实际尺寸和几何误差的综合结果可以用花键塞规和花键环规等全形通规来检验，即对定心小径、键宽、大径的三个参数检验，每个参数都有尺寸、位置、表面粗糙度的检验。

如图 8-7 所示，当花键小径定心表面采用包容要求Ⓔ，各键（键槽）位置度公差与键宽度（键槽宽度）尺寸公差的关系采用最大实体要求，且该位置度公差与小径定心表面尺寸公差的关系也采用最大实体要求时，为了保证花键装配型式的要求，验收内、外花键应该首先使用花键塞规和花键环规（均系全形通规）分别检验内、外花键的实际尺寸和几何误差的综合结果，即同时检验花键的小径、大径、键宽（键槽宽）表面的实际尺寸和形状误差以及各键（键槽）的位置度误差，大径表面轴线对小径表面轴线的同轴度误差等的综合结果。花键量规应能自由通过实际被测花键，这样才表示小径表面和键（键槽）两侧的实际轮廓皆在各自应遵守的边界的范围内，位置度误差和大径同轴度误差合格。

实际被测花键用花键量规检验合格后，还要分别检验其小径、大径和键宽（键槽宽）的实际尺寸是否超出各自的最小实体尺寸，即按内花键小径、大径及键槽宽的上极限尺寸和外花键小径、大径及键宽的下极限尺寸分别用单项止端塞规和单项止端卡规检验它们的实际尺寸，或者使用普通计量器具测量它们的实际尺寸。单项止端量规不能通过，则表示合格。如果实际被测花键不能被花键量规通过，或者能够被单项止端量规通过，则表示该实际被测花键不合格。

图 8-7a 所示的内花键可用图 12-29a 所示的花键塞规来检验。该塞规是按共同检验方式设计的功能量规，由引导圆柱面、小径定位表面、检验键（六个）和大径检验表面组成。其前端的圆柱面用来引导塞规进入内花键，其后端的花键则用来检验内花键各部位。

图 12-29b 所示为花键环规，它用于检验按图 8-7b 标注的外花键，其前端的圆柱形孔用来引导环规进入外花键，其后端的花键则用来检验外花键各部位。

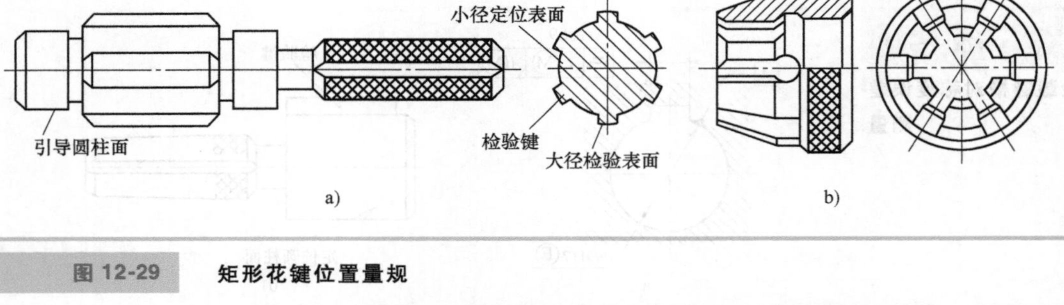

图 12-29 矩形花键位置量规

如图 8-8 所示，当花键小径定心表面采用包容要求Ⓔ，各键（键槽）的对称度公差以及花键各部位的公差皆遵守独立原则时，花键小径、大径和各键（键槽）应分别测量或检验。小径表面应该用光滑极限量规检验，大径和键宽（键槽宽）用两点法测量，各键（键槽）的对称度误差和大径表面轴线对小径表面轴线的同轴度误差都使用普通计量器具测量。

12.6　圆柱齿轮误差检测

渐开线圆柱齿轮精度的检验，是确保齿轮成品性能质量的关键工序，是齿轮制造技术中的重要组成部分。

12.6.1　齿轮测量技术综述

齿轮检测技术在齿轮制造中占有重要地位，伴随着齿轮制造技术的提高和对其传动性能、精度、寿命等方面的要求越来越高，齿轮检测技术一直在不断地发展与提高。现代齿轮检测技术正向非接触化、精密化、多功能化、高速化、自动化、智能化等方向发展。

1. 齿轮检测的目的

通常齿轮检测的目的有两个：一是评定齿轮的使用质量，即评定其制造精度；二是对齿轮进行工艺分析，找出误差产生的原因，用于指导齿轮加工。由于测量目的不同，测量过程可分为终结检测与工艺检测。终结检测作为齿轮产品的验收依据。工艺检测用来找出工艺过程中的误差以调整工艺过程，而工艺误差可以从测量齿轮轮齿的几何精度的数值中分析得出，选用单项指标作为测量项目较为合适。

2. 齿轮测量的原理与技术的发展

齿轮测量技术及其仪器的研发已有百年的历史。齿轮测量原理经历了三个阶段的演变，即由“比较测量”到“啮合运动测量”，直至“模型化测量”的发展阶段。由此，齿轮测量技术可大体分为以下几类：

（1）机械展成式测量技术　20 世纪 70 年代以前，齿轮测量原理主要以比较测量为主，其实质是相对测量，其典型仪器为机械展成式量仪。

采用展成测量法的机械式量仪是将仪器的运动机构形成的标准特征线与被测齿轮的实际特征线做比较，来确定相应误差。而精确的展成运动是借助一些精密机构来实现的，有单盘式、圆盘杠杆式、正弦杠杆式、靠模式等。机械展成式测量法主要缺点：测量精度依赖于展成机构的精度，机械结构复杂，柔性较差。

（2）齿轮整体误差测量技术　标志性的发展：1965 年，英国研制出光栅式单啮仪，标志着高精度测量齿轮动态性能成为可能，形成了啮合运动测量原理。同时，为齿轮整体误差测量奠定了基础；1970 年，成都工具研究所研发的 CZ450 齿轮整体误差测量仪，标志着运动几何法测量齿轮的开始。

啮合运动测量原理与整体误差测量技术的基本思想是在一台测量仪器上，将被测齿轮作为一个刚性的功能元件或传动元件与另一标准元件（蜗杆、齿轮、齿条等）做啮合运动，通过测量啮合运动误差来反求被测件的误差。它能够形象地反映齿轮啮合传动过程并精确地揭示了齿轮单项误差的变化规律以及误差间的关系，特别适合于齿轮工艺误差分析和动态性能预报。其优点是仪器测量效率高，适用于批量生产中的零件检测。

（3）CNC 坐标测量技术　20 世纪 70 年代以后，基于各种坐标原理的齿轮测量技术不断发展。标志性的发展：1970 年，美国 Fellows 公司在芝加哥博览会展出 Microlog50，标志着数控齿轮测量中心的开始。其重要意义在于把对测量概念的理解从单纯的“比较”引申到“模型化测量”的新领域，从而推动了测量技术的蓬勃发展。

模型化测量的实质是坐标测量原理，即将被测零件作为一个纯几何体（相对“运动几何法”而言），通过测量实际零件的坐标值，并与理想形体的数学模型做比较，从而确定被测件的相应误差。坐标测量法的特点：通用性强，主机结构简单，可达到很高的测量精度。现代光电技术、微电子技术、精密机械等技术的发展才真正为坐标测量法的优越性提供了坚实的技术基础。

（4）其他齿轮测量技术

1）非接触测量技术。20 世纪 80 年代末，日本大阪精机推出基于光学全息原理的非接触齿面分析机 FS-35，标志着齿轮非接触测量法的开始；进入 20 世纪 90 年代，基于各种光学原理（特别是相移原理）的非接触式齿轮测量技术得到了一定发展，重庆大学首次将激光扫描及双摄像机定位用于齿轮外形曲面非接触测量，这种可称为“并联测量”的新方法代表着齿轮测量技术发展的一个新方向。

2）虚拟仪器技术。在各种齿轮误差检测仪器中运用到了计算机，采用了数字式的信号处理方法，并相继发展了数字化仪器、计算机辅助测试仪器等，有效地提高了齿轮误差检测的效率和精度。近年来，以 GE 机为核心的虚拟仪器代表着现代仪器的发展趋势，它在计算机屏幕上建立仪器面板，直接对仪器进行控制及数据分析与显示，突破了传统仪器的概念，使用户可以根据自己的需要定义仪器的功能。因此，一些学者在齿轮误差检测系统中运用上述测量原理，采用虚拟仪器技术，开发了集成各种齿轮误差处理方法于一体的齿轮误差检测虚拟仪器，使齿轮误差检测的效率和精度大幅度提高，国外的 CNC 齿轮测量中心也能给出“虚拟整体误差”。

3）间齿齿轮式啮合分离测试技术。基于齿轮整体误差测量，在间齿蜗杆单啮测试技术的基础上，采用间齿齿轮式单啮测试技术，开发出新型齿轮测量系统。该技术能测量端面渐开线和内齿轮，并能在啮合过程中的一个测量周期内测得齿廓、螺旋线、齿距和切向综合误差等，是一种快速测量方法。

4）随着齿轮测量技术的发展，智能化量仪不断涌现，给测量的实施、控制以及数据处理带来了极大的方便。对通用与传统的齿轮测量仪进行智能化的研究，研发了齿轮测量专家系统。齿轮的功能测试与分析测试合二为一，简化测量成为发展趋势。

3. 齿轮测量方式

齿轮的测量方式通常有两种：一种是在专用齿轮测量仪上进行测量，

另一种是就地或在机测量。

（1）专用齿轮测量仪（也称台式量仪）　其特点是将被测齿轮放在量仪上进行检测，由于量仪精度高、测量条件好，因此可实现高精度测量且可测量齿轮的多项误差。

（2）就地或在机测量　按其测量的形式可把测量仪器分为上置式量仪和在机式量仪两类。

1）上置式量仪。大型齿轮无法放在量仪上，设计者将量仪设计成上置式，将其放在齿轮上，通常以被测齿轮的齿面或齿顶定位并支承在被测齿轮上完成齿轮多项误差的测量，完全避开台式量仪的局限，因此，此类量仪更适合于大型齿轮的就地测量。其测量原理有展成法、直角坐标法、圆弧基准法、直线基准法与相对法等。上置式量仪的缺点：这类量仪的测量基准一般与齿轮的设计基准、工艺基准不重合，定位精度较低，致使测量精度不高；其测量结果也不利于齿轮加工的工艺因素分析。

2）在机式量仪。此类量仪不是放在齿轮上，而是定位安装在加工机床上去实现齿轮多项误差的检测，故也称在机测量或临床测量。当代先进的齿轮加工机床集加工、检测于一体，可完成齿廓、螺旋线误差的在机测量等。

由于齿轮的误差项目较多，且每个项目又可用不同结构原理的仪器、不同测量方法进行测量，因此齿轮的测量仪器种类繁多。根据检测目的不同，齿轮的测量方法可分为单项测量、综合测量和整体误差测量。

12.6.2　单项测量

1. 齿距偏差（Δf_{pt}）和齿距累积总偏差（ΔF_p）的测量

这两个测量参数常用的测量方法有绝对测量法和相对测量法。

（1）绝对测量法（又称角分度测量法）　就是直接测量齿轮各齿的实际齿距角相对于理论齿距角的偏差。因此，只要有定位装置的测量圆分度的仪器或分度机构都可用于测量齿距偏差和齿距累积总偏差。如万能工具显微镜分度头或分度台加上光学灵敏杠杆，光学分度头加上指示表、光电准直仪等。这种测量方法的缺点是调整麻烦，效率低。其测量精度主要取决于分度机构的分度精度，而且测量误差与被测齿轮的尺寸大小有关，即随被测齿轮直径的增加而增大。

（2）相对测量法（又称比较测量法）　它是采用跨齿或逐齿测量相邻齿距（或跨齿）的相对偏差值，并通过计算或作图求得齿距偏差和齿距累积总偏差。常用的测量仪器有万能测齿仪、手持式周节仪、齿距仪及自动周节仪等，其中以万能测齿仪应用最广。

图 12-30 所示为手持式周节仪，它结构简单、使用方便，但精度较低，测量时通常以齿顶圆、齿根圆或内孔作为测量基准。

图 12-31 所示为在万能测齿仪上用相对法测量齿距误差的工作原理。测量时，按齿轮同侧的两相邻齿面将两测头分别调到两齿面的分度圆附近。测量前，先任意选定一个齿距作为基准齿距，并将指示表调零；然

后每次在用手托住重锤的情况下（或取消重锤采用定位球），将测头架对齿轮中心做径向位移，沿整个齿圈逐齿测量，直至测完全部轮齿。每一次测量，都是从指示表中读出相对基准齿距的差值。表 12-2 为用相对法测量齿距误差的数据处理。被测齿轮齿数 $z=18$。

图 12-30

手持式周节仪

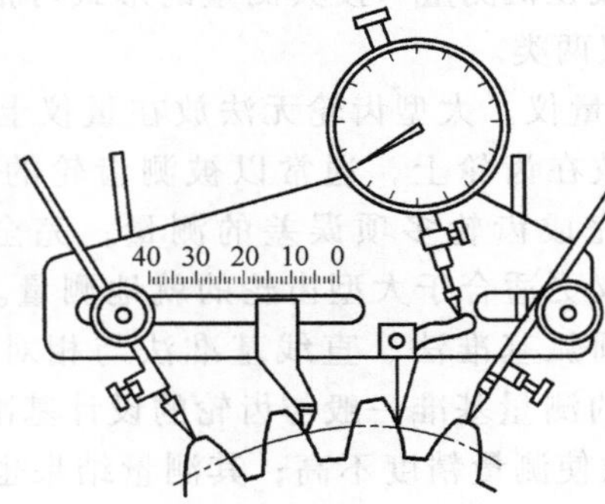

图 12-31

在万能测齿仪上测量齿距误差

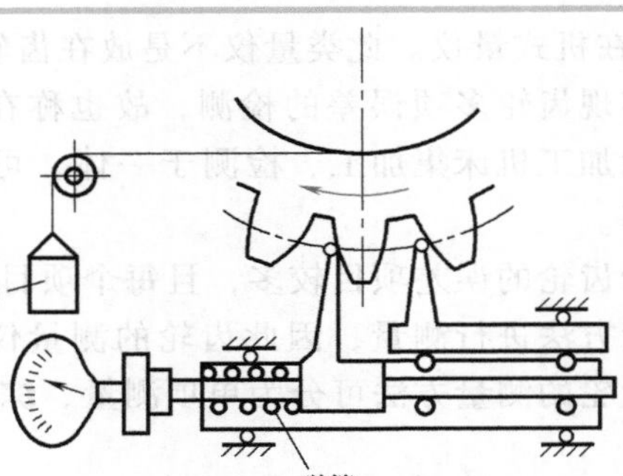

表 12-2

相对法测量齿距偏差的数据处理

齿序号 i	仪器示值 Δp_i	相对齿距偏差累积值 $\sum_{i}^{n}\Delta p_i$	齿距偏差 $\Delta f_{pti}=\Delta P_i+k$	齿距累积偏差 $\Delta F_{pn}=\sum_{1}^{n}\Delta f_{pti}$
1	0	0	-1.5	-1.5
2	1	1	-0.5	-2.0
3	2	3	0.5	-1.5
4	3	6	1.5	0
5	1	7	-0.5	-0.5
6	-1	6	-2.5	-3.0
7	-3	3	(-4.5)	(-7.5)
8	3	6	1.5	-6.0
9	5	11	3.5	-2.5
10	3	14	1.5	-1.0
11	4	18	2.5	1.5
12	1	19	-0.5	1.0
13	0	19	-1.5	-0.5
14	1	20	-0.5	-1.0

表 12-2
（续）

齿序号 i	仪器示值 Δp_i	相对齿距偏差累积值 $\sum_i^n \Delta p_i$	齿距偏差 $\Delta f_{pti}=\Delta P_i+k$	齿距累积偏差 $\Delta F_{pn}=\sum_1^n \Delta f_{pti}$
15	1	21	−0.5	−1.5
16	3	24	−1.5	0
17	4	28	2.5	(2.5)
18	−1	27	−2.5	0

注：1. 由于任意选定的一个齿距可能大于或小于齿距的平均值，它对于公称齿距值（齿距的平均值）一般都存在着偏差 k，因此，以该齿距作为基准齿距测量其他齿距时，各测量值 Δp_i（相对齿距误差）均有一个定值的系统误差 $k=-\frac{27}{18}=-1.5$。

2. 测量结果：齿距偏差 $\Delta f_{pt}=\Delta f_{ptimax}=-4.5\mu m$；齿距累积总偏差 $\Delta F_p=\Delta F_{pnmax}-\Delta F_{pnmin}=2.5\mu m-(-7.5\mu m)=10\mu m$。

2. 齿廓总偏差（ΔF_α）的测量

齿廓偏差常用渐开线测量仪来测量。渐开线检查仪分为单圆盘式和万能式两种。单圆盘式对不同规格的齿轮需要各自专用的基圆盘，只适用于成批检测，可测 7 级精度以下的齿轮。万能式则不需要专用基圆盘，但结构复杂，价格较贵，可测 5 级精度以下的齿轮。

图 12-32 所示为固定圆盘式万能渐开线检查仪的工作原理。被测齿轮 5 与固定大圆盘 4 装在同一心轴上，通过钢带 14 使固定大圆盘 4 与导板 13 连在一起，导板 13 又通过铰链 10 使杠杆 9 绕 A 点摆动。由于铰链 8 的作用，使带有测头 6 的测量滑架 7 移动，杠杆 9 的摆动中心 A 与固定大圆盘的转动中心 O 的连线平行于导板 13 的运动方向。测量前，先调整测量滑架 7 与杠杆摆动中心的距离，使其等于被测齿轮基圆半径 r_b（通过光学读数装置 2，观察刻度尺 3），此时测头也正好位于齿轮的基圆上。测量时，转动丝杆 1，使导板 13 移动距离 S，因钢带与固定大圆盘之间做纯滚动，使固定大圆盘和被测齿轮转过一角度 φ，故 $S=R\varphi$。与此同时，由于杠杆 9 的摆动，通过铰链 8 使测量滑架 7 移动距离 S_0，按相似三角形关系，得

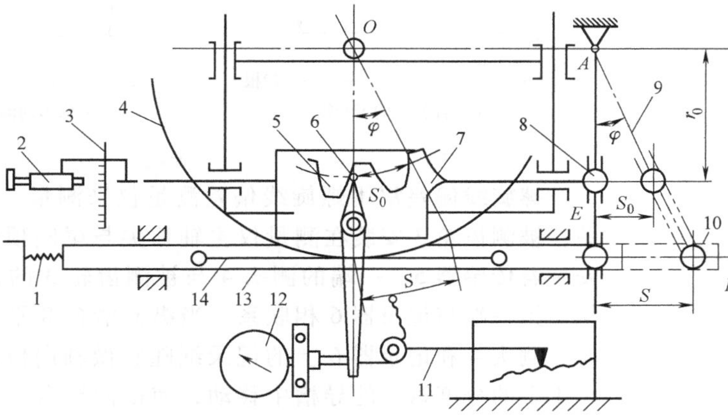

图 12-32　固定圆盘式万能渐开线检查仪工作原理

1—丝杆　2—光学读数装置　3—刻度尺　4—固定大圆盘　5—被测齿轮　6—测头　7—测量滑架　8、10—铰链　9—杠杆　11—记录器　12—指示表　13—导板　14—钢带

$$S_0 = r_b S/R = r_b \varphi$$

故测头相对于被测齿轮的轨迹为理论渐开线。由于测头紧靠在齿面上，当齿廓有偏差时，就通过指示表 12 或记录器 11 表示出来。

图 12-33 所示是齿廓偏差测量记录图，图中纵坐标表示被测齿廓上各测点相对于该齿廓工作起始点的展开长度，齿廓工作终止点与起始点间的展开长度即为齿廓偏差的测量范围；横坐标表示测量过程中杠杆测头在垂直于记录纸走纸方向的位移的大小，即被测齿廓上各个测点相对于设计齿廓上对应点的偏差。

在图 12-33a 中，设计齿廓迹线是一条直线（它表示理论渐开线）。如果实际被测齿廓为理论渐开线，则在测量过程中杠杆测头的位移应为零，齿廓偏差记录图形是一条直线。当被测齿廓存在齿廓偏差时，则齿廓偏差记录图形是一条不规则的曲线。按横坐标方向，最小限度包容这条不规则的粗实线（即实际被测齿廓迹线）的两条设计齿廓迹线之间的距离所代表的数值，即为齿廓总偏差 ΔF_α。

在图 12-33b 中，设计齿廓采用凸齿廓，因此在齿廓偏差测量记录图上，设计齿廓迹线不是一条直线，而是一段凸形曲线。按横坐标方向，最小限度包容实际被测齿廓迹线（不规则的粗实线）的两条设计齿廓迹线之间的距离所代表的数值，即为齿廓总偏差 ΔF_α。

评定齿轮传动平稳性的精度时，应在被测齿轮圆周上测量均匀分布的三个轮齿或更多轮齿左、右齿面的齿廓总偏差，取其中最大值 $\Delta F_{\alpha\max}$ 作为评定值。如果 $\Delta F_{\alpha\max}$ 不大于齿廓总偏差允许值 ΔF_α，则表示合格。

图 12-33

齿廓偏差测量记录图

L_α—齿廓计值范围

L_{AC}—齿廓有效长度

1—实际齿廓迹线

2—设计齿廓迹线

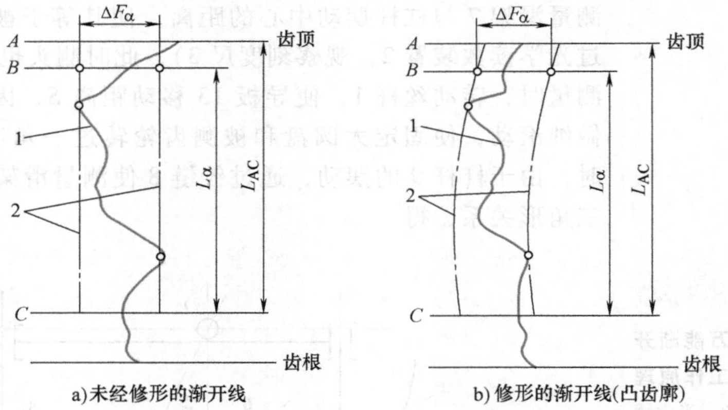

3. 螺旋线总偏差（ΔF_β）的测量

螺旋线偏差常用螺旋线偏差测量仪来测量。图 12-34 所示为其原理图，被测齿轮 3 安装在测量仪主轴顶尖与尾座顶尖之间，纵向滑台 8 上安装着传感器 5，一端的测头 4 与被测齿轮 3 的齿面在接近齿高中部接触，另一端与记录器 6 相联系。当纵向滑台 8 平行于齿轮基准轴线移动时，测头 4 和记录器 6 上的记录纸随它做轴向位移，同时滑柱在横向滑台 1 上的分度盘 7 的导槽中移动，使横向滑台 1 在垂直于齿轮基准轴线的方向上移动，相应地使主轴滚轮 2 带动被测齿轮 3 绕其基准轴线回转，以实现被测齿面相对于测头做螺旋线运动。

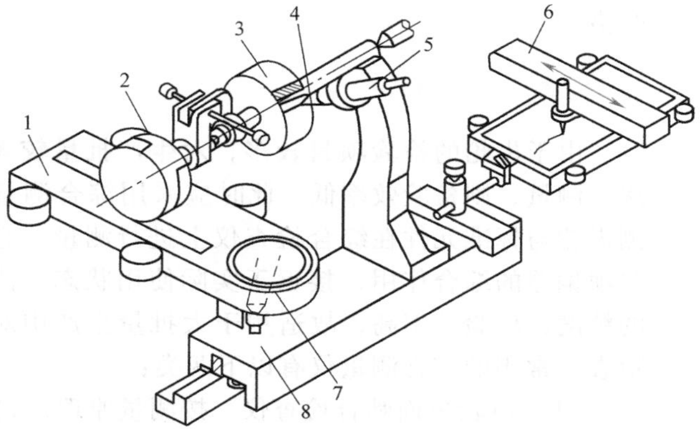

图 12-34

齿轮螺旋线偏差测量仪的原理图

1—横向滑台
2—主轴滚轮
3—被测齿轮
4—测头 5—传感器
6—记录器 7—分度盘
8—纵向滑台

分度盘 7 的导槽的位置可以在一定角度范围内调整到所需要的螺旋角。实际被测螺旋线对设计螺旋线的偏差使测头 4 产生微小的位移，它经传感器 5 由记录器 6 记录下来而得到记录图形，如图 12-35 所示。

如果测量过程中测头 4 不产生位移，记录器的记录笔也就不移动，则记录下来的螺旋线偏差图形（实际螺旋线迹线）是一条平行于记录纸走纸方向的直线。

图 12-35 所示的螺旋线偏差测量记录图中横坐标表示齿宽，纵坐标表示测量过程中测头 4 位移的大小，即齿宽的两端 Ⅰ、Ⅱ 间实际被测螺旋线上各个测点相对于设计螺旋线上对应点的偏差。

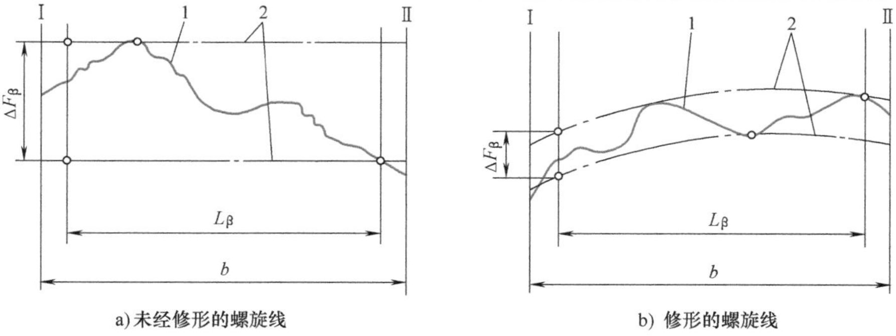

图 12-35

螺旋线偏差测量记录图

Ⅰ、Ⅱ—轮齿的两端
b—齿宽
L_β—螺旋线计值范围
1—实际螺旋线迹线
2—设计螺旋线迹线

在图 12-35a 中，设计螺旋线为未经修形的螺旋线，其迹线是一条直线。如果实际被测螺旋线为理论螺旋线，则在测量过程中测头位移为零，其记录的图形是一条直线。当被测齿面存在螺旋线偏差时，则其记录图形是一条不规则曲线。按纵坐标方向，最小限度包容这条不规则粗实线（实际被测螺旋线迹线）的两条设计螺旋线迹线之间的距离所代表的数值，即为螺旋线总偏差 ΔF_β。

在图 12-35b 中，设计螺旋线是修形的螺旋线（如鼓形齿），其迹线是一段凸形曲线。按纵坐标方向，最小限度包容实际螺旋线迹线的两条设计螺旋线迹线之间的距离所代表的数值，即为螺旋线总偏差 ΔF_β。

评定轮齿载荷分布均匀性精度时，应在被测齿轮圆周上测量均匀分布的三个轮齿或更多轮齿的左、右齿面螺旋线总偏差，取其中最大值 $\Delta F_{\beta\max}$ 作为评定值。如果 $\Delta F_{\beta\max}$ 不大于螺旋线总偏差允许值 F_β，则表示合格。

12.6.3　综合测量

由于齿轮的检验项目较多，对生产批量较大的齿轮，若对单项偏差逐一测量，则检验效率低，此时应采用综合测量法。综合测量就是将被测齿轮与标准元件在综合检查仪上进行测量。它能连续地反映出齿轮各单项偏差的综合作用，接近于实际使用状态，能较全面地反映被测齿轮的精度，检验效率高，故适用于大批量生产中对完工后的齿轮进行验收检查。常用的综合测量仪有以下两类：

（1）齿轮单面啮合检查仪　按测量原理，它可分为机械式、光栅式、磁分式及地震式等多种。这些单啮检查仪的测量精度与所采用标准元件的精度有关，通常可测 5~6 级精度的齿轮。

（2）齿轮双面啮合综合检查仪　双啮测量方法是被测齿轮与测量元件做紧密无侧隙的啮合，通过中心距的变动来反映齿轮的误差。该种测量仪使用极其简便，检验效率高，且易于实现测量过程自动化，可测量 7 级精度以下的齿轮，它是一些大量生产齿轮的工厂广泛使用的一种综合测量仪，参见第 9 章。

第13章

几何量精度综合设计与综合实验

13.1 实验目的

为了加强对课程知识的理解，检验课程学习的效果，提高学生分析问题、解决生产中实际问题的能力，培养设计、加工、测量一体化的工程思维，为后续的专业课程的学习和毕业以后的工作打下坚实的基础，在课程进行中单项实验的基础上进行几何量精度综合设计与综合实验。主要的实验目的如下：

1）基本掌握对机器及零（部）件的几何量精度设计技能。

2）学会选择通用计量器具和常用测量方法。

3）熟悉常用计量器具的结构和测量原理，并能正确使用。

4）通晓一种或几种零件的几何量精度设计和全部几何量的检测过程与方法。

13.2 实验内容

综合设计与综合实验是由几何量精度设计和相应几何量检测实验两部分组成。

实验内容建议采用圆柱齿轮减速器，也可以选用齿轮变速器或其他传动装置，最好与“机械设计”课程设计结合起来进行，也可以在课程教学过程中穿插进行。

以齿轮减速器为例，如图 13-1 所示。已知的技术要求：功率为 5kW，高速轴转速$n=327\mathrm{r/min}$，主、从动齿轮皆为标准齿轮，小齿轮齿数 $z_1=20$，大齿轮齿数 $z_2=79$，齿宽$b=60\mathrm{mm}$，模数 $m=3\mathrm{mm}$，基准压力角 $\alpha=20°$。该减速器为小批生产。

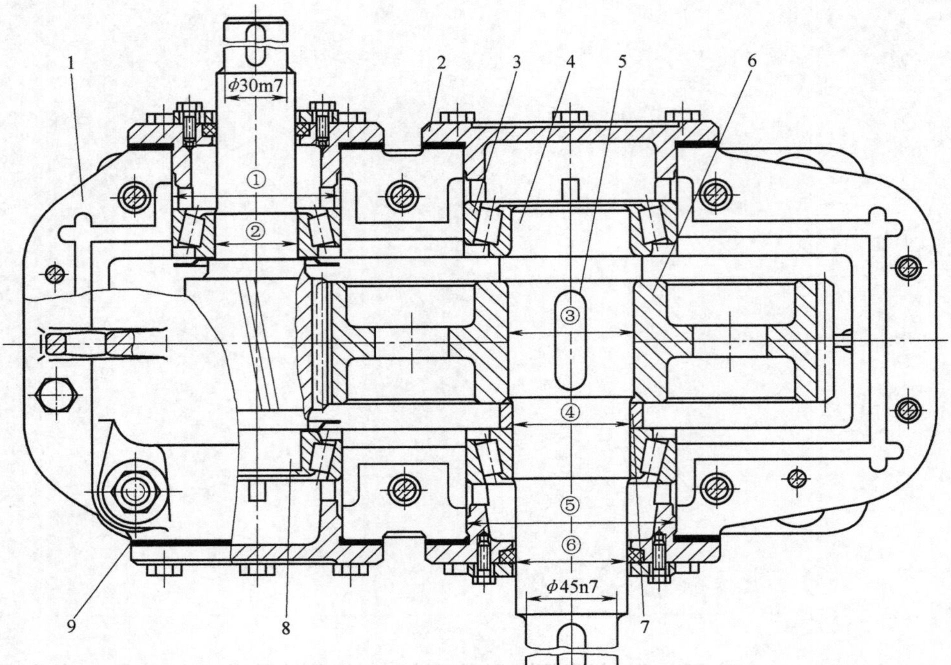

图 13-1 齿轮减速器

1—箱体 2—端盖 3—滚动轴承 4—输出轴 5—平键 6—齿轮 7—轴套 8—输入轴 9—垫片

13.3 实验要求

为培养学生的独立工作能力和创新思维，设计和实验可采取开放式教学方式。学生可根据教学要求及自身能力大小在规定的设计时间内完成一个或若干个设计与实验项目，拟定精度设计方案，要在老师的指导下独立完成设计与实验。

1. 几何量精度综合设计

1）根据机器的使用要求和工作状态，分析零件的结构、工作条件、受力状态，相关联零件的工作状况，确定各部位的配合种类并选定配合代号。如图 13-1 所示，轴与齿轮、轴与轴承、轴与挡圈，轴承与箱体孔、轴承端盖与箱体孔，键与轴键槽、键与齿轮轮毂键槽的配合等各处均可作为设计项目。考虑设计内容的全面性，设计项目可以为图 13-1 所示的带圈数字标示的六处重要部位。

2）根据机器结构图拆绘（或根据实物测绘）典型零件图，如图 13-1 所示，输出轴、从动齿轮、输入轴、箱体、轴承盖等零件。参照零件工作状态，相配合零件的运动和装配要求，提出零件的尺寸精度、几何精度和表面粗糙度要求，并在零件图上进行正确标注，标明相关的技术要求，即进行零件的全部几何量精度设计。

3）确定齿轮的精度等级和齿厚极限偏差的字母代号以及其他的检验项目和齿坯公差。

4）设计用于检验轴颈及与滚动轴承配合的箱体孔的工作量规。

2. 综合实验

在进行几何量精度设计的零件中选择一个或几个典型零件（如轴、齿轮、箱体）作为综合实验的对象（被测工件）。根据零件图样上规定的技术要求，分别设计实验内容，确定测量方法，然后进行测量，以通晓整个零件的全部测量过程。综合实验的内容应包括下列几项：

1）按尺寸公差的大小，确定验收极限，选择相应的计量器具进行测量，检测实际尺寸是否在规定的两个验收极限尺寸范围内。

2）按几何公差要求，选择不同的计量器具与不同的测量方法，检测几何误差，如轴的径向圆跳动、轴键槽的对称度、齿轮及箱体的有关几何误差。

3）对不同的表面及表面粗糙度参数值，可采用标准样块比较、双管显微镜及电动轮廓仪进行测量。

4）根据齿轮精度设计要求，按设计给定的检验项目，选择不同的计量器具进行测量。

5）若在零件几何量精度设计中，涉及螺纹的几何量精度设计，还应对螺纹误差进行检测。

◎13.4　综合设计与综合实验报告书写内容

要求实验前仔细阅读实验指导书相关内容，广泛查阅有关资料，根据给出零件的技术要求，对其尺寸精度、几何精度、表面粗糙度等进行正确的精度设计，设计出最佳的测量方案，写出详细的实验报告。

对于每个零件，除绘制零件图并标注相关技术要求外，还要书写下列内容：

1）几何量精度设计说明，如配合代号和尺寸公差带代号的选择，几何公差项目与公差值及基准的选择，表面粗糙度参数值的选择，齿轮精度等级和检验项目以及齿坯公差的选择等。

2）验收极限的确定，计量器具的选择。

3）检测方法的确定，包括被测对象和被测量、选定的测量仪器及仪器的主要技术指标、测量方案的组成等。

4）测量数据处理和测量结果。

应当说明，采用此方案的院校可以根据自己的实际情况，不进行几何量精度设计，而给出零件图样，只进行综合实验。也可以适当增减综合设计与实验的内容，如增加螺纹设计与检测、综合量规设计、用光滑极限量规和综合量规检验等。同时，还应鼓励学生动手拆装一下减速器，以加深对配合、几何公差等以及各种误差对机器性能的影响的认识。

◎13.5　举例

下面以减速器（图 13-1）中两个典型零件（轴、箱体）作为综合设计与综合实验的对象进行举例。

1. 轴的几何量精度设计与检测

几何量精度设计标注图样如图 3-59 所示。

（1）几何精度设计

1）尺寸精度设计。根据配合精度要求（由已选定的装配图上可知，配合种类设计说明略），两个轴头 $\phi45n7$ 和 $\phi58r6$ 及两个轴颈 $\phi55k6$，为了保证其配合性质，都按包容要求Ⓔ给出尺寸公差；两处平键配合按一般联接分别为 14N9 和 16N9，轴键槽深 t_1 按第 8 章选择，并取 $d-t_1$，分别为 $39.5_{-0.2}^{\ 0}$mm 和 $52_{-0.2}^{\ 0}$mm；其余尺寸按未注公差处理。

2）几何量精度的设计。参照例 3-4。

3）表面粗糙度参数的确定。两个轴颈表面与滚动轴承配合，选择 Ra 上限值为 0.8μm（参见第 6 章）；$\phi45n7$ 轴头与联轴器内孔配合，选择 Ra 上限值为 1.6μm；$\phi58r6$ 轴头与齿轮内孔配合，选择 Ra 上限值为 0.8μm；两轴肩处与键槽侧面选取 Ra 上限值为 3.2μm，底面取 Ra 上限值为 6.3μm（参见第 6 章与第 8 章）；$\phi52$ 轴径与密封圈接触，在运动中有相对摩擦，选取 Ra 上限值为 3.2μm；其余表面 Ra 上限值为 12.5μm。

（2）综合实验　两个轴颈和两个轴头采用包容要求，考虑尺寸公差与形状公差的相互关系，实际尺寸和形状误差的综合结果应符合极限尺寸判断原则（泰勒原则）的规定。可考虑：采用光滑极限量规检验工件实体是否超越最大实体边界（工件的作用尺寸是否超越最大实体尺寸），工件的实际尺寸是否超越最小实体尺寸。光滑极限量规用于检验批量生产的零件，因此，实验时可不采用此种检验方式，而用两点法测量实际尺寸；采用测量特征参数原理评定形状误差。

1）采用两点法测量实际尺寸时，首先要确定验收极限并选择计量器具，可参见第 11 章。

2）两轴颈的圆柱度误差测量。利用偏摆仪（可以带分度头）测量。如图 13-2 所示，把减速器从动轴安装在偏摆仪的顶尖间。使从动轴的轴线与偏摆仪回转轴线（测量轴线）同轴。在轴颈的若干个横截面内测量，并把各截面的测得轮廓投影在垂直于测量轴线的投影面上（图 13-3）；然后用同心圆模板包容这些投影轮廓，取最小包容同心圆的半径差作为被测轴颈圆柱度误差值。也可采用计算法，但比较麻烦。

径向圆跳动与轴向圆跳动测量参见第 3 章，表面粗糙度测量参见第 12 章。

3）键槽对称度的测量。测量方法如图 13-4 所示。

工件 2 的基准轴线用放置在平板 4 上的 V 形块 3 来模拟体现，并且在工件的一端放置辅助支承 5。被测键槽的中心平面用量块（或定位块）

图 13-2

用偏摆仪测量圆柱度误差的示意图

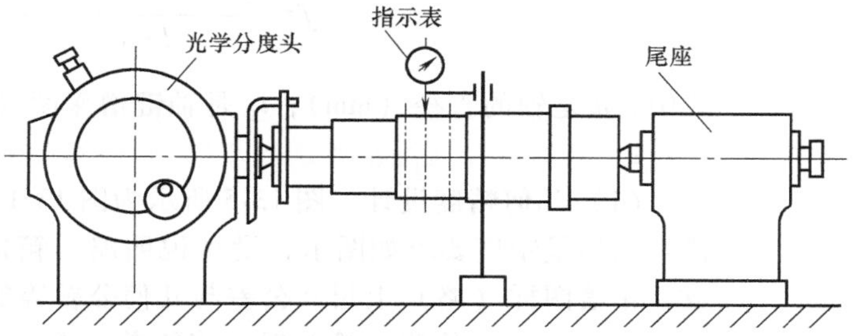

图 13-3

圆柱度误差的评定

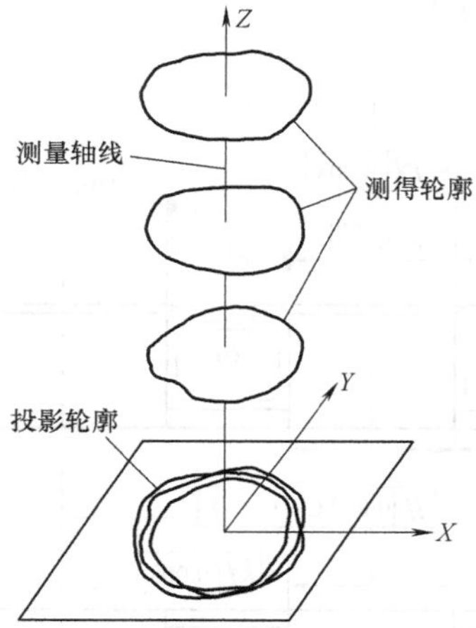

图 13-4

轴键槽对称度误差测量

1—量块 2—工件
3—V 形块 4—平板
5—辅助支承

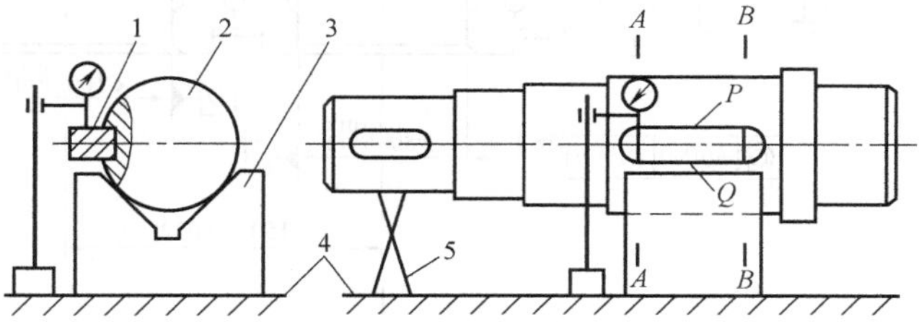

1 来模拟体现。首先，转动 V 形块上的工件，以调整量块测量面的位置，使它沿工件径向与平板平行；然后用指示表在工件键槽长度两端的径向截面（A–A和 B–B 截面）内分别测量从量块 P 面到平板的距离，得到示值 h_{AP}和 h_{BP}。将工件翻转 180°，再在 A–A 和 B–B 截面内分别测量从量块 Q 面到平板的距离，得到示值 h_{AQ}和 h_{BQ}。计算在 A–A 和 B–B 截面内各自两次测量的示值差的一半，即

$$\Delta_1=(h_{AP}-h_{AQ})/2 \tag{13-1}$$

$$\Delta_2=(h_{BP}-h_{BQ})/2 \tag{13-2}$$

两次计算结果中，以绝对值大者为 Δ_1，并取正值。若 Δ_1 的正值是由式（13-1）或式（13-2）的计算结果改变符号得到的，则由式（13-2）或式（13-1）计算的 Δ_2 也须改变符号。之后，把它们代入式（13-3），求解键槽对称度误差值 f 得

$$f=\frac{d(\Delta_1-\Delta_2)+2\Delta_2 t_1}{d-t_1} \tag{13-3}$$

式中，d 是轴的直径（mm）；t_1 是轴键槽深度（mm）。

2. 箱体的几何量精度设计与检测

（1）几何精度设计　图 13-5 所示为图 13-1 所示减速器箱体的零件图样，几何量精度要求如图示，设计说明略。箱体由箱座和箱盖两部分组成，箱盖图样（略）上尺寸公差与几何公差等的标注皆与箱座协调一致。

（2）箱体的检测　检测时，将箱盖与箱座合上，且定位锁紧，检测项目及方法参见表 13-1。

图 13-5

箱体

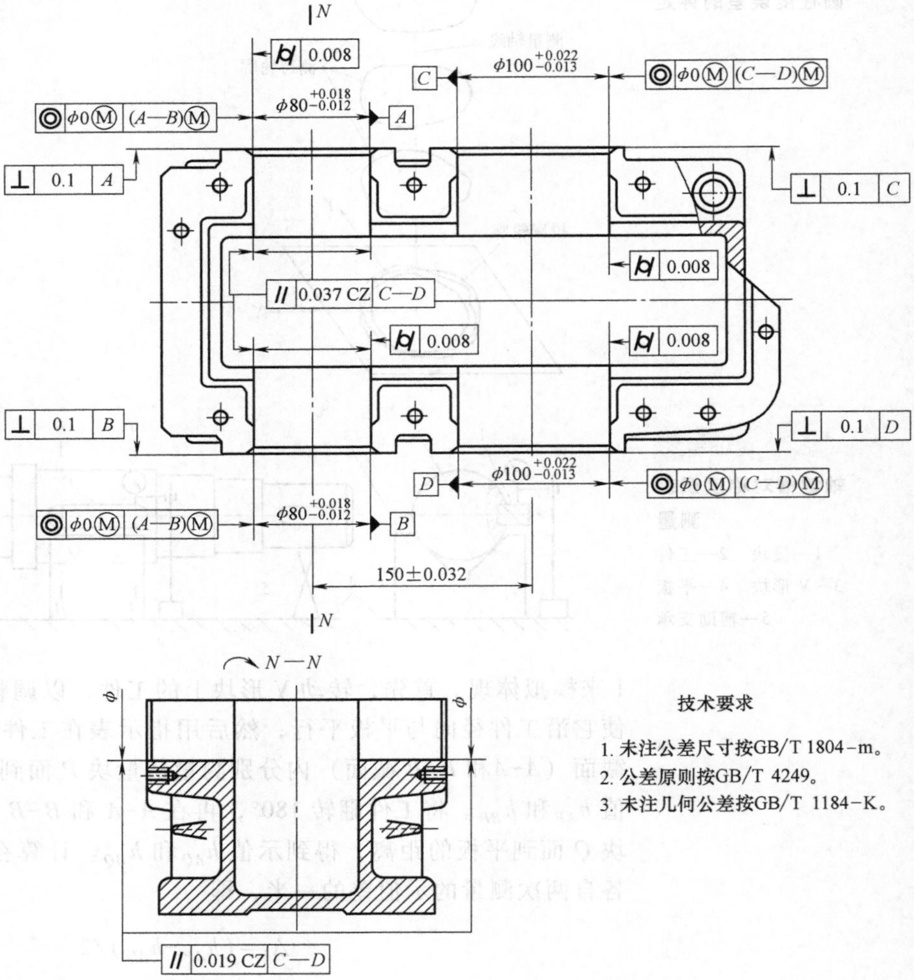

表 13-1

箱体的检测

检测项目	实验设备	检 测 方 法	检测说明和测量数据处理
孔径	内径百分表或内径千分尺	参见第 12 章	用内径百分表测量时，按标准环规或量块调整量仪零位

表 13-1　（续）

检测项目	实验设备	检测方法	检测说明和测量数据处理
孔圆柱度误差	内径百分表	在三个横截面内，两个相互垂直的方向上测量	在三个横截面内两个方向上取最大与最小示值之差的一半作为圆柱度误差值（此种方法只适用于认定孔的轴线直线度无误差的情况）
两孔中心距	千分尺	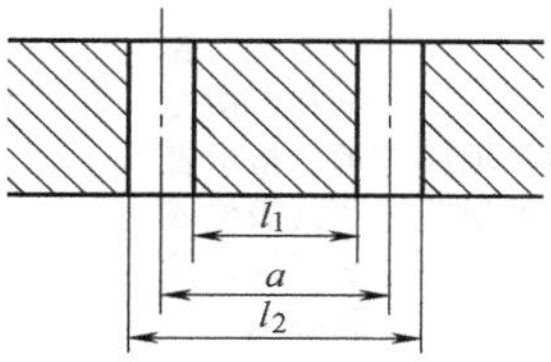	用千分尺测出孔边距 l_1 和 l_2，则中心距 $a=\frac{l_1+l_2}{2}$
	千分尺，检验心轴	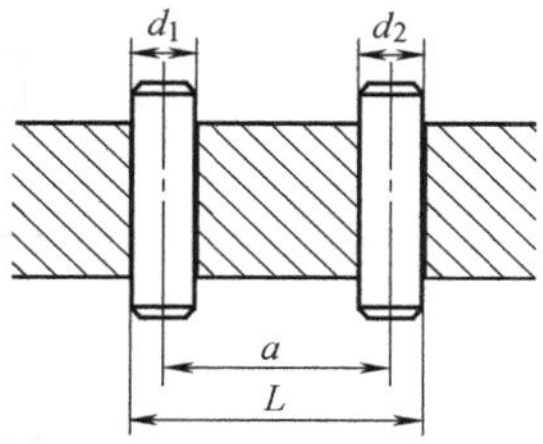	将直径为 d_1、d_2 的检验心轴装入孔中，用千分尺测出两心轴素线间最大距离 L，则中心距 $a=L-\frac{1}{2}(d_1+d_2)$
两孔轴线平行度误差	千分尺，检验心轴	测量x方向轴线平行度误差 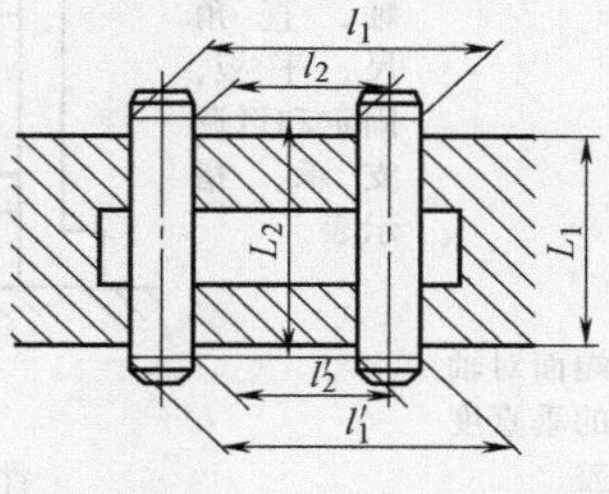	将检验心轴装入孔中，用千分尺测出两心轴素线间最大距离 l_1、l'_1 或最小距离 l_2、l'_2，则长度 L_1 上的平行度误差值 $f_x=\frac{L_1}{L_2}\mid l_1-l'_1\mid$ 或 $f_x=\frac{L_1}{L_2}\mid l_2-l'_2\mid$
	平板，固定和可调支承，指示表及其表架或水平仪，检验心轴	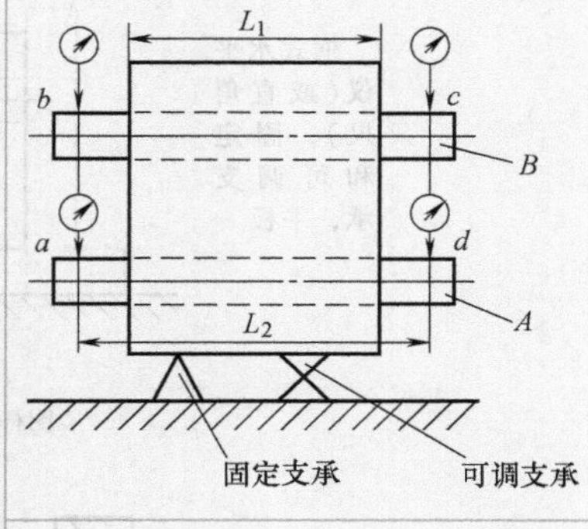	将箱体置于三个支承上，调整支承，在 L_2 位置使其准心轴 A 上 a、b 两点处的示值为零或相等。在 L_2 位置测出被测心轴 B 上 c、d 两点处的示值 M_c、M_d，则长度 L_1 上的平行度误差值 $f_x=\frac{L_1}{L_2}\mid M_c-M_d\mid$
		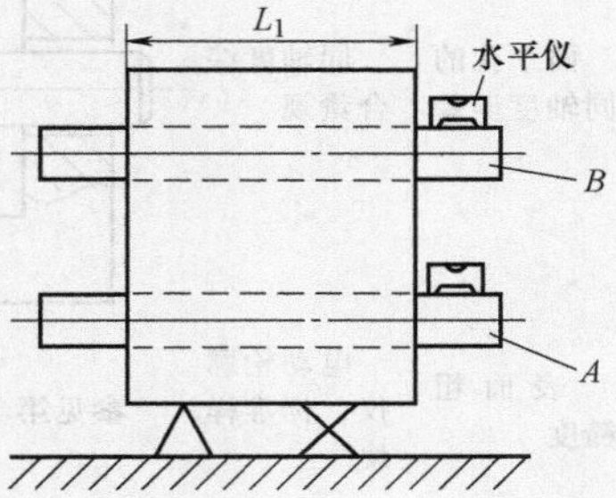	调整支承，使基准心轴 A 位于水平位置；然后把水平仪放置在被测心轴 B 上测出示值 M（格数），则长度 L_1 上的平行度误差值 $f_x=L_1CM$ 式中，C 是水平仪分度值（线值）

表 13-1（续）

检测项目	实验设备	检测方法	检测说明和测量数据处理
两孔轴线平行度误差	平板，固定和可调支承，指示表及其表架或水平仪，检验心轴	② 测量y方向轴线平行度误差 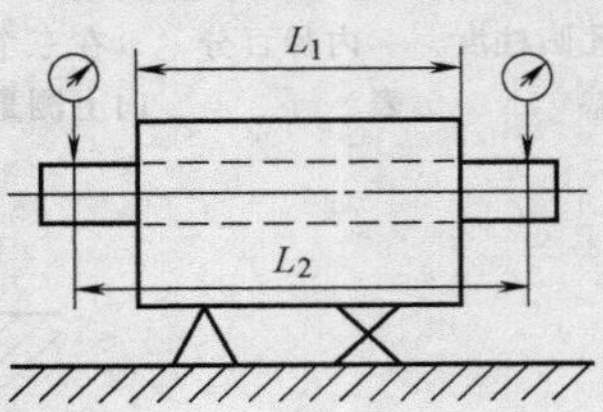	将箱体水平置于三个支承上，调整支承，在 L_2 位置上使指示表在基准心轴 A 两端的示值相同；然后在 L_2 位置上测出被测心轴 B 两端的示值 M_1 和 M_2，则长度 L_1 上的平行度误差 $f_y=\frac{L_1}{L_2}\mid M_1-M_2\mid$
		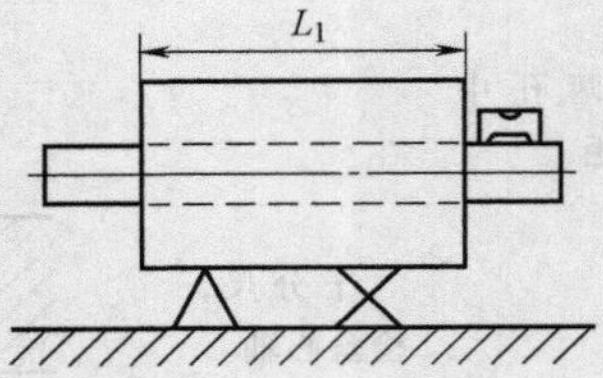	调整支承，使基准心轴 A 位于水平位置；然后将水平仪放置在被测心轴 B 上，测出示值 M（格数），则长度 L_1 上的平行度误差 $f_y=L_1CM$ 式中，C 是水平仪分度值（线值）
端面对轴线的垂直度误差	检验心轴，直角尺，平板，固定和可调支承，指示表	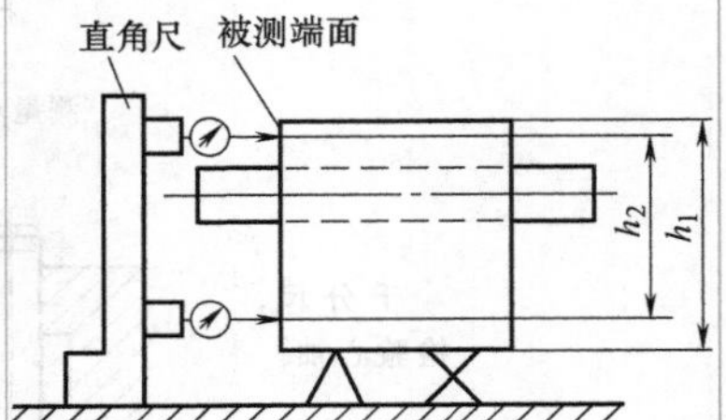	调整支承，使基准心轴与平板平行（打表或用水平仪均可）；然后用指示表测出箱体端面上对应两点至直角尺的距离 M_1 和 M_2，则垂直度误差值 $f=\frac{h_1}{h_2}\mid M_1-M_2\mid$
	框式水平仪（或直角尺），固定和可调支承，平板	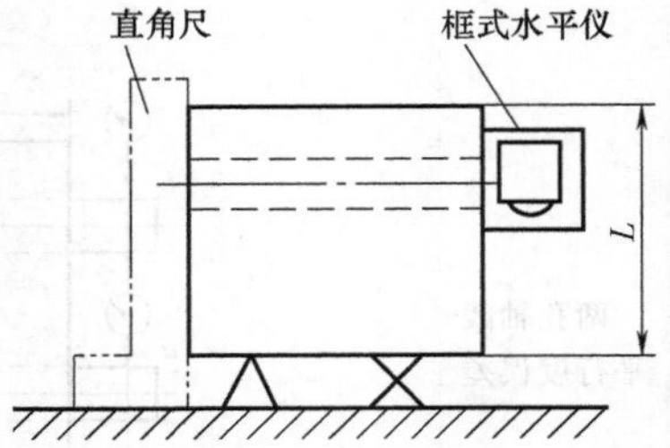	调整支承，使基准心轴与平板平行（假定平板是水平放置）；然后将框式水平仪靠紧箱体端面，测出示值 M（格数），则垂直度误差 $f=LCM$ 式中，C 是水平仪分度值（线值）也可借助直角尺靠在箱体端面，用塞尺检验
两个孔的同轴度误差	同轴度综合量规	图样标注为相关原则Ⓜ 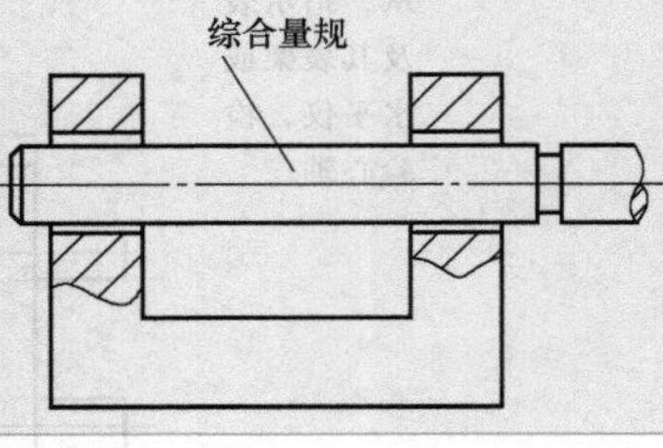	两孔对公共基准轴线的同轴度误差用综合量规来检验，量规直径（定形尺寸）应等于被测孔的最大实体尺寸。综合量规应同时通过两个被测孔
表面粗糙度	电动轮廓仪，标准样块	参见第12章	用标准样块比较时，应使其加工纹理方向与工件一致

附　录

附录 A　思考题与习题

第 1 章　思　考　题

1-1　何谓几何量精度？几何量精度设计的总体原则是什么？

1-2　何谓互换性？互换性在现代工业中有何重要意义？

1-3　完全互换与不完全互换有何区别？两者各适用于何种场合？

1-4　如何理解公差、检测、标准化与互换性的关系。

第 1 章　习　　题

1-1　试写出基本系列 R10 中从 1 到 100 的全部优先数（常用值）。

1-2　试写出首项为 1.25 的派生系列 R20/3 中 100 以内的优先数（常用值）。

1-3　下面数据属于哪种系列：

1）国家标准规定的从 IT6 级开始的公差等级系数为：10、16、25、40、64、100、…。

2）摇臂钻床的主参数（最大钻孔直径，单位为 mm）：25、40、63、80、100、125、…。

3）某机床主轴转速为（单位为 r/min）：50、63、80、100、125、…。

第 2 章　思　考　题

2-1　公称尺寸、极限尺寸、实际尺寸有何区别与联系？

2-2　尺寸公差、极限偏差和实际偏差有何区别与联系？零件的尺寸偏差越大是否精度越低？

2-3　什么是尺寸公差带？尺寸公差带由哪两个基本要素组成？其

含义是什么？

2-4 国家标准规定了多少个公差等级？公差等级的高低是如何划分的？如何表示？

2-5 国家标准分别对孔和轴规定了多少种基本偏差？孔、轴的基本偏差是如何确定的？

2-6 什么是配合？各类配合的特点是什么？配合公差与尺寸公差有何关系？

2-7 什么是配合制？为什么要规定配合制？为什么优先采用基孔制？在什么情况下采用基轴制？

2-8 为什么要规定一般、常用、优先公差带和常用、优先配合？设计时应如何选用？

2-9 尺寸精度设计包括几方面内容？选择的原则是什么？

2-10 什么是一般公差？线性尺寸一般公差可分为哪几个公差等级？在图样上如何表示？

第2章 习 题

2-1 已知两根轴，其中 $d_1=\phi20\text{mm}$，其公差值 $T_1=21\mu\text{m}$；$d_2=\phi200\text{mm}$。其公差值 $T_2=29\mu\text{m}$。试比较以上两根轴加工的难易程度。

2-2 已知某配合中孔、轴的公称尺寸为60mm，孔的上极限尺寸为60.046mm，孔的下极限尺寸为60mm，轴的上极限尺寸为59.99mm，轴的下极限尺寸为59.96mm，试求孔、轴的极限偏差、基本偏差和公差，并画出孔、轴的公差带图。

2-3 根据题表2-1中数据及附表2~附表4，填写题表2-1。

题表2-1
（单位：mm）

公称尺寸	上极限尺寸	下极限尺寸	上极限偏差	下极限偏差	公差值	基本偏差	尺寸公差带代号
孔 $\phi30$							P8
轴 $\phi30$				+0.022	0.021		
孔 $\phi30$		29.965	−0.014				
轴 $\phi30$	30.055					+0.022	

2-4 查表确定下列配合中孔、轴的极限偏差值，画出公差带图；计算极限间隙（过盈）及配合公差；画出配合公差带图；说明基准制与配合性质。

①$\phi50$H7/f6；　②$\phi50$F7/h6；　③$\phi70$H7/r6；
④$\phi70$R7/h6；　⑤$\phi85$H9/d9；　⑥$\phi85$D9/h9；
⑦$\phi25$H8/js7；　⑧$\phi25$JS8/h7。

2-5 根据题表2-2中的数据填写空白处，并根据计算结果绘制尺寸公差带图和配合公差带图。

题表 2-2

（单位：mm）

公称尺寸	孔 ES	孔 EI	孔 T_h	轴 es	轴 ei	轴 T_s	X_{max} (Y_{min})	X_{min} (Y_{max})	X_{av} (Y_{av})	T_f	配合制	配合性质
φ20		0				0.013	+0.041		+0.024			
φ50			0.039		0			−0.025	+0.006			
φ150		0				0.025		−0.025		0.065		

2-6 设孔、轴配合的公称尺寸和使用要求如下，试确定各组的配合代号。

1）$D=35mm$，$X_{max}=+0.120mm$，$X_{min}=+0.050mm$。

2）$D=80mm$，$Y_{max}=-0.063mm$，$Y_{min}=-0.013mm$。

3）$D=120mm$，$X_{max}=+0.019mm$，$Y_{max}=-0.092mm$。

2-7 发动机工作时铝活塞与气缸钢套孔之间的间隙应在 0.1～0.3mm 范围内，活塞与气缸钢套孔的公称尺寸为 φ150mm，活塞工作温度为 180℃，气缸钢套的工作温度为 100℃，而它们的装配温度为 20℃。活塞的线胀系数为 $24\times10^{-6}℃^{-1}$，气缸钢套的线胀系数为 $12\times10^{-6}℃^{-1}$。试计算活塞与气缸钢套孔间的装配间隙的允许变动范围，并根据该装配间隙的要求确定它们的配合代号。

2-8 题图 2-1a 所示为齿轮变速器某传动轴一端的装配示意图，其中，支承套 2 固定在箱体 1 上，传动轴 3 左端轴颈在支承套 2 中均匀转动，转速为 800r/min。试分析题图 2-1a 中标注的配合代号的合理性，并在支承套 2 零件图（题图 2-1b）中标注 φ35 和 φ25 的极限偏差。

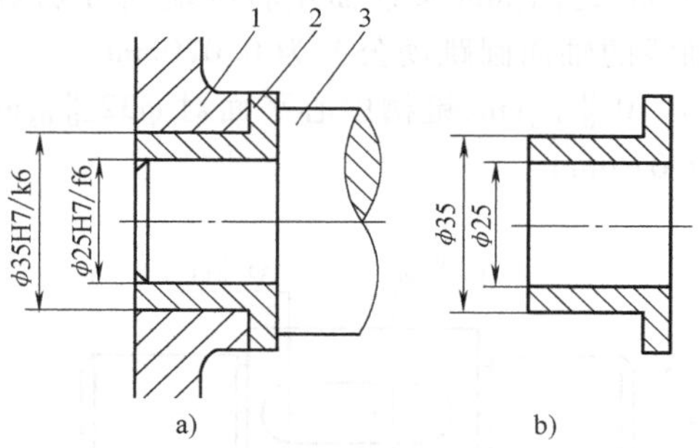

题图 2-1

1—箱体 2—支承套 3—传动轴

第 3 章 思 考 题

3-1 几何要素如何分类？

3-2 试说明形状公差、方向公差、位置公差和跳动公差各有几项，其名称和符号是什么？

3-3 标注几何公差时，指引线如何引出？如何区分被测要素和基准要素是组成要素还是导出要素？

3-4 几何公差框格中，被测要素的几何公差值前加“φ”的依据是什么？

3-5 试比较下列每两项几何公差带的异同：

1）同一表面的平面度与平行度。

2）轴线任意方向的直线度与同轴度。

3）圆度和径向圆跳动。

4）端面对轴线的垂直度和轴向全跳动。

3-6 几何公差的基准含义是什么？图样上标注的基准有哪几种？在公差框格中如何表示？

3-7 说明独立原则、包容要求、最大实体要求、最小实体要求及可逆要求的含义、在图样上的标注特征及设计时分别适用的场合。

3-8 何谓理想边界？试述各个相关原则所规定的理想边界和边界尺寸的名称。

3-9 为什么说采用最大、最小实体要求时，图样上给出的位置公差等于零仍有意义？

3-10 何谓评定形状误差的最小条件和最小包容区域？按最小条件评定形状误差有何意义？

3-11 几何量精度设计包括哪几项内容？

3-12 选择几何公差项目和确定公差值时应考虑哪些因素？

第3章 习 题

3-1 将下列各项几何公差要求标注在题图 3-1 上。

1）$\phi32_{-0.03}^{\ 0}$mm 圆柱面对两个 $\phi20_{-0.021}^{\ 0}$mm 轴颈的公共轴线的径向圆跳动公差为 0.015mm。

2）两个 $\phi20_{-0.021}^{\ 0}$mm 轴颈的圆度公差为 0.010mm。

3）$\phi32_{-0.03}^{\ 0}$mm 圆柱面左右两端面分别对两个 $\phi20_{-0.021}^{\ 0}$mm 轴颈的公共轴线的轴向圆跳动公差为 0.020mm。

4）$10_{-0.036}^{\ 0}$mm 键槽中心平面对 $\phi32_{-0.03}^{\ 0}$mm 圆柱面轴线的对称度公差为 0.015mm。

题图 3-1

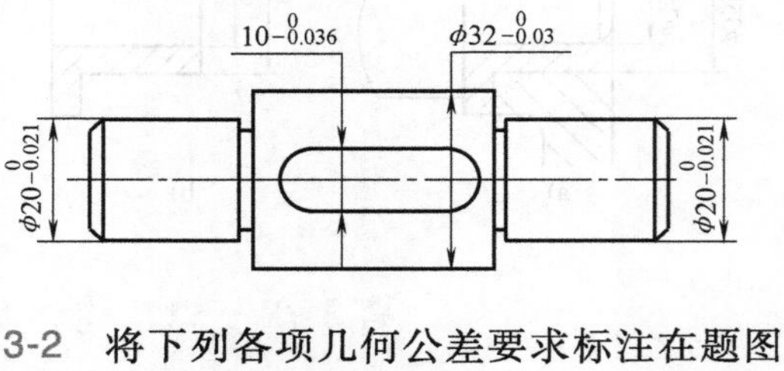

3-2 将下列各项几何公差要求标注在题图 3-2 上。

1）底面的平面度公差为 0.012mm。

2）两个 $\phi20_{\ 0}^{+0.021}$mm 孔的轴线分别对它们的公共轴线的同轴度公差皆为 0.015mm。

3）两个 $\phi20_{\ 0}^{+0.021}$ mm 孔的公共轴线对底面的平行度公差为 0.010mm。

4）其余要素的几何精度皆按 GB/T 1804 中 H 级要求。

3-3 将下列各项几何公差要求标注在题图 3-3 上。

1）左端面的平面度公差为 0.01mm。

2）右端面对左端面的平行度公差为 0.04mm。

题图 3-2

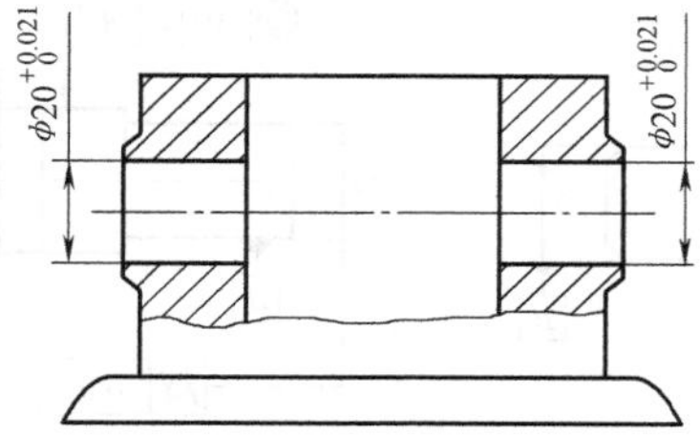

题图 3-3

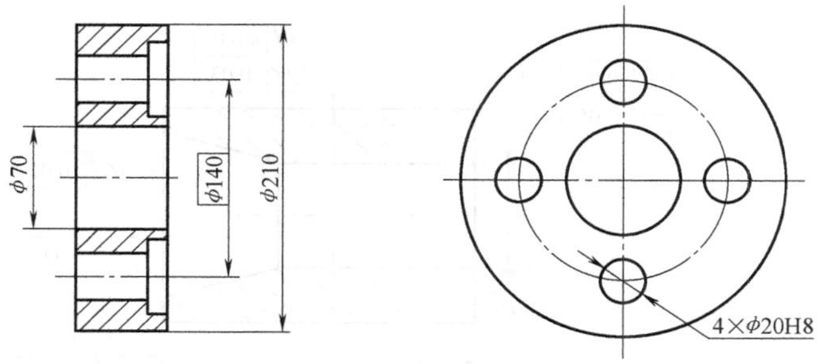

3）ϕ70mm 孔采用 H7 遵守包容要求，ϕ210mm 外圆柱面采用 h7 并遵守独立原则。

4）ϕ70mm 孔轴线对左端面的垂直度公差为 0.02mm。

5）ϕ210mm 外圆柱面轴线对 ϕ70mm 孔的同轴度公差为 0.03mm。

6）4×ϕ20H8 孔轴线对左端面（第一基准）及 ϕ70mm 孔轴线的位置度公差为 ϕ0.15mm（要求均布），被测轴线的位置度公差与 ϕ20H8 孔尺寸公差的关系采用最大实体要求，与基准孔尺寸公差的关系也采用最大实体要求。

3-4 将下列各项几何公差要求标注在题图 3-4 上。

1）孔径 ϕ25H6 采用包容要求。

2）ϕ70mm 的左端面的平面度公差为 0.010mm。

3）ϕ70mm 的左端面相对于 ϕ25mm 孔轴线的垂直度公差为 0.020mm。

4）锥面直线度公差为 0.020mm，锥面圆度公差为 0.010mm。

题图 3-4

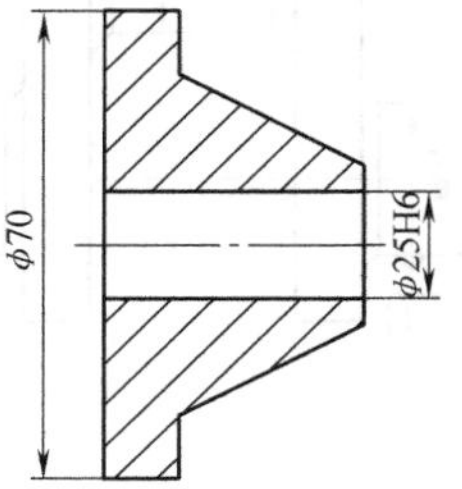

3-5 改正题图 3-5 所示各图上几何公差的标注错误（不允许改变几何公差项目）。

3-6 解释题图 3-6 中标注的各项几何公差的含义，并填入题表 3-1 中。

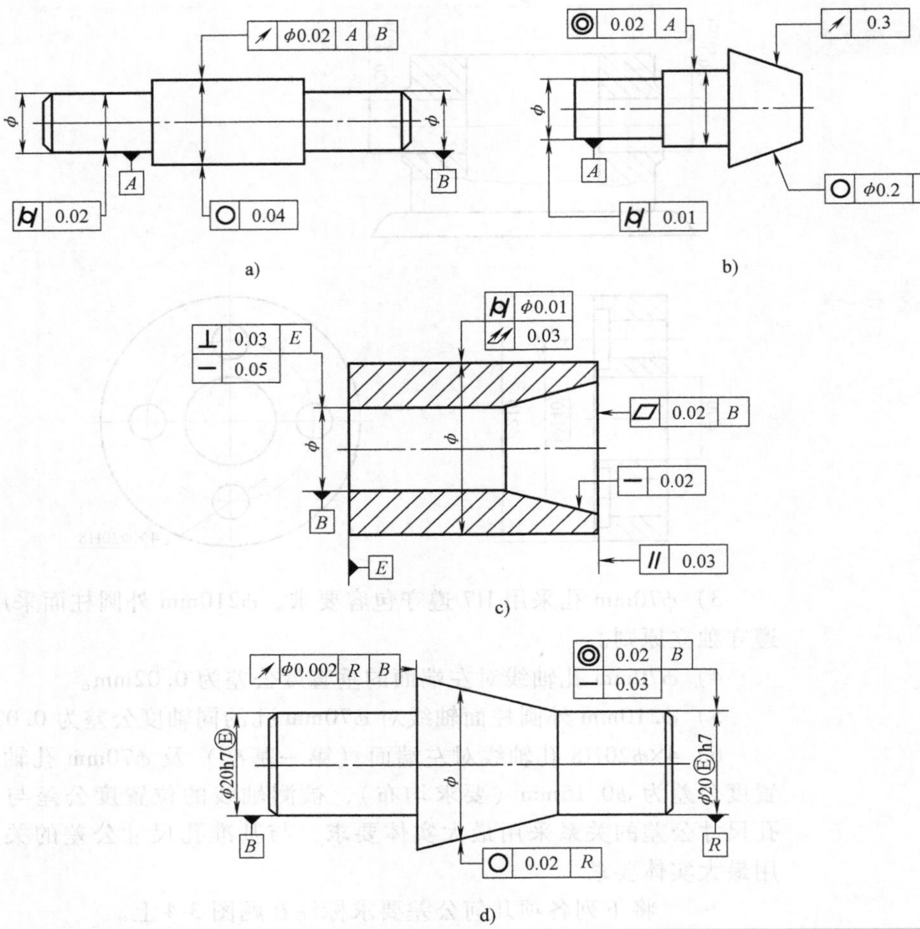

题图 3-5

题图 3-6

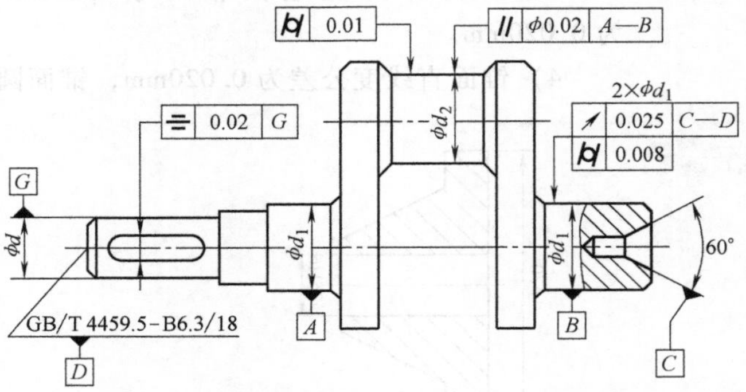

题表 3-1

几何公差框格	公差项目名称	被测要素	基准要素	公差带形状	公差带大小/mm	公差带方向	公差带位置
⌭ 0.01							
// φ0.02 A—B							

题表 3-1
（续）

几何公差框格	公差项目名称	被测要素	基准要素	公差带形状	公差带大小/mm	公差带方向	公差带位置
⌯ 0.02 G							
↗ 0.025 C—D							

3-7 根据题图 3-7 所示各图的标注，填写题表 3-2。

题图 3-7

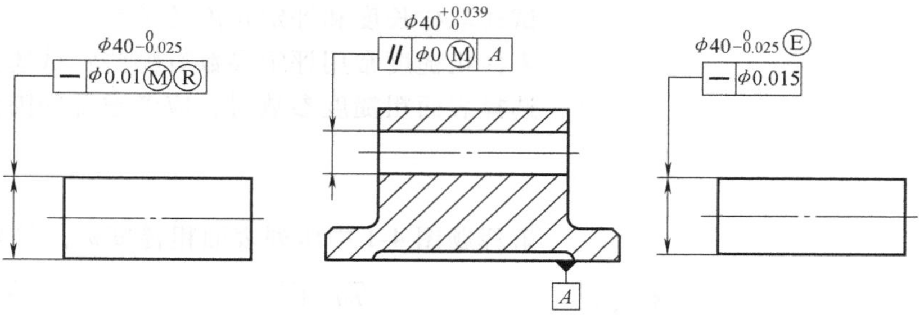

a)　　b)　　c)

题表 3-2

图号	最大实体尺寸/mm	最小实体尺寸/mm	采用的公差原则	边界名称及边界尺寸/mm	MMC 时的几何公差值/mm	LMC 时的几何公差值/mm	实际尺寸的合格范围/mm
a							
b							
c							

3-8 如题图 3-8 所示，图样上给出了面对面的平行度公差，未给出被测表面的平面度公差，对此如何解释对平面度的要求？若用两点法测量各处尺寸 h 后，它们的实际尺寸的最大差值为 0.03mm，能否说平行度误差一定不会超差？为什么？

3-9 用指示表和平板（测量基准）测量一导轨的直线度误差，测量方法如题图 3-9 所示，指示表上的示值列于题表 3-3 中，试按两端点连线和最小条件评定该导轨的直线度误差值。

题图 3-8

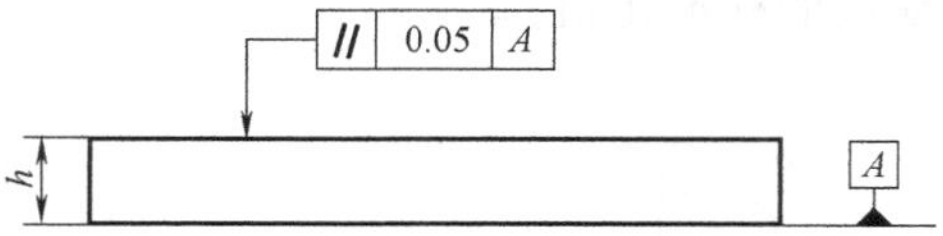

题图 3-9

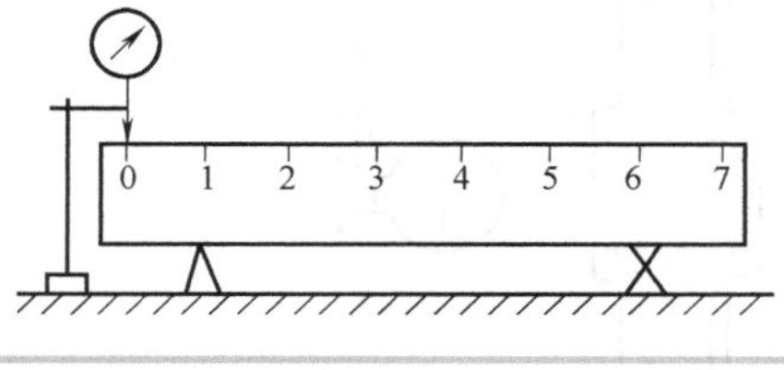

题表 3-3

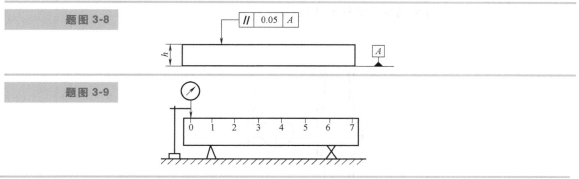

测点序号	0	1	2	3	4	5	6	7
指示表示值/μm	0	−1	+2	+3	+4	+2	−2	0

3-10 图样上标注孔的尺寸 $\phi20^{+0.005}_{-0.034}$Ⓔ，测得该孔横截面形状正确，局部实际尺寸处处皆为 19.986mm，轴线直线度误差为 ϕ0.025mm。试述该孔的合格条件，并确定该孔的体外作用尺寸，按合格条件判断该孔是否合格。

第 4 章 思 考 题

4-1 表面粗糙度对零件工作性能有何影响？

4-2 试述取样长度和评定长度的关系。

4-3 表面粗糙度常用评定参数有哪些？试述其含义及应用场合。

4-4 选择表面粗糙度参数时，应考虑哪些因素？

第 4 章 习 题

4-1 解释题图 4-1 中所列表面粗糙度标注符号。

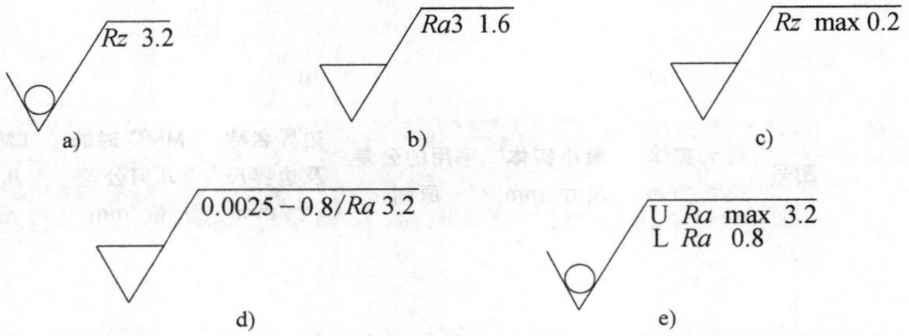

题图 4-1

4-2 比较下列每组中两孔的粗糙度轮廓幅度参数值的大小，并说明原因。

1）ϕ60H6 孔与 ϕ30H6 孔。

2）ϕ50H7/k6 与 ϕ50H7/g6 中的两孔。

3）圆柱度公差分别为 0.01mm 和 0.02mm 的两个 ϕ30H7 孔。

4-3 用类比法确定题图 2-1b 所示支承套 ϕ35 和 ϕ25 孔的表面粗糙度轮廓参数 *Ra* 的上限值，并标注在题图 2-1b 中。

4-4 试将下列表面粗糙度技术要求标注在题图 4-2 上（未指明者皆采用默认的标准化值）。

题图 4-2

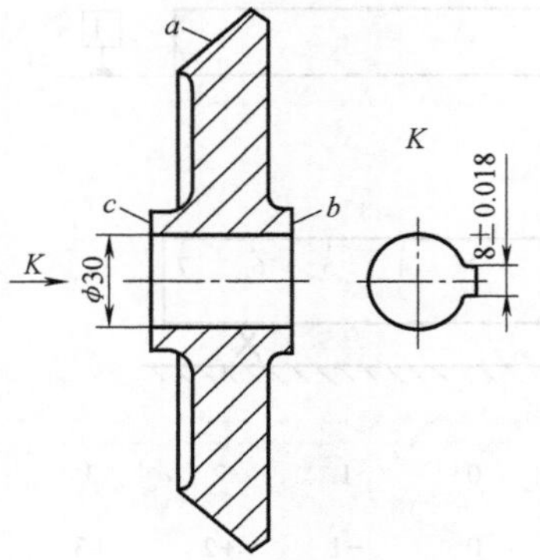

1）圆锥面 a 的表面粗糙度参数 Ra 的上限值为 4.0μm。

2）轮毂端面 b 和 c 的表面粗糙度参数 Ra 的最大值为 3.2μm。

3）ϕ30mm 孔最后一道工序为拉削加工，表面粗糙度参数 Rz 的最大值为 10.0μm，并标注加工纹理方向。

4）(8±0.018)mm 键槽两侧面的表面粗糙度参数 Ra 上限值为 2.5μm。

5）其余表面的表面粗糙度参数 Rz 的最大值为 40μm。

第 5 章 思 考 题

5-1 何谓尺寸链？进行尺寸链计算的意义何在？

5-2 尺寸链由哪些环组成？它们之间的关系如何？

5-3 尺寸链计算中的设计计算和校核计算的内容是什么？

5-4 试述完全互换法、大数互换法、分组法、修配法和调整法各有何特点。各适用何种场合？

第 5 章 习 题

5-1 题图 5-1 所示为加工一齿轮孔的键槽，其加工顺序如下：

1）镗内孔至 $\phi 39.6^{+0.1}_{0}$mm。

2）以镗削孔表面为基准插键槽，工序尺寸为 x。

3）热处理（齿轮渗碳淬火）。

4）磨孔至 $\phi 40^{+0.050}_{0}$mm，并保证键槽深度尺寸为 $\phi 43.6^{+0.3}_{0}$mm。

试求插键槽工序尺寸 x 的大小与公差应为多少，最终才能保证槽深设计尺寸？

5-2 现有一活塞部件，其各组成零件的所有尺寸如题图 5-2 所示，试分别按完全互换法和大数互换法计算活塞行程的极限尺寸。

题图 5-1

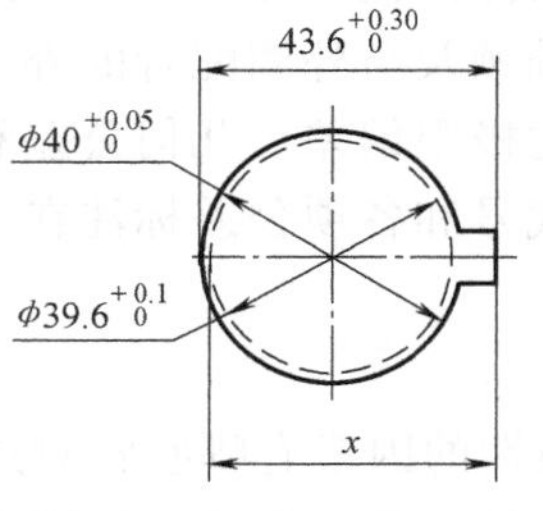

题图 5-2

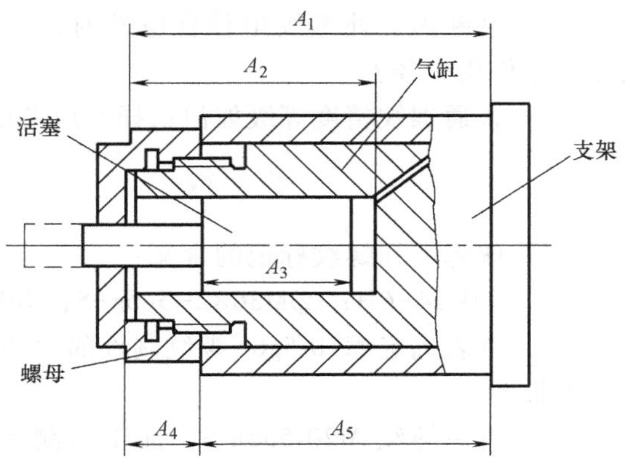

5-3　为提高配合精度，把按 $\phi80^{+0.046}_{0}$mm 和 $\phi80^{+0.105}_{+0.075}$mm 加工的孔和轴分两组装配，要求分组后的过盈量在 −0.044 ~ −0.09mm 之间，试求分组后的极限过盈及配合公差。

第 6 章　思　考　题

6-1　为了保证滚动轴承的工作性能，其内圈与轴颈配合、外圈与外壳孔配合应满足什么要求？

6-2　滚动轴承的精度有哪几个等级？哪些等级应用最广泛？试举例说明。

6-3　滚动轴承内圈与轴颈的配合和外圈与外壳孔的配合分别采用哪种配合制？

6-4　滚动轴承内圈内径公差带分布有何特点？为什么？内圈与轴颈公差带配合的性质发生了怎样的变化？

6-5　选择滚动轴承配合时，应考虑的主要因素有哪些？

6-6　对与滚动轴承配合的轴颈及外壳孔，应采用哪种公差原则并规定哪些几何公差项？

第 6 章　习　　题

6-1　与 6 级 309 滚动轴承（内径 $\phi45^{\ 0}_{-0.01}$ mm，外径 $\phi100^{\ 0}_{-0.013}$ mm）配合的轴颈的公差带代号为 j5，外壳孔的公差带代号为 H6。试画出这两对配合的公差带图，并计算它们的极限过盈和间隙。

6-2　某直齿圆柱齿轮减速器输出轴上安装 0 级 209 向心球轴承，其内径为 45mm，外径为 85mm，径向额定动载荷为 25000N，工作时内圈旋转、外圈固定，承受的当量径向动载荷为 1250N。试确定：

1）与内圈配合的轴颈及与外圈配合的外壳孔的公差带代号。

2）轴颈和外壳孔的极限偏差、几何公差和表面粗糙度参数值。

3）把上述公差带代号和各项公差标注在装配图和零件图上。

第 7 章　思　考　题

7-1　影响螺纹互换性的因素有哪些？对这些因素是如何控制的？

7-2　试说明螺纹中径、单一中径和作用中径的含义和区别。

7-3　判断内、外螺纹中径合格性时，为什么既要控制单一中径，又要控制作用中径？

7-4　普通螺纹精度等级如何选择？应考虑哪些因素？

第 7 章　习　　题

7-1　解释下列螺纹标记的含义：

①M24-6H；②M36×2-5g6g-S；③M30×2-6H/5g6g。

7-2　查表确定 M10-5g6g 螺纹制件的大径和中径的极限尺寸，并画出公差带图。

7-3　有一螺纹 M20-5h6h-S，加工后测得实际大径 d = 19.980mm，

实际中径 $d_{2s}=18.255\text{mm}$，累积螺距误差 $\Delta P_{\Sigma}=+0.04\text{mm}$，牙侧角误差分别为 $\Delta\alpha_1=-35'$，$\Delta\alpha_2=-40'$，试判断该件是否合格。

第 8 章　思　考　题

8-1　平键联接的主要几何参数有哪些？采用何种配合制？

8-2　平键联接有几种配合类型？分别应用在什么场合？

8-3　矩形花键联接采用何种配合制？有哪几种装配形式？

8-4　矩形花键联接以何种定心方式最为常用？为什么？

第 8 章　习　题

8-1　解释下列花键标记的含义：

① $8\times52\text{f7}\times58\text{a11}\times10\text{d10}$；② $10\times82\dfrac{\text{H7}}{\text{f7}}\times88\dfrac{\text{H10}}{\text{a11}}\times12\dfrac{\text{H11}}{\text{d11}}$。

8-2　某一配合为 $\phi25\text{H8/k7}$，用普通平键联接以传递转矩，已知：$b=8\text{mm}$，$h=7\text{mm}$，$L=20\text{mm}$。平键配合为一般联接。试确定键及键槽各尺寸及其极限偏差、几何公差和表面粗糙度，并标注在键槽剖面图上。

8-3　某机床主轴箱中，有一个 6 级精度齿轮的花键孔与花键轴联接，花键规格：$6\times26\times30\times6$，花键孔长 30mm，花键轴长 75mm，齿轮花键孔相对花键轴做轴向移动，要求定心精度较高。试确定：

1）齿轮花键孔和花键轴的公差带代号，计算小径、大径、键（槽）宽的极限尺寸。

2）分别写出在装配图上和零件图上的标记。

第 9 章　思　考　题

9-1　对齿轮传动提出的四项使用要求是什么？它们之间有何区别与联系？

9-2　影响齿轮传动准确性的主要误差是什么？其特性如何？

9-3　影响齿轮传动平稳性的主要误差是什么？其特性如何？

9-4　影响载荷分布均匀性的主要因素有哪些？如何评定齿轮载荷分布的均匀性？

9-5　规定齿轮副侧隙要求的目的是什么？影响齿轮副侧隙的主要因素是什么？如何保证齿轮副的侧隙要求？

9-6　齿轮毛坯精度对齿轮加工精度是否有影响？

9-7　齿轮副的评定指标有哪些？它们分别评定齿轮副的哪项使用要求？

9-8　齿坯公差和箱体公差的项目有哪些？规定这些公差项目的目的是什么？

第 9 章　习　题

9-1　解释下列各代号的含义：

① 8-7-7 GB/T 10095.1—2008；② 8 GB/T 10095.1—2008。

9-2　某 7 级精度的渐开线直齿圆柱齿轮，其模数 $m=3\text{mm}$，齿数 $z=32$，标准压力角 $\alpha=20°$，齿宽 $b=25\text{mm}$。检测结果：$\Delta F_p=+42\mu\text{m}$，$\Delta f_{pt}=-10\mu\text{m}$，$\Delta F_\alpha=+12\mu\text{m}$，$\Delta F_\beta=+17.5\mu\text{m}$，试判断该齿轮的上述指标是否合格。

9-3　用绝对法测量齿数为 8 的齿轮的右齿面齿距偏差，测得数据见题表 9-1。试用计算法和作图法分别求出齿距偏差 Δf_{pt}和齿距累积总偏差 ΔF_p的数值。

题表 9-1

轮齿序号	1→2	2→3	3→4	4→5	5→6	6→7	7→8	1→1
齿距序号	1	2	3	4	5	6	7	8
指示表示值/μm	-13	-25	-10	+1	+15	+4	+1	0

9-4　有一直齿圆柱齿轮，其模数 $m=4\text{mm}$，齿数 $z=24$，标准压力角 $\alpha=20°$，齿宽 $b=45\text{mm}$，精度等级代号为 8-7-9 GB/T 10095.1—2008，该齿轮为大批生产，试确定强制性检验精度指标及其公差值或极限偏差允许值。

9-5　某卧式车床进给系统中相互啮合的两个直齿圆柱齿轮的模数 $m=2\text{mm}$，标准压力角 $\alpha=20°$，传递功率为 3kW，齿宽 $b=20\text{mm}$，齿数分别为 $z_1=40$ 和 $z_2=80$。其中小齿轮的转速为 30r/min、110r/min、280r/min、450r/min、700r/min，孔径为 32mm，工作温度为 65℃，材料为钢，线胀系数为 $11.5\times10^{-6}℃^{-1}$。箱体工作温度为 45℃，材料为铸铁，线胀系数为 $10.5\times10^{-6}℃^{-1}$。该车床生产类型为成批生产。试确定有关小齿轮的下列技术要求和公差（或极限偏差）：

1）精度等级。

2）强制性检测精度指标及其公差或极限偏差允许值。

3）公称公法线长度及相应的跨齿数和极限偏差。

4）齿面的表面粗糙度参数值。

5）齿坯公差。

6）孔键槽尺寸及其公差和键槽中心平面对基准轴线的对称度公差。

7）画出小齿轮图样，并将上述技术要求标注在该图样上。

第 10 章　思　考　题

10-1　测量的实质是什么？一个完整的测量过程包括哪几个要素？

10-2　我国规定的法定计量单位中的长度单位是什么？它是如何定义的？

10-3　量块的“级”和“等”是如何规定的？量块按“级”或“等”使用有何不同？

10-4　计量器具的性能指标有哪些？其含义是什么？举例说明示值范围和测量范围的区别。

10-5　举例说明绝对测量与相对测量的区别和直接测量与间接测量的区别。

10-6 何谓测量误差？为什么规定相对误差？

10-7 试述测量误差的分类与特性。用什么方法可消除或减少测量误差对测量精度的影响？

10-8 用多次重复测量的算术平均值作为测量结果，可以减小哪类测量误差对测量结果的影响？

10-9 随机误差的评定指标是什么？随机误差能消除吗？应怎样对它进行处理？

10-10 试说明测量中单次测得值的标准偏差与测量列算术平均值的标准偏差有何区别与联系。

第 10 章 习 题

10-1 试从 83 块一套的量块中，选择合适的量块组成下列尺寸：①37.465mm；② 65.875mm。并分析是否能在分度值为 0.002mm 的比较仪上测量 37.467mm 和 65.874mm 的尺寸。

10-2 用两种测量方法分别测量 150mm 和 300mm 两段长度，前者和后者的绝对测量误差分别为-6μm 和+9μm，试比较两者的测量精度。

10-3 用立式光学比较仪对某轴进行等精度测量，按测量顺序将各测得值记录如下（单位为 mm）：

30.045；30.046；30.042；30.043；30.044。

30.044；30.043；30.042；30.046；30.045。

设测量列内不存在定值系统误差，试确定：

1）算术平均值$\bar{x}$。

2）残差 v_i，并判断该测量列是否存在变值系统误差。

3）测量列单次测得值的标准偏差 σ。

4）是否存在粗大误差。

5）测量列算术平均值的标准偏差 $\sigma_{\bar{x}}$。

6）测量列算术平均值的测量极限误差。

7）以第二次测得值作为测量结果，如何表达？

8）以算术平均值作为测量结果，如何表达？

10-4 在万能工具显微镜上，用弓高弦长法测量样板上不完整圆弧的半径 R，如题图 10-1 所示。已测得弓高 h = 50.0115mm，S = 500.0210mm，它们的系统误差和测量极限误差分别为 $\Delta h = -0.0001$mm，$\Delta_{\lim(h)} = \pm 0.00005$mm，$\Delta S = 0.001$mm，$\Delta_{\lim(S)} = \pm 0.0001$mm，试求测量结果。

题图 10-1

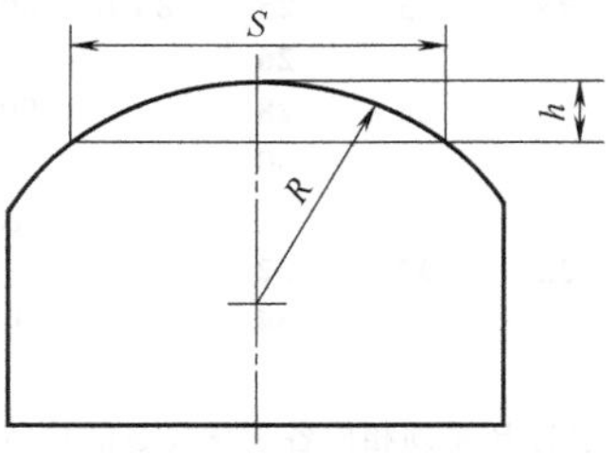

第 11 章　思　考　题

11-1　验收工件时，何谓误收，何谓误废？误收和误废是怎样造成的？

11-2　光滑工件尺寸的检验规定安全裕度的目的是什么？安全裕度的数值如何确定？

11-3　验收极限尺寸有哪几种方式？其公差带如何配置？

11-4　选择验收极限的方式要考虑哪些因素？

11-5　应用光滑极限量规检验工件时，通规和止规分别用来控制什么尺寸？被测工件的合格条件是什么？

第 11 章　习　　题

11-1　试确定轴类工件 $\phi20g8$ Ⓔ的验收极限，并选择相应的计量器具。该轴可否使用标尺分度值为 0.01mm 的外径千分尺进行比较测量？试加以比较分析。

11-2　试确定轴类零件 $\phi60h12$ 的验收极限并选用计量器具。

11-3　设计检验 $\phi60H7$ Ⓔ孔用工作量规和 $\phi60f6$ Ⓔ轴用工作量规及校对量规。

11-4　设计检验 $\phi32JS8$ Ⓔ孔用工作量规和 $\phi32h7$ Ⓔ轴用工作量规及校对量规。

◎附录 B　公差表格

附表 1

标准尺寸（摘自 GB/T 2822—2005）

R10	R20	R40	R′10	R′20	R′40	R10	R20	R40	R′10	R′20	R′40
10.0	10.0		10	10			35.5	35.5		**36**	**36**
	11.2			**11**				37.5			**38**
12.5	12.5	12.5	**12**	**12**	**12**	40.0	40.0	40.0	40	40	40
	14.0	13.2			**13**			42.5			**42**
		14.0		14	14		45.0	45.0		45	45
		15.0			15			47.5			**48**
16.0	16.0	16.0	16	16	16	50.0	50.0	50.0	50	50	50
		17.0			17			53.0			53
	18.0	18.0		18	18		56.0	56.0		56	56
		19.0			19			60.0			60
20.0	20.0	20.0	20	20	20	63.0	63.0	63.0	63	63	63
		21.2			**21**			67.0			67
	22.4	22.4		**22**	**22**		71.0	71.0		71	71
		23.6			**24**			75.0			75
25.0	25.0	25.0	25	25	25	80.0	80.0	80.0	80	80	80
		26.5			**26**			85.0			85
	28.0	28.0		28	28		90.0	90.0		90	90
		30.0			30			95.0			95
						100	100	100	100	100	100
31.5	31.5	31.5	**32**	**32**	**32**			106			**105**
		33.5			**34**		112	112		**110**	**110**
								118			**120**

注：R′系列中的黑体字为 R 系列相应各项优先数的化整值。

附表 2　公称尺寸至 3150mm 的标准公差数值（摘自 GB/T 1800.1—2009）

公称尺寸/mm		标准公差等级																	
		IT1	IT2	IT3	IT4	IT5	IT6	IT7	IT8	IT9	IT10	IT11	IT12	IT13	IT14	IT15	IT16	IT17	IT18
大于	至	μm											mm						
—	3	0.8	1.2	2	3	4	6	10	14	25	40	60	0.1	0.14	0.25	0.4	0.6	1	1.4
3	6	1	1.5	2.5	4	5	8	12	18	30	48	75	0.12	0.18	0.3	0.48	0.75	1.2	1.8
6	10	1	1.5	2.5	4	6	9	15	22	36	58	90	0.15	0.22	0.36	0.58	0.9	1.5	2.2
10	18	1.2	2	3	5	8	11	18	27	43	70	110	0.18	0.27	0.43	0.7	1.1	1.8	2.7
18	30	1.5	2.5	4	6	9	13	21	33	52	84	130	0.21	0.33	0.52	0.84	1.3	2.1	3.3
30	50	1.5	2.5	4	7	11	16	25	39	62	100	160	0.25	0.39	0.62	1	1.6	2.5	3.9
50	80	2	3	5	8	13	19	30	46	74	120	190	0.3	0.46	0.74	1.2	1.9	3	4.6
80	120	2.5	4	6	10	15	22	35	54	87	140	220	0.35	0.54	0.87	1.4	2.2	3.5	5.4
120	180	3.5	5	8	12	18	25	40	63	100	160	250	0.4	0.63	1	1.6	2.5	4	6.3
180	250	4.5	7	10	14	20	29	46	72	115	185	290	0.46	0.72	1.15	1.85	2.9	4.6	7.2
250	315	6	8	12	16	23	32	52	81	130	210	320	0.52	0.81	1.3	2.1	3.2	5.2	8.1
315	400	7	9	13	18	25	36	57	89	140	230	360	0.57	0.89	1.4	2.3	3.6	5.7	8.9
400	500	8	10	15	20	27	40	63	97	155	250	400	0.63	0.97	1.55	2.5	4	6.3	9.7
500	630	9	11	16	22	32	44	70	110	175	280	440	0.7	1.1	1.75	2.8	4.4	7	11
630	800	10	13	18	25	36	50	80	125	200	320	500	0.8	1.25	2	3.2	5	8	12.5
800	1 000	11	15	21	28	40	56	90	140	230	360	560	0.9	1.4	2.3	3.6	5.6	9	14
1000	1250	13	18	24	33	47	66	105	165	260	420	660	1.05	1.65	2.6	4.2	6.6	10.5	16.5
1250	1600	15	21	29	39	55	78	125	195	310	500	780	1.25	1.95	3.1	5	7.8	12.5	19.5
1600	2000	18	25	35	46	65	92	150	230	370	600	920	1.5	2.3	3.7	6	9.2	15	23
2000	2500	22	30	41	55	78	110	175	280	440	700	1100	1.75	2.8	4.4	7	11	17.5	28
2500	3150	26	36	50	68	96	135	210	330	540	860	1350	2.1	3.3	5.4	8.6	13.5	21	33

注：1. 公称尺寸大于 500mm 的 IT1～IT5 的标准公差数值为试行的。

2. 公称尺寸小于或等于 1mm 时，无 IT14～IT18。

附表 3 公称尺寸≤500mm 的轴的基本偏差数值（摘自 GB/T 1800.1—2009）　（单位：μm）

公称尺寸/mm		基本偏差数值(上极限偏差 es)											
		所有标准公差等级											
大于	至	a	b	c	cd	d	e	ef	f	fg	g	h	js
—	3	−270	−140	−60	−34	−20	−14	−10	−6	−4	−2	0	偏差 = $\pm\frac{ITn}{2}$，式中，ITn 是 IT 值数
3	6	−270	−140	−70	−46	−30	−20	−14	−10	−6	−4	0	
6	10	−280	−150	−80	−56	−40	−25	−18	−13	−8	−5	0	
10	14	−290	−150	−95		−50	−32		−16		−6	0	
14	18												
18	24	−300	−160	−110		−65	−40		−20		−7	0	
24	30												
30	40	−310	−170	−120		−80	−50		−25		−9	0	
40	50	−320	−180	−130									
50	65	−340	−190	−140		−100	−60		−30		−10	0	
65	80	−360	−200	−150									
80	100	−380	−220	−170		−120	−72		−36		−12	0	
100	120	−410	−240	−180									
120	140	−460	−260	−200		−145	−85		−43		−14	0	
140	160	−520	−280	−210									
160	180	−580	−310	−230									
180	200	−660	−340	−240		−170	−100		−50		−15	0	
200	225	−740	−380	−260									
225	250	−820	−420	−280									
250	280	−920	−480	−300		−190	−110		−56		−17	0	
280	315	−1050	−540	−330									
315	355	−1200	−600	−360		−210	−125		−62		−18	0	
355	400	−1350	−680	−400									
400	450	−1500	−760	−440		−230	−135		−68		−20	0	
450	500	−1650	−840	−480									
500	560					−260	−145		−76		−22	0	

附表 3 （续）

公称尺寸/mm		基本偏差数值（下极限偏差 ei）																		
		IT5 和 IT6	IT7	IT8	IT4~IT7	≤IT3 >IT7	所有标准公差等级													
大于	至	J			k		m	n	p	r	s	t	u	v	x	y	z	za	zb	zc
—	3	-2	-4	-6	0	0	+2	+4	+6	+10	+14		+18		+20		+26	+32	+40	+60
3	6	-2	-4		+1	0	+4	+8	+12	+15	+19		+23		+28		+35	+42	+50	+80
6	10	-2	-5		+1	0	+6	+10	+15	+19	+23		+28		+34		+42	+52	+67	+97
10	14	-3	-6		+1	0	+7	+12	+18	+23	+28		+33		+40		+50	+64	+90	+130
14	18													+39	+45		+60	+77	+108	+150
18	24	-4	-8		+2	0	+8	+15	+22	+28	+35		+41	+47	+54	+63	+73	+98	+136	+188
24	30											+41	+48	+55	+64	+75	+88	+118	+160	+218
30	40	-5	-10		+2	0	+9	+17	+26	+34	+43	+48	+60	+68	+80	+94	+112	+148	+200	+274
40	50											+54	+70	+81	+97	+114	+136	+180	+242	+325
50	65	-7	-12		+2	0	+11	+20	+32	+41	+53	+66	+87	+102	+122	+144	+172	+226	+300	+405
65	80									+43	+59	+75	+102	+120	+146	+174	+210	+274	+360	+480
80	100	-9	-15		+3	0	+13	+23	+37	+51	+71	+91	+124	+146	+178	+214	+258	+335	+445	+585
100	120									+54	+79	+104	+144	+172	+210	+254	+310	+400	+525	+690
120	140	-11	-18		+3	0	+15	+27	+43	+63	+92	+122	+170	+202	+248	+300	+365	+470	+620	+800
140	160									+65	+100	+134	+190	+228	+280	+340	+415	+535	+700	+900
160	180									+68	+108	+146	+210	+252	+310	+380	+465	+600	+780	+1000
180	200	-13	-21		+4	0	+17	+31	+50	+77	+122	+166	+236	+284	+350	+425	+520	+670	+880	+1150
200	225									+80	+130	+180	+258	+310	+385	+470	+575	+740	+960	+1250
225	250									+84	+140	+196	+284	+340	+425	+520	+640	+820	+1050	+1350
250	280	-16	-26		+4	0	+20	+34	+56	+94	+158	+218	+315	+385	+475	+580	+710	+920	+1200	+1550
280	315									+98	+170	+240	+350	+425	+525	+650	+790	+1000	+1300	+1700
315	355	-18	-28		+4	0	+21	+37	+62	+108	+190	+268	+390	+475	+590	+730	+900	+1150	+1500	+1900
355	400									+114	+208	+294	+435	+530	+660	+820	+1000	+1300	+1650	+2100
400	450	-20	-32		+5	0	+23	+40	+68	+126	+232	+330	+490	+595	+740	+920	+1100	+1450	+1850	+2400
450	500									+132	+252	+360	+540	+660	+820	+1000	+1250	+1600	+2100	+2600
500	560				0	0	+26	+44	+78	+150	+280	+400	+600							

注：公称尺寸小于或等于 1mm 时，基本偏差 a 和 b 均不采用。公差带 js7~js11，若 ITn 值数是奇数，则取偏差 = $\pm\frac{IT_n-1}{2}$。

附表 4 公称尺寸≤500mm 的孔的基本偏差数值（摘自 GB/T 1800.1—2009）（单位：μm）

公称尺寸/mm		基本偏差数值																					
		下极限偏差 EI												上极限偏差 ES									
大于	至	所有标准公差等级												IT6	IT7	IT8	≤IT8	>IT8	≤IT8	>IT8	≤IT8	>IT8	≤IT7
		A	B	C	CD	D	E	EF	F	FG	G	H	JS	J			K		M		N		P 至 ZC
—	3	+270	+140	+60	+34	+20	+14	+10	+6	+4	+2	0	偏差 $=\pm\frac{ITn}{2}$，式中，IT n 是 IT 值数	+2	+4	+6	0	0	−2	−2	−4	−4	在大于 IT7 的相应数值上增加一个 Δ 值
3	6	+270	+140	+70	+46	+30	+20	+14	+10	+6	+4	0		+5	+6	+10	−1+Δ		−4+Δ	−4	−8+Δ	0	
6	10	+280	+150	+80	+56	+40	+25	+18	+13	+8	+5	0		+5	+8	+12	−1+Δ		−6+Δ	−6	−10+Δ	0	
10	14	+290	+150	+95		+50	+32		+16		+6	0		+6	+10	+15	−1+Δ		−7+Δ	−7	−12+Δ	0	
14	18																						
18	24	+300	+160	+110		+65	+40		+20		+7	0		+8	+12	+20	−2+Δ		−8+Δ	−8	−15+Δ	0	
24	30																						
30	40	+310	+170	+120		+80	+50		+25		+9	0		+10	+14	+24	−2+Δ		−9+Δ	−9	−17+Δ	0	
40	50	+320	+180	+130																			
50	65	+340	+190	+140		+100	+60		+30		+10	0		+13	+18	+28	−2+Δ		−11+Δ	−11	−20+Δ	0	
65	80	+360	+200	+150																			
80	100	+380	+220	+170		+120	+72		+36		+12	0		+16	+22	+34	−3+Δ		−13+Δ	−13	−23+Δ	0	
100	120	+410	+240	+180																			
120	140	+460	+260	+200		+145	+85		+43		+14	0		+18	+26	+41	−3+Δ		−15+Δ	−15	−27+Δ	0	
140	160	+520	+280	+210																			
160	180	+580	+310	+230																			
180	200	+660	+340	+240		+170	+100		+50		+15	0		+22	+30	+47	−4+Δ		−17+Δ	−17	−31+Δ	0	
200	225	+740	+380	+260																			
225	250	+820	+420	+280																			
250	280	+920	+480	+300		+190	+110		+56		+17	0		+25	+36	+55	−4+Δ		−20+Δ	−20	−34+Δ	0	
280	315	+1050	+540	+330																			
315	355	+1200	+600	+360		+210	+125		+62		+18	0		+29	+39	+60	−4+Δ		−21+Δ	−21	−37+Δ	0	
355	400	+1350	+680	+400																			
400	450	+1500	+760	+440		+230	+135		+68		+20	0		+33	+43	+66	−5+Δ		−23+Δ	−23	−40+Δ	0	
450	500	+1650	+840	+480																			

附表 4 （续）

公称尺寸/mm		基本偏差数值 上极限偏差 ES 标准公差等级大于 IT7												Δ 值 标准公差等级					
大于	至	P	R	S	T	U	V	X	Y	Z	ZA	ZB	ZC	IT3	IT4	IT5	IT6	IT7	IT8
—	3	-6	-10	-14		-18		-20		-26	-32	-40	-60	0	0	0	0	0	0
3	6	-12	-15	-19		-23		-28		-35	-42	-50	-80	1	1.5	1	3	4	6
6	10	-15	-19	-23		-28		-34		-42	-52	-67	-97	1	1.5	2	3	6	7
10	14	-18	-23	-28		-33		-40		-50	-64	-90	-130	1	2	3	3	7	9
14	18						-39	-45		-60	-77	-108	-150						
18	24	-22	-28	-35		-41	-47	-54	-63	-73	-98	-136	-188	1.5	2	3	4	8	12
24	30				-41	-48	-55	-64	-75	-88	-118	-160	-218						
30	40	-26	-34	-43	-48	-60	-68	-80	-94	-112	-148	-200	-274	1.5	3	4	5	9	14
40	50				-54	-70	-81	-97	-114	-136	-180	-242	-325						
50	65	-32	-41	-53	-66	-87	-102	-122	-144	-172	-226	-300	-405	2	3	5	6	11	16
65	80		-43	-59	-75	-102	-120	-146	-174	-210	-274	-360	-480						
80	100	-37	-51	-71	-91	-124	-146	-178	-214	-258	-335	-445	-585	2	4	5	7	13	19
100	120		-54	-79	-104	-144	-172	-210	-254	-310	-400	-525	-690						
120	140	-43	-63	-92	-122	-170	-202	-248	-300	-365	-470	-620	-800	3	4	6	7	15	23
140	160		-65	-100	-134	-190	-228	-280	-340	-415	-535	-700	-900						
160	180		-68	-108	-146	-210	-252	-310	-380	-465	-600	-780	-1000						
180	200	-50	-77	-122	-166	-236	-284	-350	-425	-520	-670	-880	-1150	3	4	6	9	17	26
200	225		-80	-130	-180	-258	-310	-385	-470	-575	-740	-960	-1250						
225	250		-84	-140	-196	-284	-340	-425	-520	-640	-820	-1050	-1350						
250	280	-56	-94	-158	-218	-315	-385	-475	-580	-710	-920	-1200	-1550	4	4	7	9	20	29
280	315		-98	-170	-240	-350	-425	-525	-650	-790	-1000	-1300	-1700						
315	355	-62	-108	-190	-268	-390	-475	-590	-730	-900	-1150	-1500	-1900	4	5	7	11	21	32
355	400		-114	-208	-294	-435	-530	-660	-820	-1000	-1300	-1650	-2100						
400	450	-68	-126	-232	-330	-490	-595	-740	-920	-1100	-1450	-1850	-2400	5	5	7	13	23	34
450	500		-132	-252	-360	-540	-660	-820	-1000	-1250	-1600	-2100	-2600						
500	560	-78	-150	-280	-400	-600													

注：1. 公称尺寸小于或等于 1mm 时，基本偏差 A 和 B 及大于 IT8 的 N 均不采用。公差带 JS7~JS11，若 ITn 值数是奇数，则取偏差 $=\pm\frac{IT_n-1}{2}$。

2. 对高于或等于 IT8 的 K、M、N 和高于或等于 IT7 的 P~ZC，所需 Δ 值从表内右侧选取。例如：18~30mm 段的 K7，$\Delta=8\mu m$，所以 $ES=(-2+8)\mu m=+6\mu m$；18~30mm 段的 S6，$\Delta=4\mu m$，所以 $ES=(-35+4)\mu m=-31\mu m$。特殊情况：250~315mm 段的 M6，$ES=-9\mu m$(代替$-11\mu m$)。

附表 5 线性尺寸的极限偏差数值（摘自 GB/T 1804—2000） （单位：mm）

公差等级	公称尺寸分段							
	0.5~3	>3~6	>6~30	>30~120	>120~400	>400~1000	>1000~2000	>2000~4000
精密 f	±0.05	±0.05	±0.1	±0.15	±0.2	±0.3	±0.5	—
中等 m	±0.1	±0.1	±0.2	±0.3	±0.5	±0.8	±1.2	±2
粗糙 c	±0.2	±0.3	±0.5	±0.8	±1.2	±2	±3	±4
最粗 v	—	±0.5	±1	±1.5	±2.5	±4	±6	±8

附表 6

直线度、平面度公差值，方向公差值，同轴度、对称度公差值和跳动公差值（摘自 GB/T 1184—1996）

直线度、平面度主参数①/mm	公差等级											
	1	2	3	4	5	6	7	8	9	10	11	12
	直线度、平面度公差值/μm											
≤10	0.2	0.4	0.8	1.2	2	3	5	8	12	20	30	60
>10~16	0.25	0.5	1	1.5	2.5	4	6	10	15	25	40	80
>16~25	0.3	0.6	1.2	2	3	5	8	12	20	30	50	100
>25~40	0.4	0.8	1.5	2.5	4	6	10	15	25	40	60	120
>25~63	0.5	1	2	3	5	8	12	20	30	50	80	150
>63~100	0.6	1.2	2.5	4	6	10	15	25	40	60	100	200
>100~160	0.8	1.5	3	5	8	12	20	30	50	80	120	250
>160~250	1	2	4	6	10	15	25	40	60	100	150	300
>250~400	1.2	2.5	5	8	12	20	30	50	80	120	200	400
>400~630	1.5	3	6	10	15	25	40	60	100	150	250	500
>630~1000	2	4	8	12	20	30	50	80	120	200	300	600
>1000~1600	2.5	5	10	15	25	40	60	100	150	250	400	800
>1600~2500	3	6	12	20	30	50	80	120	200	300	500	1000
>2500~4000	4	8	15	25	40	60	100	150	250	400	600	1200
>4000~6300	5	10	20	30	50	80	120	200	300	500	1800	1500
6300~10000	6	12	25	40	60	100	150	250	400	600	1000	2000
平行度、垂直度、倾斜度主参数②/mm	平行度、垂直度、倾斜度公差值/μm											
≤10	0.4	0.8	1.5	3	5	8	12	20	30	50	80	120
>10~16	0.5	1	2	4	6	10	15	25	40	60	100	150
>16~25	0.6	1.2	2.5	5	8	12	20	30	50	80	120	200
>25~40	0.8	1.5	3	6	10	15	25	40	60	100	150	250
>25~63	1	2	4	8	12	20	30	50	80	120	200	300
>63~100	1.2	2.5	5	10	15	25	40	60	100	150	250	400
>100~160	1.5	3	6	12	20	30	50	80	120	200	300	500
>160~250	2	4	8	15	25	40	60	100	150	250	400	600
>250~400	2.5	5	10	20	30	50	80	120	200	300	500	800
>400~630	3	6	12	25	40	60	100	150	250	400	600	1000
>630~1000	4	8	15	30	50	80	120	200	300	500	800	1200
>1000~1600	5	10	20	40	60	100	150	250	400	600	1000	1500
>1600~2500	6	12	25	50	80	120	200	300	500	800	1200	2000
>2500~4000	8	15	30	60	100	150	250	400	600	1000	1500	2500
>4000~6300	10	20	40	80	120	200	300	500	800	1200	2000	3000
>6300~10000	12	25	50	100	150	250	400	600	1000	1500	2500	4000

附表 6（续）

同轴度、对称度、圆跳动、全跳动主参数[3]/mm	同轴度、对称度、圆跳动、全跳动公差值/μm											
≤1	0.4	0.6	1.0	1.5	2.5	4	6	10	15	25	40	60
>1~3	0.4	0.6	1.0	1.5	2.5	4	6	10	20	40	60	120
>3~6	0.5	0.8	1.2	2	3	5	8	12	25	50	80	150
>6~10	0.6	1	1.5	2.5	4	6	10	15	30	60	100	200
>10~18	0.8	1.2	2	3	5	8	12	20	40	80	120	250
>18~30	1	1.5	2.5	4	6	10	15	25	50	100	150	300
>30~50	1.2	2	3	5	8	12	20	30	60	120	200	400
>50~120	1.5	2.5	4	6	10	15	25	40	80	150	250	500
>120~250	2	3	5	8	12	20	30	50	100	200	300	600
>250~500	2.5	4	6	10	15	25	40	60	120	250	400	800
>500~800	3	5	8	12	20	30	50	80	150	300	5000	1000
>800~1250	4	6	10	15	25	40	60	100	200	400	600	1200
>1250~2000	5	8	12	20	30	50	80	120	250	500	800	1500
>2000~3150	6	10	15	25	40	60	100	150	300	600	1000	2000
>3150~5000	8	12	20	30	50	80	120	200	400	800	1200	2500
>5000~8000	10	15	25	40	60	100	150	250	500	1000	1500	3000
>8000~10000	12	20	30	50	80	120	200	300	600	1200	2000	4000

① 对于直线度、平面度公差，棱线和回转表面的轴线、素线以其长度的公称尺寸作为主参数；矩形平面以其较长边、圆平面以其直径的公称尺寸作为主参数。

② 对于方向公差，被测要素以其长度或直径的公称尺寸作为主参数。

③ 对于同轴度、对称度公差和跳动公差，被测要素以其直径或宽度的公称尺寸作为主参数。

附表 7

圆度、圆柱度公差值（摘自 GB/T 1184—1996）

主参数/mm	公差等级												
	0	1	2	3	4	5	6	7	8	9	10	11	12
	公差值/μm												
≤3	0.1	0.2	0.3	0.5	0.8	1.2	2	3	4	6	10	14	25
>3~6	0.1	0.2	0.4	0.6	1	1.5	2.5	4	5	8	12	18	30
>6~10	0.12	0.25	0.4	0.6	1	1.5	2.5	4	6	9	15	22	36
>10~18	0.15	0.25	0.5	0.8	1.2	2	3	5	8	11	18	27	43
>18~30	0.2	0.3	0.6	1	1.5	2.5	4	6	9	13	21	33	52
>30~50	0.25	0.4	0.6	1	1.5	2.5	4	7	11	16	25	39	62
>50~80	0.3	0.5	0.8	1.2	2	3	5	8	13	19	30	46	74
>80~120	0.4	0.6	1	1.5	2.5	4	6	10	15	22	35	54	87
>120~180	0.6	1	1.2	2	3.5	5	8	12	18	25	40	63	100
>180~250	0.8	1.2	2	3	4.5	7	10	14	20	29	46	72	115
>250~315	1.0	1.6	2.5	4	6	8	12	16	23	32	52	81	130
>315~400	1.2	2	3	5	7	9	13	18	25	36	57	89	140
>400~500	1.5	2.5	4	6	8	10	15	20	27	40	63	97	155

注：回转表面、球、圆以其直径的公称尺寸作为主参数。

附表 8 位置度公差值数系（摘自 GB/T 1184—1996） （单位：μm）

优先数系	1	1.2	1.5	2	2.5	3	4	5	6	8
	1×10^n	1.2×10^n	1.5×10^n	2×10^n	2.5×10^n	3×10^n	4×10^n	5×10^n	6×10^n	8×10^n

注：n 为正整数。

附表 9

直线度和平面度的未注公差值

（摘自 GB/T 1184—1996）（单位：mm）

公差等级	公称长度范围					
	≤10	>10~30	>30~100	>100~300	>300~1000	>1000~3000
H	0.02	0.05	0.1	0.2	0.3	0.4
K	0.05	0.1	0.2	0.4	0.6	0.8
L	0.1	0.2	0.4	0.8	1.2	1.6

注：对于直线度，应按其相应线的长度选择公差值；对于平面度，应按矩形表面的较长边或圆表面的直径选择公差值。

附表 10

垂直度未注公差值

（摘自 GB/T 1184—1996）（单位：mm）

公差等级	公称长度范围			
	≤100	>100~300	>300~1000	>1000~3000
H	0.2	0.3	0.4	0.5
K	0.4	0.6	0.8	1
L	0.6	1	1.5	2

注：取形成直角的两边中较长的一边作为基准要素，较短的一边作为被测要素；若两边的长度相等，则可取其中的任意一边作为基准要素。

附表 11

对称度未注公差值

（摘自 GB/T 1184—1996）（单位：mm）

公差等级	公称长度范围			
	≤100	>100~300	>300~1000	>1000~3000
H	0.5			
K	0.6		0.8	1
L	0.6	1	1.5	2

注：取对称两要素中较长者作为基准要素，较短者作为被测要素；若两要素的长度相等，则可取其中的任一要素作为基准要素。

附表 12

圆跳动的未注公差值

（摘自 GB/T 1184—1996）（单位：mm）

公差等级	圆跳动公差值
H	0.1
K	0.2
L	0.5

注：本表也可用于同轴度的未注公差值，同轴度未注公差值的极限可以等于径向圆跳动的未注公差值。应以设计或工艺给出的支承面作为基准要素，或取应同轴线两要素中较长者为基准要素。若两要素的长度相等，则可取其中的任一要素作为基准要素。

附表 13

轮廓算术平均偏差 *Ra*、轮廓最大高度 *Rz* 和轮廓单元的平均宽度 *Rsm* 的标准取样长度和标准评定长度

（摘自 GB/T 1031—2009）

Ra/μm	*Rz*/μm	*Rsm*/mm	标准取样长度 *lr*		标准评定长度 *ln*=5×*lr*/mm
			λs/mm	*lr*=*λc*/mm	
0.008~0.02	0.025~0.1	0.013~0.04	0.0025	0.08	0.4
>0.02~0.1	>0.1~0.5	>0.04~0.13	0.0025	0.25	1.25
>0.1~2	>0.5~10	>0.13~0.4	0.0025	0.8	4
>2~10	>10~50	>0.4~1.3	0.008	2.5	12.5
>10~80	>50~320	>1.3~4	0.025	8	40

注：按 GB/T 6062—2009 的规定，λs 和 λc 分别为短波和长波滤波器截止波长，"$\lambda s-\lambda c$"表示滤波器传输带（从短波截止波长至长波截止波长这两个极限值之间的波长范围）。本表中 λs 和 λc 的数据（标准化值）取自 GB/T 6062—2009 中的表 1。

附表 14

轮廓算术平均偏差 *Ra*、轮廓最大高度 *Rz*、轮廓单元的平均宽度 *Rsm* 和轮廓的支承长度率 *Rmr*(c)的数值（摘自 GB/T 1031—2009）

轮廓算术平均偏差 *Ra*/μm			轮廓最大高度 *Rz*/μm			轮廓单元的平均宽度 *Rsm*/mm			轮廓的支承长度率 *Rmr*(c)	
0.012	0.4	12.5	0.025	1.6	100	0.006	0.1	1.6	10	50
0.025	0.8	25	0.05	3.2	200	0.0125	0.2	3.2	15	60
0.05	1.6	50	0.1	6.3	400	0.025	0.4	6.3	20	70
0.1	3.2	100	0.2	12.5	800	0.05	0.8	12.5	25	80
0.2	6.3		0.4	25	1600				30	90
			0.8	50					40	

附表 15

向心轴承和轴的配合——轴公差带（摘自 GB/T 275—2015）

圆柱孔轴承							
载荷情况			举例	深沟球轴承、调心球轴承和角接触球轴承	圆柱滚子轴承和圆锥滚子轴承	调心滚子轴承	公差带
				轴承公称内径/mm			
内圈承受旋转载荷或方向不定载荷	轻载荷		输送机、轻载齿轮箱	≤18 >18~100 >100~200 —	— ≤40 >40~140 >140~200	— ≤40 >40~100 >100~200	h5 j6① k6① m6①
	正常载荷		一般通用机械、电动机、泵、内燃机、正齿轮传动装置	≤18 >18~100 >100~140 >140~200 >200~280 — —	— ≤40 >40~100 >100~140 >140~200 >200~400 —	— ≤40 >40~65 >65~100 >100~140 >140~280 >280~500	j5 js5 k5② m5② m6 n6 p6 r6
	重载荷		铁路机车车辆轴箱、牵引电机、破碎机等	—	>50~140 >140~200 >200 —	>50~100 >100~140 >140~200 >200	n6③ p6③ r6③ r7③
内圈承受固定载荷	所有载荷	内圈需在轴向易移动	非旋转轴上的各种轮子	所有尺寸			f6 g6
		内圈不需在轴向易移动	张紧轮、绳轮				h6 j6
仅有轴向载荷			所有尺寸				j6、js6
圆锥孔轴承							
所有载荷	铁路机车车辆轴箱		装在退卸套上	所有尺寸			h8(IT6)④,⑤
	一般机械传动		装在紧定套上	所有尺寸			h9(IT7)④,⑤

① 凡精度要求较高的场合，应用 j5、k5、m5 代替 j6、k6、m6。

② 圆锥滚子轴承、角接触球轴承配合对游隙影响不大，可用 k6、m6 代替 k5、m5。

③ 重载荷下轴承游隙应选大于 N 组。

④ 凡精度要求较高或转速要求较高的场合，应选用 h7（IT5）代替 h8（IT6）等。

⑤ IT6、IT7 表示圆柱度公差数值。

附表 16

向心轴承和轴承座孔的配合——孔公差带（摘自 GB/T 275—2015）

载荷情况		举例	其他状况	公差带①	
				球轴承	滚子轴承
外圈承受固定载荷	轻、正常、重	一般机械、铁路机车车辆轴箱	轴向易移动，可采用剖分式轴承座	H7、G7②	
	冲击		轴向能移动，可采用整体或剖分式轴承座	J7、JS7	
方向不定载荷	轻、正常	电动机、泵、曲轴主轴承			
	正常、重		轴向不移动，采用整体式轴承座	K7	
	重、冲击	牵引电动机		M7	
外圈承受旋转载荷	轻	传动带张紧轮		J7	K7
	正常	轮毂轴承		M7	N7
	重			—	N7、P7

① 并列公差带随尺寸的增大从左至右选择。对旋转精度有较高要求时，可相应提高一个公差等级。

② 不适用于剖分式轴承座。

附表 17

推力轴承和轴的配合——轴公差带（摘自 GB/T 275—2015）

载荷情况		轴承类型	轴承公称内径/mm	公差带
仅有轴向载荷		推力球和推力圆柱滚子轴承	所有尺寸	j6、js6
径向和轴向联合载荷	轴圈承受固定载荷	推力调心滚子轴承、推力角接触球轴承、推力圆锥滚子轴承	≤250	j6
			>250	js6
	轴圈承受旋转载荷或方向不定载荷		≤200	k6①
			>200~400	m6
			>400	n6

① 要求较小过盈时，可分别用 j6、k6、m6 代替 k6、m6、n6。

附表 18

推力轴承和轴承座孔的配合——孔公差带（摘自 GB/T 275—2015）

载荷情况		轴承类型	公差带
仅有轴向载荷		推力球轴承	H8
		推力圆柱、圆锥滚子轴承	H7
		推力调心滚子轴承	—①
径向和轴向联合载荷	座圈承受固定载荷	推力角接触球轴承、推力调心滚子轴承、推力圆锥滚子轴承	H7
	座圈承受旋转载荷或方向不定载荷		K7②
			M7③

① 轴承座孔与座圈间间隙为 0.001D（D 为轴承公称外径）。

② 一般工作条件。

③ 有较大径向载荷时。

附表 19

轴和轴承座孔的几何公差（摘自 GB/T 275—2015）

公称尺寸/mm		圆柱度公差/μm				轴向圆跳动公差/μm			
		轴颈		轴承座孔		轴肩		轴承座孔肩	
		轴承公差等级							
>	≤	0	6(6X)	0	6(6X)	0	6(6X)	0	6(6X)
—	6	2.5	1.5	4	2.5	5	3	8	5
6	10	2.5	1.5	4	2.5	6	4	10	6
10	18	3	2	5	3	8	5	12	8

附表 19

（续）

公称尺寸/mm		圆柱度公差/μm				轴向圆跳动公差/μm			
		轴颈		轴承座孔		轴肩		轴承座孔肩	
		轴承公差等级							
>	≤	0	6(6X)	0	6(6X)	0	6(6X)	0	6(6X)
18	30	4	2.5	6	4	10	6	15	10
30	50	4	2.5	7	4	12	8	20	12
50	80	5	3	8	5	15	10	25	15
80	120	6	4	10	6	15	10	25	15
120	180	8	5	12	8	20	12	30	20
180	250	10	7	14	10	20	12	30	20
250	315	12	8	16	12	25	15	40	25
315	400	13	9	18	13	25	15	40	25
400	500	15	10	20	15	25	15	40	25
500	630	—	—	22	16	—	—	50	30
630	800	—	—	25	18	—	—	50	30
800	1000	—	—	28	20	—	—	60	40
1000	1250	—	—	33	24	—	—	60	40

附表 20

轴颈和座孔配合表面的表面粗糙度

（摘自 GB/T 275—2015）

轴或轴承座孔直径/mm		轴或轴承座孔配合表面直径公差等级					
		IT7		IT6		IT5	
		表面粗糙度 *Ra*/μm					
>	≤	磨	车	磨	车	磨	车
—	80	1.6	3.2	0.8	1.6	0.4	0.8
80	500	1.6	3.2	1.6	3.2	0.8	1.6
500	1250	3.2	6.3	1.6	3.2	1.6	3.2
端面		3.2	6.3	6.3	6.3	6.3	3.2

附表 21

普通螺纹的基本尺寸

（摘自 GB/T 196—2003）（单位：mm）

公称直径（大径）D、d 第一系列	第二系列	第三系列	螺距 P	中径 D_2、d_2	小径 D_1、d_1	公称直径（大径）D、d 第一系列	第二系列	第三系列	螺距 P	中径 D_2、d_2	小径 D_1、d_1
10			1.5*	9.026	8.376	20			2.5*	18.376	17.294
			1.25	9.188	8.647				2	18.701	17.835
			1	9.350	8.917				1.5	19.026	18.376
			0.75	9.513	9.188				1	19.350	18.917
12			1.75*	10.863	10.106	24			3*	22.051	20.752
			1.5	11.026	10.376				2	22.701	21.835
			1.25	11.188	10.647				1.5	23.026	22.376
			1	11.350	10.917				1	23.350	22.917
16			2*	14.701	13.835	30			3.5*	27.727	26.211
			1.5	15.026	14.376				3	28.051	26.752
			1	15.350	14.917				2	28.701	27.835
									1.5	29.026	28.376

注：优先选用第一系列，有 * 者为粗牙螺纹。

附表 22

普通螺纹的中径公差（摘自 GB/T 197—2003）（单位：μm）

公称直径		螺距 P/mm	内螺纹中径公差 T_{D2}					外螺纹中径公差 T_{d2}						
			公差等级					公差等级						
>	≤		4	5	6	7	8	3	4	5	6	7	8	9
5.6	11.2	0.75	85	106	132	170	—	50	63	80	100	125	—	—
		1	95	118	150	190	236	56	71	90	112	140	180	224
		1.25	100	125	160	200	250	60	75	95	118	150	190	236
		1.5	112	140	180	224	280	67	85	106	132	170	212	295
11.2	22.4	1	100	125	160	200	250	60	75	95	118	150	190	236
		1.25	112	140	180	224	280	67	85	106	132	170	212	265
		1.5	118	150	190	236	300	71	90	112	140	180	224	280
		1.75	125	160	200	250	315	75	95	118	150	190	236	300
		2	132	170	212	265	335	80	100	125	160	200	250	315
		2.5	140	180	224	280	355	85	106	132	170	212	265	335
22.4	45	1	106	132	170	212	—	63	80	100	125	160	200	250
		1.5	125	160	200	250	315	75	95	118	150	190	236	300
		2	140	180	224	280	355	85	106	132	170	212	265	335
		3	170	212	265	335	425	100	125	160	200	250	315	400
		3.5	180	224	280	355	450	106	132	170	121	265	335	425
		4	190	236	300	375	475	112	140	180	224	280	365	450
		4.5	200	250	315	400	500	118	150	190	236	375	375	475

附表 23

普通螺纹的顶径公差（摘自 GB/T 197—2003）（单位：μm）

公差项目	内螺纹小径公差 T_{D1}				外螺纹大径公差 T_d		
公差等级 / 螺距 P/mm	5	6	7	8	4	6	8
0.75	150	190	236	—	90	140	—
0.8	160	200	250	315	95	150	236
1	190	236	300	375	112	180	280
1.25	212	265	335	425	132	212	335
1.5	236	300	375	475	150	236	375
1.75	265	335	425	530	170	265	425
2	300	375	475	600	180	280	450
2.5	355	450	560	710	212	335	530
3	400	500	630	800	236	375	600

附表 24

内、外螺纹的基本偏差（摘自 GB/T 197—2003）（单位：μm）

螺纹	内螺纹 D_2, D_1		外螺纹 d_2, d_1			
基本偏差	G	H	e	f	g	h
内、外螺纹 / 螺距 P/mm	EI		es			
0.75	+22		−56	−38	−22	
0.8	+24	0	−60	−38	−24	0
1	+26		−60	−40	−26	

附表 24（续）

螺距 P/mm	内螺纹 D_2, D_1 G（EI）	内螺纹 D_2, D_1 H（EI）	外螺纹 d_2, d_1 e（es）	外螺纹 d_2, d_1 f（es）	外螺纹 d_2, d_1 g（es）	外螺纹 d_2, d_1 h（es）
1.25	+28	0	-63	-42	-28	0
1.5	+32		-67	-45	-32	
1.75	+34		-71	-48	-34	
2	+38		-71	-52	-38	
2.5	+42		-80	-58	-42	
3	+48		-85	-63	-48	

附表 25

螺纹旋合长度（摘自 GB/T 197—2003）（单位：mm）

公称直径 D, d		螺距 P	旋合长度			
			S	N		L
>	≤		≤	>	≤	>
5.6	11.2	0.75	2.4	2.4	7.1	7.1
		1	3	3	9	9
		1.25	4	4	12	12
		1.5	5	5	15	15
11.2	22.4	1	3.8	3.8	11	11
		1.25	4.5	4.5	13	13
		1.5	5.6	5.6	16	16
		1.75	6	6	18	18
		2	8	8	24	24
		2.5	10	10	30	30
22.4	45	1	4	4	12	12
		1.5	6.3	6.3	19	19
		2	8.5	8.5	25	25
		3	12	12	36	36

附表 26

普通平键尺寸和键槽深度 t_1、t_2 的公称尺寸及极限偏差（摘自 GB/T 1095—2003）（单位：mm）

键尺寸 宽×高	键槽											
	宽度						深度					
	公称尺寸 b	极限偏差					轴键槽			轮毂孔键槽		
		松联接		正常联接		紧密联接	t_1		$d-t_1$	t_2		$d+t_2$
		轴 H9	轮毂孔 D10	轴 N9	轮毂孔 JS9	轴和轮毂孔 P9	公称尺寸	极限偏差	极限偏差	公称尺寸	极限偏差	极限偏差
5×5	56	+0.030	+0.078	0	±0.015	-0.012	3.0	+0.1	0	2.3	+0.1	+0.1
6×6		0	+0.030	-0.030		-0.042	3.5	0	-0.1	2.8	0	0
8×7	8	+0.036	+0.098	0	±0.018	-0.015	4.0			3.3		
10×8	10	0	+0.040	-0.036		-0.051	5.0			3.3		
12×8	12						5.0	+0.2	0	3.3	+0.2	+0.2
14×9	14	+0.043	+0.120	0	±0.0215	-0.018	5.5	0	-0.2	3.8	0	0
16×10	16	0	+0.050	-0.043		-0.061	6.0			4.3		
18×11	18						7.0			4.4		

注：1. d 为相互配合孔、轴的直径公称尺寸；对于任一 d 的孔、轴，皆可按需要选取键尺寸，而不局限于特定的某一键尺寸。

2. （$d-t_1$）和（$d+t_2$）两组组合尺寸的偏差，按相应的 t_1 和 t_2 的偏差选取，但（$d-t_1$）偏差值应取负号。

3. 表中公差带代号 H9、D10、N9、JS9、P9 为《极限与配合》标准中的尺寸公差带代号。

附表 27 矩形花键公称尺寸系列（摘自 GB/T 1144—2001）

小径 d/mm	轻系列				中系列			
	规格 $N\times d\times D\times B$	键数 N	大径 D/mm	键宽 B/mm	规格 $N\times d\times D\times B$	键数 N	大径 D/mm	键宽 B/mm
11					6×11×14×3		14	3
13					6×13×16×3.5		16	3.5
16	—	—	—	—	6×16×20×4		20	4
18					6×18×22×5	6	22	5
21					6×21×25×5		25	5
23	6×23×26×6		26	6	6×23×28×6		28	6
26	6×26×30×6	6	30	6	6×26×32×6		32	6
28	6×28×32×7		32	7	6×28×34×7		34	7
32	6×32×36×6		36	6	8×32×38×6		38	6
36	8×36×40×7		40	7	8×36×42×7		42	7
42	8×42×46×8		46	8	8×42×48×8		48	8
46	8×46×50×9	8	50	9	8×46×54×9	8	54	9
52	8×52×58×10		58	10	8×52×60×10		60	10
56	8×56×62×10		62	10	8×56×65×10		65	10
62	8×62×68×12		68	12	8×62×72×12		72	12
72	10×72×78×12		78	12	10×72×82×12		82	12
82	10×82×88×12		88	12	10×82×92×12		92	12
92	10×92×98×14	10	98	14	10×92×102×14	10	102	14
102	10×102×108×16		108	16	10×102×112×16		112	16
112	10×112×120×18		120	18	10×112×125×18		125	18

附表 28 圆柱齿轮强制性检测精度指标的公差和极限偏差（摘自 GB/T 10095.1—2008）

分度圆直径 d/mm	法向模数 m_n 或齿宽 b/mm	精度等级												
		0	1	2	3	4	5	6	7	8	9	10	11	12
齿轮传动的准确性		齿轮齿距累积总偏差允许值 F_p/μm												
$50<d\leqslant125$	$2<m_n\leqslant3.5$	3.3	4.7	6.5	9.5	13.0	19.0	27.0	38.0	53.0	76.0	107.0	151.0	241.0
	$3.5<m_n\leqslant6$	3.4	4.9	7.0	9.5	14.0	19.0	28.0	39.0	55.0	78.0	110.0	156.0	220.0
$125<d\leqslant280$	$2<m_n\leqslant3.5$	4.4	6.0	9.0	12.0	18.0	25.0	35.0	50.0	70.0	100.0	141.0	199.0	282.0
	$3.5<m_n\leqslant6$	4.5	6.5	9.0	13.0	18.0	25.0	36.0	51.0	72.0	102.0	144.0	204.0	288.0
齿轮传动的平稳性		齿轮单个齿距偏差允许值 $\pm f_{pt}$/μm												
$50<d\leqslant125$	$2<m_n\leqslant3.5$	1.0	1.5	2.1	2.9	4.1	6.0	8.5	12.0	17.0	23.0	33.0	47.0	66.0
	$3.5<m_n\leqslant6$	1.1	1.6	2.3	3.2	4.6	6.5	9.0	13.0	18.0	26.0	36.0	52.0	73.0
$125<d\leqslant280$	$2<m_n\leqslant3.5$	1.1	1.6	2.3	3.2	4.6	6.5	9.0	13.0	18.0	26.0	36.0	51.0	73.0
	$3.5<m_n\leqslant6$	1.2	1.8	2.5	3.5	5.0	7.0	10.0	14.0	20.0	28.0	40.0	56.0	79.0

附表 28 （续）

分度圆直径 d/mm	法向模数 m_n 或齿宽 b/mm	精度等级												
		0	1	2	3	4	5	6	7	8	9	10	11	12
齿轮传动的平稳性		齿轮齿廓总偏差允许值 F_α/μm												
$50<d\leqslant125$	$2<m_n\leqslant3.5$	1.4	2.0	2.8	3.9	5.5	8.0	11.0	16.0	22.0	31.0	44.0	63.0	89.0
	$3.5<m_n\leqslant6$	1.7	2.4	3.4	4.8	6.5	9.5	13.0	19.0	27.0	38.0	54.0	76.0	108.0
$125<d\leqslant280$	$2<m_n\leqslant3.5$	1.6	2.2	3.2	4.5	6.5	9.0	13.0	18.0	25.0	36.0	50.0	71.0	101.0
	$3.5<m_n\leqslant6$	1.9	2.6	3.7	5.5	7.5	11.0	15.0	21.0	30.0	42.0	60.0	84.0	119.0
轮齿载荷分布均匀性		齿轮螺旋线总偏差允许值 F_β/μm												
$50<d\leqslant125$	$2<m_n\leqslant3.5$	1.5	2.1	3.0	4.2	6.0	8.5	12.0	17.0	24.0	34.0	48.0	68.0	95.0
	$3.5<m_n\leqslant6$	1.7	2.5	3.5	4.9	7.0	10.0	14.0	20.0	28.0	39.0	56.0	79.0	111.0
$125<d\leqslant280$	$2<m_n\leqslant3.5$	1.6	2.2	3.2	4.5	6.5	9.0	13.0	18.0	25.0	36.0	50.0	71.0	101.0
	$3.5<m_n\leqslant6$	1.8	2.6	3.6	5.0	7.5	10.0	15.0	21.0	29.0	41.0	58.0	82.0	117.0

附表 29 齿轮 f_i'/K 的比值（摘自 GB/T 10095.1—2008） （单位：μm）

分度圆直径 d/mm	法向模数 m_n/mm	精度等级												
		0	1	2	3	4	5	6	7	8	9	10	11	12
$50<d\leqslant125$	$2<m_n\leqslant3.5$	3.2	4.5	6.5	9.0	13.0	18.0	25.0	36.0	51.0	72.0	102.0	144.0	204.0
	$3.5<m_n\leqslant6$	3.6	5.0	7.0	10.0	14.0	20.0	29.0	40.0	57.0	81.0	115.0	162.0	229.0
$125<d\leqslant280$	$2<m_n\leqslant3.5$	3.5	4.9	7.0	10.0	14.0	20.0	28.0	39.0	56.0	79.0	111.0	157.0	222.0
	$3.5<m_n\leqslant6$	3.9	5.5	7.5	11.0	15.0	22.0	31.0	44.0	62.0	88.0	124.0	175.0	247.0

附表 30 齿轮径向跳动公差 F_r（摘自 GB/T 10095.2—2008） （单位：μm）

分度圆直径 d/mm	法向模数 m_n/mm	精度等级												
		0	1	2	3	4	5	6	7	8	9	10	11	12
$50<d\leqslant125$	$2<m_n\leqslant3.5$	2.5	4.0	5.5	7.5	11	15	21	30	43	61	86	121	171
	$3.5<m_n\leqslant6$	3.0	4.0	5.5	8.0	11	16	22	31	44	62	88	125	176
$125<d\leqslant280$	$2<m_n\leqslant3.5$	3.5	5.0	7.0	10	14	20	28	40	56	80	113	159	225
	$3.5<m_n\leqslant6$	3.5	5.0	7.0	10	14	20	29	41	58	82	115	163	231

附表 31 齿轮双面啮合精度指标公差值（摘自 GB/T 10095.2—2008）

分度圆直径 d/mm	法向模数 m_n/mm	精度等级								
		4	5	6	7	8	9	10	11	12
传动的准确性		径向综合总偏差的允许值 F_i''/μm								
$50<d\leqslant125$	$1.5<m_n\leqslant2.5$	15	22	31	43	61	86	122	173	244
	$2.5<m_n\leqslant4.0$	18	25	36	51	72	102	144	204	288
	$4.0<m_n\leqslant6.0$	22	31	44	62	88	124	176	248	351

附表 31 （续）

分度圆直径 d/mm	法向模数 m_n/mm	精度等级								
		4	5	6	7	8	9	10	11	12
传动的准确性		径向综合总偏差的允许值 F_i''/μm								
125<d≤280	1.5<m_n≤2.5	19	26	37	53	75	106	149	211	299
	2.5<m_n≤4.0	21	30	43	61	86	121	172	243	343
	4.0<m_n≤6.0	25	36	51	72	102	144	203	287	406
传动的平稳性		—齿径向综合偏差允许值 f_i''/μm								
50<d≤125	1.5<m_n≤2.5	4.5	6.5	9.5	13	19	26	37	53	75
	2.5<m_n≤4.0	7.0	10	14	20	29	41	58	82	116
	4.0<m_n≤6.0	11	15	22	31	44	62	87	123	174
125<d≤280	1.5<m_n≤2.5	4.5	6.5	9.5	13	19	27	38	53	75
	2.5<m_n≤4.0	7.5	10	15	21	29	41	58	82	116
	4.0<m_n≤6.0	11	15	22	31	44	62	87	124	175

附表 32

齿轮副的中心距极限偏差±f_a值（摘自 GB/T 10095—1988）（单位：μm）

齿轮精度等级		1~2	3~4	5~6	7~8	9~10	11~12
f_a		$\frac{1}{2}$IT4	$\frac{1}{2}$IT6	$\frac{1}{2}$IT7	$\frac{1}{2}$IT8	$\frac{1}{2}$IT9	$\frac{1}{2}$IT11
齿轮副的中心距/mm	>80~120	5	11	17.5	27	43.5	110
	>120~180	6	12.5	20	31.5	50	125
	>180~250	7	14.5	23	36	57.5	145
	>250~315	8	16	26	40.5	65	160
	>315~400	9	18	28.5	44.5	70	180

附表 33

齿轮坯公差（摘自 GB/T 10095—1988）

齿轮精度等级	1	2	3	4	5	6	7	8	9	10	11	12
盘形齿轮基准孔直径尺寸公差	IT4				IT5	IT6	IT7		IT8		IT9	
齿轮轴轴颈直径尺寸公差和形状公差	通常按滚动轴承的公差等级确定											
齿顶圆直径尺寸公差	IT6		IT7			IT8			IT9		IT11	
基准端面对齿轮基准轴线的径向圆跳动公差 t_t	$t_t=0.2(D_d/b)F_\beta$											
基准圆柱面对齿轮基准轴线的径向圆跳动公差 t_r	$t_r=0.3F_p$											

注：1. 齿轮的三项精度等级不同时，齿轮基准孔的直径尺寸公差按最高的精度等级确定。
2. 标准公差 IT 值见附表 2。
3. 齿顶圆柱面不作为测量齿厚的基准面时，齿顶圆直径尺寸公差按 IT11 给定，但不得大于 $0.1m_n$。
4. t_t 和 t_r 的计算公式引自 GB/Z 18620.3—2008。式中，D_d—基准端面的直径；b—齿宽；F_β—螺旋线总偏差允许值；F_p—齿距累积总偏差允许值。
5. 齿顶圆柱面不作为基准面时，图样上不必给出 t_r。

附表 34

齿轮齿面和齿轮坯基准面的表面粗糙度 Ra 上限值

（单位：μm）

齿轮精度等级	3	4	5	6	7	8	9	10
齿面	≤0.63	≤0.63	≤0.63	≤0.63	≤1.25	≤5	≤10	≤10
盘形齿轮的基准孔	≤0.2	≤0.2	0.4~0.2	≤0.8	1.6~0.8	≤1.6	≤3.2	≤3.2
齿轮轴的轴颈	≤0.1	0.2~0.1	≤0.2	≤0.4	≤0.8	≤1.6	≤1.6	≤1.6
端面、齿顶圆柱面	0.2~0.1	0.4~0.2	0.8~0.4	0.8~0.4	1.6~0.8	3.2~1.6	≤3.2	≤3.2

注：齿轮的三项精度等级不同时，按最高的精度等级确定。齿轮轴轴颈的值可按滚动轴承的公差等级确定。

附表 35

各级量块的精度指标

（摘自 JJG 146—2011）

（单位：μm）

量块的标称长度 l_n/mm	K 级		0 级		1 级		2 级		3 级	
	t_e①	t_v②	t_e	t_v	t_e	t_v	t_e	t_v	t_e	t_v
$l_n \leqslant 10$	±0.20	0.05	±0.12	0.10	±0.20	0.16	±0.45	0.30	±1.0	0.50
$10<l_n \leqslant 25$	±0.30	0.05	±0.14	0.10	±0.30	0.16	±0.60	0.30	±1.2	0.50
$25<l_n \leqslant 50$	±0.40	0.06	±0.20	0.10	±0.40	0.18	±0.80	0.30	±1.6	0.55
$50<l_n \leqslant 75$	±0.50	0.06	±0.25	0.12	±0.50	0.18	±1.00	0.35	±2.0	0.55
$75<l_n \leqslant 100$	±0.60	0.07	±0.30	0.12	±0.60	0.20	±1.20	0.35	±2.5	0.60
$100<l_n \leqslant 150$	±0.80	0.08	±0.40	0.14	±0.80	0.20	±1.60	0.40	±3.0	0.65
$150<l_n \leqslant 200$	±1.00	0.09	±0.50	0.16	±1.00	0.25	±2.0	0.40	±4.0	0.70
$200<l_n \leqslant 250$	±1.20	0.10	±0.60	0.16	±1.20	0.25	±0.7	0.45	±5.0	0.75

注：距离量块测量面边缘 0.8mm 范围内不计。

① t_e 表示量块长度的极限偏差。

② t_v 表示量块长度变动量最大允许值。

附表 36

各等量块的精度指标（摘自 JJG 146—2011）

（单位：μm）

量块的标称长度 l_n/mm	1 等		2 等		3 等		4 等		5 等	
	测量不确定度	长度变动量	测量不确定度	长度变动量	测量不确定度	长度变动量	测量不确定度	长度变动量	测量不确定度	长度变动量
$l_n \leqslant 10$	0.022	0.05	0.06	0.10	0.11	0.16	0.22	0.30	0.6	0.50
$10<l_n \leqslant 25$	0.025	0.05	0.07	0.10	0.12	0.16	0.25	0.30	0.6	0.50
$25<l_n \leqslant 50$	0.030	0.06	0.08	0.10	0.15	0.18	0.30	0.30	0.8	0.55
$50<l_n \leqslant 75$	0.035	0.06	0.09	0.12	0.18	0.18	0.35	0.35	0.9	0.55
$75<l_n \leqslant 100$	0.040	0.07	0.10	0.12	0.20	0.20	0.40	0.35	1.0	0.60
$100<l_n \leqslant 150$	0.05	0.08	0.12	0.14	0.25	0.20	0.50	0.40	1.2	0.65
$150<l_n \leqslant 200$	0.06	0.09	0.15	0.16	0.30	0.25	0.6	0.40	1.5	0.70
$200<l_n \leqslant 250$	0.07	0.10	0.18	0.16	0.35	0.25	0.7	0.45	1.8	0.75

注：1. 距离量块测量面边缘 0.8mm 范围内不计。

2. 表内测量不确定度的置信概率为 0.99。

附表 37

各等级量块测量面的平面度最大允许值（摘自 JJG 146—2011）

（单位：μm）

量块的标称长度 l_n/mm	等	级	等	级	等	级	等	级
	1	K	2	0	3,4	1	5	2,3
$0.5<l_n \leqslant 150$	0.05		0.10		0.15		0.25	
$150<l_n \leqslant 500$	0.10		0.15		0.18		0.25	
$500<l_n \leqslant 1000$	0.15		0.18		0.20		0.25	

注：1. 距离量块测量面边缘 0.8mm 范围内不计。

2. 距离量块测量面边缘 0.8mm 范围内，表面不得高于测量面的平面。

附表 38

各等级量块的表面粗糙度（摘自 JJG 146—2011）（单位：μm）

各表面名称	等	级	等	级
	1,2	K,0	3,4,5	1,2,3
测量面	≤*Ra*0.01		≤*Ra*0.016	
侧面与测量面之间的倒棱边	≤*Ra*0.32		≤*Ra*0.32	
其他表面	≤*Ra*0.63		≤*Ra*0.63	

附表 39

正态概率积分值

$$\Phi(t)=\frac{1}{\sqrt{2\pi}}\int_0^t e^{-t^2/2}dt$$

t	$\Phi(t)$	t	$\Phi(t)$	t	$\Phi(t)$	t	$\Phi(t)$	t	$\Phi(t)$	t	$\Phi(t)$
0. 00	0. 0000	0. 50	0. 1915	1. 00	0. 3413	1. 50	0. 4332	2. 00	0. 4772	3. 00	0. 49865
0. 05	0. 0199	0. 55	0. 2088	1. 05	0. 3531	1. 55	0. 4394	2. 10	0. 4821	3. 20	0. 49931
0. 10	0. 0398	0. 60	0. 2257	1. 10	0. 3643	1. 60	0. 4452	2. 20	0. 4861	3. 40	0. 49966
0. 15	0. 0596	0. 65	0. 2422	1. 15	0. 3749	1. 65	0. 4505	2. 30	0. 4893	3. 60	0. 499841
0. 20	0. 0793	0. 70	0. 2580	1. 20	0. 3849	1. 70	0. 4554	2. 40	0. 4918	3. 80	0. 499928
0. 25	0. 0987	0. 75	0. 2734	1. 25	0. 3944	1. 75	0. 4599	2. 50	0. 4938	4. 00	0. 499968
0. 30	0. 1179	0. 80	0. 2881	1. 30	0. 4032	1. 80	0. 4641	2. 60	0. 4953	4. 50	0. 499997
0. 35	0. 1368	0. 85	0. 3023	1. 35	0. 4115	1. 85	0. 4678	2. 70	0. 4965	5. 00	0. 4999997
0. 40	0. 1554	0. 90	0. 3159	1. 40	0. 4192	1. 90	0. 4713	2. 80	0. 4574		
0. 45	0. 1736	0. 95	0. 3289	1. 45	0. 4265	1. 95	0. 4744	2. 90	0. 4981		

附表 40 安全裕度（*A*）与计量器具的不确定度允许值（u_1）（摘自 GB/T 3177—2009）

（单位：μm）

公差等级		6					7					8					9				
公称尺寸/mm		*T*	*A*	u_1			*T*	*A*	u_1			*T*	*A*	u_1			*T*	*A*	u_1		
大于	至			Ⅰ	Ⅱ	Ⅲ			Ⅰ	Ⅱ	Ⅲ			Ⅰ	Ⅱ	Ⅲ			Ⅰ	Ⅱ	Ⅲ
—	3	6	0. 6	0. 54	0. 9	1. 4	10	1. 0	0. 9	1. 5	2. 3	14	1. 4	1. 3	2. 1	3. 2	25	2. 5	2. 3	3. 8	5. 6
3	6	8	0. 8	0. 72	1. 2	1. 8	12	1. 2	1. 1	1. 8	2. 7	18	1. 8	1. 6	2. 7	4. 1	30	3. 0	2. 7	4. 5	6. 8
6	10	9	0. 9	0. 81	1. 4	2. 0	15	1. 5	1. 4	2. 3	3. 4	22	2. 2	2. 0	3. 3	5. 0	36	3. 6	3. 3	5. 4	8. 1
10	18	11	1. 1	1. 0	1. 7	2. 5	18	1. 8	1. 7	2. 7	4. 1	27	2. 7	2. 4	4. 1	6. 1	43	4. 3	3. 9	6. 5	9. 7
18	30	13	1. 3	1. 2	2. 0	2. 9	21	2. 1	1. 9	3. 2	4. 7	33	3. 3	3. 0	5. 0	7. 4	52	5. 2	4. 7	7. 8	12
30	50	16	1. 6	1. 4	2. 4	3. 6	25	2. 5	2. 3	3. 8	5. 6	39	3. 9	3. 5	5. 9	8. 8	62	6. 2	5. 6	9. 3	14
50	80	19	1. 9	1. 7	2. 9	4. 3	30	3. 0	2. 7	4. 5	6. 8	46	4. 6	4. 1	6. 9	10	74	7. 4	6. 7	11	17
80	120	22	2. 2	2. 0	3. 3	5. 0	35	3. 5	3. 2	5. 3	7. 9	54	5. 4	4. 9	8. 1	12	87	8. 7	7. 8	13	20
120	180	25	2. 5	2. 3	3. 8	5. 6	40	4. 0	3. 6	6. 0	9. 0	63	6. 3	5. 7	9. 5	14	100	10	9. 0	15	23
180	250	29	2. 9	2. 6	4. 4	6. 5	46	4. 6	4. 1	6. 9	10	72	7. 2	6. 5	11	16	115	12	10	17	26
250	315	32	3. 2	2. 9	4. 8	7. 2	52	5. 2	4. 7	7. 8	12	81	8. 1	7. 3	12	18	130	13	12	19	29
315	400	36	3. 6	3. 2	5. 4	8. 1	57	5. 7	5. 1	8. 4	13	89	8. 9	8. 0	13	20	140	14	13	21	32
400	500	40	4. 0	3. 6	6. 0	9. 0	63	6. 3	5. 7	9. 5	14	97	9. 7	8. 7	15	22	155	16	14	23	35
公差等级		10					11					12					13				
公称尺寸/mm		*T*	*A*	u_1			*T*	*A*	u_1			*T*	*A*	u_1			*T*	*A*	u_1		
大于	至			Ⅰ	Ⅱ	Ⅲ			Ⅰ	Ⅱ	Ⅲ			Ⅰ	Ⅱ	Ⅲ			Ⅰ	Ⅱ	Ⅲ
—	3	40	4	3. 6	6. 0	9. 0	60	6. 0	5. 4	9. 0	14	100	10	9. 0	15		140	14	13	21	
3	6	48	4. 8	4. 3	7. 2	11	75	7. 5	6. 8	11	17	120	12	11	18		180	18	16	27	
6	10	58	5. 8	5. 2	8. 7	13	90	9. 0	8. 1	14	20	150	15	14	23		220	22	20	33	
10	18	70	7. 0	6. 3	11	16	110	11	10	17	25	180	18	16	27		270	27	24	41	
18	30	84	8. 4	7. 6	13	19	130	13	12	20	29	210	21	19	32		330	33	30	50	

附表 40 （续）

公差等级		10					11					12					13				
公称尺寸/mm		T	A	u_1			T	A	u_1			T	A	u_1			T	A	u_1		
大于	至			Ⅰ	Ⅱ	Ⅲ			Ⅰ	Ⅱ	Ⅲ			Ⅰ	Ⅱ	Ⅲ			Ⅰ	Ⅱ	Ⅲ
30	50	100	10	9.0	15	23	160	16	14	24	36	250	25	23	38		390	39	35	59	
50	80	120	12	11	18	27	190	19	17	29	43	300	30	27	45		460	46	41	69	
80	120	140	14	13	21	32	220	22	20	33	50	350	35	32	53		540	54	49	81	
120	180	160	16	15	24	36	250	25	23	38	56	400	40	36	60		630	63	57	95	
180	250	185	18	17	28	42	290	29	26	44	65	460	46	41	69		720	72	65	110	
250	315	210	21	19	32	47	320	32	29	48	72	520	52	47	78		810	81	73	120	
315	400	230	23	21	35	52	360	36	32	54	81	570	57	51	86		890	89	80	130	
400	500	250	25	23	38	56	400	40	36	60	90	630	63	57	95		970	97	87	150	

附表 41

千分尺和游标卡尺的不确定度（摘自 JB/Z 181—1982）（单位：mm）

<table>
<tr><th rowspan="3">尺寸范围</th><th colspan="4">计量器具类型</th></tr>
<tr><th>分度值为 0.01mm 的外径千分尺</th><th>分度值为 0.01mm 的内径千分尺</th><th>分度值为 0.02mm 的游标卡尺</th><th>分度值为 0.05mm 的游标卡尺</th></tr>
<tr><th colspan="4">不确定度</th></tr>
<tr><td>0~50</td><td>0.004</td><td rowspan="3">0.008</td><td rowspan="5">0.020</td><td rowspan="5">0.050</td></tr>
<tr><td>>50~100</td><td>0.005</td></tr>
<tr><td>>100~150</td><td>0.006</td></tr>
<tr><td>>150~200</td><td>0.007</td><td rowspan="2">0.013</td></tr>
<tr><td>>200~250</td><td>0.008</td></tr>
<tr><td>>250~300</td><td>0.009</td><td rowspan="5">0.025</td><td rowspan="8"></td><td rowspan="7">0.100</td></tr>
<tr><td>>300~350</td><td>0.010</td></tr>
<tr><td>>350~400</td><td>0.011</td></tr>
<tr><td>>400~450</td><td>0.012</td></tr>
<tr><td>>450~500</td><td>0.013</td></tr>
<tr><td>>500~600</td><td rowspan="3"></td><td rowspan="3">0.030</td></tr>
<tr><td>>600~700</td></tr>
<tr><td>>700~800</td><td>0.150</td></tr>
</table>

附表 42

比较仪的不确定度（摘自 JB/Z 181—1982）（单位：mm）

<table>
<tr><th colspan="2">尺寸范围</th><th colspan="4">所使用的计量器具</th></tr>
<tr><th colspan="2"></th><th>分度值为 0.0005mm（相当于放大倍数 2000 倍）的比较仪</th><th>分度值为 0.001mm（相当于放大倍数 1000 倍）的比较仪</th><th>分度值为 0.002mm（相当于放大倍数 400 倍）的比较仪</th><th>分度值为 0.005mm（相当于放大倍数 250 倍）的比较仪</th></tr>
<tr><th>大于</th><th>至</th><th colspan="4">不　确　定　度</th></tr>
<tr><td>0</td><td>25</td><td>0.0006</td><td rowspan="2">0.0010</td><td>0.0017</td><td rowspan="6">0.0030</td></tr>
<tr><td>25</td><td>40</td><td>0.0007</td><td rowspan="3">0.0018</td></tr>
<tr><td>40</td><td>65</td><td rowspan="2">0.0008</td><td rowspan="2">0.0011</td></tr>
<tr><td>65</td><td>90</td></tr>
<tr><td>90</td><td>115</td><td>0.0009</td><td>0.0012</td><td rowspan="2">0.0019</td></tr>
<tr><td>115</td><td>165</td><td>0.0010</td><td>0.0013</td></tr>
</table>

附表 42

（续）

尺寸范围		所使用的计量器具			
		分度值为 0.0005mm（相当于放大倍数 2000 倍）的比较仪	分度值为 0.001mm（相当于放大倍数 1000 倍）的比较仪	分度值为 0.002mm（相当于放大倍数 400 倍）的比较仪	分度值为 0.005mm（相当于放大倍数 250 倍）的比较仪
大于	至	不确定度			
165	215	0.0012	0.0014	0.0020	
215	265	0.0014	0.0016	0.0021	0.0035
265	315	0.0016	0.0017	0.0022	

注：测量时，使用的标准器由 4 块 1 级（或 4 等）量块组成。

附表 43

指示表的不确定度（摘自 JB/Z 181—1982）（单位：mm）

尺寸范围	所使用的计量器具			
	分度值为 0.001mm 的千分表（0 级在全程范围内，1 级在 0.2mm 内），分度值为 0.002mm 的千分表（在 1 转范围内）	分度值为 0.001mm、0.002mm、0.005mm 的千分表（1 级在全程范围内），分度值为 0.01mm 的百分表（0 级在任意 1mm 内）	分度值为 0.01mm 的百分表（0 级在全程范围内，1 级在任意 1mm 内）	分度值为 0.01mm 的百分表（1 级在全程范围内）
	不确定度			
25~115	0.005	0.010	0.018	0.030
>115~315	0.006			

注：测量时，使用的标准器由四块 1 级（或四等）量块组成。

附表 44　工作量规的尺寸公差值 T_1 及其通端位置要素值 Z_1（摘自 GB/T 1957—2006）

（单位：μm）

工件公称尺寸/mm	IT6		IT7		IT8		IT9		IT10		IT11		IT12		IT13		IT14		IT15		IT16	
	T_1	Z_1	T_1	Z_1	T_1	Z_1	T_1	Z_1	T_1	Z_1	T_1	Z_1	T_1	Z_1	T_1	Z_1	T_1	Z_1	T_1	Z_1	T_1	Z_1
~3	1	1	1.2	1.6	1.6	2	2	3	2.4	4	3	6	4	9	6	14	9	20	14	30	20	40
>3~6	1.2	1.4	1.4	2	2	2.6	2.4	4	3	5	4	8	5	11	7	13	11	25	16	35	25	50
>6~10	1.4	1.6	1.8	2.4	2.4	3.2	2.8	5	3.6	6	5	9	6	13	8	20	13	30	20	40	30	60
>10~18	1.6	2	2	2.8	2.8	4	3.4	6	4	8	6	11	7	15	10	24	15	35	25	50	35	75
>18~30	2	2.4	2.4	3.4	3.4	5	4	7	5	9	7	13	8	18	12	28	18	40	28	60	40	90
>30~50	2.4	2.8	3	4	4	6	5	8	6	11	8	16	10	22	14	34	22	50	34	75	50	110
>50~80	2.8	3.4	3.6	4.6	4.6	7	6	9	7	13	9	19	12	26	16	40	26	60	40	90	60	130
>80~120	3.2	3.8	4.2	5.4	5.4	8	7	10	8	15	10	22	14	30	20	46	30	70	46	100	70	150
>120~180	3.8	4.4	4.8	6	6	9	8	12	9	18	12	25	16	35	22	52	35	80	52	120	80	180
>180~250	4.4	5	5.4	7	7	10	9	14	10	20	14	29	18	40	26	60	40	90	60	130	90	200

附表 44 （续）

工件公称尺寸/mm	IT6		IT7		IT8		IT9		IT10		IT11		IT12		IT13		IT14		IT15		IT16	
	T_1	Z_1	T_1	Z_1	T_1	Z_1	T_1	Z_1	T_1	Z_1	T_1	Z_1	T_1	Z_1	T_1	Z_1	T_1	Z_1	T_1	Z_1	T_1	Z_1
>250~315	4.8	5.6	6	8	8	11	10	16	12	22	16	32	20	45	28	66	45	100	66	150	100	220
>315~400	5.4	6.2	7	9	9	12	11	18	14	25	18	36	22	50	32	74	50	110	74	170	110	250
>400~500	6	7	8	10	10	14	12	20	16	28	20	40	24	55	36	80	55	120	80	190	120	280

附表 45 工作量规测量面的表面粗糙度参数值（摘自 GB/T 1957—2006）

工作量规	工作量规的公称尺寸/mm		
	≤120	>120~315	>315~500
	工作量规的测量面表面粗糙度 Ra/μm		
IT6 级孔用量规	0.05	0.10	0.20
IT7~IT9 级孔用量规	0.10	0.20	0.40
IT10~IT12 级孔用量规	0.20	0.40	0.80
IT6~IT9 级轴用量规	0.10	0.20	0.40
IT10~IT12 级轴用量规	0.20	0.40	0.80
IT13~IT16 级轴用量规	0.40	0.80	0.80

注：校对量规测量面表面粗糙度数值比被校对的轴用量规测量面的表面粗糙度数值略高一级。

◎附录 C 常用术语汉英对照

第 1 章

几何量精度	precision of geometrical quantity
几何量公差	tolerance of geometrical quantity
几何量检测	verification of geometrical quantity
互换性	interchangeability
标准化	standardization
标准	standard
技术标准	technical standard
优先数	preferred number
优先数系	series of preferred numbers

第 2 章

公称尺寸	nominal size
实际尺寸	actual size

极限尺寸	limits of size
极限偏差	limit deviations
实际偏差	actual deviation
基本偏差	fundamental deviation
零线	zero line
尺寸公差	size tolerance
公差带	tolerance zone
标准公差	standard tolerance
上极限尺寸	upper limit of size
偏差	deviation
下极限偏差	lower limit deviation
标准公差因子	standard tolerance factor
最小间隙	minimum clearance
过盈	interference
最大过盈	maximum interference
配合制	fit system
公差单位	tolerance unit
公差等级	tolerance grade
间隙配合	clearance fit
过盈配合	interference fit
过渡配合	transition fit
配合公差	variation of fit
基孔制配合	hole-basis system of fits
基准孔	datum hole
基轴制配合	shaft-basis system of fits
基准轴	datum shaft
下极限尺寸	lower limit of size
上极限偏差	upper limit deviation
标准公差等级	standard tolerance grades
间隙	clearance
最大间隙	maximum clearance
最小过盈	minimum interference
配合	fit

第 3 章

要素	feature
尺寸要素	feature of size
组成要素	integral feature
提取组成要素	extracted integral feature
被测要素	toleranced feature
理想要素	true feature

圆柱度公差	cylindricity tolerance
基准要素	datum feature
单一要素	single feature
关联要素	related feature
几何公差	geometrical tolerances
形状公差	form tolerances
定向公差	orientation tolerances
定位公差	location tolerances
跳动公差	run-out tolerances
直线度公差	straightness tolerance
平面度公差	flatness tolerance
提取组成要素的局部尺寸	local size of an extracted integral feature
几何要素	geometrical feature
实际（组成）要素	real （integral） feature
提取导出要素	extracted derived feature
拟合组成要素	associated integral feature
拟合导出要素	associated derived feature
圆度公差	circularity （roundness） tolerance
线轮廓度公差	profile tolerance of any line
面轮廓度公差	profile tolerance of any surface
平行度公差	parallelism tolerance
垂直度公差	perpendicularity tolerance
倾斜度公差	angularity tolerance
同轴度公差	coaxially tolerance
对称度公差	symmetry tolerance
位置度公差	position tolerance
圆跳动公差	circular run-out tolerance
全跳动公差	total run-out tolerance
基准体系	datum system
最大实体尺寸	maximum material size （MMS）
最小实体尺寸	least material size （LMS）
体外作用尺寸	external function size
体内作用尺寸	internal function size
最大实体实效状态	maximum material virtual condition （MMVC）
最小实体实效状态	least material virtual condition （LMVC）
最大实体实效尺寸	maximum material virtual size （MMVS）
最小实体实效尺寸	least material virtual size （LMVS）
边界	boundary
最大实体边界	maximum material boundary （MMB）
最小实体边界	least material boundary （LMB）
最大实体实效边界	maximum material virtual boundary （MMVB）

最小实体实效边界	least material virtual boundary （LMVB）
独立原则	principle of independency （IP）
包容要求	envelope requirement （ER）
最大实体要求	maximum martial requirement （MMR）
最小实体要求	least material requirement （LMR）
可逆要求	reciprocity requirement （RPR）
零几何公差	zero geometrical tolerance
最小条件	minimum condition
最小包容区域	minimum zone

第 4 章

表面粗糙度	surface roughness
取样长度	sampling length
评定长度	evaluation length
轮廓最小二乘中线	least squares mean line of the profile
轮廓算术平均中线	centre arithmetical mean line of the profile
轮廓最大高度	maximum height of the profile
轮廓算术平均偏差	arithmetical mean deviation of the profile
轮廓单峰平均间距	mean spacing local peaks of the profile
轮廓微观不平度平均间距	mean spacing of the profile irregularities
轮廓支承长度率	bearing length ratio of the profile

第 5 章

尺寸链	dimensional chain
封闭环	closed link
组成环	consisting link
增环	increasing link
减环	decreasing link
传递系数	transfer coefficient
平面尺寸链	planar dimensional chain
空间尺寸链	spacewise dimensional chain
装配尺寸链	assemble dimensional chain
零件尺寸链	dimensional chain of machinery parts
工艺尺寸链	technological dimensional chain
线性尺寸链	linear dimensional chain

第 6 章

滚动轴承	rolling bearings
外壳	housing
轴承内径	bearing inner diameter
轴承外径	bearing outer diameter

径向游隙	radial internal clearance
轴向游隙	axial internal clearance
当量径向动负荷	dynamic equivalent radial load
额定动负荷	dynamic rated load

第 7 章

内螺纹	inside thread
外螺纹	outside thread
大径	major diameter
小径	minor diameter
顶径	crest diameter
底径	root diameter
中径	pitch diameter
单一中径	single pitch diameter
作用中径	virtual pitch diameter
螺距	thread pitch
牙侧角	flank angle
螺纹旋合长度	length of thread engagement

第 8 章

键	key
普通平键	prismatic key
花键	splines
矩形花键	rectangular splines

第 9 章

切向综合误差	tangential composite error
一齿切向综合误差	tangential tooth-to-tooth composite error
径向综合误差	radial composite error
一齿径向综合误差	radial tooth-to-tooth composite error
齿距累积误差	total cumulative pitch error
k 个齿距累积误差	cumulative circular pitch error over a sector of k pitches
齿圈径向跳动	radial run-out of gear
公法线长度变动	variation of base tangent length
齿形误差	total profile error
齿距偏差	circular pitch individual deviation
基节偏差	base pitch deviation
齿向误差	total alignment error
接触线误差	contact line error
轴向齿距偏差	axial pitch deviation

螺旋线波度误差	helix waviness error
齿厚偏差	deviation of width of teeth
公法线平均长度偏差	deviation of mean base tangent length over a given number of teeth
齿轮副的切向综合误差	tangential composite error of gear pair
齿轮副的一齿切向综合误差	tangential tooth-to-tooth composite error of gear pair
圆周侧隙	circular backlash
法向侧隙	normal backlash
齿轮副的接触斑点	contact tracks of gear pair
齿轮副的中心距偏差	centre distance deviation of gear pair
x 方向轴线的平行度误差	inclination error of axes
y 方向轴线的平行度误差	deviation error of axes

第 10 章

测量	measurement
被测几何量	measured geometrical quantity
计量单位	unit of measurement
测量方法	method of measurement
计量器具	measuring instrument
量值	value of quantity
长度基准	length standard
量块	gauge block
测量范围	measuring range
测量误差	error of measurement
系统误差	systematic error
随机误差	random error
粗大误差	parasitic error
精密度	precision
正确度	correctness
准确度	accuracy
不确定度	uncertainty

第 11 章

光滑极限量规	plain limit gauge
通规	go gauge
止规	not go gauge
泰勒原则	taylor principle
验收极限	limits of acceptance
安全裕度	safety margin

参考文献

[1] 全国标准化原理与方法标准化技术委员会. GB/T 20000. 1—2014 标准化工作指南 第1部分：标准化和相关活动的通用术语［S］. 北京：中国标准出版社，2015.

[2] 全国产品尺寸和几何技术规范标准化技术委员会. GB/T 321—2005 优先数和优先数系［S］. 北京：中国标准出版社，2005.

[3] 全国产品尺寸和几何技术规范标准化技术委员会. GB/T 1800. 1—2009 产品几何技术规范（GPS）极限与配合 第1部分：公差、偏差和配合的基础［S］. 北京：中国标准出版社，2009.

[4] 全国产品尺寸和几何技术规范标准化技术委员会. GB/T 1800. 2—2009 产品几何技术规范（GPS）极限与配合 第2部分：标准公差等级和孔、轴极限偏差表［S］. 北京：中国标准出版社，2009.

[5] 全国产品尺寸和几何技术规范标准化技术委员会. GB/T 1801—2009 产品几何技术规范（GPS） 极限与配合 公差带和配合的选择［S］. 北京：中国标准出版社，2009.

[6] 全国产品尺寸和几何技术规范标准化技术委员会. GB/T 1804—2000 一般公差 未注公差的线性和角度尺寸的公差［S］. 北京：中国标准出版社，2000.

[7] 全国产品尺寸和几何技术规范标准化技术委员会. GB/T 1182—2008 产品几何技术规范（GPS） 几何公差 形状、方向、位置和跳动公差标注［S］. 北京：中国标准出版社，2008.

[8] 全国形状和位置公差标准化技术委员会. GB/T 1184—1996 形状和位置公差 未注公差值［S］. 北京：中国标准出版社，1997.

[9] 全国产品尺寸和几何技术规范标准化技术委员会. GB/T 4249—2009 产品几何技术规范（GPS） 公差原则［S］. 北京：中国标准出版社，2009.

[10] 全国产品尺寸和几何技术规范标准化技术委员会. GB/T 16671—2009 产品几何技术规范（GPS） 几何公差 最大实体要求、最小实体要求和可逆要求［S］. 北京：中国标准出版社，2009.

[11] 全国产品尺寸和几何技术规范标准化技术委员会. GB/T 18780. 1—2002 产品几何量技术规范（GPS） 几何要素 第1部分：基本术语和定义［S］. 北京：中国标准出版社，2003.

[12] 全国产品尺寸和几何技术规范标准化技术委员会. GB/T 1958—2004 产品几何量技术规范（GPS） 形状和位置公差 检测规定［S］. 北京：中国标准出版社，2005.

[13] 全国产品尺寸和几何技术规范标准化技术委员会. GB/T 3505—2009 产品几何技术规范（GPS） 表面结构 轮廓法 术语、定义及表面结构参数［S］. 北京：中国标准出版社，2009.

[14] 全国产品尺寸和几何技术规范标准化技术委员会. GB/T 10610—2009 产品几何技术规范（GPS） 表面结构 轮廓法 评定表面结构的规则和方法［S］. 北京：中国标准出版社，2009.

[15] 全国产品尺寸和几何技术规范标准化技术委员会. GB/T 131—2006 产品几何技术规范（GPS） 技术产品文件中表面结构的表示法［S］. 北京：中国标准出版社，2007.

[16] 全国产品尺寸和几何技术规范标准化技术委员会. GB/T 1031—2009 产品几何技术规范（GPS） 表面结构 轮廓法 表面粗糙度参数及其数值［S］. 北

京：中国标准出版社，2009.
[17] 全国产品尺寸和几何技术规范标准化技术委员会. GB/T 5847—2004 尺寸链计算方法 [S]. 北京：中国标准出版社，2005.
[18] 全国滚动轴承标准化技术委员会. GB/T 275—2015 滚动轴承 配合 [S]. 北京：中国标准出版社，2015.
[19] 全国滚动轴承标准化技术委员会. GB/T 307.1—2005 滚动轴承 向心轴承公差 [S]. 北京. 中国标准出版社，2005.
[20] 全国滚动轴承标准化技术委员会. GB/T 307.3—2017 滚动轴承 通用技术规则 [S]. 北京：中国标准出版社，2017.
[21] 全国滚动轴承标准化技术委员会. GB/T 4604.1—2012 滚动轴承 游隙 第1部分：向心轴承的径向游隙 [S]. 北京：中国标准出版社，2013.
[22] 全国滚动轴承标准化技术委员会. GB/T 4604.2—2013 滚动轴承 游隙 第2部分：四点接触球轴承的轴向游隙 [S]. 北京：中国标准出版社，2014.
[23] 全国螺纹标准化技术委员会. GB/T 14791—2013 螺纹术语 [S]. 北京：中国标准出版社，2014.
[24] 全国螺纹标准化技术委员会. GB/T 192—2003 普通螺纹 基本牙型 [S]. 北京：中国标准出版社，2004.
[25] 全国螺纹标准化技术委员会. GB/T 197—2003 普通螺纹 公差 [S]. 北京：中国标准出版社，2004.
[26] 全国齿轮标准化技术委员会. GB/T 10095. 1—2008/ISO 1328-1：1995 圆柱齿轮 精度制 第1部分：轮齿同侧齿面偏差的定义和允许值 [S]. 北京：中国标准出版社，2008.
[27] 全国齿轮标准化技术委员会. GB/T 10095. 2—2008/ISO 1328-2：1997 圆柱齿轮 精度制 第2部分：径向综合偏差与径向跳动的定义和允许值 [S]. 北京：中国标准出版社，2008.
[28] 全国齿轮标准化技术委员会. GB/Z 18620. 1—2008/ISO/TR 10064-1：1992 圆柱齿轮 检验实施规范 第1部分：轮齿同侧齿面的检验 [S]. 北京：中国标准出版社，2008.
[29] 全国齿轮标准化技术委员会. GB/Z 18620. 2—2008/ISO/TR 10064-2：1996 圆柱齿轮 检验实施规范 第2部分：径向综合偏差、径向跳动、齿厚和侧隙的检验 [S]. 北京：中国标准出版社，2008.
[30] 全国齿轮标准化技术委员会. GB/Z 18620. 3—2008/ISO/TR 10064-3：1996 圆柱齿轮 检验实施规范 第3部分：齿轮坯、轴中心距和轴线平行度的检验 [S]. 北京：中国标准出版社，2008.
[31] 全国齿轮标准化技术委员会. GB/Z 18620. 4—2008/ISO/TR 10064-4：1998 圆柱齿轮 检验实施规范 第4部分：表面结构和轮齿接触斑点的检验 [S]. 北京：中国标准出版社，2008.
[32] 全国机器轴与附件标准化技术委员会. GB/T 1095—2003 平键 键槽的剖面尺寸 [S]. 北京：中国标准出版社，2004.
[33] 全国机器轴与附件标准化技术委员会. GB/T 1144—2001 矩形花键尺寸、公差和检验 [S]. 北京：中国标准出版社，2001.
[34] 全国量具量仪标准化技术委员会. GB/T 6093—2001 几何量技术规范（GPS） 长度标准 量块 [S]. 北京：中国标准出版社，2001.
[35] 全国几何量长度计量技术委员会. JJG 146—2011 量块 [S]. 北京：中国计量出版社，2012.

[36] 全国法制计量管理计量技术委员会. JJF 1001—2011 通用计量术语及定义 [S]. 北京：中国计量出版社，2012.

[37] 全国产品尺寸和几何技术规范标准化技术委员会. GB/T 3177—2009 产品几何技术规范（GPS） 光滑工件尺寸的检验 [S]. 北京：中国标准出版社，2009.

[38] 全国量具量仪标准化技术委员. GB/T 10920—2008 螺纹量规和光滑极限量规 型式与尺寸 [S]. 北京：中国标准出版社，2009.

[39] 全国量具量仪标准化技术委员. GB/T 1957—2006 光滑极限量规 技术要求 [S]. 北京：中国标准出版社，2006.

[40] 全国产品尺寸和几何技术规范标准化技术委员会. GB/T 8069—1998 功能量规 [S]. 北京：中国标准出版社，1998.

[41] 金嘉琦. 几何量精度设计与检测 [M]. 沈阳：东北大学出版社，1998.

[42] 刘巽尔. 渐开线圆柱齿轮 [M]. 北京：中国计划出版社，2004.

[43] 甘永立. 几何量公差与检测 [M]. 10 版. 上海：上海科学技术出版社，2013.

[44] 孙玉芹，孟兆新. 机械精度设计基础 [M]. 北京：科学出版社，2003.

[45] 杨铁牛. 互换性与技术测量 [M]. 北京：电子工业出版社，2010.

[46] 胡凤兰. 互换性与技术测量基础 [M]. 2 版. 北京：高等教育出版社，2005.

[47] 张玉，刘平. 几何量公差与测量技术 [M]. 3 版. 沈阳：东北大学出版社，2013.

[48] 李军. 互换性与测量技术基础 [M]. 3 版. 武汉：华中科技大学出版社，2013.